计 算 机 科 学 丛 书

原书第2版

Processing编程
学习指南

[美] 丹尼尔·希夫曼（Daniel Shiffman） 著

李存 译

Learning Processing
A Beginner's Guide to Programming Images, Animation, and Interaction
Second Edition

机械工业出版社
CHINA MACHINE PRESS

图书在版编目（CIP）数据

Processing 编程学习指南（原书第 2 版）/（美）丹尼尔·希夫曼（Daniel Shiffman）著；李存译 . —北京：机械工业出版社，2017.3（2023.7 重印）
（计算机科学丛书）
书名原文：Learning Processing：A Beginner's Guide to Programming Images, Animation, and Interaction, Second Edition

ISBN 978-7-111-55867-5

I. P… II. ① 丹… ② 李… III. 程序设计－指南 IV. TP311.1-62

中国版本图书馆 CIP 数据核字（2017）第 015310 号

注意

　　本书涉及领域的知识和实践标准在不断变化。新的研究和经验拓展我们的理解，因此须对研究方法、专业实践或医疗方法作出调整。从业者和研究人员必须始终依靠自身经验和知识来评估和使用本书中提到的所有信息、方法、化合物或本书中描述的实验。在使用这些信息或方法时，他们应注意自身和他人的安全，包括注意他们负有专业责任的当事人的安全。在法律允许的最大范围内，爱思唯尔、译文的原文作者、原文编辑及原文内容提供者均不对因产品责任、疏忽或其他人身或财产伤害及／或损失承担责任，亦不对由于使用或操作文中提到的方法、产品、说明或思想而导致的人身或财产伤害及／或损失承担责任。

　　本书详细介绍了 Processing 编程的基本原理，全书分为十节课共 23 章，涵盖了创建最前沿的图形应用程序例如互动艺术、实时视频处理和数据可视化所需要的基础知识。此外，作为一本实验风格的手册，书中精心挑选了部分高级技术进行详尽解释。可以让图形和网页设计师、艺术家及平面设计师快速熟悉 Processing 编程环境。

出版发行：机械工业出版社（北京市西城区百万庄大街 22 号 邮政编码：100037）
责任编辑：迟振春　　　　　　　　　　　责任校对：董纪丽
印　　刷：固安县铭成印刷有限公司　　　版　　次：2023 年 7 月第 1 版第 6 次印刷
开　　本：185mm×260mm　1/16　　　　印　　张：27
书　　号：ISBN 978-7-111-55867-5　　　定　　价：99.00 元

客服电话：(010) 88361066　68326294

Processing 诞生于美国麻省理工学院媒体实验室（MIT Media Lab）的美学与计算研究小组。麻省理工学院媒体实验室一直致力于将科技、媒体、科学、艺术以及设计融合在一起。自然 Processing 也具有融合艺术性和科学性的基因：它以数字艺术为背景，通过可视化的方式进行编程，在 Java 语言的基础上简化语法，并具备跨平台的特性。

Processing 起初是专门为视觉交互和媒体艺术设计而创建的，它是面向艺术家和设计师所开发的语言。在创意性行业中，工具会影响创作过程进而影响创作结果。当下的诸多设计软件，比如 Photoshop、Illustrator、Flash 和 3ds Max 等，固然可以便捷地满足艺术家和设计师的基本需求，但是 Processing 的出现让我们再次意识到：编程并不仅仅是工程师的工作，编程可以为广大艺术家和设计师以及所有想以编程方式实现绘画、动画和交互的人提供一个有效的途径。我们不必再囿于生产工具和软件的限制，借助于 Processing，我们可以充分发挥自己的创意和想法。

Processing 的另一大特点在于充分利用网络论坛，将其开源的优势发挥至最大。网站 www. processing.org 将大量的开发者、教师和艺术家聚集到一起，通过公开交流创意和作品来实现代码的共享，进而大大拓展了 Processing。这是一个你可以参与其中的、充满勃勃生机的社区。

本书的作者 Daniel Shiffman 是美国纽约大学帝势艺术学院（Tisch School of the Arts, New York University）的助理教授，本书的内容主要来自于其主讲的"计算媒体导论"（Computational Media）课程。本书的特色体现在以下几个方面：

- 本书适合于零基础编程的读者。作者循序渐进地讲解了 Processing 编程的基础知识，尤其是其中的高级编程知识并不仅仅局限于 Processing，对学习其他编程语言也有巨大帮助。掌握 Processing 之后，可以方便地拓展至其他语言。而对于具有一定编程基础的读者，学习 Processing 会更加容易。
- 本书的语言风格平易近人，通俗易懂。阅读本书就像是一位和蔼的老师亲自向你传授知识。本书使用了大量的比喻："一个变量就像一个桶。你可以在木桶里放一些东西，提着桶走来走去，这比直接拿着那些东西更加轻便，你也可以随时将桶里的东西取回。"生动的比喻使得编程知识不再那么晦涩难懂。
- 本书采用增量开发的理念（philosophy of incremental development），也就是循序渐进的讲述方式：从整体到局部再到整体，将复杂的程序分解为尽可能小的部分，各个击破。这是本书的核心原则。而本书贯穿始终的卡通形象 Zoog 践行了这一理念。Zoog 从功能单一的童年开始，作者逐渐为 Zoog 拓展新的功能，这也是 Zoog 长大的过程。
- 本书的配套网站（www.learningprocessing.com）不仅提供了所有案例和练习题的源代码，还有教学视频和其他教程资料。

最后，感谢机械工业出版社的编辑在本书翻译过程中提供的帮助和支持。由于译者水平有限，书中难免存在错误和疏漏，欢迎广大读者批评指正。希望在 Processing 领域结识更多的朋友。

李 存

纪念 Red Burns

Red Burns，1925 年出生于加拿大渥太华。在经历了人生的各种风风雨雨之后，她于 1971 年在纽约大学创建了备用媒体中心（Alternate Media Center）。这个媒体中心后来发展成为互动电信项目（Interactive Telecommunications Program，ITP），而她于 1982～2010 年间一直在此担任教授。我和 Red Burns 相识于 2001 年，当时她在第 20 个新生入学见面会上向我介绍了上述项目。一开始我有些怕她，但是这并没有持续多久。因为，我很快发现了她的友善之处。在接下来的 12 年中，我非常幸运能够和她共事，并且逐渐体会到她的聪颖过人之处，她坚持认为人性比技术更加重要。人一直是她思考的核心，她认为技术（如本书所传授的内容）不过是表达和沟通的工具。多年来，她对我的指导和友谊最终成就了本书的出版。正如 ITP 人一直所说的："Red Burns 改变了我的人生。"

http://itp.nyu.edu/redburns/

致　谢

Learning Processing: A Beginner's Guide to Programming Images, Animation, and Interaction, Second Edition

　　2001 年秋天，我不经意地参与了纽约大学帝势艺术学院的互动电信项目（ITP）。20 世纪 80 年代早期，我曾在 AppleII+ 苹果电脑上用 BASIC 语言做过一些小尝试，但我从未编写过一行代码。在 ITP 第一学期的 "计算媒体导论" 课程中，我才第一次接触到计算机编程。没有该学院的启发和支持，我根本无法完成本书的编写。

　　Red Burns，也就是 ITP 的创建者，一直鼓励并且支持我在 ITP 的前 10 年工作。令人难过的是，她于 2013 年 8 月去世了，本书一方面也是为了纪念她。Dan O'Sullivan 是第一个建议我尝试教授 Processing 的人，并说服我将各种编程教程进行融合。在写本书第 1 版的绝大部分时间里，Shawn Van Every 一直是坐在我旁边的办公室同事，并在整个过程中提供了许多宝贵的建议、代码，以及大量的精神支持。Tom Igoe 从事的物理计算工作则为本书提供了灵感来源，尤其是网络以及串行通信的各种示例整合时，他给予了非常大的帮助。出版本书的缘由是 Clay Shirky 某一天在走廊里遇到我，建议我写一本书，他同样为本书第 1 版的早期草稿提供了许多反馈意见。

　　在 ITP 计算媒体的所有教师，一直以来也提供了宝贵的意见和反馈：Danny Rozin（为第 15 章和第 16 章提供了灵感来源），Mimi Yin，Lauren McCarthy（其创新的工作成果 p5.js 开阔了我的眼界，让我看到了 JavaScript 和 Web 的世界），Amit Pitaru（为第 1 版中关于声音的章节提供了巨大的帮助），Nancy Lewis，James Tu，Mark Napier，Chris Kairalla，Luke Dubois，Roopa Vasudevan，Matt Parker，Heather Dewey-Hagborg 和 Jim Moore（我第一学期课程的老师）。向一直以来在本书写作过程中提供支持与帮助的以下 ITP 职员表示感谢：Marianne Petit，Nancy Hechinger，Marina Zurkow，Katherine Dillon，Eric Rosenthal，Gabe Barcia-Colombo 和 Benedetta Piantella Simeonidis。同样，也要感谢 ITP 的其他员工：George Agudow，Edward Gordon，Midori Yasuda，Rob Ryan，John Duane，Marlon Evans，Tony Tseng，Matthew Berger，Karl Ward 和 Megan Demarest，没有他们的帮助，本书不可能完成。

　　ITP 的学生们也为本书提供了大量的反馈意见，太多了，以至于在这里无法逐一提及他们的名字，他们在许多课程中使用本书的示例进行了大量的试验。我有一摞在空白处写满潦草笔记的稿纸，以及关于更正、评论和大量鼓励话语的往来邮件存档，这所有的一切都成为完成本书不可或缺的一部分。

　　我同样非常感谢 Processing 程序员和艺术家社区源源不断的创作和支持。毫不夸张地说，如果不是因为 Casey Reas 和 Ben Fry 创造了 Processing，我现在很可能已经失业了。通过阅读 Processing 源代码，我掌握了 Processing 一半的知识；Processing 语言、网站和集成开发环境的优雅与简洁使得我和我所有的学生都容易理解和学习。我也收到了来自许多 Processing 程序员的意见、启发和评论。包括 Andres Colubri，Scott Murray，Florian Jennet，Elie Zananiri，Scott Garner，Manindra Mohanara，Jer Thorp，Marius Watz，Robert Hodgin，Golan Levin，Tom Carden，Karsten Schmidt，Ariel Malka，Burak Arikan 和 Ira Greenberg。以下这些老师在他们的课程中采用本书第 1 版的早期内容进行测试，为本书的完成提供了巨大帮助：Hector Rodriguez，Keith Lam，Liubo Borissov，Rick Giles，Amit Pitaru，David Maccarella，Jeff Gray

和 Toshitaka Amaoka。

在本书第 1 版的技术审校过程中，Peter Kirn 和 Douglas Edric Stanley 给我提供了非常详尽的意见和反馈，他们的努力也使本书变得更加完善。Demetrie Tyler 为本书初始的封面设计和正文版式设计做出了巨大的贡献。在此，也要向 David Hindman 表示感谢，他帮助我整理初始的屏幕截图和图表。感谢 Rich Hauck，他帮助我开发了本书第 1 版的网站。

我同样要感谢 Morgan Kaufmann/Elsevier 出版社里为本书第 1 版提供帮助的每一个人：Gregory Chalson，Tiffany Gasbarrini，Jeff Freeland，Danielle Monroe，Matthew Cater，Michele Cronin，Denise Penrose 和 Mary James。

对于本书第 2 版，我要感谢 Morgan Kaufmann/Elsevier 和 O'Reilly 出版社的每一个人，他们一直支持我使用 Atlas 出版平台（https://atlas.oreilly.com/）写作本书。

使用 Atlas 平台使我的工作流程更加顺畅，同时可以采纳许多反馈和意见。Wilm Thoben、Seth Kranzler 和 Jason Sigal 都为第 20 章提供了中肯的反馈和编注。Mark Sawula、Yong Bakos 和 Kasper Kasperman 阅读了本书的 PDF 文档，也提供了有益的评论和反馈。J. David Eisenberg 扮演了实际技术编辑的角色，为完善本书的示例提供了许多很棒的建议。特别要感谢 Johanna Hedva，她在版式修改过程中几乎梳理了整本书的文字。除此之外，正是在她的建议下，本书几处关键的修改内容才得以保留。

来自 Elsevier 出版集团的 Todd Green 忙前忙后地处理与 O'Reilly 和 Atlas 之间合作的具体细则。同样要感谢 Charlie Kent 和 Debbie Clark，他们协助解决了书籍出版过程中的细节问题。总而言之，Atlas 和 O'Reilly 的团队合作让我感到愉快：尽管这本书遇到过各种各样排版上的小问题，但让人感到惊奇的是，使用 CSS 和 XSLT 为版式生成的 HTML 文件解决了这些问题。感谢 Andrew Odewahn，Rune Madsen，Sanders Kleinfeld，Dan Fauxsmith 和 Adam Zaremba 帮助我了解 Atlas 并领教了它的神奇之处。感谢 Rebecca Demarest 提出的关于插图的意见，以及 Ron Bilodeau 关于 CSS 的技术指导。最后一点也非常重要，我要感谢 Kristen Brown，她耐心细致地倾听了我询问的关于我知识短板的每一个细节，让我了解了如何设定并管理日程安排的优先顺序，才能最终确保本书按时完成。在本书 GitHub 库的 pulse 工具中，你可以看到她的贡献大小。

排除合并后，6 位作者分别为 git 的主分支和全部分支提交了 1299 处修改。在主分支中，有 476 个文件进行了修订，总共有 213 930 处补充项和 7 处删除项。

最重要的是，我要感谢我的妻子 Aliki Caloyeras，我的孩子 Elias 和 Olympia，我的父母 Doris 和 Bernard Shiffman，以及我的兄弟 Jonathan Shiffman。他们不仅为本书第 2 版提供了大量帮助，还给予了我精神上的支持和鼓励。

前 言

本书讲的是什么

本书讲了一个故事。一个关于解放与自由的故事，一个关于逐步了解计算机基础知识的故事。通过编写代码，可以创造属于你自己的多媒体设计，而不必拘泥于已有的软件工具。这个故事不仅仅是为科学家和工程师准备的，同时也是为你准备的。

本书是为谁准备的

本书是为初学者准备的。如果你到目前从未编写过一行代码，那么本书对你来说再合适不过了。本书的前 9 章会由浅入深地讲授编程的基础知识。你并不需要任何编程的背景知识，只需要有操作电脑的基础知识——打开电脑、浏览网页、运行程序之类的知识就足够了。

由于本书使用 Processing 进行学习，因此对于那些在视觉领域学习或工作的人来说，它就更加适用了，例如图形设计、绘画、雕塑、建筑、电影、视频、插图、网页设计等。如果你从属于上述领域（在上述领域使用电脑），你很可能精通某个特定的设计软件（很可能不止一个软件），例如 Photoshop、Illustrator、AutoCAD、Maya、After Effects 等。而本书的意义在于使你摆脱（至少是部分摆脱）现有软件工具的束缚。如果可以创造自己的工具，而不是使用他人的软件，那你能创造出什么？

如果你已经具有一定的编程经验，并且对 Processing 非常感兴趣，那么本书同样非常有用。本书的前面几章会为你提供一个速成的编程复习资料（和坚实的基础知识），本书的后面则是关于 Processing 编程的高级话题。

什么是 Processing

假设你正在学习 CS 101（Computer Science 101）课程，其中可能讲到了 Java 编程语言的内容。下面是课程中第一个示例程序的输出结果：

一直以来，教授给程序员的基本命令行输出是：

1. 文本输入（TEXT IN）→以文本的形式编写代码。

2. 文本输出（TEXT OUT）→在命令行显示文本输出。

3. 文本交互（TEXT INTERACTION）→用户可以在命令行输入文本，实现和程序的交互。

这个示例程序中的输出"Hello, World!"是一个经典段子，按照惯例，在各种编程语言教学中，"Hello, World"总是作为第一个程序的文本输出。这个示例程序最早出现在 1974 贝尔实验室的备忘录中，它是由 Brian Kernighan 撰写的，题名为《Programming in C: A Tutorial》。

学习 Processing 的优势在于：它自身强调一种更直观并且基于视觉反馈的编程环境，因而它更有助于艺术家和设计师学习编程。

1. 文本输入（TEXT IN）→以文本的形式编写代码。

2. 视觉输出（VISUALS OUT）→在窗口显示视觉输出。

3. 鼠标交互（MOUSE INTERACTION）→用户通过鼠标和程序进行交互（在本书中你会看到更多例子）。

在 Processing 中，"Hello，World！"很可能如下图所示：

你好，图形！

虽然看上去是相当友好的设计，但是它并没有引人注目的感觉（在这里暂且忽略掉第 3 步：交互），"Hello, World!"也是这样。然而，这种方式所聚焦的理念（通过即时的视觉反馈来学习）却是截然不同的。

Processing 并不是第一个遵循这种范式的语言。1967 年，Daniel G. Bobrow、Wally Feurzeig 和 Seymour Papert 创造了 Logo 编程语言。一名程序员使用 Logo 语言编写了一个指令：在屏幕上用龟标生成图形和设计。尔后 John Maeda 在 1999 年设计了名为 Design By Numbers 的语言，该语言使视觉设计师和艺术家以简单、易用的句法来进行编程。

尽管这些语言具有令人惊叹的简洁性和创新性，但它们的功能非常有限。

Processing 作为 Logo 和 Design by Numbers 的直系后代，于 2001 年诞生于麻省理工学院媒体实验室的美学与计算研究小组。它是由 Casey Reas 和 Benjamin Fry 设计的开源语言，当时他们是著名的计算机艺术家 John Maeda 的研究生。

Processing 是一门开源编程语言，提供了对图片、动画和声音进行编程的环境。学生、艺术家、设计师、建筑师、研究人员和业余爱好者可以使用 Processing 进行学习、制作原型以及作为生产工具。你可以通过视觉化界面学习计算机编程的基础知识，或者作为软件速写本以及专业化的生产工具。除了该领域的其他相关专有软件之外，Processing 为艺术家和设计师提供了一个新的选择。

——www.processing.org

总之，Processing 是非常令人惊叹的。首先，它是免费的，你不用花一分钱。其次，由于

Processing 基于 Java 编程语言（本书后面的章节将会对此做进一步探讨），因此它是一门十分实用的功能性语言，没有 Logo 或者 Design by Numbers 语言的限制，使用 Processing 几乎可以实现各种功能。最后，Processing 是开源的。虽然在大多数情况下这并不会是本书内容的关键细节，可是，随着深入学习 Processing，你就会意识到这种开源的理念是非常宝贵的。正是源于此，大量的开发者、教师和艺术家才会聚集到一起分享作品，贡献想法，进而大大拓展了Processing。

快速浏览一下 processing.org 网站，你就会发现这是一个充满勃勃生机、具有创造力的社区。在这里，初学者和专家通过公开交流创意和作品共享代码。尽管网站上有完整的参考文档，以及数量庞大的示例帮助你快速上手，但是并没有给真正的初学者提供一个系统的详尽教程。本书通过详尽地介绍编程基础知识和探索高级编程话题，可以帮助你参与到 Processing 这个社区网站，并做出你的贡献。

2012 年，Processing 基金会（Processing Foundation）成立，它旨在规范 Processing 软件的目标和理念："在编程知识越来越重要的今天，努力让来自各行各业的人都能轻松学习编程。"为了实现这个目标，基金会大力支持几种不同语言的软件环境，其中包括 Processing（Java）、p5.js（JavaScript）和 Processing.py（Python）。虽然本书主要讨论 Java 框架的知识，但是我也极力向你推荐其他几个编程语言框架（如果你对构建网站感兴趣的话，尤其推荐 p5.js）。我同样保留了本书所有示例的 p5.js 版本，你可以在 http://learningprocessing.com 上找到。

虽然没有 Processing 就不可能编写本书，但是你要知道，本书实质上并不仅仅是一本关于Processing 的书。编写本书的初衷是教会你编程。我只是选择了使用 Processing 作为编程的学习环境，但本书所关注的是核心计算编程概念，这些概念将会在你以后学习其他编程语言和环境时，继续带领你前行。

难道我不应该学习_____

在空白处填上你想学习的编程语言。你可能曾经听说某门编程语言"Flibideeflobidee"将会是未来前景最广阔的语言。你肯定听出来这是瞎编的，但是我敢肯定你的某个朋友曾经不断跟你讲某门语言是多么功能强大。它是如何使得编程变得如此容易。使用这门语言，5 分钟之内你就能实现以前需要花费一天时间才能完成的程序。而且，它在 Mac 上、个人电脑上，甚至烤面包机上都能运行！你还可以用它编写一个陪你聊天的宠物！而且是用日语聊天！

事情是这样的。那个可以解决你所有问题的神奇编程语言根本不会存在。没有一门语言是完美的，Processing 也有与生俱来的缺陷和不足。可是 Processing 是一个学习编程的很棒的起点。本书传授计算机编程的基本原理，不论是使用 Processing、Java、JavaScript、C、Python还是其他语言，它们都会使你受益终身。

当然，对于某些项目来说，其他语言和环境可能更加适合。但 Processing 对于大部分的项目来说都是相当不错的选择，尤其是媒体相关和基于屏幕的任务。对 Processing 一个普遍的误解是它只适合于小打小闹，其实并不是这样的：许多人（包括我在内）都在项目自始至终使用Processing。Processing 可以用来制作网络应用、博物馆和美术馆的艺术装置、公共空间的展览互动装置。比如，我曾经使用 Processing 在纽约市军队总部的大厅里制作一个实时的图像视频墙，它展示在 120 英尺⊖ ×12 英尺（没有错，是英尺！）大的屏幕上。

⊖　1 英尺 = 0.3048 米。

Processing 不仅适合于项目制作，它还非常容易上手，它真的很棒。它是免费的、完全开源的软件；它的界面简洁；它是基于视觉的工具；它还非常有趣；它是面向对象的语言（后面会讲解）。此外，它能够在 Mac 端、PC 端以及 Linux 机器上运行。

但是 Processing 的一个短板是对于网页的兼容性不足。2001 年，在 Processing 刚诞生的时候，Java applet 是将实时图形项目发布到网页的主要方法。可是到了 2015 年，Java applet 已经不复存在。由 Lauren McCarthy 倡导的 Processing 基金会的 p5.js 项目（http://p5js.org）现在成为一个新的选择。关于这点，本书第 21 章将会具体探讨。

说了这么多，我就是想告诉你不要再去纠结应该选择哪门编程语言了，应该把精力集中到学习 Processing 编程的基本原理上。这方面的知识将有助于你超越本书的有限内容，帮助你学习其他任何编程语言。

把想法直接写在这本书上

假如你是一名小说家或者剧本作家，你的写作时间仅仅是坐在计算机前打字的时间吗？大多数情况下并不是这样。或许是晚上躺在床上的时候，脑海中突然出现了一些想法；或许是坐在公园的长椅上惬意地喂着鸽子时，脑海中上演着一幕幕的对话；又或许是有一天晚上在酒吧，你在纸巾上快速勾勒出一个精彩的故事情节。

好吧，其实编写软件、程序、代码并没有什么不同。只是由于编程工作本质上和计算机紧紧捆绑在一起，因此你常常会忘记这一点。但有机会的话，你一定要让你的头脑发散、畅想。在远离办公桌、电脑的时候去头脑风暴一些奇思妙想。就我个人而言，我常常在慢跑的时候完成了编程工作最棒的构思。

当然，使用电脑实际输入代码的部分也是非常重要的。我的意思是，虽然不可能仅仅通过舒舒服服地躺在游泳池里就能完成一个复杂的任务，但如果只是每天伏案工作，面对着刺眼的显示器，这是远远不够的。

所以，随时在书上做笔记就是一个好的方法，这样能锻炼你离开键盘后思考代码的能力。我已在本书中包含了许多填空形式的练习题。（这些练习题的所有答案都可以在本书配套网站 http://learningprocessing.com 上找到，方便你检查自己的答案。）充分利用本书的空白处吧！每当你有灵感和想法的时候，就迅速把它们写到书上。把本书当成一个练习册或者速写本。（当然，你也可以使用自己的速写本。）

最后我建议，你要花一半的时间在不用电脑的时候阅读本书，另一半时间则是坐在计算机旁，实践本书中的示例。

我应该如何阅读本书

最好是按照章节顺序阅读。第 9 章之后，你就可以轻松地随便翻看本书了，但是前面几章，建议你按照顺序来读。

本书按照先后顺序教你编程。更高级的阅读方式则是：根据自己的需要跳读，将本书作为一个参考文档来使用。本书的前一半内容都是首先讲解一个示例，然后一步一步分解这个示例中所涵盖的知识点。除此以外，计算机编程的基本原理是按照一个特定的顺序来逐步呈现的，这个顺序是多年来在纽约大学帝势艺术学院的互动电信项目中许多同学反复摸索之后的结果（http://itp.nyu.edu）。

我将本书所有 23 章内容分为十节课。前面 9 章介绍了计算机图形学，涵盖了计算机编程的基本原理。第 10～12 章则暂停讲授新知识，转向讨论如何用增量方法（incremental approach）构建更加大型的项目。第 13～23 章继续拓展基础知识，并且展示一系列更加高级的话题，涉及 3D、直播视频和数据可视化等。

这些内容分为容易理解的几个部分。每节课的末尾，我都准备了一个项目，建议你从单纯阅读本书的过程中转换下思维，尝试将该节课中的全部内容整合为一个完整的项目。我也为这个项目提供了一些建议，但它们真的仅仅是建议而已。

这是一本教科书吗

本书既可用作编程课程导论的教科书，也可以用来自学。

这里，我要再次提及：本书的基本结构直接来自于 ITP 的"计算媒体导论"课程。如果没有同事和这门课数百名学生的帮助（我多么希望我可以把他们所有人的名字都写在这里），本书是不可能完成的。

坦白讲，本书的内容要比针对初学者的一学期课程要多一些。本书共计 23 章，我曾经在课堂上详细讲过其中 18 章内容。可是，不论你是否将本书作为课程教材或是自学读物，你完全可以在几个月里消化本书的知识。当然，你也可以读得更快，但是如果你要在 Processing 中测试本书的代码，并且完成课后项目，确实是需要一段时间的。那些所谓"10 天上 10 节课就能学会编程"的书看似非常吸引人，但实际并不现实。

下面是一个用 14 周时间学完本书内容的参考计划。

第 1 周	第一节课：第 1～3 章
第 2 周	第二节课：第 4～6 章
第 3 周	第三节课：第 7～8 章
第 4 周	第四节课：第 9 章
第 5 周	第五节课：第 10～11 章
第 6 周	期中！（继续第五节课：第 12 章）
第 7 周	第六节课：第 13～14 章
第 8 周	第七节课：第 15～16 章
第 9 周	第八节课：第 17～19 章
第 10 周	第九节课：第 20～21 章
第 11 周	第十节课：第 22～23 章
第 12 周	最终项目研讨会
第 13 周	最终项目研讨会
第 14 周	最终项目展示

本书有测验题目吗

师傅领进门，修行在个人。真正的窍门在于练习，练习，练习。假设你现在是 10 岁的孩子，在学习小提琴课程，老师肯定会跟你讲每天都要练习。同理，要完成本书提供的练习，如果可能的话每天都要练习。

作为初学者，在学习的过程中，一开始可能并不会提出自己的想法，而这也就是那些练习存在的目的。不过，如果你有自己开发项目的想法，那就跳过练习，尝试去实现它。

　　大多数练习都是小的演练，几分钟就能完成。有一些则会稍难，可能需要一小时才能完成。在整个学习过程中，有时候可能要暂停学习新知识，花上几小时、一天甚至一周时间来完成一个项目，这也会让你收益颇丰。正如我之前提到的，这就是我这样安排课程结构的用意。我建议你在每节课结束后，暂停阅读，自己用 Processing 做一些小项目、小练习。本书每节课后面都提供给你项目的建议。

　　本书所有练习的答案都可以在其配套网站上找到。

本书有配套网站吗

　　本书的网址是：http://learningprocessing.com。

　　网站上提供了以下内容：

- 本书所有练习的答案
- 本书所有代码的可下载版本
- 本书所有内容的配套教学视频
- 书中示例的在线版本（通过 p5.js 运行）
- 本书额外的提示和教程
- 问题以及评论

　　本书中的许多示例原本是彩色的，并且具有动态特效，因此书中的黑白和静态屏幕截图无法描绘示例的全部效果。当你阅读时，你可以通过浏览器（使用 p5.js）查看在线示例，或者下载到你的电脑上在本地运行。

　　本书中示例的源代码同样可以在 Learning Processing github 库（https://github.com/shiffman/LearningProcessing/）上找到。我还使用了 github issues（https://github.com/shiffman/Learning-Processing/issues）作为系统工具来发现本书中错误，所以如果你发现本书中有任何错误，请在那里给予反馈。[⊖]你有可能会在本书示例和在线示例之间发现些许差别，但是它们的核心概念是相同的。（例如，为了适合本书的排版布局，书中的示例是以 200×200 的像素大小呈现的，而在线示例的尺寸可能会相对大一些。）

　　本书的配套网站并不能取代 Processing 官方网站 http://processing.org。官方网站提供了 Processing 参考文档和更多的示例，此外，还有一个活跃的论坛。

一步一个脚印

增量开发的理念

　　在你开始学习编程之前，还有一个方法需要和你讨论一下。它是我学习编程的一个重要驱动力，并且也对本书的编写风格产生了巨大影响。这个方法是由我之前的一个教授提出来的，叫做"增量开发的理念"（philosophy of incremental development）。更通俗地讲，就是"一步一个脚印的方法"（one-step-at-a-time approach）。

　　无论你是一个新手还是具有几年编程经验的程序员，当你面对任何一个编程项目时，千万不要落入毕其功于一役的陷阱中去。比如，你的目标可能是创建一个这样的 Processing 程序：使用 Perlin 噪声按照顺序为 3D 顶点图形生成贴图。这个图形可以通过神经网络中的人工智能

⊖　中文版读者请在 https://github.com/hzbooks/learning-processing/issues 上给予反馈。

技术实现自行演化。然后通过基于 Web 的数据挖掘抓取每天的新闻和故事，而这些故事内容的字体颜色用户可以语音控制。

拥有一个宏大的愿景并没有错，但是对你来说很重要的一点是：学会如何将这个愿景分解为几个小的部分然后各个击破。前面的例子有一点荒谬，如果你尝试一次性将那个愿景实现出来，我敢保证你最终不得不用冷敷法治疗你的头痛。

为了进行演示，让我们简化一下，假设你希望编写游戏《Space Invaders》（详见 http://en.wikipedia.org/wiki/Space_Invaders）。注意，尽管本书并不是一本游戏编程书，但本书可以传授给你游戏编程的基本方法。遵循前面介绍的理念，你应该已经知道每一次只编写一部分内容，这就要把编写《Space Invaders》分解为几个部分。下面是我的快速尝试：

1. 编写宇宙飞船的程序。
2. 编写入侵者的程序。
3. 编写记分系统的程序。

这里我将程序分为 3 步！我并没有尝试一次性地解决这个问题。关键就在于将问题分解为尽可能小的部分，有必要的话，甚至可以到极端的地步。毕竟，如果要编写一个诸如《Space Invaders》这样复杂的游戏程序，将其分解为几个相对容易上手的部分，就不会觉得那么不知所措。

请牢记以上内容，接下来我开始着手稍微复杂一点的工作，将第 1 步分解为更小的部分。在这里我打算编写 6 个子程序，第一个也是最简单的：显示一个三角形。后面每一步我都会进行小小的改进：移动三角形。随着程序变得愈加复杂，最终我就能够完成整个程序的编写。

1. 编写宇宙飞船的程序。

   a. 在屏幕上绘制一个三角形。这个三角形将会成为宇宙飞船。
   b. 将三角形置于屏幕的底端。
   c. 将三角形置于它之前位置的偏右一侧。
   d. 将三角形变为动态图形，使得它从左侧移动到右侧。
   e. 仅当按向右的方向键时，三角形才会从左侧移动到右侧。
   f. 当点击向左的方向键时，三角形从右侧移动到左侧。

当然，这些仅仅是整个《Space Invaders》游戏需要的所有步骤当中的一小部分，但是这阐述了一种重要的思维方式。这种思维方式不但使编程更加容易，而且使得调试（debugging）更加方便。

排除故障⊖指的是发现电脑程序中的故障问题并且修复它们，使得程序正常运转的过程。我想你之前曾经听说过故障（bug）这个名词，比如 Windows 操作系统在代码深处偶尔会出现微小而奇怪的错误。对于我们来说，故障是一个更加简单的概念：错误。当你尝试编写某个东西时，很有可能程序并不完全如我们所愿地执行，甚至完全不会。所以说，如果你一开始就把所有内容一次性编写完毕，就很难找到这些故障所在。一步一个脚印的方法则允许你每次处理一个故障。

除此以外，增量开发（incremental development）也非常适合面向对象编程（object-oriented programming）方法，这是本书的核心原则。对象（object）这一概念将会在本书第 8 章进行介

⊖ 术语"调试"来自于一个虚构的故事：故障的原因是一只蛾子被困在了计算机科学家 Grace Murray Hopper 的电脑的继电器电路中。

绍，它将有助于你以模块化的方式开发项目，同时也为构建和分享代码提供了一个很好的方法。可复用性（reusability）也非常关键。例如，如果你已经为《Space Invaders》游戏编写了一个宇宙飞船的程序，现在想让该程序在行星游戏上运行，你可以抓取你需要的部分（也就是宇宙飞船部分的代码），在新的程序中围绕该部分继续进行开发。

算法

归根结底，计算机编程实际是编写算法。算法（algorithm）是用于解决一个特定问题的一系列有序指令。增量开发（对于你来说，本质上是一种算法）的理念就使得编写一个用于实现你想法的算法更加容易。

开始学习第1章之前，作为一个练习，尝试去写一个关于你每天都会做的事情的算法，比如刷牙。尽量使这些指令看上去非常直白、简单。（比如：将牙刷往左边移动1厘米。）

设想下你需要为一个完全不熟悉牙刷、牙膏以及牙齿的人提供一个完整的指令帮助他完成刷牙任务。这其实就是编写程序了。计算机只不过是一个善于遵循精确指令的智能机器，它并不能理解这个世界。接下来，你就要以一个程序员的身份开始你的旅程、你的故事和你的新生活。你将学习如何与你的计算机朋友交谈。

练习I-1 入门练习：编写刷牙指令。

一些建议：
- 你是否会基于不同的条件做不同的事情？在你的指令中是否会使用词语"如果"（if）和"否则"（otherwise）？（例如：如果水非常凉，那么加入温水；否则，加入凉水。）
- 在你的指令中使用单词"重复"。例如：上下移动牙刷。重复五次。

同样，注意我是从第0步开始的。在编程过程中，通常是从0开始算起的，因此最好从现在就养成习惯！

如何刷牙 _____

第0步：_____

第1步：_____

第2步：_____

第3步：_____

第4步：_____

第5步：_____

第6步：_____

第7步：_____

第8步：_____

第9步：_____

目 录

Learning Processing：A Beginner's Guide to Programming Images, Animation, and Interaction, Second Edition

Learning Processing：A Beginner's Guide to Programming Images, Animation, and Interaction, Second Edition

开　始

像　　素

千里之行，始于足下。

——老子

本章主要内容：
- 明确像素和坐标的概念
- 绘制基本图形：点、线、矩形、椭圆
- 颜色：灰度、RGB
- 颜色：alpha 透明度

请注意，你在本章并不会真正开始编程！你只是使用基于文本的指令在屏幕上创造图形，请尽情享受这个过程带给你的愉悦。事实上，这些文本指令就是"代码"！

1.1　坐标纸

本书会教授你如何通过计算媒介进行编程，我们以 Processing 开发环境（http://www.processing.org）为基础进行讨论和举例。在一切开始之前，你要像八年级的学生一样，拿出坐标纸，在上面画一条线。两点之间距离最短的是经典的直线，我们的学习就从这两点一线开始。

图 1-1 展示了点 A（1，0）和点 B（4，5）之间的一条线段。如果你想指导一个朋友绘制同样的线段，你会跟他说："请绘制一条始于点（1，0），止于点（4，5）的线段。"此刻，想象你的朋友是一台计算机，你想指导这个数码家伙在它的屏幕上绘制出同样的线。其实上述指令同样适用于计算机（只是此时你可以忽略掉朋友之间的客套寒暄，而需要留意的是精确的指令格式）。这条指令如下所示：

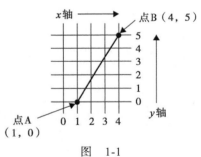

图　1-1

```
line(1, 0, 4, 5)
```

祝贺你，你已经写完了第一行计算机代码！稍后，我会告诉你关于这行代码的具体格式要求。现在，我们为电脑提供了一条指令（我称之为函数（function）），并且命名为直线（line）让它来执行。此外，我们还声明了绘制从点 A（1，0）到点 B（4，5）直线的实参（argument）。如果把这条线的代码比作句子，那么函数就是谓语动词，实参则是句子的宾语。只是代码以分号而不是句号结尾，如图 1-2 所示。

这里，关键是要注意计算机屏幕不过是一张精致的坐标纸。屏幕中的每个像素都具有一个坐标，即两个数值：x 坐标（横坐标）和 y 坐标（纵坐标）。

从点A（1，0）到点B（4，5）绘制一条直线。

| 谓语动词 | 宾语 | 宾语 |

图　1-2

这样就决定了一个点在平面中的位置。你的任务就是在这些像素坐标上指定图形的形状和颜色。

坐标纸和电脑窗口的坐标系都采用笛卡儿坐标系统（Cartesian coordinate system），并且将原点（0，0）置于坐标系中央。不同的是：坐标纸的 y 轴正半轴朝上，x 轴的正半轴朝右（y 轴负半轴和 x 轴负半轴分别朝下和朝左）；而在电脑窗口的坐标系中，y 轴方向是相反的。原点（0，0）在屏幕的左上方，原点右侧是 x 轴正半轴，原点下侧是 y 轴正半轴，如图 1-3 所示。

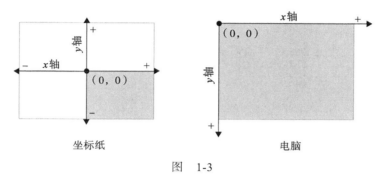

图 1-3

练习 1-1：通过观察绘制一条直线的过程——line（1，0，4，5），猜想应该如何绘制矩形、圆和三角形？首先用文字写出如何绘制，然后尝试用代码写出。

汉语：_____
代码：_____
汉语：_____
代码：_____
汉语：_____
代码：_____
待会回来看一下你猜想的代码和 Processing 实际的代码是否一致。

1.2 绘制基本图形

本书绝大部分的编程示例都是自然可视的。不论你最终希望利用 Processing 学习制作交互游戏，还是艺术算法，还是动态 logo 设计（在这里，思考一下你学习 Processing 的目的），最核心的是，每一种视觉编程都包含像素的设定。了解 Processing 运行方式的最简单方法是首先学习绘制基本图形。这和在小学里学习绘画并没有太大区别，只是这里的工具由蜡笔变成了代码。

首先，从图 1-4 中的四个基本图形开始。

针对每个图形，先问下自己需要什么数据信息才能确定图形的坐标和大小（后面还会增加颜色），然后思考下 Processing 希望会以怎样的方式接收这些数据信息。下面图表（从图 1-5 到图 1-11）的窗口宽度和高度均为 10 像素。其

点　　　　线　　　　　矩形　　　椭圆

图 1-4

实真正开始编程之后，你通常会使用更大的窗口（因为 10×10 像素只占据屏幕几毫米的空间）。但是，出于示范的目的，小尺寸的窗口更容易呈现出图像在坐标纸上的效果，从而帮助我们理解每一行代码。

点是构成图形的最基本元素，要绘制一个点，只需要一个坐标（x，y），如图 1-5 所示。绘制一条直线也不是很困难，只需要两个点，如图 1-6 所示。

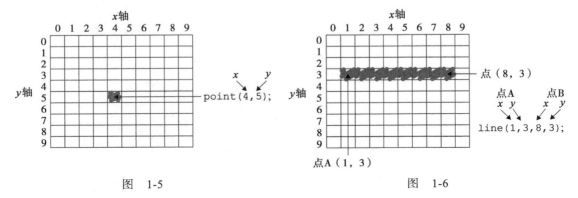

图   1-5   图   1-6

开始绘制矩形后，就会稍微有点复杂了。在 Processing 中，矩形由左上角点的坐标、矩形的宽度值，以及矩形的高度值三者确定，如图 1-7 所示。

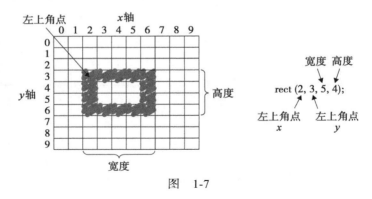

图   1-7

绘制矩形的第二种方法是：确定矩形中心点坐标、矩形宽度值和高度值，如图 1-8 所示。注意，在采用这种绘制方式之前，需要事先指定 CENTER 模式，因为 Processing 默认的模式是 CORNER（见图 1-7）。另外注意 Processing 是区分字母大小写的。

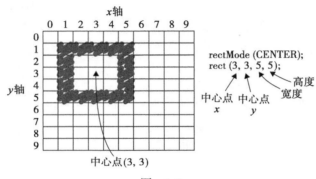

图   1-8

绘制矩形的第三种方法是确定矩形的两个点坐标：矩形左上角点和右下角点。这种绘制模式是 CORNERS（见图 1-9）。

了解了矩形的绘制方法之后，椭圆的绘制也就很好理解了。实际上，椭圆绘制和矩形绘制 rect() 大同小异，绘制椭圆时，可以想象有一个矩形的边界框[⊖]（见图 1-10）。与矩形 rect() 的 CORNER 模式不同，椭圆 ellipse() 的默认绘制模式是 CENTER，如图 1-11 所示。

必须承认，图 1-11 中的椭圆看上去并不是特别圆滑。Processing 有一个选择使用哪些像

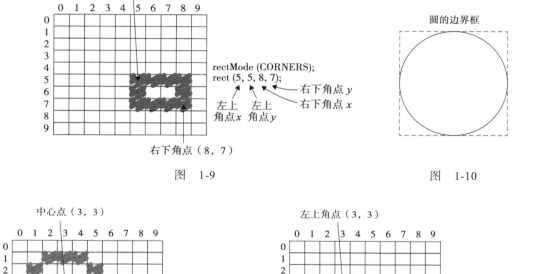

图　1-9　　　　　　　　　　　　　图　1-10

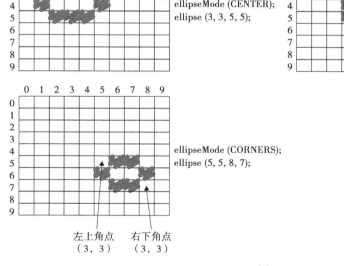

图　1-11

⊖　计算机图形学中，一个图形的边界框是指能够涵盖该图形的最小的矩形。例如，一个圆的边界框如图 1-10 所示。

素创建圆的内置方法。放大后，你会发现有很多小方块以近似圆的方式进行排列，但是缩小到一定程度后，你就会看到一个完美的圆。在后续章节，你会发现使用 Processing 可以创建自己的算法，能让你单独对图形的每个像素点进行着色（当然，有可能你已经想到可以使用 point() 命令逐点进行绘制），但是目前，最好使用 ellipse() 命令执行这个工作。

当然，Processing 函数库中不仅仅只有点、直线、椭圆和矩形的图形绘制命令。在第 2 章，你会看到 Processing 语言参考文档提供了绘制函数的完整列表，以及对应的实参要求、句法示例和相应的图形输出。当前，作为练习，你可以尝试想象一下其他的图形应该需要什么样的实参，如图 1-12 所示，依次为：triangle()、arc()、quad() 和 curve()。

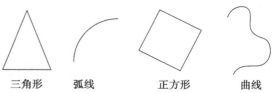

三角形   弧线   正方形   曲线

图   1-12

练习 1-2：使用下面的空白图表，根据代码粗略绘制出图形。

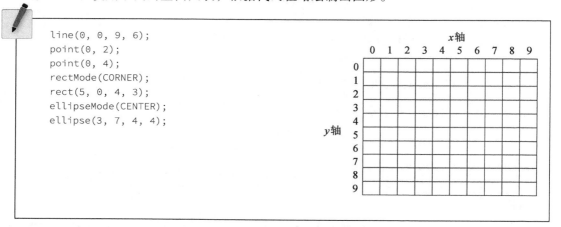

```
line(0, 0, 9, 6);
point(0, 2);
point(0, 4);
rectMode(CORNER);
rect(5, 0, 4, 3);
ellipseMode(CENTER);
ellipse(3, 7, 4, 4);
```

练习 1-3：根据下面的图形，反向推导出初始的图形绘制指令。

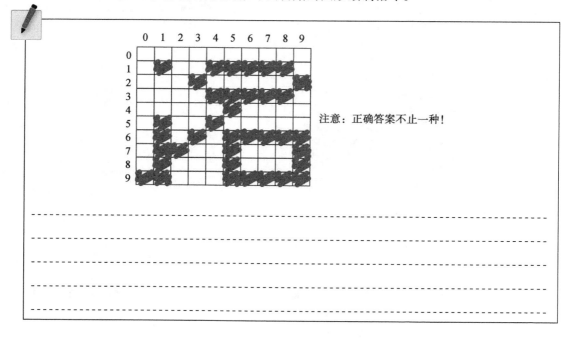

注意：正确答案不止一种！

1.3　灰度模式

正如 1.2 节所讨论的，在屏幕上构建图形至少要知道像素坐标。你已经非常礼貌地指导计算机在某个特定的位置绘制了特定大小的图形。但是，还有一个非常关键的内容没有介绍——颜色。

在数字化的世界里，精确性是非常重要的。比如，"嗨，你能将那个圆设定为蓝绿色吗？"之类的话是没有意义的。因为，颜色是通过一系列具体的数值来定义的。下面举一个最简单的例子：灰度（grayscale）。为灰度指定数值的方法如下：数值 0 代表黑色，数值 255 代表白色，而在此之间的其他数值（50、87、162、209 等）代表的是由黑色逐渐到白色的过渡色，如图 1-13 所示。

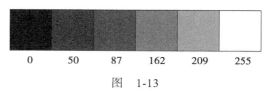

图　1-13

你是否感觉 0～255 的取值看上去太随意？

对于某个指定图形的颜色信息，它是存储在计算机内存中的。内存实质上是采用二进制系统，由 0 和 1 构成的一个长序列。每个 0 或 1 就是一个比特（bit），比特是数据存储的最小单位，8 比特就称为一个字节（byte）。想象一下，如果你有 8 比特（也就是 1 字节），对它们按照顺序进行排列，那么总共有多少种排列方式？答案是 256 种（如果你对二进制数进行一点研究就会证明这一点），也就是 0 到 255 之间的一系列数字。Processing 使用 8 位颜色描述灰度范围（grayscale range），使用 24 位颜色（红、绿和蓝三种颜色分别包含 8 位，详见 1.4 节内容）描述全彩色（full color）。

理解了颜色的工作机制，现在就可以回到 1.2 节，为你绘制的图形设置特定的灰度颜色了。在 Processing 中，每一个图形都有 stroke() 函数，或 fill() 函数，或者两者兼有。stroke() 函数可以设置图形轮廓的颜色，fill() 函数可以设置图形的填充颜色。很明显，线条和点只能使用 stroke() 函数。

如果你忘记指定颜色值，那么 Processing 默认使用黑色（0）作为线条颜色，白色（255）作为填充颜色。注意，由于我使用了尺寸为 200×200 像素，也就是一个相对大一些的窗口，因此，也要使用与窗口对应的合适大小的矩形坐标数值，如图 1-14 所示。

```
rect(50, 40, 75, 100);
```

在绘制图形之前，通过增加 strok() 和 fill() 函数可以设置颜色。这很像指导你朋友用一只专用笔在绘图纸上画画，你应该在他开始画之前而不是之后告诉他选好颜色。

另外还有一个函数 background()，它可以在图形渲染时设置窗口的背景色。

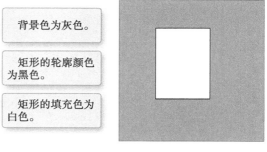

背景色为灰色。

矩形的轮廓颜色为黑色。

矩形的填充色为白色。

图　1-14

示例 1-1：stroke() 和 fill()

```
background(255);
stroke(0);
```

```
fill(150);
rect(50, 50, 75, 100);
```

使用 noStroke() 和 noFill() 函数可以禁用线条颜色 stroke() 和填充色 fill()，前者使得轮廓线消失，后者使得填充色消失。你的直觉可能是想使用 stroke(0) 来禁用轮廓线，但是，要注意 0 并不是"什么都没有"，而是意味着黑色。此外，注意不要同时使用 noFill() 和 noStroke()，否则不会显示任何东西！

图   1-15

示例 1-2: noFill()

```
background(255);
stroke(0);
noFill();
ellipse(60, 60, 100, 100);
```

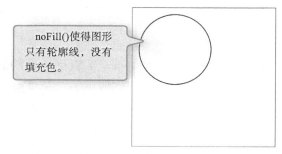

noFill()使得图形只有轮廓线，没有填充色。

图   1-16

在绘制图形时，Processing 总是使用最近设定的 stroke() 和 fill()，从上到下逐行执行代码（见图 1-17）。

```
background(150);
stroke(0);
line(0, 0, 200, 200);
stroke(255);
noFill();
rect(25, 25, 75, 75);
```

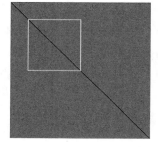

图   1-17

练习 1-4：猜想需要什么样的指令能够完成下面的图形。

1.4 RGB 颜色

前面几节的内容帮助你学习了像素坐标、图形尺寸等基础知识。现在是时候学习数位色彩的基础知识了。回想一下童年，还记得手指画吗？通过混合最基础的三种原色，我们可以得到任何颜色。如果将所有颜色混合在一起，会导致浑浊的棕色。而且你混合的颜料越多，就变得越暗。

数位色彩（digital color）同样是混合三种基础颜色来实现的，但其运行机制和绘画颜料有所不同。首先，数位色彩的色光三原色是不同的：红、绿和蓝（RGB 三个字母所对应的 red、green 和 blue）。其次，数位色彩以光来合成颜色，而不是用颜料来合成，因此其颜色叠加模式也不同。

- 红＋绿＝黄
- 红＋蓝＝紫
- 绿＋蓝＝青（蓝绿）
- 红＋绿＋蓝＝白
- 没有颜色＝黑

上述假定颜色尽可能鲜艳，当然，你也可以只混合一定量的颜色。比如，一部分的红色加上一部分的蓝色等于灰色，一点红色加上一点蓝色等于深紫色。

尽管对你来说可能需要一些时间来消化数位色彩的运行机制，但使用 RGB 颜色进行编程和试验的次数越多，你越会发现它就像用手指来调和颜色一样，是很容易理解的。当然，你并不能对计算机说"在红色里面混合少量蓝色"，你必须要提供精确的数值。就像在灰度中，每一种单独的颜色元素用 0（一点颜色也没有）到 255（尽可能多的颜色）的数字来表示，RGB 颜色是按照红绿蓝的顺序列出的。通过颜色混合试验，你可以更快地掌握 RGB 颜色。接下来，我会讲解一些使用常见颜色的代码。

注意，本书的印刷版本只能够呈现给你 Processing 草图的黑白版本，但在本书的配套网站 http://learningprocessing.com 上，你可以看到每一个草图的彩色版本。同样，你也可以在 Processing 网站（https://processing.org/tutorials/color/）看到一个彩色版本的教程。

示例 1-3：RGB 颜色

```
background(255);
noStroke();

fill(255, 0, 0);          亮红
ellipse(20, 20, 16, 16);

fill(127, 0, 0);          暗红
ellipse(40, 20, 16, 16);

fill(255, 200, 200);      粉色（浅红）
ellipse(60, 20, 16, 16);
```

图　1-18

Processing 提供了一个颜色选择器（color selector）来辅助你选择颜色。你可以通过"工具"（在菜单栏）找到"颜色选择器"，如图 1-19 所示。

练习 1-5：完成下面的程序。猜测应该填写的 RGB 数值（可以阅读完下一章之后在 Processing 中检查你的答案）。你同样可以使用图 1-19 所示的颜色选择器。

图　1-19

```
fill(_____,_____,_____);          亮蓝
ellipse(20, 40, 16, 16);

fill(_____,_____,_____);          深紫
ellipse(40, 40, 16, 16);

fill(_____,_____,_____);          黄色
ellipse(60, 40, 16, 16);
```

练习 1-6：下面每一行代码会生成什么颜色？将答案填写在空白处。

```
fill(0, 100, 0);         _____

fill(100);               _____

stroke(0, 0, 200);       _____

stroke(225);             _____

stroke(255, 255, 0);     _____

stroke(0, 255, 255);     _____

stroke(200, 50, 50);     _____
```

1.5 颜色透明度

除了红、绿和蓝这三种构成颜色的最基础元素之外，还有一个可选的第四种元素，就是颜色的 alpha 值。alpha 值指的是不透明度，当需要实现一个图形在另外一个图形之上半透明的叠加效果时，alpha 非常有用。一张图像的 alpha 值在很多时候被统称为"alpha 通道"。

你要知道，屏幕显示的像素并没有真正变透明，这只是一个颜色混合的错觉。实际上，Processing 通过一个颜色百分比与另外一个颜色的百分比的混合叠加计算，创造出视觉上混合的效果。（如果你对编写"玫瑰色"眼镜感兴趣，你可以从这开始。）

alpha 值的取值范围是 0～255，数值为 0 时，是完全透明的（也就是不透明度为 0%），数值为 255 时，是完全不透明的（也就是不透明度为 100%）。示例 1-4 的代码显示的效果如图 1-20 所示。

示例 1-4：不透明度

```
background(0);
noStroke();

fill(0, 0, 255);          若没有第四个实参，将意味着100%的不透明度
rect(0, 0, 100, 200);

fill(255, 0, 0, 255);     255意味着100%的不透明度
rect(0, 0, 200, 40);

fill(255, 0, 0, 191);     75%的不透明度
rect(0, 50, 200, 40);
```

图   1-20

```
fill(255, 0, 0, 127);        50%的不透明度
rect(0, 100, 200, 40);

fill(255, 0, 0, 63);         25%的不透明度
rect(0, 150, 200, 40);
```

1.6　自定义颜色取值范围

RGB 颜色取值为 0～255，但这并不是 Processing 处理颜色的唯一方法。在后台的计算机内存中，颜色通常是以一系列 24 位（在有 alpha 值的情况下是 32 位）的方式进行计算的。不过，Processing 允许你以任何喜欢的方式来自定义颜色的取值范围，它允许你使用计算机可以理解的任何数字。例如，你可能倾向于将颜色以 0 到 100 的方式（就像百分比）来定义颜色。你可以在 Processing 中使用 colorMode() 函数来实现。

```
colorMode(RGB, 100);        使用colorMode()函数可以自定义颜色取值范围。
```

上述代码的意思是："好的，我想以红、绿和蓝的方式来处理颜色，并且 RGB 颜色的取值范围是 0～100。"

你还可以对每种颜色构成分别采用不同的取值范围，但是这并不方便：

```
colorMode(RGB, 100, 500, 10, 255);
```

上述代码的意思是："红色的取值范围是 0～100，绿色的取值范围是 0～500，蓝色的取值范围是 0～10，alpha 的取值范围是 0～255。"

最后，虽然 RGB 颜色已经可以满足你所有的编程需要了，但是你也可以使用 HSB 颜色模式（三个字母分别对应：hue（色调）、saturation（饱和度）和 brightness（亮度））。虽然 HSB 的取值范围默认也是 0～255，但是常用的颜色取值范围如下所示：

- 色调——颜色本身的色调（红色、蓝色、橙色等）取值范围为 0～360（将 360° 想象成一个颜色轮盘）。
- 饱和度——颜色的鲜艳程度，取值范围为 0～100（可以想象成百分比）。
- 亮度——颜色的亮度值，取值范围为 0～100。

练习 1-7：使用简单的图形和颜色设计一个生物形象。首先尝试仅仅使用点、线、矩形和椭圆手绘出一个生物造型。然后尝试编写出这个生物造型的代码，使用本章讲到的 Processing 命令：point()、line()、rect()、ellipse()、stroke() 和 fill()。下一章，你将有机会在 Processing 中运行你的代码进行测试。

示例 1-5：展示了我设计的 Zoog 代码，对应的输出结果如图 1-21 所示。

```
background(255);
ellipseMode(CENTER);
rectMode(CENTER);
stroke(0);
fill(150);
rect(100, 100, 20, 100);
fill(255);
ellipse(100, 70, 60, 60);
fill(0);
ellipse(81, 70, 16, 32);
ellipse(119, 70, 16, 32);
stroke(0);
line(90, 150, 80, 160);
line(110, 150, 120, 160);
```

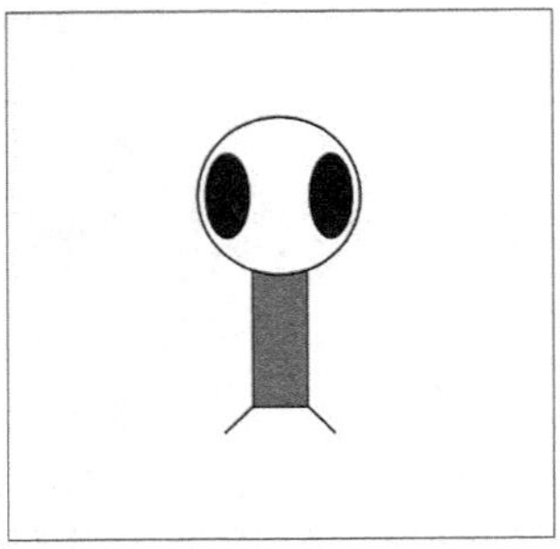

图 1-21

这个示例向你展示了通过 Processing 制作出来的一个生物形象，名为 Zoog。在本书的前 9 章课程内容中，我将会为你讲解 Zoog 的整个童年。通过展示 Zoog 逐渐长大的过程讲述 Processing 编程的基础知识。你首先会看到 Zoog 最初的模样，接下来会学习制作具有互动性的以及动态的 Zoog，最后，还会学习复制 Zoog 从而创造出许多的 Zoog。

这里，我建议你设计属于自己的一个"宠物"形象（注意没有必要必须设计一个人形的或者类似生物的形态，任何编程得到的图形都可以），然后通过前 9 章的课程，不断让你的宠物不断进化成长。在大多数情况下，每个示例（在前面几章）只需要你改变宠物的一小部分。这个过程有助于你巩固对于计算机编程基本要素的知识（变量、条件语句、循环、函数、对象和数组）的理解，这样让你为后面的学习做好准备：Zoog 逐渐长大，离开家，到更加高级的编程当中去冒险，也就是本书第 10 章以后的内容。

Processing

未来计算机的重量也许不超过 1.5 吨。

——美国《大众机械学》（*Popular Mechanics*）杂志，1949

带我去见你的首领。

——Zoog，2008

本章主要内容：

- 下载和安装 Processing
- Processing 界面
- Processing 速写本
- 编写代码
- 错误
- Processing 参考文档
- 运行按钮
- 你的第一个草图

2.1 让 Processing 来拯救你

既然你已经掌握了图形以及 RGB 颜色的基本知识，现在是时候将学到的知识运用到编程中了。幸运的是，你将使用的编程环境是 Processing，它是一个自由开源的软件，由麻省理工学院媒体实验室的 Ben Fry 和 Casey Reas 在 2001 年开发的（更多关于 Processing 的发展历程请看本书的前言部分）。

Processing 中关于图形绘制的核心函数库会提供即时的信息反馈和线索，让你明确代码的功能。由于它的编程语言采用和其他编程语言相同的逻辑、结构和概念（尤其是和 Java 语言相比），所以你学到的关于 Processing 的所有编程内容就是真正的编程。也就是说，它并不是一种让你快速掌握的虚拟代码；它和其他编程语言具有相同的基本原理和核心概念。

阅读完本书，并开始进行编程之后，你可能会在学术或专业生涯中继续使用 Processing 作为原型开发或者生产工具；也有可能将 Processing 中掌握的编程知识运用到其他语言，触类旁通；也有可能，你发现编程根本不是你的专长。不管怎样，本书中 Processing 的基础编程知识都将有助于你和其他设计师以及程序员进行合作。

虽然你可能觉得没有必要，但我想再次强调下选择学习 Processing 的优势。毕竟，本书的主要目标是在计算机图形学和设计学的背景下讲授计算机编程的基础知识。花点时间认真考虑选择什么样的编程语言作为一本书、一门课、一项家庭作业、一个网络应用、一个软件套装的开发工具是非常有必要的。既然你已经决定以一名计算机程序员的身份开始编程，那么有个问题将会一而再、再而三的被提及：我需要通过编程从而完成一个关于_____的项目；我应该使用什么编程语言？

对于我来说，这个问题并没有标准答案。任何一门能让你产生兴趣去尝试的都是很棒的编程语言。但是对于初学者来说，Processing 绝对是不二之选。它的简洁性尤其适合初学者。在本章的末尾，你就可以开始运行编写的程序，并学习编程的基础概念了。但是 Processing 的优点并不仅仅在于简洁。建议你看一下 Processing 在线作品（http://processing.org/exhibition），这些完全用 Processing 设计的作品将会向你全面展示 Processing 强大的功能和创造性。阅读完本书，掌握了所有的知识后，你完全能够将自己的想法变为现实。Processing 是你学习和创作的好帮手；其他语言和开发环境事实上很难同时做到以上几点。

2.2　如何下载 Processing

大多数情况下，本书假定你已经具有操作个人电脑的基础知识。好消息是 Processing 可以免费下载。前往 processing.org 然后进入下载页。注意，本书是针对 Processing 3.0 系列编写的，我建议在页面顶端下载最新版本。如果你是 Windows 用户，会看到两个选项：Windows 32-bit 和 Windows 64-bit，两者的区别取决于电脑处理器。如果你不确定你使用的 Windows 系统版本，可以通过右键单击我的电脑，查看属性来获取。对于 Mac OS X 平台，只有一个下载选项。Processing 同样也有适用于 Linux 的版本。由于电脑操作系统和程序不断更新，如果你发现本段描述的内容已经不再适用新的系统，请前往 Processing 下载页查看你需要的信息。

下载到本地的 Processing 软件是压缩文件。选择合适的路径保存软件（Windows 系统中通常在 " C:\Program Files\"，Mac 系统通常在 "应用程序" 中）解压缩文件，找到可执行文件，运行它。

练习 2-1：下载并安装 Processing。

2.3　Processing 应用程序

Processing 开发环境是编写计算机代码的简化环境。它非常简洁，是由一个简单的文本编辑器（例如 TextEdit 或者 Notepad）和作品展示窗口组成的。每一个草图（sketch）都有一个对应的文件名称、编写代码的区域，以及运行速写本的按钮，如图 2-1 所示。（注意，编著本书时，Processing 版本是 3.0 alpha 版本 10，因此你下载的版本可能会稍有不同。）

为了确保一切运转正常，运行 Processing 内置的示例是一个好办法。操作方法如下：找到 "文件"（File）→ "范例程序"（Examples）→（选择一个范例程序，在此建议你选择：Topics → Drawing → ContinuousLines），如图 2-2 所示。

打开范例程序后，如图 2-1 所示点击运行按钮。如果此时弹出一个窗口，并能够自动运行这个示例程序，那么说明 Processing 一切准备就绪！如果示例程序无法运行，可以访问常见问题解决网站（https://github.com/processing/processing/wiki/troubleshooting），查找 "Processing won't start!"，寻找相应的解决办法。

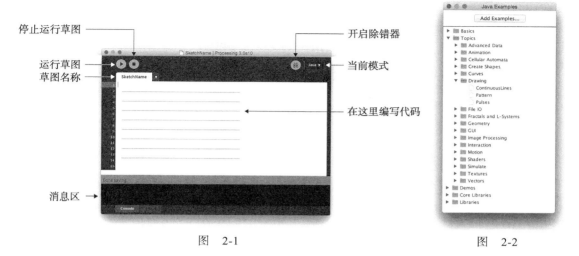

图   2-1   图   2-2

练习 2-2：从 Processing 范例程序中打开一个示例并运行。

　　Processing 能够全屏显示（在 Processing 中，是通过"展示模式"（Present mode）实现的），我们可以通过以下菜单选项找到它："速写本"→"展示模式"（或者使用 shift 键的同时点击运行按钮）。注意，它并不能让草图的大小变得和屏幕大小相同。如果你希望草图可以覆盖整个屏幕，则可以使用 `fullscreen()` 函数，在后面，我会有详细的介绍。

　　在"展示模式"的下面，还有一个选项名为"Tweak"，它能够使得程序动态调整数据。不论是草图是仅由颜色组成的简单程序，又或者是由复杂元素组成的程序，它都可以帮助对草图中的参数进行试验。

2.4　速写本

　　作为一个快速生成创意性作品的原型工具，Processing 将用户编写的程序统称为草图，我将会在全书中继续沿用这个名称。速写本（sketchbook）则是用于保存所有草图的文件夹。从技术层面来讲，在 Processing 中运行一个草图的时候，它实际是作为电脑的一个应用程序来运行的。在本书后面的第 21 章会讲到，Processing 允许根据你的草图创建针对特定平台的独立可执行应用程序（stand-alone application）。

　　既然 Processing 中的范例程序都可以顺利运行，接下来就可以创造自己的草图了。点击"新建"按钮会自动生成一个根据日期命名的空白草图文件。这里建议你点击保存并重命名文件。（注意：Processing 的草图文件命名不允许存在空格和连字符，而且文件名不能以数字开头。）

　　第一次运行 Processing 时，会自动创建一个默认名为"Processing"的目录，用来存储所有的草图文件。Windows 系统下，它位于"我的文档"中；OS X 系统下，它位于"文稿"中。当然，你也可以在硬盘中自定义目录位置。这可以通过打开 Processing 的偏好设置功能进行修改（位于主菜单的"Processing"中）。

每一个草图都有一个独立的文件夹（文件夹名称和草图名称相同），Processing 开发环境所创建的文件扩展名为"pde"。举个例子：比如你的 Processing 草图名称为"MyFirstProgram"，那么就会相应的有一个名为"MyFirstProgram"的文件夹，其中有一个名为"MyFirst-Program.pde"的文件。这个文件实际上是一个包含了源代码的纯文本文件（后面你会发现，Processing 草图将会有好几个具有"pde"扩展名的文件）。有些草图文件夹里面也会包含一个叫做"data"的文件夹，这里面是用来保存草图所用的媒体文件，诸如图片文件、音效剪辑等。

练习 2-3：选择前面第 1 章的部分代码指令，将其输入到一个空白草图中。运行该草图，看它是否按照你的想法执行？

2.5 Processing 中的代码

是时候用第 1 章中学习的知识来编写一些代码了。首先，复习一些基本的句法规则（syntax rule）。你可以编写三种类型的陈述语句：

- 函数调用
- 赋值操作
- 结构控制

目前为止，每一行代码都是对一个函数的调用，如图 2-3 所示。剩下的两种类型我会在后面的章节里讨论。每个函数都有一个名称，后面紧跟着圆括号，圆括号内是一组实参。回想下第 1 章，我曾用函数展示如何绘制图形（当时我称之为"命令"或者"指令"）。如果把调用函数比作一个自然语言的句子的话，函数名称就是句子的动词（"绘制"），而实参就是句子的宾语（"点 0，0"）。注意每个调用的函数最后一定要以分号结束，如图 2-4 所示。

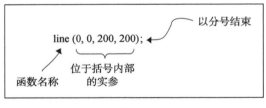

图 2-3

事实上，你已经学过好几个函数了，包括 background()、stroke()、fill()、noFill()、noStroke()、point()、line()、rect()、ellipse()、rectMode()，以及 ellipseMode()。如果草图中有多个函数，Processing 会按照顺序依次执行函数，并将结果显示在窗口中。说到窗口，我突然意识到在第 1 章中我忘记了提及非常重要的一个函数——size()。size() 函数可以用来设定草图窗口的大小，包括两个实参：宽度值和高度值。如果你想实现草图 sketch 全屏，你可以调用 fullScreen() 函数来替代 size() 函数。使用 fullScreen() 函数时，草图的尺寸大小和电脑显示器的分辨率是对应的。size() 函数和 fullScreen() 函数永远都是 setup() 中的第一行代码，而且在任何草图中，只能使用其中一个函数。

```
void setup() {
```

> 不要将任何代码放在size()的前面!

```
  size(320, 240);
```

> 设置一个宽度为320像素，高度为240像素的窗口。

```
}
```

下面是 fullScreen() 函数。

```
void setup() {
```

> 不要将任何代码放在fullScreen()的前面!

```
  fullScreen();
```

> 设置全屏大小的窗口。

```
}
```

我们来看一个例子（见图 2-4）。

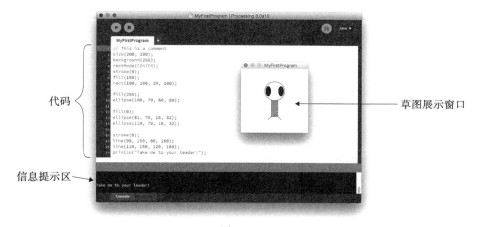

图　2-4

下面还有几个需要特别注意的事项。

- Processing 的文本编辑器会将已知字符（有时是指保留字符（reserved word）或者关键字（keyword））用彩色来表示。这些字符通常是 Processing 库中可用的绘图函数、内置变量（第 3 章我会着重讲到变量这个概念）和常量，以及从 Java 编程语言中继承过来的某些特定字符。

- 有时，如果想要了解程序运行的状态，或者监测特定的变量数值，这时可以使用 println() 函数显示程序的运行信息，它位于 Processing 的最底端。println() 函数可以自带一个或多个实参，将信息在控制台输出。如图 2-4 所示，在这个示例中，我将"Take me to your leader!"这个字符串用引号括起来并输出（更多关于文本的介绍前往第 17 章）。在调试变量的数值时，这种将信息显示到控制台的功能非常好用，也非常方便。针对排除故障也有一个特殊的按钮，它是界面顶端右侧的小昆虫形状的按钮，在第 11 章将会详细讨论。

- 左下角的数字代表了哪一行的代码被选中。同样在代码左侧可以查看该代码行的编号。

- 你可以在代码中写下一些注释。注释是给我们看的，因此对计算机并不起作用。通过书写注释，可以方便用户日后回顾，也有助于别人理解你写的代码，以及之后对代码进行修改等等。使用注释功能的具体方法如下：输入"//"符号，"//"后面的内容都会被 Processing 认定为注释内容。而对于多行注释，要使用"/*"符号作为开始，"*/"符号作为结束。⊖

- Processing 初始默认模式为 Java 模式。它是 Processing 的核心，在 Processing 中，就是用 java 语言来编写代码的。Processing 还提供了其他模式，这里特别要强调的是 Python 模式，它允许你使用 Python 编程语言来编写代码。你可以通过点击右上角的模式按钮尝试其他模式，如图 2-4 所示。

```
// 这里是一行代码内容的注释。

/* 这里是
多行内容
的注释。*/
```

关于注释，一言以蔽之：从现在开始要养成在代码中书写注释的好习惯。尽管刚开始草图代码会非常短非常简单，但是你依然要尽量使用注释。没有注释的代码非常难以阅读和理解。当然没必要每一行代码都写注释，但事实上注释越多，往后你回顾和再使用这些代码花费的时间就会越短。同时书写注释有助于你去思考并理解代码是如何工作的。如果对自己正在进行的工作尚且无法清晰地理解，又怎么能够对正在编写的代码进行注释呢？

本书并不会一直书写注释，因为许多代码并不像在实际的程序那样非常难以阅读。相反，本书会经常使用一些"提示"作为额外的解释，这样能让你举一反三。如果你去网站看本书的示例，那么那些代码通常都是有注释的。总之，在此我要再次强调：养成书写注释的习惯！

```
// 以左上端为起点绘制一条斜线     关于这段代码的一个有用的注释！
line(0, 0, 100, 100);
```

练习 2-4：创建一个空白草图，从第 1 章后面的内容中找一些代码，输入到 Processing 中。为这些代码增加注释来说明这些代码的作用。使用 pintln() 命令，在 Processing 消息区中显示信息，保存草图文件，点击运行按钮。看下文件会正常运行还是会出现错误提示。

2.6 错误提示

前面的示例之所以一直能顺利运行，是因为我没有犯任何错误，本书也没有出现排印错误。然而对于程序员来说，不犯错几乎是不可能的。很多情况下，你点击运行按钮并不总是会成功运行的。如图 2-5 所示，让我们来看下当你犯错时会发生什么。

⊖ 注意，Processing 开发环境中无法输入中文，只能使用英文。——译者注

第10行代码高亮显示 →

错误信息 →

更多的错误细节信息 ———

图　2-5

图 2-5 展示了当你犯了书写错误时会出现的情况——第 10 行代码误将"ellipse"写作
"elipse"。Processing 会在它认为是错误的代码的下方，用红色曲线标出。这种提示信息以
一种相当友好的方式告诉你：Processing 从来没有听说过"elipse"这个函数。这个错误通
过纠正拼写很容易就解决了。如果在点击运行按钮时代码中依然存在错误，Processing 将不
会打开草图展示窗口，而是提示错误信息。当然，并不是所有的错误提示信息都是这么容易
让人理解，随着对本书的不断深入学习，我会不断为你讲解其他类型的错误。本书最后的附
录为你提供了关于 Processing 的常见错误。

> ## Processing 是区分大小写的!
>
> 　Processing 中是对大小写字符做区分处理的。如果你将 ellipse 写成 Ellipse，同样会
> 被认为是错误的。

上面的示例是只发生一个错误的情形。如果有多个错误同时发生，在点击运行时，
Processing 只提示发现的第一个错误。不过，控制台区域会提供全部错误的完整信息，控制
台区域如图 2-5 所示位于底部。一次解决一个错误显然是比较轻松的，这也进一步说明了本
书前言中所讨论的增量开发原则是多么重要。如果你每次只为程序增加一个功能，那么你最
多只会犯一个错误。

练习 2-5：尝试在 Processing 中故意犯一些错误。观察错误提示信息是否和你预想的
相同。

练习 2-6：纠正下面代码中的错误。

```
size(200, 200;          _____

background();           _____

stroke 255;             _____

fill(150)               _____

rectMode(center);       _____

rect(100, 100, 50);     _____
```

2.7 Processing 参考文档

前面我示范的函数（ellipse()、line()、stroke() 等）都是 Processing 库中的内容。"ellipse"不能拼写为"elipse"，rect() 需要使用 4 个实参（x 坐标值、y 坐标值、宽度值、高度值）等这些细节内容是非常直观的，也容易理解，这也证明 Processing 确实非常适合初学者作为学习计算机编程的首选语言。然而，学习这些知识最严谨的方法是阅读 Processing 提供的在线参考文档。虽然本书会涉及参考文档中的部分内容，但这并不能完全替代参考文档的作用。学习 Processing，本书和参考文档都是必需的。

Processing 的参考文档可以在 Processing 官网（processing.org）的"reference"链接中找到。在那里可以按照不同种类或者字母排序来浏览所有的函数。比如，如果你在查看 ellipse() 函数的页面，会看到相关解释内容，如图 2-6 所示。

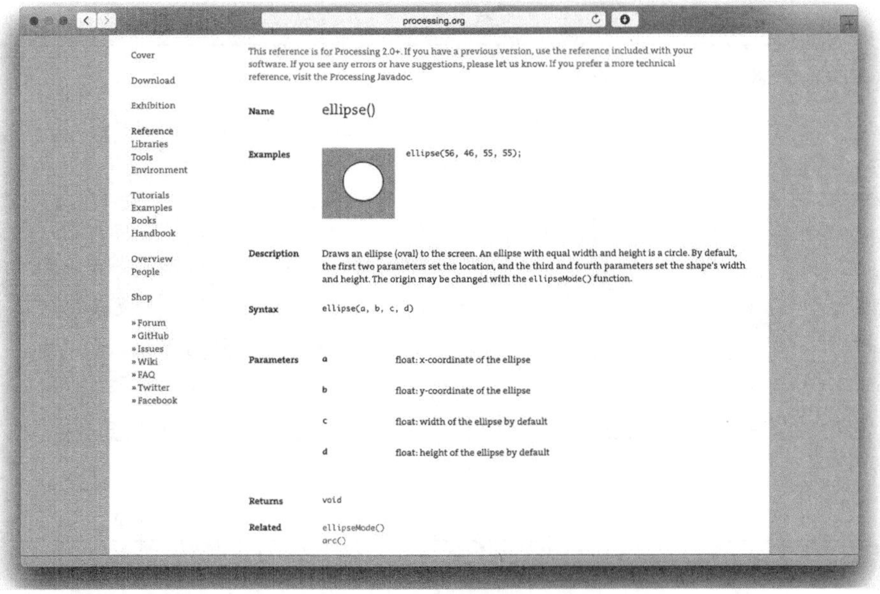

图   2-6

如上图所示，参考文档页面提供了关于 ellipse() 函数的所有文档内容，包括：

- **名称**（Name）：函数名称。
- **示例**（Examples）：示例代码（适当情况下会有代码的视觉输出结果）。
- **描述**（Description）：关于函数具体内容的描述。
- **句法**（Syntax）：关于如何使用该函数的具体句法描述。
- **形参**（Parameters）：函数圆括号里面的内容。它告诉你应该输入什么类型的数据（数字、字符等），以及这些内容代表了什么（后面的章节会对此进行更详细的讲解）。有时也写作实参。
- **返回类型**（Returns）：在调用函数的时候，有些函数会反馈一些信息给你（例如，你可以调用函数让其返回两个数值给你，而不是让它执行一个诸如画圆的命令）。这些内容我在后面会更加详细的讲解。
- **相关信息**（Related）：一系列和该函数相关的其他函数。

Processing 还有一个非常好用的功能选项："在文档中查询"。使用方法如下：双击代码中的任何关键词完成选中，然后在菜单栏中选择"帮助"→"在文档中查询"（或者在选中关键词后，在 Mac 电脑使用 Shift+Command+F 快捷键；在 Windows 电脑使用 Ctrl+Shift +F 快捷键）。

练习 2-7：打开 Processing 的参考文档，尝试使用两个还没有讲过的函数编写一个简单程序。建议使用参考文档中的"Shape"和"Color（setting）"这两种函数。

练习 2-8：使用参考文档，找到一个可以改变线条宽度的函数。这个函数具有哪些实参要求？画一条 1 个像素宽的线条，然后是 5 个像素宽，最后是 10 个像素宽。

2.8 "运行"按钮

Processing 的一个优势在于：想要运行一个程序，所需的全部工作就是点击"运行"按钮。这非常类似点击一个媒体文件的"播放"按钮：播放一个动画、电影、音乐和其他格式的媒体文件时，都会用到播放按钮。既然 Processing 程序输出的媒体文件是计算机图形的实时运算结果，那么为什么不能直接播放它们呢？

这里，请花点时间考虑这样一个事实：在这里做的事情和播放音频或者视频文件并不完全相同。输入到 Processing 的初始内容是文本内容，Processing 需要将它们转换为计算机代码，最后才会执行。点击运行按钮后，所有这些步骤按照顺序执行。我们逐一看下这些具体步骤，研究下 Processing 是如何为你处理这些复杂工作的。

1. **转换为 Java 语言**。Processing 基于 Java 语言（在第 23 章会对这点进行更详细的讨论）。为了能够让代码在电脑上顺利运行，Processing 的第一步工作是将代码转换为 Java 代码。

2. **编译为 Java 字节码**。第 1 步中创建的 Java 代码只是另外一个文本文档（将 .pde 后缀名转变为 .java 后缀名）。为了让计算机可以理解它，它还需要被翻译成机器语言。这个翻译的过程叫做编译（compilation）。如果你用其他语言进行编程，比如 C 语言，那么代码就可以直接编译为操作系统适用的机器语言。而在 Java 中，代码是被编译为一种特殊的机器语言，叫做 Java 字节码（Java byte code）。这样，只要该计算机可以运行 Java 虚拟机（Java Virtual Machine），它就可以在不同平台上运行。尽管这多余的一个步骤有时会导致程序运行慢一点，但是跨平台运行却是 Java 的一大优势。更多关于这方面的知识，可以访问 Java 的官方网站（http://www.oracle.com/technetwork/java/index.html），或者找一本关于 Java 编程的书看一下（在你已经完成本书的学习之后）。

3. **执行**。编译完毕后的程序最终是一个 JAR 格式的文件。JAR 文件是一个 Java 的归档文件夹，其中包含了编译完毕的 Java 程序、图片、字体，以及其他信息文件。JAR 文件可以通过 Java 虚拟机执行。

2.9　你的第一个草图

现在，你应该下载并完成了 Processing 的安装，理解了基本菜单和界面窗口，并且了解了在线参考文档，是时候编写代码了。正如我在第 1 章中所提及的，本书的第一部分内容将会沿用一个案例来阐述编程的基本组成元素：变量、条件语句、循环、函数、对象，以及数组。当然书中也会穿插别的示例，但是一直沿用一个示例的好处在于：它能够更好地让你看到电脑编程各个基本元素之间是如何循序渐进、互相依存的。

这个示例将会根据 Zoog 的故事来展开，Zoog 是我们的新朋友，它一开始仅仅是一个静态的简单图形。随后，Zoog 逐渐发展为可以进行鼠标点击交互、动态化，以及克隆为许多 Zoog 组成的家族。当然你没有必要让自己设计的宠物程序去完成本书的每一个练习，但是从一个初始的概念，逐步通过本书每章的内容去完善它，通过新的编程知识去不断拓展它的功能，这个过程对你的学习是非常有帮助的。如果你没想好怎么开始，那就设计一个属于自己的宠物形象，把它叫做 Gooz，开始着手编程创造它吧！如图 2-7 所示。

示例 2-1：关于 Zoog 的又一个示例

```
size(200, 200); // Set the size of the window
background(255); // Draw a white background

// Set ellipses and rects to CENTER mode
ellipseMode(CENTER);
rectMode(CENTER);

// Draw Zoog's body
stroke(0);
fill(150);
rect(100, 100, 20, 100);          ◁ Zoog的身体

// Draw Zoog's head
fill(255);
ellipse(100, 70, 60, 60);         ◁ Zoog的头

// Draw Zoog's eyes
fill(0);
ellipse(81, 70, 16, 32);          ◁ Zoog的眼
ellipse(119, 70, 16, 32);
```

图　2-7

```
// Draw Zoog's legs
stroke(0);
line(90, 150, 80, 160);
line(110, 150, 120, 160);
```
Zoog的腿

假装，就那么一会儿，你发现我设计的 Zoog 是如此令人赏心悦目，以至于你迫不及待想将它在电脑屏幕上展示出来。(是的。我知道目前 Zoog 还远没有达到让你感到惊奇的程度。)想要运行本书中的任何一段代码，你有以下两个选择：

● 把代码全部手动重新写一遍。

● 访问本书的网站（http://learningprocessing.com），按序号找到示例，然后复制粘贴（或下载）这些代码。

毫无疑问，第 2 个选择更容易也节省时间，而且我建议你快速浏览网站上的代码，并且观看其实时运行效果，这让你能够快速了解这些示例。可是，如果你刚开始学习编程，那么将代码逐字输入到电脑对你学习编程是有很大价值的。在你输入代码的时候，你的大脑会想海绵一样吸收学习编程的句法和逻辑，而且整个过程中犯的错误会让你学习到很多。此外，逐行输入每行代码以后再运行这个程序，会逐渐消除草图运行机制带给你的神秘感。

我相信你会在最适合的时候复制 / 粘贴代码。随着学习的深入，你会逐步提高。如果你运行本书中的示例，但是发现自己并没有完全搞明白其中的道理，那就尝试去采用手动的方式逐行输入。

练习 2-9：利用在第 1 章里学习的内容，使用 Processing 绘制自己的设计方案，只使用简单的 2D 图形函数（arc()、curve()、ellipse()、line()、point()、quad()、rect()、triangle()），以及基本的颜色相关函数（background()、colorMode()、fill()、noFill()、noStroke() 和 stroke()）就可以了。别忘记使用 size() 函数来设定窗口的尺寸，或者使用 fullScreen() 让草图全屏显示。建议：每写一行代码就运行一下草图，整个过程当中及时修正每个错误。

交　　互

你记住，眼前所有这一切，不过是源于一个梦想和一只小鼠。

——华特·迪士尼（Walt Disney）

想象力的特点是流动性，而不是凝固性。

——拉尔夫·沃尔多·爱默生（Ralph Waldo Emerson）

本章主要内容：

- 电脑程序的运行流程
- setup() 和 draw() 的概念
- 鼠标交互
- 你的第一个动态 Processing 草图
- 掌握事件的概念，比如鼠标点击和键盘敲击

3.1　程序的运行流程

如果你曾经玩过电脑游戏，或者和一个数码艺术装置进行互动，又或者在凌晨三点看到电脑启动屏幕保护程序，你可能很少会去思考一个事实：这类软件会每隔一段时间循环前面所运行的内容。游戏开始以后，你要发现隐藏在迷幻彩虹岛上的秘密宝藏，击败恐怖的怪兽，赢得高分，最终游戏结束。

本章我要讲解的重点是程序的运行流程。游戏开始时都需要一系列的初始设定：你要给游戏角色命名，将游戏初始成绩预设为 0，而且要从游戏的第一关开始。我们把这部分作为游戏的 SETUP。完成上述的初始化设定之后，你才开始玩游戏。接下来在进行游戏的每一刻，电脑都会通过监测你使用鼠标的变化，从而计算出游戏角色的行为，进而对图像进行实时渲染并最终通过屏幕反馈给你。这一系列的计算和绘制在不断地往复循环进行着。理想情况下，每秒 30 帧甚至更高的刷新率能实现顺畅的动画效果。我们把这部分作为游戏的 DRAW。

这个概念对你使用 Processing 跨越静态设计（正如第 2 章内容）是非常关键的。

1. SETUP 中将程序的初始设置一次性完成。

2. DRAW 中的绘图指令将会一遍一遍地循环执行直到退出程序。

接下来想象下你将进行一场赛跑。

1. 第一步是穿上跑鞋和运动紧身衣，这一步骤只需做一次，对不对？

2. 右脚向前，然后左脚向前。不断重复这个动作并且做得越快越好。

3. 26 英里⊖以后，跑步结束。

⊖　1 英里＝1609.344 米。

练习 3-1：用文字写出一个简单电脑游戏的流程图，例如 Pong（乒乓球游戏）。如果你对 Pong 不了解，可以访问：http://en.wikipedia.org/wiki/Pong。

3.2 我们的好朋友：`setup()` 和 `draw()`

刚从马拉松赛跑中归来的你肯定满是疲倦。为了更好地学习 Processing，你要将刚刚学习的知识迅速应用到你的第一个动态 Processing 草图当中去。和第 2 章中的静态示例不同，这个程序会持续不断地运行（也就是说直到用户退出为止）。这将通过使用两个"代码块"（block of code）来完成：`setup()` 和 `draw()`。严格意义上讲，`setup()` 和 `draw()` 都是函数。后面章节会深入探讨如何定义你自己的函数。现在，你就把他们暂且理解为需要写代码所在的两个区域。

什么是代码块？

代码块是任何一段由大括号包围的代码。

```
{
  A block of code（一个代码块）
}
```

几段代码之间也可以互相嵌套，例如：

```
{
  A block of code（一个代码块）
  {
    A block inside a block of code（一个代码块内部的代码块）
  }
}
```

这是一种非常重要的代码构建方式，它允许你在一大堆代码中，将代码分组为独立的代码块分别进行管理。编程的一个惯例是在每个代码块的每一行都缩进，使得代码更具可读性。Processing 也可以帮助你整理格式，你可以通过"编辑"→"自动对齐"来实现。这能够让你更加方便管理诸多的代码块，尤其是后面章节的示例会变得更加复杂，因而管理代码就更加重要。至于目前，你唯一要做的事情是学习两个简单的代码块：`setup()` 和 `draw()`。

让我们来看下一开始你会觉得句法非常奇怪的 `setup()` 和 `draw()`，如图 3-1 所示。

诚然，图 3-1 中的代码由许多部分构成，看似非常复杂以至于会让你感到迷惑：我已经讲过大括号表明了一个代码块的起始位置，但是为什么在 setup 和 draw 的后面还会有小括号呢？噢，我的天呐，这里的 void 又是什么？它让我感到异常困惑！眼下，你不得不适应在并不了解所有事情的情况下使用 Processing，随着本书内容的逐步展开，更多的概念会被阐述，到那个时候你就会理解这些句法的真正内涵了。

现在，我们把注意力集中到图 3-1 中的句法结构，它控制着整个程序的运行流程，如图 3-2 所示。

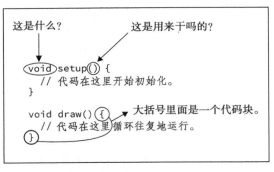

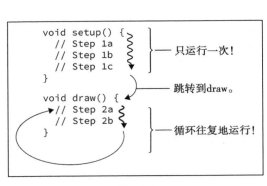

图   3-1   图   3-2

代码是如何运行的？当你运行一个程序，它会严格地按照指令运行：首先执行 setup() 中的代码，然后执行 draw() 中的代码。这个运行顺序就像这样：

1a, 1b, 1c, 2a, 2b, 2a, 2b, 2a, 2b, 2a, 2b, 2a, 2b, 2a, 2b…

现在，我会将 Zoog 的示例以动态草图的方式重写，如示例 3-1。

示例 3-1：作为动态草图的 Zoog

```
void setup() {
  // Set the size of the window
  size(200, 200);
}

void draw() {
  // Draw a white background
  background(255);

  // Set CENTER mode
  ellipseMode(CENTER);
  rectMode(CENTER);

  // Draw Zoog's body
  stroke(0);
  fill(150);
  rect(100, 100, 20, 100);

  // Draw Zoog's head
  stroke(0);
  fill(255);
  ellipse(100, 70, 60, 60);

  // Draw Zoog's eyes
  fill(0);
  ellipse(81, 70, 16, 32);
  ellipse(119, 70, 16, 32);

  // Draw Zoog's legs
  stroke(0);
  line(90, 150, 80, 160);
  line(110, 150, 120, 160);
}
```

> 首先运行setup()，而且仅仅运行一次。size()应该永远是setup()的第一行代码，因为除非指定了窗口的大小，否则Processing无法运行任何内容。

> draw()函数不断循环运行，直到你关闭草图窗口。

图   3-3

在 Processing 里运行示例 3-1 中的代码。是不是看上去很奇怪？你会发现窗口中的内容没有任何变化。这看起来就是静态的草图！这是怎么回事？难道这一节一直以来的讨论都是徒劳？

事实上，如果你仔细检查下代码，你会发现在 draw() 函数中的变量没有任何变化。代码每循环一次，程序每次执行相同的指令。所以，是的，程序一直在运行，每次都在窗口重新绘制，只是由于每次绘制的内容是一样的，所以它看起来是静止的！

练习 3-2：将你在第 2 章末尾创造的代码以动态程序的方式重新编写。尽管看上去和之前是一样的，但要对你的成果充满信心！

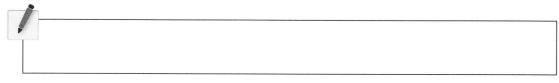

3.3 跟随鼠标移动

思考下：如果在绘制图形的函数中，我们并不输入具体数值，而是输入"鼠标的横坐标"（the mouse's x location）或者"鼠标的纵坐标"（the mouse's y location），会发生什么？

```
line( 鼠标的横坐标，鼠标的纵坐标, 100, 100);
```

实际上，在代码中，你不能直接使用上述过于具体的描述性语言，你必须使用关键词 mouseX 和 mouseY 来描述鼠标的横坐标和纵坐标。

示例 3-2：mouseX 和 mouseY

图 3-4

```
void setup() {
  size(200, 200);
}

void draw() {
  background(255);

  // Body
  stroke(0);
  fill(175);
  rectMode(CENTER);
  rect(mouseX, mouseY, 50, 50);
}
```

尝试把 background() 移动到 setup() 中，观察不同（练习 3-3）

mouseX 意味着代码使用鼠标的水平位置作为其横坐标。mouseY 意味着代码使用鼠标的垂直位置作为其纵坐标。

练习 3-3：当你把 background() 函数移动到 setup() 中去以后，解释下为什么你会看到一长串的矩形。

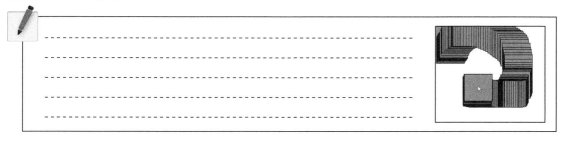

一行隐形代码

　　如果你紧紧遵循 setup() 和 draw() 的运行逻辑去思考，可能会发现一个非常有趣的问题：Processing 到底是什么时候在窗口上显示由代码绘制的图形？新的像素是什么时候出现的？

　　乍看之下，你可能会认为只要是绘图功能的函数，Processing 会在每一行代码运行完毕后即刻更新图形。可如果是这样的话，每次运行完一个绘图的函数，你就会在屏幕上看到一次图形更新。Processing 更新如此之快，以至于每个图形每次更新的时候你根本不可能看得到。每次调用 background() 函数，窗口就会被擦除清空一次，这样就会产生一个有些让人苦恼的结果：闪烁。

　　Processing 解决这个问题的办法是：在整个 draw() 中所有函数计算完毕后才刷新，而不是运算一个函数就刷新一次。这样的话，就好像在 draw() 函数的末尾有一行隐形的代码来控制窗口的图形渲染。

```
void draw() {
    // 你所有的代码
    // 更新窗口显示——一行你看不到的隐形代码
}
```

　　这就是所谓的双缓冲机制（double-buffering）。而在一个低端的环境中，你会发现必须亲自去执行它。我想花点时间再次感谢 Processing，它让编程界面更加友好和简单，因为它已经为我们做好了这一切。

　　还有一点需要注意的是，使用 stroke() 函数和 fill() 函数设置的任何颜色，都会在 draw() 中的下一个循环中继续存在。

　　我可以进一步应用这个想法创建一个示例，这是一个更加复杂的由 mouseX 和 mouseY 位置所控制的示例（由多个形状和色彩构成）。例如，接下来我会改写 Zoog，让其跟随鼠标的运动轨迹。在这个示例中，Zoog 身体的中心点就是鼠标的位置坐标（mouseX，mouseY），而 Zoog 身体的其余部分位置则是和鼠标位置保持一个相对不变的距离。譬如 Zoog 的头部，其位置坐标为（mouseX，mouseY-30）。下面的这个案例只是移动了 Zoog 的身体和头部，如图 3-5 所示。

示例 3-3：将 Zoog 变为一个跟随鼠标运动的动态草图

```
void setup() {
  size(200, 200); // Set the size of the window
}

void draw() {
  background(255); // Draw a white background

  // Set ellipses and rects to CENTER mode
  ellipseMode(CENTER);
  rectMode(CENTER);

  // Draw Zoog's body
  stroke(0);
  fill(175);
  rect(mouseX, mouseY, 20, 100);

  // Draw Zoog's head
  stroke(0);
```

图　3-5

> Zoog的身体位置坐标为（mouseX，mouseY）。

```
fill(255);
ellipse(mouseX, mouseY-30, 60, 60);

// Draw Zoog's eyes
fill(0);
ellipse(81, 70, 16, 32);
ellipse(119, 70, 16, 32);

// Draw Zoog's legs
stroke(0);
line(90, 150, 80, 160);
line(110, 150, 120, 160);
}
```

Zoog的头部位置坐标在身体的上部（mouseX，mouseY-30）。

练习 3-4：完成 Zoog 的代码，使得其身体的其余部分可以跟随鼠标移动。

```
// Draw Zoog's eyes
fill(0);

ellipse(_____,_____, 16, 32);

ellipse(_____,_____, 16, 32);

// Draw Zoog's legs
stroke(0);

line(_____,_____,_____,_____);

line(_____,_____,_____,_____);
```

练习 3-5：将你设计的程序重新编写，使得图形可以根据鼠标位置做出反应（通过改变颜色和位置）。

除了使用 mouseX 和 mouseY，你还可以使用 pmouseX 和 pmouseY。这两个关键词代表当前鼠标坐标的上一个坐标位置。这就能实现一些更加有趣的交互方式。例如，如果你绘制一条直线，它开始于之前的鼠标位置，结束于当前的鼠标位置，猜想下会发生什么，如图 3-6 所示。

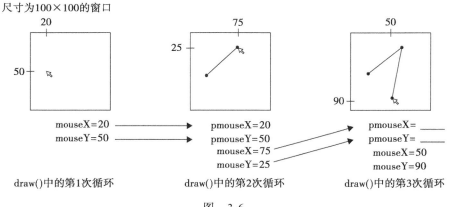

尺寸为100×100的窗口

mouseX=20
mouseY=50

pmouseX=20
pmouseY=50
mouseX=75
mouseY=25

pmouseX= ＿＿＿
pmouseY= ＿＿＿
mouseX=50
mouseY=90

draw()中的第1次循环　　draw()中的第2次循环　　draw()中的第3次循环

图　3-6

练习 3-6：完成图 3-6 中横线的空白。

在 draw() 内的每一次循环中，通过把之前的鼠标坐标和当前的鼠标坐标使用直线进行连接，我就可以绘制出一个跟随鼠标的连续线条，如图 3-7 所示。

示例 3-4：绘制连续的线条

```
void setup() {
  size(200, 200);
  background(255);
}

void draw() {
  stroke(0);
  line(pmouseX, pmouseY, mouseX, mouseY);
}
```

> 绘制线条：它开始于鼠标的
> 上一个坐标位置，结束于鼠标
> 的当前位置。

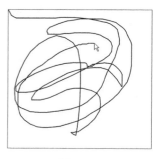

图   3-7

练习 3-7：改写示例 3-4，使得移动鼠标的速度越快，绘制的线条越宽。提示：在 Processing 参考文档（https:// processing.org/reference/strokeWeight_.html）中查看 strokeWeight() 函数的具体说明。

计算鼠标水平运动速度的公式为：mouseX 和 pmouseX 差值的绝对值。绝对值指的是忽略掉正负符号的数值，举例：

- –2 的绝对值是 2。
- 2 的绝对值是 2。

在 Processing 中，通过 abs() 函数可以获得一个数的绝对值，也就是 abs(-5) 等于 5。因此鼠标运动的速度为：

```
float mouseSpeed = abs(mouseX - pmouseX);
```

填写下面的空白，然后在 Processing 中进行验证！

```
stroke(0);

_____(_____);
line(pmouseX, pmouseY, mouseX, mouseY);
```

3.4 鼠标点击和键盘操作

当前，你正使用 setup() 和 draw() 框架，以及 mouseX 和 mouseY 这样的关键词来构建动态的、可交互的 Processing 草图。但是，还有一个重要的交互形式没有讨论——点击鼠标！

点击鼠标时，如何让 Processing 发生相应的交互行为？为了了解这一点，你需要回到程序的运行流程中去。你已经了解 setup() 仅运行一次，而 draw() 会往复运行。那么鼠标点击应该在什么时候发生？鼠标点击（以及键盘操作）所触发的事件在 Processing 中被叫做响应事件（event）。如果你希望在点击鼠标时，Processing 产生某些交互行为（例如"将背景颜色变为红色"），那么你需要增加一个代码块来实现这个事件。

发生一个事件时，这个响应事件"函数"会告诉程序去执行什么代码。和 setup() 一样，这个代码仅仅执行一次。也就是说，针对每个事件的发生仅会执行一次。而一个事件（例如鼠标点击）可以发生多次。

你需要学习两个新的函数：

- mousePressed()——处理鼠标点击。
- keyPressed()——处理键盘操作。

下面的这个示例使用了这两个事件函数：点击鼠标时，增加方块；按下键盘的按键时，清空所有内容。

示例 3-5：mousePressed() 和 keyPressed()

```
void setup() {
  size(200, 200);
  background(255);
}

void draw() {

}

void mousePressed() {
  stroke(0);
  fill(175);
  rectMode(CENTER);
  rect(mouseX, mouseY, 16, 16);
}

void keyPressed() {
  background(255);
}
```

> 这个示例的 draw() 中没有任何代码。

> 当用户点击鼠标时，会执行 mousePressed() 里面的代码。

> 当用户按下键盘的按键时，会执行 keyPressed() 里面的代码。

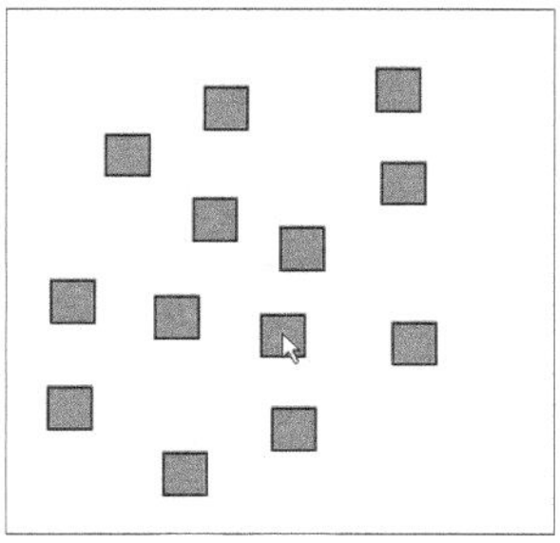

图 3-8

在示例 3-5 中整个程序的流程里，我使用了 4 个函数。该程序以 setup() 函数开始，在这里对窗口尺寸和背景颜色进行初始化。接下来是 draw() 函数，它无限循环。由于 draw() 函数中并没有代码，因此窗口依旧是空白。然而，由于我增加了两个新的函数：mousePressed() 和 keyPressed()，这两个函数中的代码正翘首以待。当用户点击鼠标（或者按下键盘的按键）的时候，它即刻产生交互行为，执行其内部的代码，而且仅仅执行一次。

练习 3-8：在 draw() 函数中增加 background(255)。为什么程序会停止运行？

我现在已经准备好为 Zoog 添加下面所有的功能元素了。

- Zoog 的整个身体跟随鼠标移动。
- Zoog 的眼睛颜色由鼠标位置决定。
- Zoog 的腿部，由之前的鼠标位置到当前的鼠标位置进行绘制。
- 点击鼠标时，窗口上将会显示一条信息："带我去见你的首领！"（Take me to your leader!）

注意示例 3-6 新增加的 frameRate() 函数。frameRate() 函数需要至少一个数值用来设定 Processing 运行 draw() 时的速度。比如 frameRate(30) 意味着每秒 30 帧，这个数值也是传统计算机动画的速度。如果你不使用 frameRate() 函数，那么 Processing 会以每秒 60 帧来运行草图。由于每个电脑可以按照不同的速度运行，你可以使用 frameRate() 函数确保多台电脑的运行速度相同。

不过这个帧频设置只是其运行的最大值。如果你的草图要绘制一百万个矩形，那么会耗时很长，运行速度也很慢。

示例 3-6：可以互动的 Zoog

```
void setup() {
  // Set the size of the window
  size(200, 200);
  frameRate(30);                         ◁ 帧频设置为30帧每秒。
}

void draw() {
  // Draw a white background
  background(255);

  // Set ellipses and rects to CENTER mode
  ellipseMode(CENTER);
  rectMode(CENTER);

  // Draw Zoog's body
  stroke(0);
  fill(175);
  rect(mouseX, mouseY, 20, 100);

  // Draw Zoog's head
  stroke(0);
  fill(255);
  ellipse(mouseX, mouseY-30, 60, 60);

  // Draw Zoog's eyes
  fill(mouseX, 0, mouseY);               ◁ 眼睛颜色由鼠标的位置决定。
  ellipse(mouseX-19, mouseY-30, 16, 32);
  ellipse(mouseX+19, mouseY-30, 16, 32);

  // Draw Zoog's legs
  stroke(0);
  line(mouseX-10, mouseY+50, pmouseX-10, pmouseY + 60);    ◁ Zoog的腿根据鼠标前一刻
  line(mouseX+10, mouseY+50, pmouseX+10, pmouseY + 60);      位置和当前位置来绘制。
}

void mousePressed() {
  println("Take me to your leader!");
}
```

图　　3-9

第一节课的项目

（事实上，通过第 1 章～第 3 章中的课后练习，你已经完成这个项目的大部分内容了。这个项目是将所有课程内容元素组合到一起。你既可以从头开始一个新的设计，也可以使用课后练习中的内容。）

1. 使用 RGB 颜色和简单的图形函数来设计一个静态的图形。

2. 使静态的图形草图变为动态的草图，也就是说草图可以和鼠标进行互动。比如图形跟随鼠标运动、根据鼠标移动改变图形尺寸、改变颜色等。

使用下面的空白为你的项目设计草图，做笔记和书写伪码。

Learning Processing: A Beginner's Guide to Programming Images, Animation, and Interaction, Second Edition

你所需要知道的一切

变　　量

世界上全部书籍所包含的信息还不及一个美国大型城市一年所播放的视频广播节目。只是每个比特包含的价值并不同。

——卡尔·萨根（Carl Sagan）

认为自己是完美的，往往是妄想的标志。

——Lieutenant Commander Data

本章主要内容：
- 什么是变量
- 声明和初始化变量
- 变量的常见应用
- Processing 中"免费的"变量（也就是内置变量）
- 为变量赋予随机数值

4.1　什么是变量

我承认，在刚开始从事编程教学的时候，我曾长篇大论的使用类比法，目的是用更直观的方式解释变量的概念。某一天，我曾说"一个变量就像一个桶。"你可以在木桶的里面放一些东西，提着桶走来走去，这比直接拿着那些东西更加轻便，你也可以随时将桶里的东西取回。"一个变量又像一个储物柜。"你可以把一些信息暂时存放在储物柜里保管，因为它非常安全，而且你可以随时存储或者提取。"一个变量也像一个可爱的、黄色的便利贴，上面写着这样的内容：我是变量。你可以在我这里记录信息和笔记。"总之，变量是储存数据的容器。

我本可以继续打更多的比方，但我不会这么做了。因为我相信你已经理解变量的含义了。变量这个概念本身比较容易理解。既然如此，那就到这为止。

变量木桶　　　变量储物柜　　　变量便利贴

图　4-1

计算机都有内存。为什么叫做内存？因为计算机用它来存储所需的数据。

严格意义上讲，变量是计算机中用以存储数据的内存地址中，被命名的某个指针（"内存地址"）。由于计算机每次处理信息时只能处理一条指令，而变量的存在使得程序员可以在编程的某个时刻将信息存储于程序之中，之后可以重新查看该信息。对于一个使用 Processing 的程序员来说，变量真的太有用了；变量可以记录关于图形的各种信息：颜色、尺寸、坐标。当你需要将一个三角形的颜色由蓝色变为紫色，或者让一个圆在屏幕上运动，又或者一个矩形不断收缩以至于湮没的时候，变量绝对是你所需要的。

除了前面所有的比喻，我还想用坐标纸的方法来打个比方。

想象下计算机的内存是一张坐标纸，坐标纸的每一个格子都有一个地址。在前面讲解像素的章节中，我曾通过为列和行编号的方法来检索这些数目众多的网格。如果在内存中你能直接为这些网格命名岂不更好吗？有了变量，你就可以这么做了。

我们将其中一个格子命名为"Jane 的成绩"（到后面你会明白为什么我会取这个名字），并且赋值 100。这样的话，每当需要使用 Jane 的成绩，你没必要去记忆 100 这个数值。因为数值已经在内存当中了，所以你只需要根据姓名检索就能知道她的成绩。如图 4-2 所示。

变量的作用绝不仅仅在于记忆数值。变量的主要作用在于它记忆的数值常常发生变化，尤其当你不定时改变数值的时候，你会越发意识到变量的作用。

想象一下，假设 Sasha 和 Malia 在玩文字拼图游戏。为了记录比赛成绩，Sasha 拿出纸和笔，迅速画出一个两列的表格，分别写下"Sasha 的成绩"和"Malia 的成绩"。他俩玩的时候，在他们名字标题的下边做了一个分别记录双方成绩的流水账。如果你把这个游戏想象成电脑中的虚拟打字游戏程序，你会突然发现一个不断变化的变量的概念出现了。把这张纸当作电脑的内存，信息被写入——"Sasha 的成绩"和"Malia 的成绩"就是变量，随着时间的推移，两个人的分数存储得越来越多，而且不断变化。如图 4-3 所示。

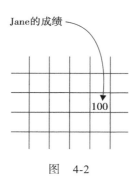

Sasha的成绩	Malia的成绩
8	10
30	25
53	47
65	68
87	91
101	98

图 4-2   图 4-3

在上面的拼字游戏示例中，变量有两个基本元素：名称（比如"Sasha 的成绩"）和数值（比如 101）。在 Processing 中，变量可以采用不同类型的数据，但是在使用变量前，你必须声明变量的类型。

练习 4-1：思考下乒乓游戏。如果编写这个游戏的程序，你需要哪些变量？（如果你对乒乓游戏不熟悉，请访问：http://en.wikipedia.org/wiki/Pong。）

4.2 变量的声明和初始化

变量可以用于存储原始值（primitive value），或者对象和数组的引用（reference）。但眼下我们首先看看原始值的概念，后面的章节我们再讨论对象和数组。原始值是构建计算机信息的基础模块，通常涉及一段单一的信息，比如一个数字或者字母。

声明一个变量的第一步是指定变量的类型，然后紧跟着变量名称。变量的名称必须是一个单词（没有空格），而且必须以字母开头（它可以包含数字，但不能以数字开头）。变量不能包含任何标点符号或者特殊字符，下划线"_"除外。

变量类型是指变量存储数据的类型。它可以是一个整数、小数，或者字符。下面列举了通常会用到的几种数据类型：

- **整数**（whole number）：比如 0，1，2，3，-1，-2 等。它们以整数的形式储存，在代码中，整数型数据缩写为 int。
- **小数**（decimal number）：比如 3.14159,2.5，以及 -9.95 等都属于浮点数据值（floating point value），在代码中缩写为 float。
- **字符**（character）：比如字母"a"，"b"，"c"等，它们是以类型 char 存储于变量中的，声明方式是将字母放在单引号的内部，也就是 'a'。字符的用处在于确定键盘上的哪个字母被点击了，以及字符串的使用等（关于文本中字符串的使用见第 17 章）。

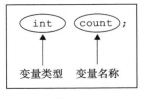

图 4-4 中是一个类型为 int、名称为 count 的变量，这是一个数据类型为整数的变量。其他的变量类型列举在下面。

图 4-4

注意事项

- **变量必须具有数据类型**。为什么？因为只有这样计算机才能知道它应该为该变量的数据存储分配多少内存。
- **变量必须具有一个名称**。

所有的原始类型

- boolean：真或假
- char：一个字符，比如"a,""b,""c,"等
- byte：一个数值小的数字，取值范围是 -128～127
- short：一个数值大的数字，取值范围是 -32 768～32 767
- int：一个整数，取值范围是 -2 147 483 648～2 147 483 647
- long：一个极其巨大的数
- float：一个小数，例如 3.141 59
- double：一个具有更多小数位的小数（只在对数学精确性要求高的高级编程中才有必要使用）

完成声明变量以后，就可以通过让它等于某个东西来为它赋值。在大多数情况下，如果你忘记为变量赋初值，Processing 会为它给设定一个默认的值，比如对于整数其默认值是 0，对于小数其默认值是 0.0 等。但是为了避免产生混乱，一定要养成为变量赋初始值的习惯。

```
int count;
count = 50;  ← 通过两行代码来声明变量和赋值。
```

为了更加快捷，可以将两行陈述语句合并为一行代码。

```
int count = 50;  ← 通过一行代码来声明变量和赋值。
```

变量的名称

选择恰当变量名称的小贴士

- 避免使用 Processing 语言中出现的单词作为变量名称。也就是说，不要为你的变量起名为 mouseX 之类，因为 Processing 已经存在一个了！
- 使用有含义有意义的名称。这看起来显而易见，但却非常重要。举个例子，如果需要使用一个变量来记录成绩，那就将其命名为"score"（成绩），而不是"cat"（猫）。
- 变量名称要以小写字母来开头，如果变量的名称由多个词构成，则每个词的首字母需大写。首字母为大写的名称是留给类（class）的（见第 8 章）。比如"frogColor"就是一个不错的名字，而"Frogcolor"则不合适。这个命名规则需要一些时间来适应，但相信你很快就能习惯成自然了。

一个变量也可以用另外一个变量来赋值（x 等于 y），或者是一个数学表达式（x 等于 y 加 z，等等）。下面是几个例子：

示例 4-1：变量声明和赋值的例子

```
int count = 0;          // Declare an int named count, assigned the value 0
char letter = 'a';      // Declare a char named letter, assigned the value 'a'
double d = 132.32;      // Declare a double named d, assigned the value 132.32
boolean happy = false;  // Declare a boolean named happy, assigned the value false
float x = 4.0;          // Declare a float named x, assigned the value 4.0
float y;                // Declare a float named y (no assignment)
y = x + 5.2;            // Assign the value of x plus 5.2 to the
                        // previously declared y
float z = x * y + 15.0; // Declare a variable named z, assign it the value which
                        // is x times y plus 15.0.
```

练习 4-2： 为乒乓游戏写出变量声明和赋值。

4.3 使用变量

尽管一开始需要一些文字来声明变量和为变量赋值，给人感觉好像更加复杂了，可是请相信，变量使得编程更加容易，更加有趣。

下面举一个绘制圆的简单示例。

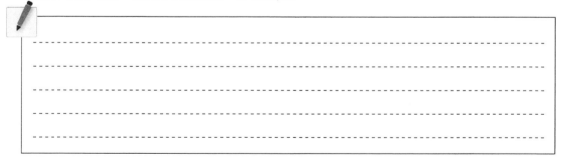

待会，我就会在顶端位置增加一个变量。

```
void setup() {
  size(200, 200);
}
```

```
void draw() {
  background(255);
  stroke(0);
  fill(175);
  ellipse(100, 100, 50, 50);
}
```

在第 3 章，你已经学习了如何将这个简单示例进一步深入，比如为了使图形可以根据鼠标位置移动，可以将图形的坐标变为 mouseX、mouseY。

```
ellipse(mouseX, mouseY, 50, 50);
```

你看明白这其中的道理了吗？ mouseX 和 mouseY 是以鼠标位置的横坐标和纵坐标来命名的。他们就是变量！只不过，由于它们是内置于 Processing 编程环境的变量（留意下，当你将它们输入到 Processing 中，它们被标记为红色），因此它们可以不用声明就可以使用。内置变量（built-in variable）（也就是系统变量（system variable））将在下面做进一步的讨论。

我现在想做的是，根据前面学习的变量声明以及赋值的基本句法，创建自己的变量，并将其置于所有代码的上面。其实你也可以将变量声明放于代码的其余位置，稍后我会具体讨论这个问题。目前为了避免产生任何混乱，变量都要放在所有代码的顶端。

经验法则：什么时候使用变量

对于什么时候要使用变量，并没有明确的快捷规则可以使用。可是，如果你发现程序中出现了很多数值，那么就花几分钟来检查下你的代码，将这些数值用变量来表示。

有些程序员说：当一个数值出现三次或以上的时候，就应当使用变量。但是就我个人而言，我想说只要有数值出现，那就使用变量。永远使用变量！

示例 4-2：使用变量

```
int circleX = 100;
int circleY = 100;    ◁── 在所有代码的顶端，声明并初始化两个变量。

void setup() {
  size(200, 200);
}

void draw() {
  background(255);
  stroke(0);
  fill(175);
  ellipse(circleX, circleY, 50, 50);    ◁── 使用变量来指定椭圆的位置坐标。
}
```

运行这段代码，你会发现它和前面第一个示例的结果是一样的：一个圆出现在屏幕的中央位置。不过，你应该仔细想一想并提醒自己：一个变量绝不仅仅是一个常量的占位符。它之所以叫做变量是因为它是可以变化的。要想改变这个值，你可以写一个赋值运算（assignment operation），从而为其赋一个新的数值。

直到现在，我写的每一行代码都是函数：line()、ellipse()、stroke() 等。而变量将赋值运算引入到了代码中。下面展示了引入变量后的情形。（这和初始化一个变量是一样的，只是在这里没有必要再次声明变量。）

```
// variable name = expression
x = 5;
x = a + b;
x = y - 10 * 20;
x = x * 5;
```

为一个变量赋新值的示例。

一个常见的例子是增量（incrementation）。在上面的代码中，circleX 初始值为 100，如果你希望 circleX 的增量是 1，那么让 circleX 等于其自身加 1。代码如下所示：

```
circleX = circleX + 1;
```

我们把这行代码加入到前面的草图里（同时将 circleX 的初始值设为 0）。

示例 4-3：变化的变量

```
int circleX = 0;
int circleY = 100;

void setup() {
  size(200, 200);
}

void draw() {
  background(255);
  stroke(0);
  fill(175);
  ellipse(circleX, circleY, 50, 50);

  circleX = circleX + 1;
}
```

这里是一个赋值运算：circleX 的增量是 1。请记住，这里并不是问是否 circleX 等于 circleX 加 1。而是将 circleX 赋值为它自身加 1！

发生了什么？如果在 Processing 里运行示例 4-3，你会注意到这个圆从窗口左端移动到右端。注意，draw() 在一直不断地循环，自始至终在内存里保存着 circleX 的数值。暂且假设此刻我就是计算机。（虽然这个分析过程看上去非常简单和明显，但却是你理解编程运行流程的一个好方法。）

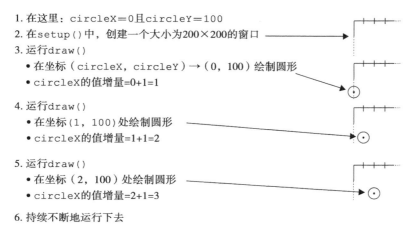

1. 在这里：circleX=0 且 circleY=100
2. 在 setup() 中，创建一个大小为 200×200 的窗口
3. 运行 draw()
   • 在坐标（circleX，circleY）→（0，100）绘制圆形
   • circleX 的值增量 =0+1=1

4. 运行 draw()
   • 在坐标（1，100）处绘制圆形
   • circleX 的值增量 =1+1=2

5. 运行 draw()
   • 在坐标（2，100）处绘制圆形
   • circleX 的值增量 =2+1=3

6. 持续不断地运行下去

图　4-5

这样按照代码一步一步的分析练习对你帮助很大。此外，经常在编写草图的代码之前思考下面这些问题。实现你和电脑合二为一的境界。

- 为了完成这个草图我需要什么数据？
- 我如何使用这些数据绘制图形？
- 我如何通过改变数据使得草图具有交互性，并且可以实现动态效果？

练习 4-3：修改前面的示例 4-3，使得其不再是一个从左向右移动的圆，而是一个不断变大的圆。完成后再思考：如何能实现圆根据鼠标的位置来不断增大？如何能够改变圆变大的速率？

```
int circleSize = 0;
int circleX = 100;
int circleY = 100;

void setup() {
  size(200, 200);
}

void draw() {
  background(0);
  stroke(255);
  fill(175);

  _____

  _____
}
```

4.4　多种变量

接下来我会进一步展示各种示例，为我能想到的各种数据信息使用变量。我也会使用浮点数据值，从而使用更加精确的数值调整变量。

示例 4-4：多种变量

```
float circleX = 0;
float circleY = 0;
float circleW = 50;
float circleH = 100;
float circleStroke = 255;
float circleFill = 0;
float backgroundColor = 255;
float change = 0.5;

// Your basic setup
void setup() {
  size(200, 200);
}

void draw() {
  // Draw the background and the ellipse
  background(backgroundColor);
  stroke(circleStroke);
  fill(circleFill);
  ellipse(circleX, circleY, circleW, circleH);

  // Change the values of all variables
```

> 这里我们有8个变量！它们都是浮点类型的变量。

> 所有的数据都使用了变量：背景、线条颜色、填充色、坐标以及尺寸大小。

图 4-6

```
    circleX = circleX + change;
    circleY = circleY + change;
    circleW = circleW + change;
    circleH = circleH - change;
    circleStroke = circleStroke - change;
    circleFill = circleFill + change;
}
```

> 各个变量之间的相加和相减实现了变量的改变。

练习 4-4：重新绘制下面的图形。

- **第 1 步**：通过使用硬编码（hard-coded）来绘制下面的图形。（请随意使用自己喜欢的颜色。）
- **第 2 步**：将所有的硬编码数据用变量来替代。
- **第 3 步**：在 draw() 中使用赋值运算改变变量的值。例如 variable1= variable1 + 2;。然后尝试不同的表达式，看看会发生什么？

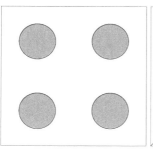 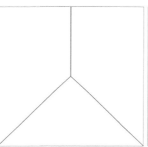 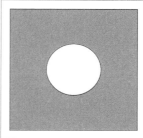

4.5 系统变量

正如之前使用过的 mouseX 和 mouseY，Processing 还有许多内置变量（built-in variable），这些内置变量涵盖了所有草图最经常使用的内容（例如窗口的 width 变量，敲击键盘使用的 key 变量，等等）。当你为自定义的变量命名时，注意避免和 Processing 内置的变量名称相同。但是，如果你不经意间使用了和内置变量相同的名称，那么你自定义的变量将会成为初始变量，而且优先于系统变量。下面列出了常见的内置变量（在 Processing 参考文档中，你会找到更多内置变量）。

- width：草图窗口的宽度（以像素为单位）。
- height：草图窗口的高度（以像素为单位）。
- frameCount：运行的帧数。
- frameRate：帧频（每秒）。
- displayWidth：整个屏幕的宽度（以像素为单位）。
- displayHeight：整个屏幕的高度（以像素为单位）。
- key：最近一次在键盘上按下的按键。
- keyCode：敲击键盘的数字代码。
- keyPressed：真或假？键盘是否被按下按键。
- mousePressed：真或假？鼠标是否被点击。
- mouseButton：鼠标的哪个键被点击？左键、右键，或是中键？

接下来的示例使用了上述变量中的部分进行举例说明。当然我并不打算使用上述的所有变量，因为我们还有更多的概念和知识需要讨论。

示例 4-5：使用系统变量

```
void setup() {
  size(200, 200);
}

void draw() {
  background(100);
  stroke(255);
  fill(frameCount/2);
  rectMode(CENTER);

  rect(width/2, height/2, mouseX + 10, mouseY + 10);
}

void keyPressed() {
  println("You pressed " + key);
}
```

> frameCount在这里用来设定矩形的填充色。

> 如果矩形坐标是（width/2，height/2），那么该矩形将永远位于窗口的中间位置。

> 这里的加号并不用于增加数字，而是将字符串"You pressed"和变量"key"组合到一起，用于存储按下的按键。我会在后面第17章中讲解更多关于文本操作的知识。

练习 4-5：使用 width 和 height 变量重新绘制下面的图形。注意，本练习的关键之处在于：绘制的图形必须能够根据窗口尺寸改变它们自身的尺寸。（换句话说，不论你为 size() 指定什么数值，最终结果必须看上去是相同的。）

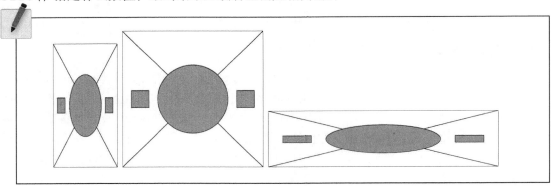

4.6　随机：多样化为生活增加趣味性

到现在为止，你可能会感觉到本书提供的示例多少有些乏味枯燥：这里有一个圆；那里有一个正方形；一种浅灰色；另外一种浅灰色。

但是在这里我要再次强调一下本书写作的根本原则：那就是增量开发的理念。一开始一步一个脚印、从最基础的知识学起。开始只编写功能单一的程序。然后逐渐地、循序渐进地为程序拓展新的功能。

尽管如此，毕竟你已经耐心地学习了 4 章内容，我认为现在是时候让你开始学习一些好玩的东西了。这些乐趣是通过使用函数 random() 来实现的。我们来看示例 4-6，它的输出结果如图 4-7 所示。

示例 4-6：使用变量的椭圆

```
float r = 100;         声明并且初始化你的变量。
float g = 150;
float b = 200;
float a = 200;

float diam = 20;
float x = 100;
float y = 100;

void setup() {
  size(200, 200);
  background(255);
}

void draw() {
  // Use those variables to draw an ellipse
  noStroke();
  fill(r, g, b, a);         使用这些变量！（记住，颜色的第4个
  ellipse(x, y, diam, diam);   实参指的是透明度。）
}
```

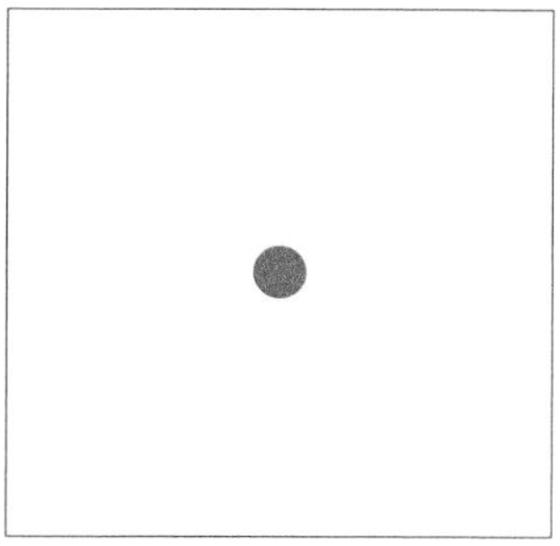

图　4-7

这就是那个乏味枯燥的圆。当然了，我可以通过改变变量的值来移动它，改变它的大小、颜色等。可是，如果每一次通过 draw() 绘制一个新的圆，一个具有随机的尺寸、颜色和位置的圆，会发生什么？通过使用函数 random() 就能完全达到上述效果。

random() 是一个特殊的函数，这个函数可以返回一个值。前面你曾经遇到过这种类型的函数。在练习 3-7 中，我曾使用函数 abs() 计算一个数值的绝对值。在第 7 章，我们将会对这种计算数值并返回数值的函数进行全面的讲解。但现在，我会花点时间介绍下这种函数，让你对它有个初步的了解。

random() 函数和你已经熟练掌握的大部分函数（比如 line()、ellipse()、rect()）不同，它并不会在屏幕中绘制图形或者为图形填色。random() 函数实际上是回答了你的一个问题，继而将答案返回给你。这里是一个对话的片段，你可以自由地和你朋友排练这段对话。

> 　我：嗨 random，最近怎么样？希望你一些顺利。听着，我想知道你能给我一个介于 1 到 100 之间的随机数字吗？
>
> 　Random：没问题，数字 63 你认为怎么样？
>
> 　我：很赞，谢谢你。OK，我要走了。可以绘制一个宽度值为 63 像素的矩形吗？

现在，这段对话内容在稍微正式一些的 Processing 环境中是什么样的呢？上述对话中"我"的角色，在下面的代码中是由变量 w 扮演的。

```
float w = random(1, 100);    一个介于1到100之间的随机浮点数值。
rect(100, 100, w, 50);
```

random() 函数具有两个实参，并且随机地返回介于第 1 个实参和第 2 个实参之间的浮点数据类型。为保证函数运行正常，第 2 个实参必须要大于第 1 个实参。函数 random() 在只有 1 个参数的时候也会运行，此时 random() 函数将会在 0 到该实参之间进行取值。

除此以外，注意 random() 函数只会返回浮点类型的数值。这就是为什么在前面我声

明变量 w 为浮点数据类型。不过，如果你想要一个随机的整数，你可以将随机函数的结果转换为一个整数（int）。

```
int w = int(random(1, 100));   一个介于1到100之间的随机整数。
rect(100, 100, w, 50);
```

注意下嵌套圆括号的使用。这是一个经常用到的巧妙方法，因为它使得在函数里面调用函数变得更加方便。函数 random() 返回一个浮点数据，然后传递给函数 int()，并将其转换为一个整数。如果你想实现嵌套函数，你可以将上述代码浓缩为一行：

```
rect(100, 100, int(random(1, 100)), 50);
```

附带说一下，将一种数据类型转换为另外一种数据类型的过程叫做转型（casting）。在 Java 语言中（Processing 正是基于 Java 语言）将一个浮点数据转型为整数也可以这样写：

```
int w = (int) random(1, 100);   random(1, 100)的结果是浮点数据类型。通过"转型"
                                可以将其转换为整数。
```

好了，现在我可以使用 random() 来进行尝试了。示例 4-7 展示了使用变量来绘制椭圆，在 draw() 的每次循环中，分配一个随机数字给椭圆的相关变量（填充颜色、位置、大小）。输出结果如图 4-8 所示。

示例 4-7：使用随机值的变量

```
float r;
float g;
float b;
float a;

float diam;
float x;
float y;

void setup() {
  size(200, 200);
  background(255);
}

void draw() {

  r = random(255);     draw()每循环一次，就会为一个新的椭圆
  g = random(255);     随机分配颜色、尺寸和位置。
  b = random(255);
  a = random(255);
  diam = random(20);
  x = random(width);
  y = random(height);

  // Use values to draw an ellipse
  noStroke();
  fill(r, g, b, a);
  ellipse(x, y, diam, diam);
}
```

图　4-8

4.7　使用变量来创建 Zoog

现在是时候重新讨论 Zoog（我们的外星人朋友）了。在上一次使用 Zoog 作为示例的时

候，它很欢快地在屏幕上跟随鼠标进行互动。这里，我为 Zoog 加入了两个新功能。

- **新功能 1**：Zoog 将会从屏幕的底端向上运行，最终飞到太空中（上升到屏幕之上的位置）。
- **新功能 2**：Zoog 的眼睛将会在 Zoog 运动的同时，随机变换颜色。

功能 1 通过对之前使用 mouseX 和 mouseY 的程序替换下变量就能很容易实现了。

功能 2 可以通过在显示椭圆的眼睛之前，为 fill() 函数创建三个额外的变量（eyeRed、eyeGreen 和 eyeBlue）来实现。

示例 4-8：使用变量的 Zoog

```
float zoogX;
float zoogY;

float eyeR;
float eyeG;
float eyeB;


void setup() {
  size(200, 200);
  zoogX = width/2; // Zoog always starts in the middle
  zoogY = height + 100; // Zoog starts below the screen
}

void draw() {
  background(255);

  // Set ellipses and rects to CENTER mode
  ellipseMode(CENTER);
  rectMode(CENTER);

  // Draw Zoog's body
  stroke(0);
  fill(150);
  rect(zoogX, zoogY, 20, 100);

  // Draw Zoog's head
  stroke(0);
  fill(255);
  ellipse(zoogX, zoogY-30, 60, 60);

  // Draw Zoog's eyes
  eyeR = random(255);
  eyeG = random(255);
  eyeB = random(255);
  fill(eyeR, eyeG, eyeB);
  ellipse(zoogX-19, zoogY-30, 16, 32);
  ellipse(zoogX+19, zoogY-30, 16, 32);

  // Draw Zoog's legs
  stroke(150);
  line(zoogX-10, zoogY+50, zoogX-10, height);
  line(zoogX+10, zoogY+50, zoogX+10, height);

  // Zoog moves up
  zoogY = zoogY - 1;
}
```

声明变量，为新功能1声明变量 zoogX和zoogY；为新功能2声明变量eyeR、eyeG和eyeB。

图　4-9

新功能1：基于窗口的大小对 zoogX和zoogY进行初始化。注意这些变量必须在使用size()函数之后才能被初始化，这是因为我正在使用内置变量width和height。

新功能1：zoogX和zoogY用于设定图形的位置。

新功能2：eyeR、eyeG和eyeB被分配给随机的数值，并且在fill()函数中使用。

新功能1：zoogY的减量为1，使得Zoog能够在屏幕中向上运动。

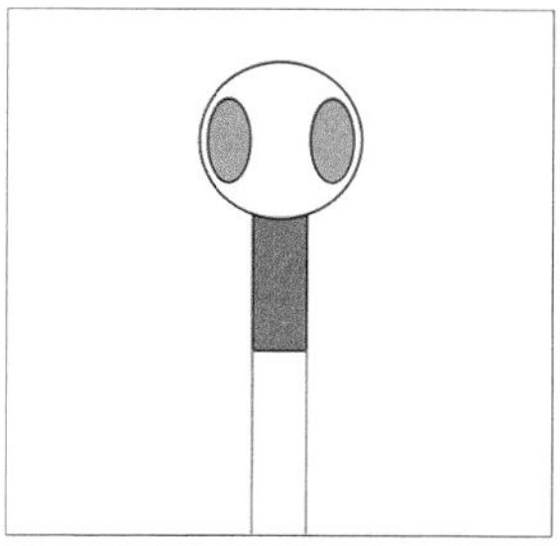

练习 4-6：修改示例 4-8，使得 Zoog 在向上运动的时候可以左右摇摆。提示：这里需要 ZoogX 和 random() 函数结合来使用。

```
zoogX = _____;
```

4.8 坐标平移

请返回到第 3 章，仔细地看下示例 3-6，你可能会发现所有的图形都是相对于点（zoogX，zoogY）进行绘制的。Zoog 的身体直接是在（zoogX，zoogY）绘制的；Zoog 的头部是在稍微高一点的位置（zoogX，zoogY-30）绘制的；而两只眼睛是在 Zoog 中心的一左一右的位置。如果 zoogX 和 zoogY 等于 0，那么 Zoog 将会出现在哪里？是在窗口的顶端左侧！你可以将 zoogX 和 zoogY 从草图中移除，然后相对于点（0，0）的位置来绘制，就能看到最终效果了。（为了简化，已经移除了颜色相关的函数，例如 stroke() 和 fill()。）

```
// Draw Zoog's body
rect(0, 0, 20, 100);

// Draw Zoog's head
ellipse(0, -30, 60, 60);

// Draw Zoog's eyes
ellipse(-19, -30, 16, 32);
ellipse( 19, -30, 16, 32);

// Draw Zoog's legs
stroke(0);
line(-10, 50, -20, 60);
line( 10, 50,  20, 60);
```

> 每一行的代码的坐标都是以（0，0）为参照，这里不再包含 zoogX 和 zoogY。

图 4-10   Zoog 的中心位于点（0，0）

如果运行上面的代码，你会看到 Zoog 位于顶端左侧，并且只有部分显示，如图 4-10 所示。移动 Zoog 的另外一个方法（不必为每一个绘制函数增加 zoogX 和 zoogY）是使用 Processing 的函数 translate()。translate() 函数指定窗口中图形的水平和垂直的偏移量。在这个示例中，通过 translate() 函数来设置会更加方便。下面是使 Zoog 根据 mouseX 和 mouseY 这个坐标进行移动的示例。

示例 4-9：Zoog 的平移

```
void setup() {
  size(200, 200);
}

void draw() {
  background(255);
  rectMode(CENTER);
  ellipseMode(CENTER);

  translate(mouseX, mouseY);

  // Draw Zoog's body
```

> 使用 translate() 函数之后，所有的图形都设置为相对于 mouseX 和 mouseY 进行绘制。

```
stroke(0);
fill(175);
rect(0, 0, 20, 100);

// Draw Zoog's head
stroke(0);
fill(255);
ellipse(0, -30, 60, 60);
// Draw Zoog's eyes
stroke(0);
fill(0);
ellipse(-19, -30, 16, 32);
ellipse( 19, -30, 16, 32);

// Draw Zoog's legs
stroke(0);
line(-10, 50, -20, 60);
line( 10, 50, 20, 60);
}
```

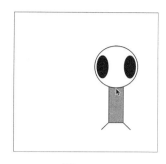

图　4-11

这里我只是对平移做了简要的介绍，实际上有更多关于平移的内容可以展开。内容如此之多，以至于本书后面有一整章的篇幅来讲解 translate() 函数。其他和平移相关的函数叫做平移函数（transformation）。平移的功能非常强大，举个例子，可以实现在 Processing 中旋转图形，同时它也是解锁在三维虚拟空间里绘图的钥匙。但是平移的知识就在这里告一段落了，因为本书的前半部分内容是聚焦于编程的基本原理。后面会讨论关于计算机图形学的更高级的话题。可是，如果你发现自己当前的工作正需要关于平移的知识，那么就简要地浏览下第 14 章，在开始第 5 章之前，你可以一直读到示例 14-15，再往后的内容将包含我目前还没有讨论过的知识点。

练习 4-7：使用变量和 random() 函数，修改第一节课中你设计的项目，使其在屏幕上移动，改变颜色、尺寸、位置等。你可以考虑使用 translate() 函数设置 Zoog 在窗口中的位置。

条 件 语 句

语言是人类理性的工具，它不仅仅是思维的媒介，更是被普遍承认的真理。

——乔治·布尔（George Boole）

对音乐的感觉并没有对与错之分，只有真与假之分。

——菲奥娜·阿普尔（Fiona Apple）

本章主要内容：

- 布尔表达式
- 条件语句：程序如何根据条件的变化产生不同的结果
- if、else if、else
- 关系和逻辑运算符

5.1　布尔表达式

你最喜欢哪种类型的测试题目？论文形式还是多项选择？但是，在计算机编程的世界中，只存在一种测试：布尔测试（boolean test）——真或假。布尔表达式（boolean expression）（名称来自于数学家乔治·布尔）是用来衡量真或假的表达式。下面我们列举一些日常口语中的例子。

- 我最喜欢的颜色是粉红色。→真
- 对于计算机编程我非常恐惧。→假
- 这是一本滑稽搞笑的书。→假

在计算机科学的形式逻辑中，数值之间关系的测试如下面的例子。

- 15 比 20 要大→假
- 5 等于 5 →真
- 32 小于或等于 33 →真

本章，我会讲述如何在一个布尔表达式中使用变量，根据当前存储在变量中的数值，草图会根据不同的路径运行程序。

- x > 20 →根据当前 x 的值
- y == 5 →根据当前 y 的值
- z <= 33 →根据当前 z 的值

下面的运算符可以在布尔表达式中使用。

关系运算符

> 　大于

< 　小于

>=	大于或等于
<=	小于或等于
==	等于
!=	不等于

5.2 条件语句：if、else、else if

布尔表达式，通常也被写作"条件语句"（conditional）。它以一种询问问题的方式执行草图。例如，首先询问 15 是否比 20 大，如果答案是对（也就是真），你可以选择执行某个特定的指令（比如说画一个矩形）；如果答案是错（也就是假），那么这个指令会被忽略。这就具有一种逻辑分支的思想：根据不同的参数条件，程序会执行不同的代码，从而影响程序运行路径。

我们举一个现实世界中的例子：

如果我饿了，那么我就吃饭；如果我渴了，我就喝水；否则，我就打个盹。

在 Processing 中，你更有可能会遇到下面的情形：

如果鼠标光标位于屏幕的左侧，那么就在屏幕的左侧画一个矩形。

或者更正式一些，例如图 5-1 是代码输出的结果：

```
if (mouseX < width/2) {
  fill(255);
  rect(0, 0, width/2, height);
}
```

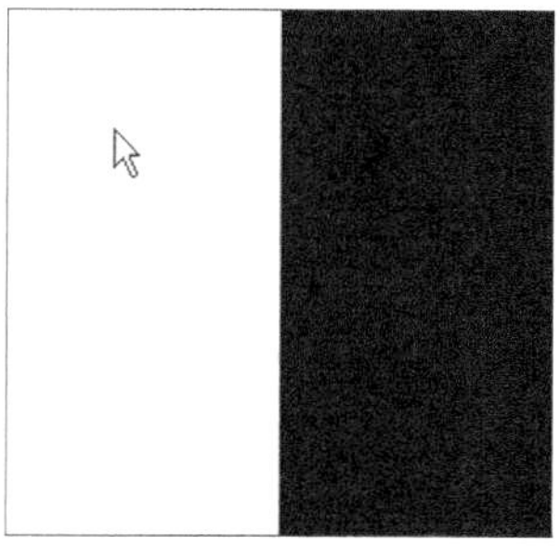

上述的布尔表达式和执行指令可以用下面的句法结构来解释：

```
if (布尔表达式) {
  // 如果布尔表达式是真，那么执行这段代码
}
```

图 5-1

通过在代码中加入 else，语句结构可以进一步拓展：当布尔表达式是假的时候，执行 else 后面的代码。这就相当于日常口语中的"否则，做什么。"

```
if (布尔表达式) {
  // 如果布尔表达式是真，执行这段代码
} else {
  // 如果布尔表达式是假，执行这段代码
}
```

例如图 5-2 中代码输出的结果。

如果鼠标光标在屏幕的左侧，绘制白色背景，否则绘制黑色背景。

```
if (mouseX < width/2) {
  background(255);
} else {
  background(0);
}
```

图 5-2

最后，如果需要多重条件测试，你可以使用 else if。使用 else if 之后，条件语

句会按照顺序进行测试。一旦发现某个布尔表达式的值为真，那么对应的代码将会执行，而后面的布尔表达式将被忽略。如图 5-3 所示。

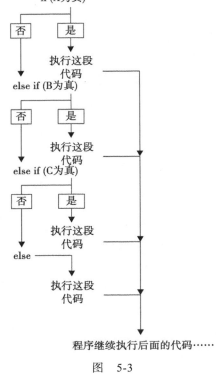

```
if (布尔表达式#1) {
  // 如果布尔表达式#1是真，执行这段代码
true
} else if (布尔表达式#2) {
  // 如果布尔表达式#2是真，执行这段代码
true
} else if (布尔表达式#n) {
  // 如果布尔表达式#n是真，执行这段代码
true
} else {
  // 如果以上情况都没有发生，执行这段代码
  // 布尔表达式是真
}
```

将之前的鼠标示例进一步深入，具体如下。代码输出结果如图 5-4 所示。

> 如果光标位于屏幕左边 1/3 之内，绘制白色背景；如果光标位于中间 1/3 之内，绘制灰色背景；否则绘制白色背景。

```
if (mouseX < width/3) {
  background(255);
} else if (mouseX < 2*width/3) {
  background(127);
} else {
  background(0);
}
```

图　5-3

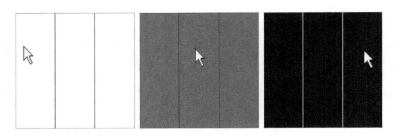

图　5-4

练习 5-1：设计一个将数值转变为字母的评分系统。填写下面的空白处来完成布尔表达式。

```
float grade = random(0, 100);

if (_____) {
  println("Assign letter grade A.");

} else if (_____) {
```

> 在一个条件语句里，你只能使用一个if和一个else。不过，else if的数量不受限制，你可以根据实际需要随便使用。

```
    println(_____);

} else if (_____) {

    println(_____);

} else if (_____) {

    println(_____);

} else {

    println(_____);
}
```

练习 5-2：查看下面的代码示例，猜想消息窗口会出现的结果。先在空白处写下你的答案，然后在 Processing 运行代码进行验证。

问题 1：当数值分别介于 0 到 25 之间，26 和 50 之间，大于 50 时，输出结果分别是什么？

```
int x = 75;

if (x > 50) {
  println(x + " > 50!");
} else if (x > 25) {
  println(x + " > 25!");
} else {
  println(x + " <= 25!");
}
```

```
int x = 75;

if(x > 25) {
    println(x + " > 25!");
} else if (x > 50) {
    println(x + " > 50!");
} else {
    println(x + " <= 25!");
}
```

输出：_____   输出：_____

  虽然上面第二栏代码的句法是正确的，但它是否有不合理之处？

问题 2：如果一个数是 5，将其变为 6。如果一个数是 6，将其变为 5。

```
int x = 5;

println("x is now: " + x);
if (x == 5) {
  x = 6;
}
if (x == 6) {
  x = 5;
}
println("x is now: " + x);
```

```
int x = 5;

println("x is now: " + x);
if (x == 5) {
  x = 6;
} else if (x == 6) {
  x = 5;
}
println("x is now: " + x);
```

输出：_____   输出：_____

  虽然上面第一栏的代码的句法是正确的，但它是否有不合理之处？

这里有必要指出：在练习 5-2 中，当我检测是否相等时，我必须使用两个等号。原因在于，在编程里面询问数值是否相等，和对一个变量进行赋值是完全不同的两码事。

```
if (x == y) {
```
"x是否等于y?" 这里使用双等号!

```
x = y;
```
"设置x等于y" 这里使用一个等号!

5.3　草图中的条件语句

我们首先看一个非常简单的示例：一个程序根据某个条件语句的结果来执行不同的任务。伪码如下。

第1步：创建变量，分别代表红色、绿色和蓝色三种颜色成分，将其分别命名为 r、g和 b。

第2步：根据以上颜色绘制连续变化的背景颜色。

第3步：如果光标位于屏幕的右半侧，让 r 的数值递增；如果光标位于左半侧，让 r 的数值递减。

第4步：对 r 的数值进行限制，使他介于 0 到 255 之间。

在 Processing 里，伪码的具体写法和执行如示例 5-1 所示。

示例 5-1：条件语句

```
float r = 150;
float g = 0;
float b = 0;

void setup() {
  size(200, 200);
}


void draw() {
  background(r, g, b);
  stroke(255);
  line(width/2, 0, width/2, height);

  if (mouseX > width/2) {
    r = r + 1;
  } else {
    r = r - 1;
  }

  if (r > 255) {
    r = 255;
  } else if (r < 0) {
    r = 0;
  }
}
```

变量。

绘制图形的代码。

"如果光标位于屏幕的右半侧"等价于"如果光标的横坐标（mouseX）大于窗口宽度值（width）除以2。"

如果r的值大于255，将其值设置为255；如果r的值小于0，将其值设为0。

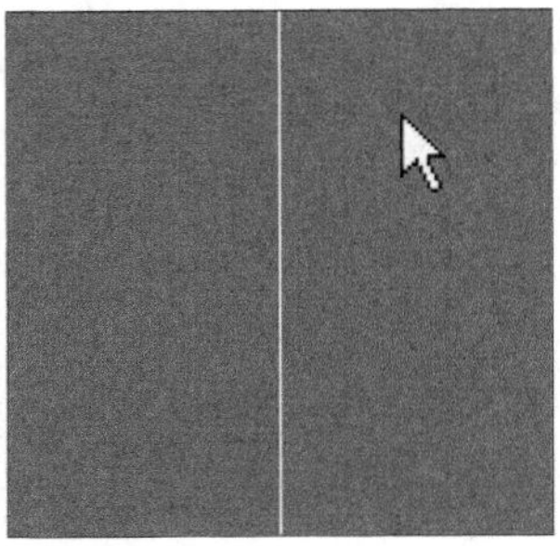

图　5-5

如上面示例的第4步，限制一个变量的数值是一个常见的问题。在这里，我并不希望颜色的数值会增加到一个不靠谱的极端值。在其他示例中，你可能需要限制图形的尺寸或者坐标，以保证它不会变得太大或太小，或者移出屏幕。

虽然使用 if 条件语句是针对限制问题的一个有效的解决方案，可是 Processing 还提供了一个名为 constrain() 的函数，它只用一行代码就能解决相同的问题。

```
if (r > 255) {
  r = 255;
```
使用if条件语句进行限制。

```
} else if (r < 0) {
  r = 0;
}

r = constrain(r, 0, 255);
```

使用constrain()函数进行限制。

constrain()函数需要三个实参：你要进行限制的数值、最小值和最大值。函数将会返回被限制的数值，然后将这个数值重新分配给变量 r。（还记得什么是函数返回一个数值吗？看一下前面关于函数 random() 的讨论。）

养成限制数值的习惯是一个避免犯错的有效方法。不论你如何确信你的变量会在某个已知区间内浮动，也不如使用 constrain() 函数本身来的保险。而且，如果某一天你和许多程序员合作完成一个大型的软件项目时，诸如 constrain() 这样的函数能够确保每个人负责的代码部分合并后可以顺利运行。在错误发生之前就尽可能进行预防，是优秀编程人员应该具有的品质。

接下来让我的第一个示例变得稍微高级一点：根据鼠标位置和点击状态，改变所有三种颜色成分。注意在这里针对所有三个变量都使用 constrain() 函数。系统变量 mousePressed 的值为真或假，取决于用户是否点击鼠标按键。

示例 5-2：多个条件语句

```
float r = 0;
float b = 0;
float g = 0;

void setup() {
  size(200, 200);
}

void draw() {
  background(r, g, b);
  stroke(0);

  line(width/2, 0, width/2, height);
  line(0, height/2, width, height/2);

  if(mouseX > width/2) {
    r = r + 1;
  } else {
    r = r - 1;
  }

  if (mouseY > height/2) {
    b = b + 1;
  } else {
    b = b - 1;
  }

  if (mousePressed) {
    g = g + 1;
  } else {
    g = g - 1;
  }

  r = constrain(r, 0, 255);
  g = constrain(g, 0, 255);
  b = constrain(b, 0, 255);
}
```

用于背景颜色的三个变量。

为背景填充颜色，通过画线将窗口划分为四个象限。

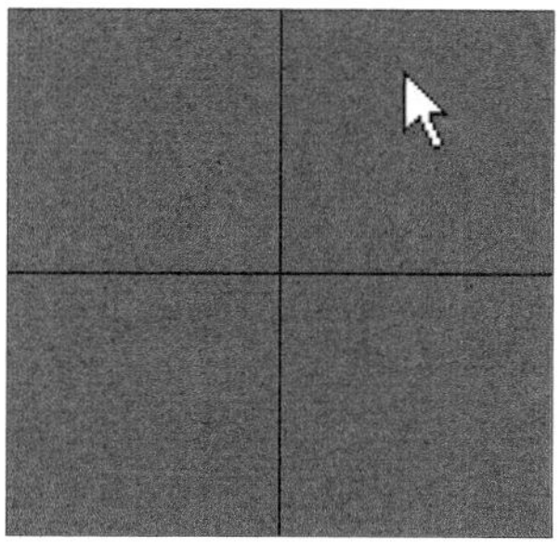

图   5-6

如果光标位于窗口的右侧，那么增加红色的数值；否则，若在左侧就减少红色数值。

如果光标位于窗口的底部，那么增加蓝色的数值；否则，若在顶部就减少蓝色数值。

如果点击鼠标（使用系统变量mousePressed），那就增加绿色的数值。

将所有颜色的数值限定在0到255之间。

练习 5-3：通过一个数值不断增加的变量，移动一个矩形使其穿过整个窗口。图形初始横坐标为 0，使用 if 语句让其在横坐标 100 处停止。然后使用 constrain() 函数替换 if 语句来重新编写。填写下面空缺的代码。

```
// Rectangle starts at location x
float x = 0;

void setup() {
  size(200, 200);
}

void draw() {
  background(255);
  // Display object
  fill(0);
  rect(x, 100, 20, 20);

  // Increment x
  x = x + 1;

  --------------------------------------------

  --------------------------------------------

  --------------------------------------------
}
```

5.4 逻辑运算符

现在你已经掌握了简单的 if 条件语句：

　　如果我的体温高于 98.6 华氏度（37℃），那就带我去看医生。

可是有些时候，仅仅根据一个条件执行任务并不够。例如：

　　如果我的体温高于 98.6 华氏度（37℃），**或者**（OR）我的胳膊长了皮疹，那就带我去看医生。

　　如果我被蜜蜂蜇了，**并且**（AND）对蜜蜂过敏，那就带我去看医生。

同样的道理也适用于编程。

　　如果光标位于屏幕的右侧，**而且**（AND）光标位于屏幕的底部，那就在右下角区域绘制一个矩形。

你的第一直觉可能会将上面的代码写成一个嵌套式的 if 条件语句，比如：

```
if (mouseX > width/2) {
  if (mouseY > height/2) {
    fill(255);
    rect(width/2,height/2,width/2,height/2);
  }
}
```

也就是说，你可能需要得到两个值为真的答案之后才能执行这段代码。这个确实也行得通，不过你可以用一个更加简单的方式：逻辑运算符与（and），写作"&&"。一个"&"在

Processing 中代表着其他的东西⊖，因此要确定你写了两个"&"！

逻辑运算符或（or）是两个竖线"||"。如果你在键盘上找不到，它通常是通过 shift+/ 来输入。

```
if (mouseX > width/2 && mouseY > height/2) {
  fill(255);
  rect(width/2, height/2, width/2, height/2);
}
```

> 如果光标位于屏幕右侧以及下侧。

除了 && 和 || 以外，还有一个逻辑运算符非（not），写作感叹号"！"。

如果我的体温**没有**（NOT）高于 98.6 华氏度（37℃），我不会打电话请病假。

如果我被蜜蜂蜇了，**并且**（AND）我**没有**（NOT）对蜜蜂过敏，那么我会好的。

在 Processing 里的示例是：

如果**没有**（NOT）点击鼠标按键，那么绘制一个圆，否则绘制一个正方形。

```
if (!mousePressed) {
  ellipse(width/2, height/2, 100, 100);
} else {
  rect(width/2, height/2, 100, 100);
}
```

> ！意味着否定。mousePressed是一个布尔变量，相当于一个布尔表达式。它的值非真即假（取决于当前鼠标按键是否被点击）。布尔变量会在5.6节进行更细致的讨论。

注意，这个示例也可以用没有 not 的形式进行编写，如下：

如果鼠标被点击了，那么绘制一个正方形，否则的话绘制一个圆。

练习 5-4：假设变量 int x = 5，int y = 6。那么下面的布尔表达式是真还是假？

```
!(x > 6)              _____

(x == 6 && x == 5)    _____

(x == 6 || x == 5)    _____

(x > -1 && y < 10)    _____
```

尽管句法是正确的，但是下列布尔表达式有什么缺陷？

```
(x > 10 && x < 5)    _____
```

练习 5-5：编写一个程序，让其可以执行一个简单的鼠标翻转效果（rollover）。换句话说，如果光标位于矩形上部，该矩形就会改变颜色。下面提供了一些代码以帮助你上手。（如果是绘制圆的话应该怎么编写？）

```
int x = 50;
int y = 50;
int w = 100;
int h = 75;
```

⊖　"&"和"|"在 Processing 中用于逐位运算（bitwise operation）。逐位运算比较以二进制表示的两个数字（0 或 1）。对二进制数字进行底层访问的时候通常会使用到它，其使用情况比较少见。

```
void setup() {
  size(200, 200);
}
void draw() {
  background(255);

  stroke(0);

  if (_____ && _____ && _____ && _____) {

    _____

  } _____ {

    _____
  }

  rect(x, y, w, h);
}
```

5.5 多个鼠标翻转效果的实现

我们一起来解决一个简单的问题，一个比练习 5-5 稍微复杂一点的问题。仔细看下图 5-7 中的四个屏幕截图，它们是从一个草图当中截取的：根据光标的位置，四个方块中的一个显示为黑色。

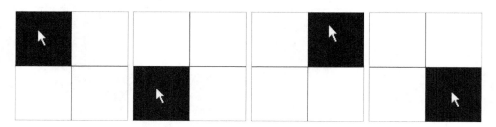

图　5-7

让我们首先用伪码（也就是文字）写出这个程序的逻辑。

设置：

1.设置大小为 200×200 像素的窗口。

绘制：

1.绘制白色的背景。

2.绘制水平线和垂直线，将窗口划分为四个象限。

3.如果光标位于左上区域，在左上角绘制黑色矩形。

4.如果光标位于右上区域，在右上角绘制黑色矩形。

5.如果光标位于左下区域，在左下角绘制黑色矩形。

6.如果光标位于右下区域，在右下角绘制黑色矩形。

对于上述指令中的 3～6，我要问你："如何判断光标是否位于指定的某个区域？"要完成这一点，你需要一个 if 条件语句。比如你可能会说："如果 mouseX 坐标大于 100 像素，并且 mouseY 坐标大于 100 像素，那就在右下角绘制一个黑色矩形。"你可以基于以上的伪码来尝试自己编写这个程序，将其作为一个练习。在示例 5-3 中，我提供给你这个程序的答案，供你参考。

示例 5-3：鼠标翻转效果

```
void setup() {
  size(200, 200);
}

void draw() {
  background(255);
  stroke(0);
  line(100, 0, 100, 200);
  line(0, 100, 200, 100);

  noStroke();
  fill(0);
  if (mouseX < 100 && mouseY < 100) {
    rect(0, 0, 100, 100);
  } else if (mouseX > 100 && mouseY < 100) {    根据光标的位置，显示不同的矩形。
    rect(100, 0, 100, 100);
  } else if (mouseX < 100 && mouseY > 100) {
    rect(0, 100, 100, 100);
  } else if (mouseX > 100 && mouseY > 100) {
    rect(100, 100, 100, 100);
  }
}
```

练习 5-6：重新编写示例 5-3，使得当光标离开某个矩形区域时，矩形由白色变为黑色。提示：你需要四个变量，对应每个矩形的颜色。

5.6 布尔变量

鼠标翻转效果的编程完成以后，下一步就可以拓展至设计一个按钮（button）了。按钮实质就是在被点击时，可以产生交互的鼠标翻转效果。现在，学习编程翻转效果和按钮会让你感觉有些没有必要。也许你会想："难道我不可以直接使用 Processing 库里的按钮吗？"对于我们来说，就目前为止，答案是：不可以。是的，我最终会讲到如何使用库中的代码（而且在草图中使用库中的代码制作按钮会更加方便容易），但是由浅入深地学习 GUI（graphical user interface）编程是非常有必要的。

其一，学习编写按钮、鼠标翻转、滑块是学习变量和条件语句的有效方法。其二，每个程序总是使用相同的按钮和陈旧的翻转效果会让人感到很枯燥。如果你对开发新的界面感兴趣，那么从头开始学习构建一个界面是你不可或缺的环节。

好了，道理我都讲完了，现在我们看一下如何使用一个布尔变量（boolean variable）编写一个按钮。一个布尔变量（即某个变量的类型是布尔）指的是一个变量的值非真即假。可以把它想成一个开关：要么是开；要么是关。按下按钮，将开关打开；再次按下按钮，将开关关闭。在示例 5-2 中我就使用了一个布尔变量：内置的变量 mousePressed。点击鼠标，mousePressed 的值为真；没有点击鼠标时，其值为假。

那么这里的按钮示例会包括一个布尔变量，并且其初始值为假（也就是假设按钮初始位于关闭状态）。

```
boolean button = false;    布尔变量非真即假。
```

对于鼠标翻转来说，只要当光标悬浮于矩形上方，它就变为白色。而在按钮的示例中，当点击按钮时，草图的背景色变为白色；反之，没有点击按钮时，颜色为黑色。

```
if (button) {          如果按钮的值为真，背景色为白色；
  background(255);     如果值为假，背景色为黑色。
} else {
  background(0);
}
```

接下来，我需要确定是否光标的位置位于矩形内部，以及是否鼠标被点击，据此设置按钮的值为真或者假。下面是完整的示例。

示例 5-4：按下按钮

```
boolean button = false;

int x = 50;
int y = 50;
int w = 100;
int h = 75;

void setup() {
  size(200, 200);
}

void draw() {

  if (mouseX > x && mouseX < x+w && mouseY > y && mouseY < y+h && mousePressed) {
    button = true;
  } else {          按钮被点击的条件是：当（mouseX, mouseY）位于
    button = false;  矩形内部，并且mousePressed为真。
  }

  if (button) {
    background(255);
    stroke(0);
  } else {
    background(0);
    stroke(255);
  }

  fill(175);
  rect(x, y, w, h);

}
```

这个示例模拟了一个和灯相连的按钮效果：只有点击按钮的时候，灯才会亮。一旦你松开按钮，灯立刻灭掉了。尽管这个示例某些时候是一个非常不错的交互形式，但是它还不完全是我想达到的理想情况。我希望是一个可以像真正的开关一样操作的按钮：在灯没有亮的时候，你按动开关（点击按钮），它就亮起了；在灯亮着的时候，按动开关，它就关掉了。

为了让它能够顺利运行，我必须查看鼠标是否位于mousePressed()里面的矩形中。根据定义，当用户点击鼠标的时候，在mousePressed()中的代码就会执行，并且只执行一次（见3.4节内容）。点击鼠标，我希望开关打开或者关闭（有且只有一次）。

现在我需要编写一些代码从而"拨动"开关，将其状态从开变为关，或者从关变为开。这些代码都要在 mousePressed() 的内部。

如果变量 button 的值为真，那么它要被设置为假；如果其值为假，那么它要被设定为真。

```
if (button) {
  button = false;
} else {
  button = true;
}
```

> 这是切换布尔变量比较直接的方式。如果按钮的值为真，则设置它等于假。否则设置其为真。

还有一种简单的方式如下列代码：

```
button = !button;
```

> 非真就是假，非假就是真！

在这里，按钮的值被设置为非其本身。换句话说，如果按钮的值为真，那么我将其设置为非真（也就是假）；如果它是假，那么我设置其为非假（也就是真）。有了这些看上去奇怪但是十分有效的代码的帮助，你就可以完成示例 5-5 中的按钮操作了。

示例 5-5：按钮作为开头

```
boolean button = false;

int x = 50;
int y = 50;
int w = 100;
int h = 75;

void setup() {
  size(200, 200);
}

void draw() {
  if (button) {
    background(255);
    stroke(0);
  } else {
    background(0);
    stroke(255);
  }

  fill(175);
  rect(x, y, w, h);
}

void mousePressed() {
  if (mouseX > x && mouseX < x + w && mouseY > y && mouseY < y + h) {
    button = !button;
  }
}
```

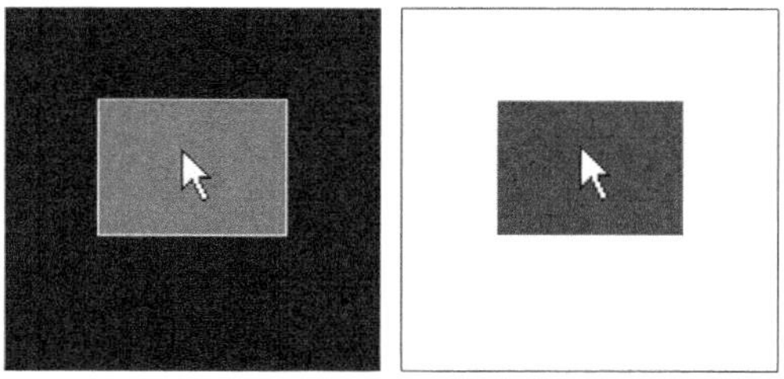

图　5-8

> 点击鼠标的时候，按钮的状态就被切换。尝试将这部分代码移动至 draw() 的里面，就像前面的鼠标翻转案例一样（见下面的练习 5-7）。

练习 5-7：当下面的代码移动至 draw() 中之后，为什么不能正常运行？

```
if (mouseX > x && mouseX < x+w &&
    mouseY > y && mouseY < y+h && mousePressed) {
    button = !button;
}
```

练习 5-8：前面章节示例 4-3 中，一个圆从窗口中穿过。修改这个草图，使得只有当点击鼠标的时候，圆才开始运动。提示：使用一个布尔变量。

```
boolean _____ = _____;

int circleX = 0;
int circleY = 100;

void setup() {
  size(200, 200);
}

void draw() {
  background(100);
  stroke(255);
  fill(0);
  ellipse(circleX, circleY, 50, 50);

  _____


  _____


  _____
}

void mousePressed() {

  _____

}
```

5.7 弹力球

是时候重新拜访我的朋友 Zoog 了。回顾一下你已经完成的内容。首先，你学会了用 Processing 内置的图像函数来绘制 Zoog。接下来，你了解了使用变量可以让编程更简单。有了这些变量的知识也让你学会了如何使 Zoog 运动。如果 Zoog 的位置是 x，那就在 x 处绘制它，然后在 x+1 处绘制，然后在 x+2 处绘制，等等。

这是既让人兴奋，又让人伤感的时刻。一开始 Zoog 运动能够带给你惊喜，但是很快当你目送 Zoog 移动至屏幕边缘直至消失，又会让你感觉异常孤独。幸运的是，应用条件语句可以帮我们让 Zoog 回来。在这里，我可以问：Zoog 到达屏幕的边缘了吗？如果是的，那就让 Zoog 回来！

为了简化情况，这里我们用一个简单的圆来代替 Zoog。

编写一个程序：Zoog（一个简单的圆）在屏幕上，由左至右水平移动。当它抵达屏幕右方边缘，它将翻转方向。

根据前面关于变量的知识，我们可以使用全局变量（global variable）来记录 Zoog 的位置。

```
int x = 0;
```

这样足够了吗？不。在前面的示例中，Zoog 总是每次移动一个像素。

```
x = x + 1;
```

上面这行代码告诉 Zoog 向右侧移动。但是我想让它往左移动怎么办？很容易，是不是？

```
x = x - 1;
```

换句话说，有的时候 Zoog 以"+1"的速度移动，有些时候是以"-1"的速度移动。Zoog 的速度是在变化的。为了调整 Zoog 速度的方向，这里我需要另外一个变量：speed（速度）。

```
int x = 0;
int speed = 1;
```
　　　　用于Zoog速度的变量。当速度为正值时，Zoog向右移动；当速度为负值时，Zoog向左移动。

现在我们完成了变量的声明，接下来我们继续编写剩余代码。在 setup() 里设定窗口的大小，在 draw() 里编写具体的代码。在这里，我们将 Zoog 简化为一个圆。

```
background(255);
stroke(0);
fill(100);
ellipse(x, 100, 32, 32);
```
　　　　为了简化，Zoog仅仅是个圆。

到目前为止都很简单。为了让圆能够移动，在 draw() 中的每次循环，它的 x 坐标值也要相应进行变化：

```
x = x + speed;
```

如果你现在运行程序，这个圆将会从窗口坐标开始向右移动，并且一直移动出屏幕的边缘——这个结果我们在第 4 章已经能够实现了。为了让它能够调转方向，我们需要一个条件语句。

　　　　如果圆移动到了屏幕的边缘，就调转方向。

或者更正式一些：

　　　　如果 x 坐标值大于屏幕宽度，调转速度方向。

```
if (x > width) {
  speed = speed * -1;
}
```
　　　　通过乘以-1来使速度反向。

改变数值的正负号

　　当我想要改变一个数值的正负号时，也就是说将一个正数变为一个负数，或者将一个负数变为正数。可以通过将数字乘以 -1 的方式实现。例如下面的例子：

- -5×-1＝5
- 　5×-1=-5
- 　1×-1=-1
- -1×-1＝1

运行草图，我现在有了向右运动的一个圆，并且它抵达屏幕右边缘时，开始调转方向向左运动。但是它运动到左边屏幕边缘并没有停止。现在我需要稍微修正一下条件语句。

如果圆到达屏幕的左边缘或右边缘，调转圆的速度方向。

或者，更正式一些：

如果 x 坐标值大于屏幕宽度，或者小于 0，则调转速度方向。

```
if ((x > width) || (x < 0)) {        ← ||的意思是"或"。
  speed = speed * -1;
}
```

示例 5-6 是最终的代码。

示例 5-6：弹跳球

```
int x = 0;
int speed = 1;

void setup() {
  size(200, 200);
}

void draw() {
  background(255);

  x = x + speed;                    ← x加上当前的speed。

  if ((x > width) || (x < 0)) {     ← 如果物体抵达屏幕任何一侧的边缘，
    speed = speed * -1;               speed乘以-1，使得速度转向。
  }

  // Display circle at x location
  stroke(0);
  fill(175);
  ellipse(x, 100, 32, 32);
}
```

练习 5-9：重新编写示例 5-6，使得圆不仅水平运动，而且可以垂直运动。你是否可以实现其他的功能特色，比如根据一个特定的条件改变球的大小或者颜色？你能否在改变方向之外，还能让球加速或者减速？

"弹跳球"中这个让某个变量递增或者递减的逻辑，除了可以应用于屏幕上的图运动之外，还可以应用在其他许多方面。举例来说，和一个矩形从左至右的运动一样，也可以让一种颜色从浅红色变为深红色。示例 5-7 采用了和"弹跳球"相同的算法，并将其应用于改变色彩的示例中。

示例 5-7：具有"弹性"的色彩

```
float c1 = 0;         ← 颜色相关的两个变量。
float c2 = 255;

float c1Change = 1;   ← c1递增量为1，c2递减量为1。
float c2Change = -1;

void setup() {
```

```
  size(200, 200);
}

void draw() {
  noStroke();

  // Draw rectangle on left
  fill(c1, 0, c2);
  rect(0, 0, 100, 200);

  // Draw rectangle on right
  fill(c2, 0, c1);
  rect(100, 0, 100, 200);

  // Adjust color values
  c1 = c1 + c1Change;
  c2 = c2 + c2dc2Changeir;

  // Reverse direction of color change
  if (c1 < 0 || c1 > 255) {
    c1Change *= -1;
  }

  if (c2 < 0 || c2 > 255) {
    c2Change *= -1;
  }
}
```

图　5-9

> 和之前抵达窗口的边缘不同，这些变量抵达的是颜色的"边缘"：0代表没有颜色，255代表全彩色。当它发生的时候，和弹跳球一样，方向会发生翻转。

掌握条件语句，让其成为你日常的编程工具，这样你就可以创作更多复杂的运动。比如，考虑创建一个在窗口边缘移动的正方形。

解决这个问题的一种方法是将正方形的运动情况分为四个可能的状态：编号 0 到 3。如图 5-10 所示。

- 状态 0：从左到右
- 状态 1：从上到下
- 状态 2：从右到左
- 状态 3：从下到上

图　5-10

我可以使用一个变量来跟踪和记录状态的编号，并且根据该状态来调整矩形的（x，y）坐标。举例来说："如果状态编号为 2，则设置 x 等于其自身减 1。"

一旦矩形抵达状态的临界点，我就可以改变状态变量。"如果状态编号等于 2：那么（a）设置 x 等于其自身减 1；（b）如果 x 小于 0，那么设置其状态编号为 3。"

下面的示例就是根据这个逻辑来执行的。

示例 5-8：使用一个"状态"变量，让正方形沿着边缘运动

```
int x = 0;      // x location of square
int y = 0;      // y location of square
int speed = 5; // speed of square

int state = 0;

void setup() {
  size(200, 200);
}

void draw() {
  background(255);
```

> 用于记录正方形"状态"的变量。根据它状态的数值，它会向右、向下、向左或者向上运行。

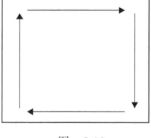

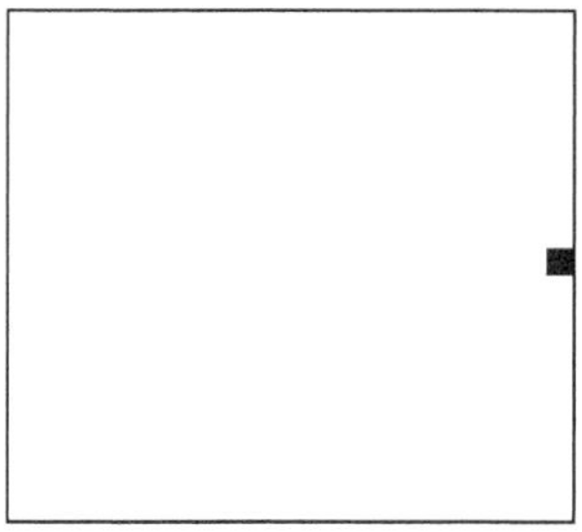

图　5-11

```
// Display the square
noStroke();
fill(0);
rect(x, y, 10, 10);

if (state == 0) {            如果处在状态0，向右移动。
  x = x + speed;
  if (x > width - 10) {
    x = width - 10;          如果，尽管它处在状态0，它抵达
    state = 1;               窗口的右边缘，将其状态改变为1。
  }                          为所有的状态重复这一相同的逻辑。
} else if (state == 1) {
  y = y + speed;
  if (y > height - 10) {
    y = height - 10;
    state = 2;
  }
} else if (state == 2) {
  x = x - speed;
  if (x < 0) {
    x = 0;
    state = 3;
  }
} else if (state == 3) {
  y = y - speed;
  if (y < 0) {
    y = 0;
    state = 0;
  }
}
}
```

5.8　物理学基础

对于我来说，学习编程过程中最开心的一刻是我意识到自己可以用代码模拟重力的时候。而事实上，学习了变量和条件语句的知识以后，你已经为此做好了所有准备。

弹跳球的草图表明了一个物体的运动是通过速度来改变其位置的：

位置＝位置＋速度

引力是存在于所有物体之间相互吸引的力。当你扔出一支钢笔，来自于地球的引力导致钢笔以加速的方式落向地面。因此模拟重力的关键在于，给弹力球增加一个叫做"加速度"（acceleration）（在这里是由重力引起的，也可以由任何数值的力引起）的概念。加速度可以增加（或者减少）速度的大小。换句话说，加速度是改变程度的比率。而速度是改变位置的比率。因此仅仅需要增加另外一行代码：

速度＝速度＋加速度

现在，我们就有了一个简单的重力模拟的代码形式。

示例 5-9：简单的重力模拟

```
float x = 100;   // x location of square
float y = 0;     // y location of square

float speed = 0; // speed of square
float gravity = 0.1;
                         一个新的变量用于表示重力（也就是加速度）。由于
void setup() {           速度值会随着时间逐渐累加，这里我使用了一个相对较
  size(200, 200);        小的数值（0.1）。你也可以尝试把这个数值替换为2.0，
}                        看下会发生什么。

void draw() {
```

```
background(255);

// Draw the ball
fill(0);
noStroke();
ellipse(x, y, 10, 10);

y = y + speed;
speed = speed + gravity;
```

> 为位置增加速度，为速度增加加速度。

图 5-12

```
// Bounce back up!
if (y > height) {
  speed = speed * -0.95;
```

> 乘以-0.95，而不是-1，这样使得正方形每弹跳一次都会减速。这就是所谓的阻尼效应（dampening effect），这是对现实世界更真实的模拟（如果没有它，正方形将会一直弹跳下去）。

```
  y = height;
}
}
```

> 如果在这里你不注意的话，正方形将会卡在窗口的下部，因此将它的值归为高度值，能够保证正方形可以反向并且向上弹跳。

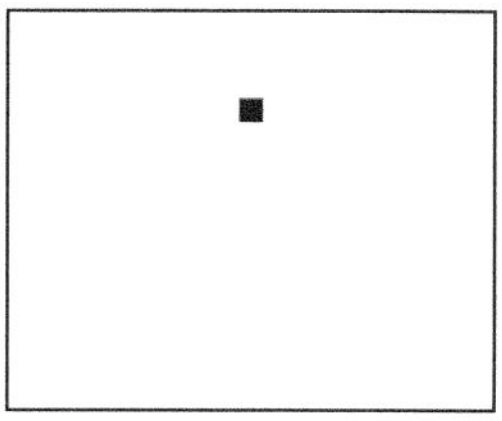

练习 5-10：继续你自己的设计，并且增加一些本章中讲述过的功能。下面的一些选项供你选择：

- 让你的设计的一部分具备翻转效果：当鼠标位于特定区域上部的时候，它可以改变颜色。
- 让其沿着窗口运动。你能让它在窗口的所有边缘弹跳吗？
- 颜色的淡入与淡出。

下面是使用 Zoog 的简化版本。

示例 5-10：Zoog 和条件语句

```
float x = 100;
float y = 100;
float w = 60;
float h = 60;
float eyeSize = 16;

float xspeed = 3;
float yspeed = 1;
```

> Zoog在水平和垂直方向上的速度变量。

```
void setup() {
  size(200, 200);
}


void draw() {
  // Change the location of Zoog by speed
  x = x + xspeed;
  y = y + yspeed;

  if ((x > width) || (x < 0)) {
    xspeed = xspeed * -1;
  }

  if ((y > height) || (y < 0)) {
```

> 这里 if 语句的逻辑是用来确定：Zoog 是否抵达了屏幕的右侧或者左侧边缘。当其值为真的时候，速度乘以-1，翻转Zoog的速度方向！

```
    yspeed = yspeed * -1;
  }
```

> 相同的逻辑也应用在y方向上。

```
  background(255);
  ellipseMode(CENTER);
  rectMode(CENTER);

  // Draw Zoog's body
  stroke(0);
  fill(150);
  rect(x, y, w/6, h*2);

  // Draw Zoog's head
  fill(255);
  ellipse(x, y-h/2, w, h);

  // Draw Zoog's eyes
  fill(0);
  ellipse(x-w/3, y-h/2, eyeSize, eyeSize*2);
  ellipse(x+w/3, y-h/2, eyeSize, eyeSize*2);

  // Draw Zoog's legs
  stroke(0);
  line(x-w/12, y+h, x-w/4, y+h+10);
  line(x+w/12, y+h, x+w/4, y+h+10);
}
```

循　环

生活的现实性和严肃性在于重复。

——索伦·克尔凯戈尔（Soren Kierkegaard）

喜剧的核心是什么？重复；喜剧的核心是什么？还是重复。

——佚名

本章主要内容：

- 迭代的概念
- 循环的两种类型：while 和 for。以及什么时候使用它们？
- 变量作用域：局域与全局
- 计算机图形学中的迭代

6.1　什么是迭代

迭代（iteration）是指将一系列规则或者步骤不断重复产生的过程。它是计算机编程中一个最基本的概念。你会逐渐体会到，应用迭代使编程过程变得令人愉快。那我们现在就开始吧。

现在让我们去思考一下 Zoog 的腿，Zoog 身上有许多条腿。如果你阅读过本书第 1 章，就很可能写过类似示例 6-1 的代码。

示例 6-1：许多直线

```
size(200, 200);
background(255);

// Legs
stroke(0);
line(50, 60, 50, 80);
line(60, 60, 60, 80);
line(70, 60, 70, 80);
line(80, 60, 80, 80);
line(90, 60, 90, 80);
line(100, 60, 100, 80);
line(110, 60, 110, 80);
line(120, 60, 120, 80);
line(130, 60, 130, 80);
line(140, 60, 140, 80);
line(150, 60, 150, 80);
```

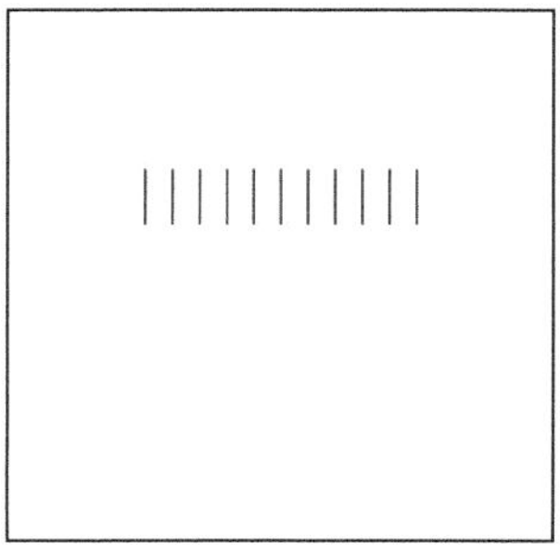

图　6-1

在上面的示例中，竖直的腿从横坐标为 50 的位置一直绘制到横坐标为 150，每条腿之间间隔 10 像素。虽然用上面的方法就能完成这些腿的绘制，但是我可以通过使用第 4 章中讨论过的变量来显著提高编程效率。

首先，要为系统的每一个参数设立变量，这些参数包括：腿的（x，y）坐标、长度，以及腿的间隔。注意，在绘制每一条腿的时候，只有 x 的值发生变化，所有其他变量保持不变

（当然如果你想这么做，也可以改变！）。

示例 6-2：使用变量绘制多条直线

```
size(200, 200);
background(255);

// Legs
stroke(0);

int y = 80;        // Vertical location of each line
int x = 50;        // Initial horizontal location for first line
int spacing = 10;  // How far apart is each line
int len = 20;      // Length of each line

line(x, y, x, y+len);        绘制第一条腿。

x = x + spacing;             增加间隔，使得下一条腿位于右侧10个像素处。
line(x, y, x, y+len);

x = x + spacing;             为每条腿都执行同样的过程，不断地重复。
line(x, y, x, y+len);

x = x + spacing;
line(x, y, x, y+len);

x = x + spacing;
line(x, y, x, y+len);

x = x + spacing;
line(x, y, x, y+len);

x = x + spacing;
line(x, y, x, y+len);

x = x + spacing;
line(x, y, x, y+len);

x = x + spacing;
line(x, y, x, y+len);

x = x + spacing;
line(x, y, x, y+len);

x = x + spacing;
line(x, y, x, y+len);

x = x + spacing;
line(x, y, x, y+len);
```

我想这个过程还不错。但奇怪的是，从技术上讲，它应该更高效（比如，仅需通过改变一行代码就可以调整所有间隔距离）。但是，实际上这个方法看上去更加冗长和笨拙。因为现在的代码数量是之前的两倍：由于每条腿都需要两行代码，如果我想绘制 100 条腿，就需要 200 行代码。为了避免这种低效情况的发生，我希望有类似这样的解决方案：

　　　　绘制一条线，重复一百次。

啊哈，这样只需要一行代码！

事实上，你并不是第一个遇到这种窘境的程序员。其实通过使用常见的控制结构（control structure）——循环（loop），就会非常容易解决这个问题。一个循环结构采用类似于条件语句的句法（见第 5 章）。只是，前面是询问一个是或否的问题，来决定是否执行一次某个代码块；而这里是询问一个是或否的问题，来决定要重复这个代码块多少次。这也就是所谓的迭代。

6.2　while 循环：你唯一真正需要的循环

Processing 里有三种类型的循环：while 循环、do-while 循环和 for 循环。为了能够快速上手，我们暂时先把注意力集中到 while 循环上。首先，你真正需要的循环是 while 结构。而对于 for 循环，如你所见，它仅仅是一个更加方便的选择，是一种简略方式。至于 do-while，很少会用到（本书并不做要求），所以我会忽略这种类型。

与条件语句（if/else）结构类似，while 循环结构需要一个布尔测试条件。如果测试结果为真，那么花括号内的指令将会执行；如果值为假，那么草图将会继续执行下一行代码。这里的不同之处在于：while 结构里面的指令将会一直不断地重复执行，直至测试条件值是假为止。如图 6-2 所示。

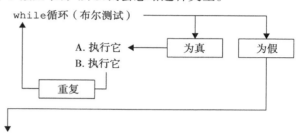

图　6-2

让我们回到前面关于 Zoog 腿的代码上来。首先假定下面的变量……

```
int y = 80;         // 每条线的垂直位置
int x = 50;         // 第一条线的初始水平位置
int spacing = 10;   // 两条线之间的间隔
int len = 20;       // 每条线的长度
```

我不得不手动地重复下面的代码：

```
stroke(255);
line(x, y, x, y+len); // 绘制第一条腿

x = x + spacing;      // x加上"spacing"
line(x, y, x, y+len); // 下一条腿位于右侧的10像素处

x = x + spacing;      // x加上"spacing"
line(x, y, x, y+len); // 下一条腿位于右侧的10像素处

x = x + spacing;      // x加上"spacing"
line(x, y, x, y+len); // 下一条腿位于右侧的10像素处

// 等等，不断重复绘制新的腿
```

现在，了解了 while 循环结构的知识，我们就可以重新绘制示例 6-3 的代码了，通过增加一个变量来指定什么时候停止循环，也就是说，新的腿应该在什么位置停止绘制。

示例 6-3： while 循环

```
int endLegs = 150;

stroke(0);              一个变量用于标记停止绘制新腿的位置。

while (x <= endLegs) {
  line (x, y, x, y+len);    在while循环里面
  x = x + spacing;          绘制每一条腿。
}
```

和之前我需要绘制许多次 line(x, y, x, y+len); 不同，现在我只需要在 while 循环里面编写一次就可以了，然后说明：“只要 x 小于 150，就在 x 处绘制一条直线段，x 的增量为 10。”这样的话，之前需要花 21 行代码完成的工作，现在只需要 4 行！

除此以外，我还可以改变变量 spacing（间隔）的值来生成更多的腿。结果如图 6-4 所示。

```
int spacing = 4;
```
> 更小的spacing值使得腿之间的距离更小。

```
while (x <= endLegs) {
  line (x, y, x, y+len); // Draw EACH leg
  x = x + spacing;
}
```

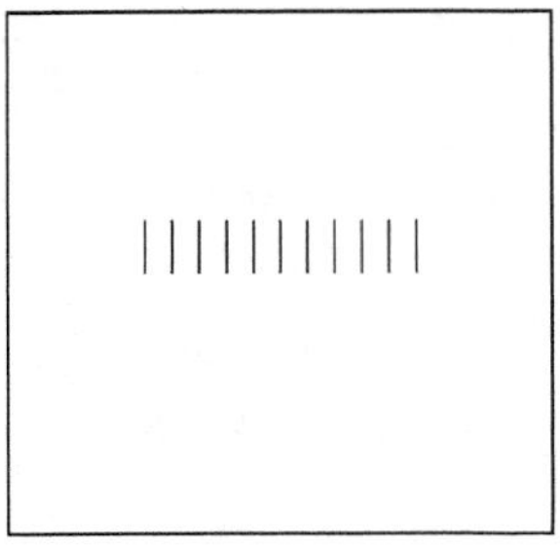

图　6-3 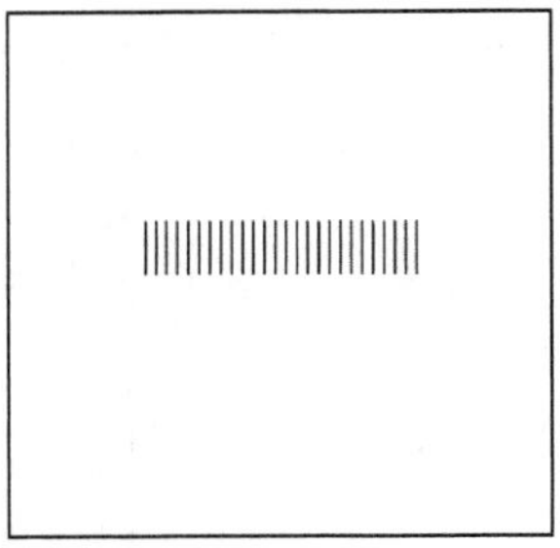　　　　　　　　　　　　　　　　图　6-4

我们再看一个示例，这一次我们使用矩形，而不是直线，如图 6-5 所示，然后思考三个关键的问题。

1. 循环的初始条件应该是什么？这里，由于第一个矩形的 y 坐标是 10，因此循环中 y 的值应该以 10 开始。

```
int y = 10;
```

2. 循环应当在何时停止？由于你希望矩形可以一直排列到窗口的底部，因此循环应当在 y 的值大于高度的时候停止。换句话说，你希望循环可以一直执行，直到 y 小于屏幕高度值。

```
while (y < height) {
  // Loop!
}
```

3. 这个循环的操作指令是什么？在这个例子里，通过循环，你希望在前一个矩形下面绘制一个新的矩形。你可以通过调用 rect() 函数以及 y 的增量为 20 来实现。

图　6-5

```
rect(100, y, 100, 10);
y = y + 20;
```

将上述的代码合并在一起：

```
int y = 10;
```
> 初始条件。

```
while (y < height) {
  rect(100, y, 100, 10);
```
> 当布尔表达式为真的时候循环继续。因此，当布尔表达式为假的时候，循环结束。

```
  y = y + 20;
}
```
> 循环过程中，y 每次增量为20，一直不断绘制矩形，直至 y 的值大于窗口高度。

练习 6-1：在空白处填充代码，完成对应的图形。

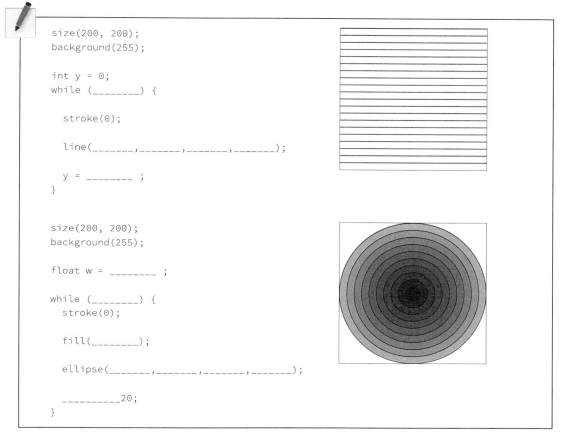

```
size(200, 200);
background(255);

int y = 0;
while (_____) {

  stroke(0);

  line(_____,_____,_____,_____);

  y = _____ ;
}


size(200, 200);
background(255);

float w = _____ ;

while (_____) {
  stroke(0);

  fill(_____);

  ellipse(_____,_____,_____,_____);

  _____20;
}
```

6.3 "退出"条件

我想你已经逐渐意识到，应用循序使得编程变得更加高效。然而，在循环的世界里有一个软肋，存在着一个令人感到棘手的东西，它就是无限循环（infinite loop）。如图 6-6 所示。

回顾一下示例 6-3 中的内容，你会看到：一旦 x 的值大于 150，循环就会停止。而且它必然会发生的，因为 x 的增量值为 spacing，它始终是一个正数。而这并不是偶然的：每次你编写一个带有循环结构的程序，必须确保最终满足该循环的退出条件！

假如最终没有满足循环的退出条件，坏消息是 Processing 并不会给你一个错误提示。结果将会导致无限循环。

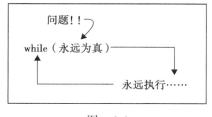

图　6-6

示例 6-4：无限循环，不要这么做！

```
int x = 0;
while (x < 10) {
  println(x);
  x = x - 1;
}
```

> 增量x在这里将会导致一个无限循环，因为 x的值永远不会大于等于10。要当心！

为了追求刺激，你可以试着运行上述代码（一定要确保你已经保存了所有的文件，而且没有运行其他关键任务的软件）。很快，你就会发现 Processing 崩溃了。唯一的解决办法可能就是强制退出 Processing 了。无限循环并不总是像示例 6-4 那样明显。下面是另外一个有缺陷的程序，很多时候会导致无限循环事故。

示例 6-5：另外一个无限循环，不要这么做！

```
int y = 80;                // Vertical location of each line
int x = 0;                 // Horizontal location of first line
int spacing = 10;          // How far apart is each line
int len = 20;              // Length of each line
int endLegs = 150;         // Where should the lines stop?

void setup() {
  size(200, 200);
}

void draw() {
  spacing = mouseX / 2;              spacing变量用于设置每条线之间的距离，被
                                     赋值为mouseX除以2。
  background(0);
  stroke(255);

  x = 0;
  while (x <= endLegs) {             退出条件：当x大于endlegs的时候。

    line(x, y, x, y+len);

    x = x + spacing;                 x的增量值为spacing。spacing可能的取值
  }                                  范围是多少？
}
```

会发生无限循环吗？很明显，如果 x 的值不大于 150，那么你将受困于一个无限循环之中。而且由于 x 的增量大小是 spacing，所以如果 spacing 为 0（或者为负数），那么 x 将永远保持不变（或者越来越小）。

回想下第 4 章讲解的 constrain() 函数，通过限制 spacing 的数值为正值，我们就可以确保无限循环不会发生：

```
int spacing = constrain(mouseX/2, 1, 100);       使用constrain()函数确保满足退出条件。
```

由于间隔和必要的退出条件直接相关，因此可以将一个特定区间强加给它，以确保无限循环不会出现。换句话说，在伪代码中，我可以这样编写："绘制一系列的线条，它们间隔 n 个像素，而 n 永远不会小于 1！"

这是一个非常有意义的示例，因为它同时揭示了关于 mouseX 的一个有趣的现象。你可能更倾向于直接将 mouseX 放入一个递增表达式中，如下所示：

```
while (x <= endLegs) {
  line(x, y, x, y+len);
  x = x + mouseX/2;            将mouseX放到循环内部，并不是解决无限循环
}                              问题的方法。
```

难道这样不能解决问题吗？即使循环卡死住，但是一旦用户将鼠标移动到一个水平坐标大于 0 的位置，退出条件不就被满足了吗？这是一个不错的主意，但不幸的是，它存在缺陷。因为 mouseX 和 mouseY 在每次 draw() 循环的开头被更新以新的数值，所以即便用

户从水平坐标为 0 移动至水平坐标为 50，mouseX 也永远不知道这个新的数值，因为它会卡死在无限循环中，并不能在 draw() 中进入到下一次的循环。

6.4 for 循环

有一种特定类型的 while 循环特别常见：某个数值是不断递增的（6-2 节所展示的）。如果你看下第 9 章的数组，会发现这种循环更加明显。for 循环是常见的 while 循环的一种更简洁的方法。在讨论细节之前，我们讨论下一些在 Processing 中出现的常见的循环，以及他们如何用 for 循环的方式来编写。

从 0 开始一直数到 9	`for (int i = 0; i < 10; i = i + 1)`
从 0 开始，间隔为 10，一直数到 100	`for (int i = 0; i < 101; i = i + 10)`
从 100 开始，间隔为 5，一直倒数到 0	`for (int i = 100; i >= 0; i = i - 5)`

观察上面的示例，你会发现一个 for 循环由三部分构成：

- **初始值**（Initialization）：这里，变量在循环体重新被声明和初始化。这个变量经常在循环中作为一个计数器使用。
- **布尔测试**（Boolean Test）：这和条件语句以及 while 循环里面的布尔测试是一样的。它可以是值为真或假的任何表达式。
- **迭代表达式**（Iteration Expression）：最后一个要素是你希望每个循环周期里所要执行的指令。注意，该指令在每次循环结束之后执行。（你可以使用多个迭代表达式和多个变量的初始化，但是出于方便起见，我们现在不用考虑这个问题。）

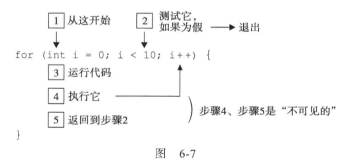

图　6-7

上面的代码意味着：重复该代码 10 次。或者更简单地说，从 0 数到 9 ！

对于机器而言，它意味着：

- 声明一个变量 i，然后将其初始值设为 0。
- 当 i 的值小于 10，重复这段代码。
- 在每个迭代的末尾，i 的值增加 1。

> 一个 for 循环可以仅仅出于计算的目的而拥有自己的变量。一个不在代码顶端声明的变量叫做局域变量（local varible）。我会在后面对它进行解释和定义。

增量和减量运算符

为一个变量加上或者减去 1 的快捷方式如下：

- x++; 等同于：x = x + 1;（含义："增量数值为 1" 或者 "为当前 x 的值加 1"）
- x--; 等同于：x = x - 1;

以及：
- x += 2; 等同于：x = x + 2;
- x *= 3; 等同于：x = x * 3;

等等。

同样的循环也可以用 while 循环的格式进行编写：

```
int i = 0;
while (i < 10) {
  // Lines of code to execute here
  i++;
}
```

> 这是使用while循环对for循环的翻译。

使用下面的 for 语句对前面绘制 Zoog 腿的示例进行重新编写：

示例 6-6：具有一个 for 循环的 Zoog 的腿

```
int y = 80;                    // Vertical location of each line
int spacing = 10;              // How far apart is each line
int len = 20;                  // Length of each line

for (int x = 50; x <= 150; x += spacing) {
  line(x, y, x, y + len);
}
```

> 将使用while循环翻译为使用for循环。

练习 6-2：使用一个 for 循环对练习 6-1 进行重新编写。

```
size(200, 200);
background(255);

for (int y =_____;_____;_____) {
    stroke(0);

    line(_____,_____,_____,_____);
}



size(200, 200);
background(255);

for (_____;_____;_____-= 20) {
    stroke(0);

    fill(_____);

    ellipse(_____,_____,_____,_____);
}
```

练习 6-3：下面是一些关于循环的其他示例。将图片和对应的循环结构进行连线。每个示例代码的前四行代码都相同。

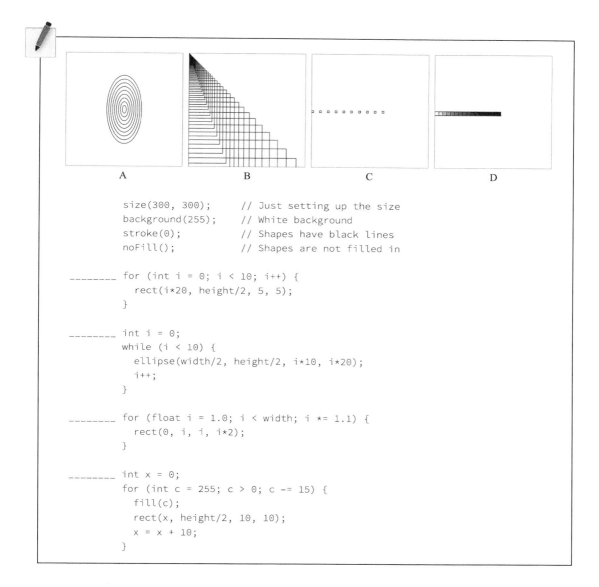

```
               size(300, 300);      // Just setting up the size
               background(255);     // White background
               stroke(0);          // Shapes have black lines
               noFill();           // Shapes are not filled in

_____       for (int i = 0; i < 10; i++) {
                  rect(i*20, height/2, 5, 5);
               }

_____       int i = 0;
               while (i < 10) {
                  ellipse(width/2, height/2, i*10, i*20);
                  i++;
               }

_____       for (float i = 1.0; i < width; i *= 1.1) {
                  rect(0, i, i, i*2);
               }

_____       int x = 0;
               for (int c = 255; c > 0; c -= 15) {
                  fill(c);
                  rect(x, height/2, 10, 10);
                  x = x + 10;
               }
```

6.5　局域变量与全局变量

直到现在，每当要使用一个变量的时候，我需要在 setup() 的上面，草图的最顶端声明变量。

```
setup().

   int x = 0;      一直以来，我们都是在代码的最顶端声明变量。

   void setup() {
     size(200, 200);
   }
```

这是因为这种简化操作可以使我们将注意力集中到变量的基本原理上：声明、初始化和使用变量。事实上，变量可以在一个程序中的任何位置进行声明，现在我们看下如果在代码的某个位置，而不是代码的最顶端声明变量的话，会发生什么。你需要掌握在合适位置声明变量。

花点时间想象下，假设你的生命体是由计算机程序控制的。在这个生命体中，变量是写在便利贴上的数据片段，你必须记住它们。某个便利贴可能写有吃午饭的餐馆的地址。早上你将其写下，中午享用完一个甘蓝汉堡之后，你可以随手将它丢在一边。但是另外一个便利贴可能含有关键信息（比如一个银行账户密码），一年到头你要把它保存在一个安全的地方。这就是作用域（scope）的概念。有些变量存在于（或者可以访问）程序声明的整个周期中——全局变量（global variable）；而有些是暂时的存在，当它们的值需要用于指令或者计算，这样的短暂时刻才会发生作用，这些是局域变量（local variable）。

在 Processing 中，全局变量在 setup() 和 draw() 之外，在程序的最顶端进行声明。这些变量可以在程序中的任何一行代码的任何位置使用。这是使用变量的最简单的方式，因为你不必记住什么时候你可以，以及什么时候你不可以使用该变量。你可以一直使用那个变量（这就是为什么我们一开始只讨论全局变量）。

而局域变量是在一个代码块的内部进行声明的。到目前为止，你已经看到过许多代码块的例子了：setup()、draw()、mousePressed()、keyPressed()、if 语句，以及 while 和 for 循环。

局域变量是在一个代码块内部进行声明的，因此它只有在其被声明的特定的代码块内部才可以使用。如果你尝试在某局部变量被声明的外部去访问它的话，你会得到下面的错误提示：

变量"variableName"并不存在。

这和你根本不声明变量 variableName 所得到的错误提示是一样的。Processing 并不知道这个变量是什么，因为在这个代码块中并不存在具有那个名称的变量。

下面这个示例，一个局域变量在 draw() 中使用，执行一个 while 循环。

示例 6-7：局域变量

```
void setup() {
  size(200, 200);
}

void draw() {
  background(255);
```

> 变量x在这里并不可用，因为它是draw()代码块中的局域变量。

```
  int x = 0;
  while (x < width) {
    stroke(255);
    line(x, 0, x, height);
    x += 5;
  }
}
```

> 变量x在这里是可用的。因为它是在draw()代码块中被声明的，它在这里可用。但是请注意，在draw()中，它在声明的位置之前也不可用。它在while代码块中是可用的，因为while在draw()的内部。

```
void mousePressed() {
  println("Mouse pressed!");
}
```

> 变量x在这里不可用！它是draw()代码块的局域变量。

你可能会想，何必多此一举呢？难道我不能将 x 作为一个全局变量进行声明吗？你可以这样做，但是因为我只是在 draw() 函数内部使用 x，如果将其作为全局变量进行声明的话，过于浪费了。在其发挥作用的作用域的范围之内声明变量，会更加高效，并且让人减少困惑。当然，有些情况下，某些变量必须是全局变量，但是这里的情况并非如此。

在 for 循环中，它提供了为一个局域变量进行"初始化"的位置：

```
for (int i = 0; i < 100; i += 10) {
  stroke(255);
  fill(i);
  rect(i, 0, 10, height);
}
```

> 变量i只有在for循环内部是可用的。

Processing 并不强制要求在 for 循环内部使用局域变量，但是这样做通常可以给我们带来更多便利。

理论上而言，声明一个和全局变量名称相同的局域变量，也是可行的。在这种情况下，程序会在当前作用域使用局域变量，在作用域之外则会使用全局变量。

练习 6-4：预测下面两个草图的结果。在 100 帧之后，窗口会变成什么样？通过运行它们来验证你的猜想。

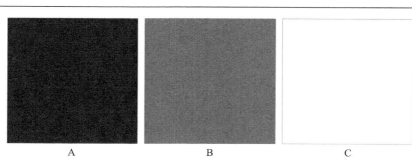

A   B   C

1. 作为全局变量的"count"

```
float count = 0;Declared globally.

void setup() {
  size(200, 200);
}

void draw() {
  count = count + 1;
  background(count);
}
```

----

2. 作为局域变量的"count"

```
void setup() {
  size(200, 200);
}

void draw() {
  float count = 0;Declared locally.
  count = count + 1;
  background(count);
}
```

6.6 **draw()** 循环内部的循环

理解了局域变量和全局变量之间的区别之后，后面我们的目标就是把一个循环结构整合进 Zoog。在完成本章内容之前，我想花点篇幅介绍下，在一个"动态的"Processing 草图的背景下编写你的第一个循环程序，我要着重讲解其中容易让人感到困惑的地方。

考虑下面这个循环（刚好是练习 6-2 的答案）。该循环的输出结果如图 6-8 所示。

```
for (int y = 0; y < height; y += 10) {
  stroke(0);
  line(0, y, width, y);
}
```

比如你想要让上面的循环实现一次只显示一条线，从而能看到直线从上到下逐渐出现的动态效果，要怎么做？你一开始的想法可能是将上述代码放在一个具有 setup() 和 draw() 的动态 Processing 草图中进行实现。

```
void setup() {
  size(200, 200);
}
void draw() {
  background(255);
  for (int y = 0; y < height; y += 10) {
    stroke(0);
    line(0, y, width, y);
  }
}
```

图　6-8

阅读这段代码，它似乎是一次出现一条直线："创建一个大小为 200×200 像素的窗口。背景为黑色。在纵坐标为 0 处绘制一条直线；然后在纵坐标为 10 处绘制一条直线；接着在纵坐标为 20 处绘制一条直线。"

回去参考下第 2 章，你可能会回想起：事实上，只有到了 draw() 的末尾，Processing 才会更新窗口的显示内容。注意在使用 while 循环以及 for 循环的时候，这一点要牢记。

这些循环的目的是在 draw() 内部对某些内容进行重复。因此它们是位于草图主循环：draw() 内部的循环。

要实现一次显示一条直线的效果，你可以使用一个全局变量和 draw() 自身进行结合的方式。

示例 6-8：一次显示一条直线

```
int y = 0;        ◁ 这里没有for循环，取而代之的是一个全局变量。
void setup() {
  size(200, 200);
  background(255);
  frameRate(5);   ◁ 降低帧频，使得我们可以更容易看到效果。
}
void draw() {
  // Draw a line
  stroke(0);
  line(0, y, width, y);   ◁ 每次通过draw()只绘制一条直线。
  // Increment y
  y += 10;
}
```

这个草图的逻辑和示例 4-3 中是相同的，也就是本书的第一个具有变量的动态草图。该草图并不是一个圆在窗口中水平地移动，而是在垂直地移动一条直线（只是每一帧并不清除背景）。

练习 6-5：使用 for 循环比较容易获得一次渲染一条直线的效果。思考下如何实现该效果，下面提供了部分代码，请填写完整。

```
int endY;

void setup() {
  size(200, 200);
  frameRate(5);

  endY = _____;
}

void draw() {
  background(0);

  for (int y = _____; _____; _____) {
    stroke(255);
    line(0, y, width, y);
  }

  _____;
}
```

在 draw() 中使用循环也为交互性提供了可能。示例 6-9 显示了一系列的矩形（从左到右），每个矩形根据它到鼠标的距离来填充不同亮度值的颜色。

示例 6-9：具有交互效果的简单 while 循环

```
void setup() {
  size(255, 255);
  background(0);
}

void draw() {
  background(0);
  // Start with i as 0
  int i = 0;
  // While i is less than the width of the window
  while (i < width) {
    noStroke();
    float distance = abs(mouseX - i);
    fill(distance);
    rect(i, 0, 10, height);

    // Increase i by 10
    i += 10;
  }
}
```

图 6-9

当前矩形和鼠标之间的距离，等于 i 和 mouseX 之差的绝对值。该距离用于填充位于水平坐标为 i 的矩形的颜色。

练习 6-6：使用一个 for 循环重新编写示例 6-9。

6.7　长出胳膊的 Zoog

上一次我们让 Zoog 能够在 Processing 窗口里来回弹跳。现在新版本的 Zoog 将会有新的改变。下面的示例 6-10 使用了 for 循环来给 Zoog 的身体增加了一系列的线条，类似于 Zoog 的胳膊。

示例 6-10：长出胳膊的 Zoog

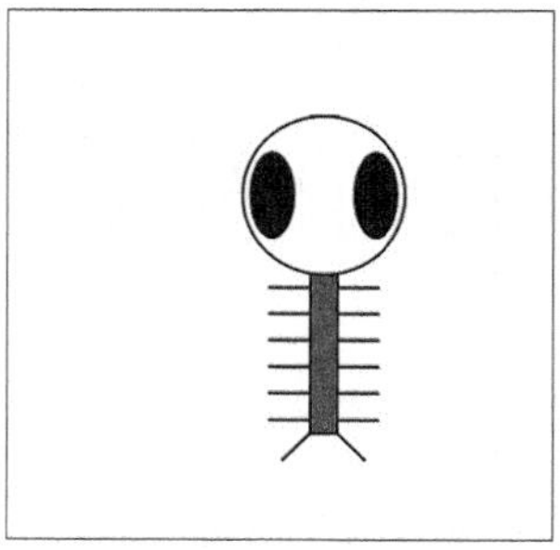

```
int x = 100;
int y = 100;
int w = 60;
int h = 60;
int eyeSize = 16;
int speed = 1;

void setup() {
  size(200, 200);
}

void draw() {
  // Change the x location of Zoog by speed
  x = x + speed;

  // If Zoog has reached an edge, reverse speed (i.e., multiply it by -1)
  //(Note if speed is a + number, square moves to the right,- to the left)
  if ((x > width) |(x < 0)) {
    speed = speed * -1;
  }

  background(255); // Draw a white background

  // Set ellipses and rects to CENTER mode
  ellipseMode(CENTER);
  rectMode(CENTER);

  // Draw Zoog's arms with a for loop
  for (int i = y + 5; i < y + h; i += 10) {
    stroke(0);
    line(x-w/3, i, x+w/3, i);
  }

  // Draw Zoog's body
  stroke(0);
  fill(175);
  rect(x, y, w/6, h*2);

  // Draw Zoog's head
  fill(255);
  ellipse(x, y-h/2, w, h);

  // Draw Zoog's eyes
  fill(0);
  ellipse(x-w/3, y-h/2, eyeSize, eyeSize*2);
  ellipse(x+w/3, y-h/2, eyeSize, eyeSize*2);

  // Draw Zoog's legs
  stroke(0);
  line(x-w/12, y+h, x-w/4, y+h+10);
  line(x+w/12, y+h, x+w/4, y+h+10);
}
```

图　6-10

> 使用 for 循环绘制一系列的直线段，使得 Zoog 长出了胳膊。

同样我可以使用循环结构来绘制许多 Zoog，这可以通过将 Zoog 身体的代码置于 for 循环内部来实现。如示例 6-11 所示。

示例 6-11：许多的 Zoog

```
int w = 60;
int h = 60;
int eyeSize = 16;

void setup() {
  size(400, 200);
}

void draw() {
  background(255);
  ellipseMode(CENTER);
  rectMode(CENTER);

  int y = height/2;

  // Multiple versions of Zoog
  for (int x = 80; x < width; x + = 80) {

    // Draw Zoog's body
    stroke(0);
    fill(175);
    rect(x, y, w/6, h*2);

    // Draw Zoog's head
    fill(255);
    ellipse(x, y-h/2, w, h);

    // Draw Zoog's eyes
    fill(0);
    ellipse(x-w/3, y-h/2, eyeSize, eyeSize*2);
    ellipse(x+w/3, y-h/2, eyeSize, eyeSize*2);

    // Draw Zoog's legs
    stroke(0);
    line(x-w/12, y+h, x-w/4, y+h+10);
    line(x+w/12, y+h, x+w/4, y+h+10);
  }
}
```

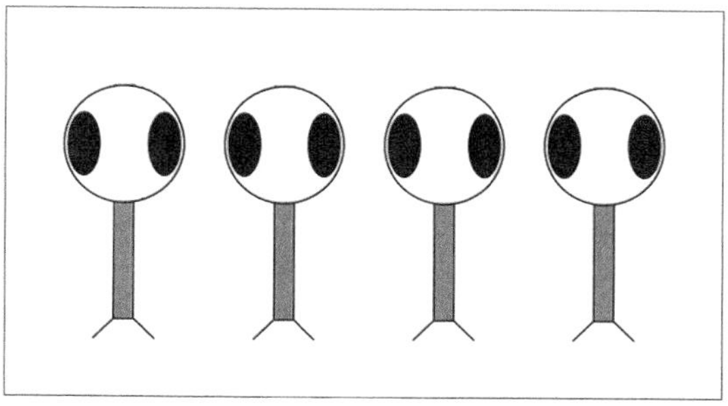

为了能够迭代和展示更多的Zoog，变量x现在包含于一个 for循环中。

图 6-11

练习 6-7：使用 for 循环或者 while 循环为你的设计增加更多功能。是否当前的一些功能通过使用循环可以变得更高效？

练习 6-8：使用 for 循环，创建一个由方块组成的网格（每个网格颜色是随机的）。（提示：你需要用到两个 for 循环！）然后使用一个 while 循环来替代 for 循环进行重新编写。

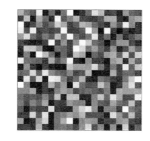

第二节课的项目

1.将你在第一节课中设计的程序，使用变量取代硬编码数值进行重新编写。考虑使用一个 for 循环。

2.编写一系列的赋值操作来改变那些变量的数值，从而让设计具备动态性。你可能会用到一些系统变量，比如说 width、height、mouseX 以及 mouseY。

3.使用条件语句，根据特定的条件来改变你的设计行为。比如说，如果点击屏幕的边缘会发生什么？它的大小会发生变化？如果将鼠标放到你设计图形的上部，又会发生什么？

如果你最开始的设计极其复杂，代码又多，那你需要考虑简化问题，这样你能将注意力更多地集中在使用变量、条件语句和循环的动态特效上。

使用下面的空白为你的项目设计草图，做笔记和书写伪码。

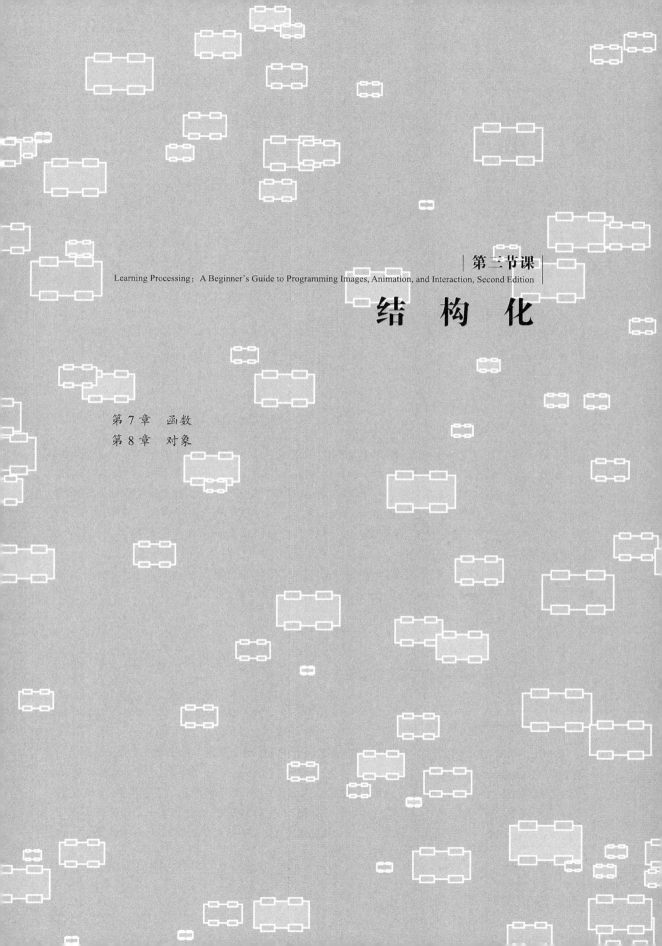

Learning Processing: A Beginner's Guide to Programming Images, Animation, and Interaction, Second Edition

结　构　化

函　　数

当一切变得混浊不清，那就将它们分解开来。

——Tears for Fears

本章主要内容：
- 模块化
- 声明并定义一个函数
- 调用函数
- 实参和形参
- 返回一个值
- 可复用性

7.1　将代码分解

本书从第 1 章到第 6 章的示例都挺简短。我还没有给读者展示过多于 100 行代码的草图。因此，之前这些代码程序仅仅相当于本章的准备和开篇，并不是本章的全部内容。

Processing 的一个优越之处在于：你可以通过编写数量不多的代码就能实现有趣的草图。然而，当你进一步着手一个更加复杂的项目，例如一个网络应用程序或者一个图片处理程序，你将会面对上百行的代码。换句话说，你将开始写整篇文章，而不是段落了。这样，大量的代码集中在两个主要的区域：setup() 和 draw()，它们会变得异常冗长。

函数是将程序代码分解为模块化片段的方法，使得代码更容易阅读，而且方便修正。我们回顾下视频游戏 Space Invaders。draw() 中的步骤可以概括如下：
- 擦除背景。
- 绘制宇宙飞船。
- 绘制敌人。
- 通过用户操作键盘来移动宇宙飞船。
- 移动敌人。

函数名字所蕴含的意义

函数（function）通常也有其他叫法，例如程序（procedure）或者方法（method）或者子程序（subroutine）。在其他编程语言里，程序（执行一个任务）和函数（计算一个数值）是有区别的。本章，出于简化的目的，我选择使用术语"函数"。注意，在 Java 编程语言中，使用的相关的技术术语为方法（这和 Java 面向对象的设计有关），由于在第 8 章会涉及对象（object）的概念，因此届时我会使用术语"方法"来描述对象中的函数。

在本章开始前，我先将上述伪代码转译为实际代码，并将其放在 draw() 里面。函数能

让你找到解决问题的方法，如下所示：

```
void draw() {
  background(0);
  drawSpaceShip();        我正在draw()里面调用自己编写的函数！
  drawEnemies();
  moveShip();
  moveEnemies();
}
```

上述内容展现了通过使用函数使得代码管理更加简洁明，从而使得编程更加简单。然而，到目前我还没有讲到重点内容：函数的定义。事实上，调用一个函数并不是什么新鲜的事情。当使用 line()、rect()、fill() 等函数的时候，你就已经和函数打交道了。只是要想定义一个新的"自定义"的函数，还需要一些额外的工作。

在开始讲解细节内容之前，让我们仔细思考下，为什么定义自己的函数如此重要：

- **模块化**（modularity）：函数将大段的代码分解为小片段，使得代码更加易于管理，更加易读。例如，一旦我想好如何绘制一个宇宙飞船，我就可以将这一大段绘制宇宙飞船的代码存储到一个自定义的函数中，每当需要它的时候，我都可以随意调用（而不必再去考虑这部分代码的细节内容）。
- **可复用性**（reusability）：函数使得你可以重复使用这些代码，而不必重新输入。比如，如果我想设计一个具有两艘宇宙飞船的宇宙入侵者游戏，并供两个用户使用，我该怎么做？我只需要通过多次调用 drawSpaceShip() 函数来重复使用就可以了，这就免去了重复输入代码的麻烦。

在本章，我会使用一些之前的草图，通过不使用函数和使用函数来进行对比，你就会更容易发现函数在模块化和可复用性方面的巨大优势。此外，由于函数是相对独立的代码块，因此其中会涉及局域变量的使用，所以我还会进一步强调局域变量和全局变量之间的区别。最后，我会通过使用函数来继续编写 Zoog 的故事。

练习 7-1：写下你的答案。

你会为第二节课中的项目设计怎样的函数？	你会为前面的乒乓球游戏的编程设计怎样的函数？

7.2 用户自定义函数

在 Processing 中，你自始至终都在使用函数。当你输入 line(0, 0, 200, 200); 的时候，你就在调用 line() 函数，它是 Processing 环境中一个内置的函数。通过调用函数 line() 来绘制一条直线并不是一种魔法般的存在。这是 Processing 开发人员预先定义好的（也就是编写底层代码）Processing 绘制直线的函数。Processing 的一个优势在于其本身库中有许多可用的函数，在本书前 6 章，你已经对这些函数进行了一番探索。现在是时候设计你自定义的函数了。

7.3 定义函数

一个函数的定义（有些时候也叫做"声明"（declaration））由以下三部分构成：

- 返回类型
- 函数名称
- 实参数

格式如下：

```
returnType functionName(parameters) {
  // 函数的代码主体
}
```

> **似曾相识？**
>
> 还记得在第 3 章中我介绍函数 setup() 和 draw() 的情形吗？注意它们和你正在学习的内容都遵循相同的格式。
>
> setup() 和 draw() 是由 Processing 定义的并会自动调用的函数，目的是用来运行草图。其他所有自定义的函数则必须由你来调用。

当下，我们先将注意力集中在函数名称和代码主体上，暂且忽略返回类型和形参。

下面是一个简单的例子：

示例 7-1：定义一个函数

```
void drawBlackCircle() {
  fill(0);
  ellipse(50, 50, 20, 20);
}
```

这个简单的函数执行了一个基础的任务：在坐标（50，50）处绘制一个颜色为黑色的圆。该函数名称为 drawBlackCircle()，是相当随意的（我编造的）；其代码主体包含两个指令（你可根据自己需要选择更多或更少的指令）。需要注意的是，以上只是函数的定义。这段代码的指令仅在它被提及，也就是调用函数时，才会执行，如示例 7-2。

示例 7-2：调用一个函数

```
void draw() {
  background(255);
  drawBlackCircle();
}
```

练习 7-2：编写一个 Zoog（或者你自己的设计）的函数。然后在 draw() 中调用这个函数。

```
void setup() {
  size(200, 200);
}

void draw() {
```

```
    background(0);

    ------------------------------------------------
}

-------------------- ---------------- ---------------- {

    ------------------------------------------------

    ------------------------------------------------

    ------------------------------------------------

    ------------------------------------------------

    --------------------
```

7.4　简单的模块化

我们来回顾下第 5 章中弹跳球的示例，并且用函数的方法进行重写，从而为你展示将一个程序分解为几个模块化片段的方法。为方便阅读，我将示例 5-6 重新放在这里。

示例 7-3：弹跳球

```
// Declare global variables
int x = 0;
int speed = 1;

void setup() {
  size(200, 200);
}

void draw() {
  background(255);
```

```
  // Change x by speed
  x = x + speed;
```
◁ 移动球！

```
  // If its reached an edge
  // reverse speed
  if ((x > width) || (x < 0)) {
    speed = speed * -1;
  }
```
◁ 让球反弹！

```
  // Display circle at x location
  stroke(0);
  fill(175);
  ellipse(x, 100, 32, 32);
```
◁ 显示球！

```
}
```

当我决定将代码分散到函数中，我就会把这部分代码从 draw() 中拿出来，放到函数定义中去，在 draw() 中调用函数。函数通常置于 draw() 的下面。

示例 7-4：使用函数编写弹跳球

```
// Declare all global variables (stays the same)
int x = 0;
int speed = 1;

// Setup does not change
void setup() {
  size(200, 200);
}

void draw() {
  background(255);
  move();
  bounce();
  display();
}

// A function to move the ball
void move() {
  // Change the x location by speed
  x = x + speed;
}

// A function to bounce the ball
void bounce() {
  // If its reached an edge, reverse speed
  if ((x > width) || (x < 0)) {
    speed = speed * -1;
  }
}

// A function to display the ball
void display() {
  stroke(0);
  fill(175);
  ellipse(x, 100, 32, 32);
}
```

> 和之前把所有关于球的代码全部在draw()中不同，这里我仅仅调用了三个函数。这些函数的名称是从哪里的？我自己定义的！

> 函数应当放到哪里？事实上，你可以在setup()和draw()外面的任何位置定义函数。不过，按照惯例是将函数定义放在draw()的下面。

注意看下，draw() 此时变得多么简洁，代码仅仅包含函数的调用。至于那些细节内容：变量如何改变，图形如何呈现等都在函数的定义部分进行编写。使用函数的一个好处在于：其简洁能让程序员保持头脑清楚。比如，这段代码写于你去加勒比度假之前的两周，当你度假归来，看到的将会是组织合理、可读性高的代码。此外，如果想修改球的外观，仅仅需要修改函数 display()，而不必去搜索一大段的代码，或者担心代码的其余部分可否正常运行。例如，尝试下将 display() 替换为以下的内容：

```
void display() {
  background(255);
  rectMode(CENTER);
  noFill();
  stroke(0);
  rect(x, y, 32, 32);
  fill(255);
  rect(x-4, y-4, 4, 4);
  rect(x+4, y-4, 4, 4);
  line(x-4, y+4, x+4, y+4);
}
```

> 如果你想改变球的外观，那么可以只重写display()函数，且能保证草图代码的其余部分不受任何影响。

使用函数的另一大好处在于方便排除故障。假设，在某一刻弹跳球程序没有正确执行。为了找出问题在哪，我需要对程序的每个部分分别调试检查。例如，我可能会只执行代码中的 display() 部分，这时我会将 move() 和 bounce() 注释掉。

```
void draw() {
  background(0);
  // move();
  // bounce();
  display();
}
```

函数可以被注释掉，用以查明是否因为它们导致故障。

move() 和 bounce() 的函数定义部分依然存在，只是此刻这两个函数没有被调用。通过对代码的每个部分一次次地检查调试，我会发现问题代码的位置。

练习 7-3：对任意一个你编写的程序使用函数，将其重写以实现模块化。使用下面的空白写下你需要编写的函数。

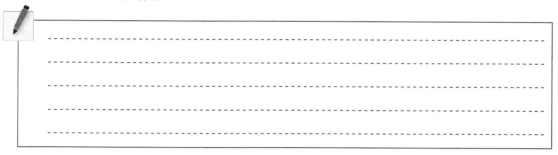

7.5　实参

就在前面几页我还在说："让我们先暂时忽略返回类型（ReturnType）和实参（Argument）。"这样做是为了将你的注意力集中在函数的主体部分，使你更容易理解。事实上，函数的强大不仅仅体现在将程序分解为块。实参（argument）和形参（parameter）的使用会使函数发挥更大的作用。

实参就是传递给函数的数值。你可以将其视作函数完成工作的输入部分。比如，对于一个可以使某个物体移动特定距离的函数，你需要指定这个物体具体移动多少距离。你并不能仅仅说"移动"，你需要说"移动 10 步"，而在这里，"10"就是实参。

当定义类似上述具有"移动"功能的函数时，你需要为每一个实参指定一个名称。这样，函数就可以引用它接收到特定名称的实参，注意这些实参名称是由你指定的。为了进行阐述，让我们重写一下包含形参的 drawBlackCircle() 函数：

```
void drawBlackCircle(int diameter) {
  fill(0);
  ellipse(50, 50, diameter, diameter);
}
```

diameter（直径）是函数 drawBlackCircle() 的一个形参。

形参事实上就是：在函数定义中的圆括号内部的一个变量声明。这个变量是一个应用在这个函数（而且仅仅应用在这个函数中）中的局域变量（还记得 6.5 节中的讨论吗）。黑色圆的大小是根据直径的值来定义的，这个值会自动分配给你调用的那个函数。例如，当你输入 drawBlackCircle(100)，那么数值 100 就是函数的实参。为 diameter 这个参数赋值 100 后，函数将使用 diameter 来绘制圆。同样，当你调用 drawBlackCircle(80)，将会为 diameter 这个参数赋值 80，函数会使用 diameter 来绘制圆。

```
drawBlackCircle(16);  // Draw the circle with a diameter of 16
drawBlackCircle(32);  // Draw the circle with a diameter of 32
```

此外，你也可以使用数学表达式（例如 mouseX 除以 10）的结果作为变量传递给函数。举例来说：

```
drawBlackCircle(mouseX / 10);
```

顺便说一下，以上就是第 1 章中，当你刚开始用 Processing 绘制图形时所做的。为了绘制一条线，你并不能仅仅说：绘制一条线。而是要明确：从某点（x，y）到另外一点（x，y）绘制一条线。这样你需要四个实参。

```
line(10, 25, 100, 75);  // Draw a line from (10,25) to (100,75).
```

其中，关键的区别仅仅在于：这里并不需要你来编写 line() 函数！ Processing 的设计者已经编写好了，而且如果你对 Processing 进行更深入的探索，会发现一个由四个形参定义的函数。

```
void line(float x1, float y1, float x2, float y2) {
  // This functions requires four parameters
  // which define the end points (x1,y1) and (x2,y2)
  // of a line!
}
```

形参使得函数更加灵活，因而也就使得函数可复用性更高。为了说明这一点，我们看一下绘制一系列图形的代码，检验下函数是如何允许你绘制多个不同版本样式的图形，而不必一遍又一遍重新编写一样的代码。

过一会我们再讨论 Zoog，先讨论下面组装一辆车（以俯视图的视角绘制）的一个示例（见图 7-1）。

```
size(200, 200);
background(255);
int x = 100;             // x location
int y = 100;             // y location
int thesize = 64;        // size
int offset = thesize/4;  // position of wheels
                         relative to car

// Draw main car body (i.e., a rect)
rectMode(CENTER);
stroke(0);
fill(175);
rect(x, y, thesize, thesize/2);

// Draw four wheels relative to center
fill(0);
rect(x - offset, y - offset, offset, offset/2);
rect(x + offset, y - offset, offset, offset/2);
rect(x - offset, y + offset, offset, offset/2);
rect(x + offset, y + offset, offset, offset/2);
```

> 汽车形状由五个矩形组成，其中一个大的矩形在中间。

> 四个矩形是车轮。

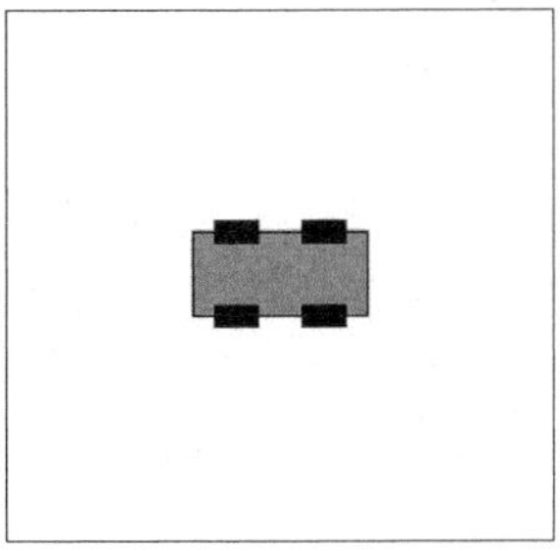

图   7-1

为了绘制第二辆车，我将用不同的数值重复上述代码，如图 7-2 所示。

```
x = 50;                     // x location
y = 50;                     // y location
thesize = 24;               // size
offset = thesize/4;         // position of wheels relative
to car

// Draw main car body (i.e., a rect)
rectMode(CENTER);
stroke(0);
fill(175);
rect(x, y, thesize, thesize/2);

// Draw four wheels relative to center
fill(0);
rect(x - offset, y - offset, offset, offset/2);
rect(x + offset, y - offset, offset, offset/2);
rect(x - offset, y + offset, offset, offset/2);
rect(x + offset, y + offset, offset, offset/2);
```

> 每一行代码都和之前重复，这是为了绘制第二辆车。

图　7-2

这段代码的结果是显而易见的。毕竟，我将相同的事情做了两次——为什么要如此麻烦的重复上述代码？为了避免这种重复，我可以将代码移至一个函数里面，通过不同的形参（位置、尺寸和颜色）来绘制汽车。

```
void drawCar(int x, int y, int theSize, color c) {
  // Using a local variable "offset "
  int offset = theSize/4;
  // Draw main car body
  rectMode(CENTER);
  stroke(200);
  fill(c);
  // Draw four wheels relative to center
  fill(200);
  rect(x - offset, y - offset, offset, offset/2);
  rect(x + offset, y - offset, offset, offset/2);
  rect(x - offset, y + offset, offset, offset/2);
  rect(x + offset, y + offset, offset, offset/2);
}
```

> 局域变量在一个函数中是可以声明和使用的。

> 这段代码是函数定义。函数drawCar()绘制一辆车基于四个实参：水平位置、垂直位置、尺寸和颜色。

在 draw() 函数里，我调用 drawCar() 函数三次，并且每次都为函数传递四个实参。如图 7-3 所示。

```
void setup() {
  size(200, 200);
}

void draw() {
  background(255);
  drawCar(100, 100, 64, color(200, 200, 0));
  drawCar(50, 75, 32, color(0, 200, 100));
  drawCar(80, 175, 40, color(200, 0, 0));
}
```

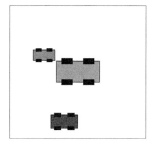

图　7-3

> 这段代码中一共调用了函数三次，注意形参要严格按照顺序。

严格地讲，形参是指在函数定义时，位于圆括号内部的变量，也就是，void drawCar

(int x, int y, int thesize, color c) 中圆括号内部的内容。而实参是指函数被调用时，传递给函数的具体的数值，也是就是 drawCar(80, 175, 40, color(100, 0, 100)) 圆括号内部的内容。但是，因为实参和形参在语义上的差别是微不足道的，所以如果你混淆了两个单词，无需在意。

在这里，我们应该关注这种传递参数的方法。因为只有慢慢接受和熟悉这种技巧，你的编程技能才能进一步提高。

接下来我们来讨论单词"传递"（pass）。想象下在天朗气清的一天，你和朋友在公园里玩传球游戏。此刻你持球。你（主程序）调用函数（你的朋友），然后将球（实参）传给他。你的朋友（函数）现在接到了传球（实参），他可以使用球了，并按照自己的意愿做其他事情（函数内部的代码）。如图 7-4 所示。

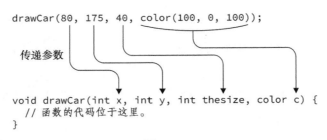

图　7-4

关于传递参数的重要知识点

- 你传递的参数数量必须和函数定义的参数数量相等。
- 传递的参数必须和函数定义的参数类型相同。例如，在函数定义中是整数类型，那就要传递整数，如果是浮点类型，就要传递浮点数据，等等。
- 传递给函数的参数既可以是具体的数值（20、5、4.3 等）、一个变量（x、y 等），也可以是一个表达式的结果（8 + 3、4 * x/2、random(0, 10) 等）。
- 函数中的参数是作为局域变量存在的，也就是说只在那个函数内部有效。

练习 7-4：下面的函数有三个数值，将三个数字相加，然后将总和数值在消息窗口中显示出来。

```
void sum(int a, int b, int c) {
  int total = a + b + c;
  println(total);
}
```

看下上面的函数定义，编写调用函数的代码。

练习 7-5：好了，接下来是一个相反的问题。这里的一行代码是一个具有两个数值的函数，将它们相乘，然后将结果在消息窗口中显示出来。在横线处写出函数的定义。

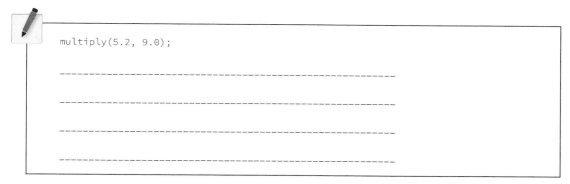

```
multiply(5.2, 9.0);
```

练习7-6：创建一个关于花朵的设计。你能编写出一个可以改变花朵外观（高度、颜色、花瓣的数量等）的函数吗？如果你使用不同的实参多次调用这个函数，你能创建出一个有各式各样花朵的花园吗？

7.6　传递副本

在前面"传球游戏"的比喻中，存在一个小问题。其实我本应该像下面这样阐述：在你传球（实参）之前，你要复制一份（第二个球），然后将它传递给接收者（函数）。

每当你将一个原始值（int、float、char 等）传递给一个函数，事实上你并没有传递该数值本身，而是在传递该数值的副本。这在传递一个硬编码的数字时，区别很小。但是在传递一个变量时，差别就很大了。

下面的代码中有一个名为 randomizer() 的函数，它接收一个参数（一个浮点数），然后给它加上一个介于 –2 到 2 之间的随机数字。这里的伪码如下所示：

- 为变量 num 赋值 10。
- 变量 num 此时显示：10。
- 变量 num 的副本被传递至函数 randomizer() 内部的参数 newnum。
- 在函数 randomizer() 中：
    ——为 newnum 加上一个新的随机数值。
    ——此时 newnum 显示：10.34232。
- num 此时再次显示：依旧是 10！因为传递给 newnum 的是 num 的副本，所以 num 并没有改变。

下面是代码：

```
void setup() {
  float num = 10;
  println("The number is: " + num);
  randomizer(num);
  println("The number is: " + num);
}
```

```
void randomizer(float newnum) {
  newnum = newnum + random(-2, 2);
  println("The new number is: " + newnum);
}
```

尽管变量 num 被传递给了变量 newnum，后者迅速改变了数值，但是变量 num 的初始数值并没有受到影响，这是因为变量 num 生成了一个副本。

我倾向于将这个过程称为"副本传递"（pass by copy），然而，通常它更多地被叫做"数值传递"（pass by value）。这对于所有的原始数据类型（目前我所谈到过的几种类型：整数、浮点等）都是适用的。但是它和对象并不完全一样，这一点我在下一章里会谈到。

这个示例同样有助于你回顾使用函数程序的运行流程。注意，代码是按照它被编写的顺序执行的，但是当一个函数被调用的时候，代码会越过当前的代码行，转而执行函数内部的代码行，完毕后再回到它之前中断的位置。下面是前面示例的流程：

1. 设置变量 num 的数值等于 10。

2. 输出 num 的数值。

3. 调用函数 randomizer。

　　a. 设置变量 newnum 等于 newnum 加上一个随机数。

　　b. 输出变量 newnum 的数值。

4. 输出 num 的值。

练习 7-7：写出消息窗口将会出现的内容，预测这个程序的输出结果。

```
void setup() {
  println("a");
  function1();
  println("b");
}

void draw() {
  println("c");
  function2();
  println("d");
  function1();
  noLoop();
}

void function1() {
  println("e");
  println("f");
}

void function2() {
  println("g");
  function1();
  println("h");
}

输出：
```

> 新知识！noLoop()是一个Processing内置的函数，可以让draw()停止循环。在这种情况下，我可以用它来确保draw()只会运行一次。通过调用函数loop()，我可以让它在代码的其他部分重新运行。

> 在函数内部调用一个函数是相当常见的。事实上，每当在setup()或者draw()中调用函数的时候，你就已经在这样做了。

```
1: _____    7: _____

2: _____    8: _____

3: _____    9: _____

4: _____   10: _____

5: _____   11: _____

6: _____   12: _____
```

7.7 返回类型

目前你已经了解了函数可以将一个复杂的草图分解为几个部分，以及实参的使用为其增添了可复用性。接下来仍有一个问题还没有讨论，这就是一直以来你非常好奇的问题："void 究竟是什么意思？"

作为一个回顾，让我们再看下关于函数定义的构成：

returnType functionName(parameters) {
   // 函数的代码主体
}

好了，我们看下之前的一个函数：

```
void drawCar(int x, int y, int theSize, color c) {
  int offset = theSize/4;
  // Draw main car body
  rectMode(CENTER);
  stroke(200);
  fill(c);
  // Draw four wheels relative to center
  fill(200);
  rect(x - offset, y - offset, offset, offset/2);
  rect(x + offset, y - offset, offset, offset/2);
  rect(x - offset, y + offset, offset, offset/2);
  rect(x + offset, y + offset, offset, offset/2);
}
```

其中，drawCar 是函数的名称，x 是函数的参数，void 是返回类型。目前我定义的所有函数并没有包含返回类型，所以这也就是 void 的含义：没有返回类型。但是返回类型是什么意思？我会在什么时候需要它呢？

回顾下第 4 章使用过的 random() 函数：我要求该函数给我一个介于 0 到某个特定值之间的随机数字，然后 random() 函数有礼貌地答应了我的要求，返回给我一个在合适区间的随机数字。也就是说，random() 函数返回一个值。是什么类型的数值呢？一个浮点数据。因此在 random() 的例子中，它的返回类型是浮点数据。

返回类型是指函数返回数据的类型。在 random() 函数的例子当中，我并没有指定返回类型。但是，Processing 的开发人员已经替我们做好了，正如 random() 的参考文档中所描述的：

每次调用 random() 函数，它会返回一个在特定区间内的随机数。如果传递给该函数一个参数，它会返回一个介于 0 和该参数值之间的浮点数据，例如调用 random(5)，会返回一个介于 0 到 5 之间的数值。如果传递两个参数给它，它会返回一个介于两个参数数值之间浮点数据，例如，调用 random(-5, 10.2) 会返回一个介于 -5 到 10.2 之间的浮点数据。

——来自 http://www.processing.org/reference/random.html

如果你想自定义一个函数，该函数可以返回一个数值，那么你必须在函数定义中指明其数据类型。我们看一个简单的示例：

```
int sum(int a, int b, int c) {      该函数将三个数字相加，它返回类型
                                    是int。
  int total = a + b + c;
  return total;                这里要求有返回语句！带有返回类型的函数
}                              必须返回对应类型的数值。
```

与之前示例中将 void 作为返回类型不同，现在我使用 int 作为返回类型。这就指定了函数必须返回一个整数类型的数据。为了能够让函数返回一个数值，这里还必须包含一个返回语句（return statement）。返回语句的格式如下：

return valueToReturn;

如果你忘记了编写返回语句，Processing 会给你错误提示：

● This function must return a result of type int.（该函数必须返回一个整数类型的结果。）

一旦返回语句被执行，程序就会从函数中退出，将返回数值返回到函数被调用的位置。该数值可以被用做赋值运算（给另外一个变量赋值），也可以用于任何其他表达式中。如图 7-5 所示。下面是一些例子：

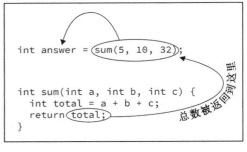

```
int x = sum(5, 6, 8);
int y = sum(8, 9, 10) * 2;
int z = sum(x, y, 40);
line(100, 100, 110, sum(x, y, z));
```

图 7-5

这里，我不想再次提及在公园里玩的传球游戏了，但是你可以按照如下的思路进行思考。你（主程序）将一个球的副本传给你的朋友（一个函数），你的朋友接到球之后，他思考了一会，然后往球里面放了一个数字（返回数值），最后又将球传回给你。

能够返回数值的函数通常用来执行相对复杂的运算，而且这种运算会在程序中执行多次。一个例子就是计算（x1，y1）和（x2，y2）两点之间的距离。在交互式的应用中，像素之间的距离是非常有用的信息。事实上，Processing 有一个内置的距离函数可以直接使用，叫做 dist()。

```
float d = dist(100, 100, mouseX, mouseY);      计算点(100, 100)和点(mouseX, mouseY)
                                               之间的距离。
```

这一行代码可以计算鼠标位置和点（100，100）之间的距离。暂时，我们假设 Processing 的库中并没有包含这个函数。这样，你必须使用勾股定理手动计算距离，如图 7-6 所示。

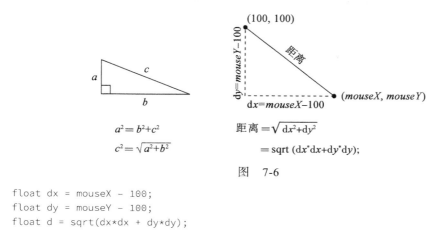

$$a^2 = b^2 + c^2$$
$$c^2 = \sqrt{a^2 + b^2}$$

距离 $= \sqrt{\mathrm{d}x^2 + \mathrm{d}y^2}$

$= \mathrm{sqrt}\ (\mathrm{d}x^*\mathrm{d}x + \mathrm{d}y^*\mathrm{d}y);$

图　7-6

```
float dx = mouseX - 100;
float dy = mouseY - 100;
float d = sqrt(dx*dx + dy*dy);
```

如果在一个程序中，你有许多不同的坐标值需要执行多次运算，那么将其移至一个可以返回数值 d 的函数的内部会更加方便。

```
float distance(float x1, float y1, float x2, float y2) {
  float dx = x1 - x2;
  float dy = y1 - y2;
  float d = sqrt(dx*dx + dy*dy);
  return d;
}
```

> 我们自己编写的dist()函数。

注意返回类型 float 的使用。再一次强调，我们其实并不需要编写这个函数，因为 Processing 已经内置了。但是既然我已编写完毕，那就再展示一个示例，充分发挥我们编写的这个函数的全部功用。

示例 7-5：使用返回距离数值的函数

```
void setup() {
  size(200, 200);
}

void draw() {
  background(255);
  stroke(0);

  float d = distance(width/2, height/2, mouseX, mouseY);

  fill(d*3, d*2, d);
  ellipseMode(CENTER);
  ellipse(width/2, height/2, 100, 100);
}
float distance(float x1, float y1, float x2, float y2) {
  float dx = x1 - x2;
  float dy = y1 - y2;
  float d = sqrt(dx*dx + dy*dy);
  return d;
}
```

> distance()函数的结果用于为圆着色。我本可以使用Processing内置的dist()函数，但是现在我在展示如何定义返回一个数值的函数。

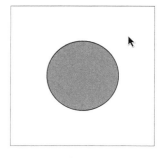

图　7-7

练习 7-8：自定义一个函数，它使用一个参数（F 代表华氏温度（Fahrenheit））计算下列方程的结果（将华氏温度转换为摄氏温度）。提示：在 Processing 中，如果你用一个整数除以另外一个整数，那么你将得到一个整数，同理适用于浮点数据！举例来说，1/2 等于 0，但是 1.0/2.0 等于 0.5。

```
// Formula: C = (F - 32) * (5/9)

_____ convertToCelsius(float _____) {

  _____ _____ = _____

  _____
}
```

7.8 重新整理 Zoog

是时候对 Zoog 进行一次全面检修了。

- 使用两个函数对 Zoog 进行重新整理：drawZoog() 和 jiggleZoog()。出于多样性的考虑，我打算让 Zoog 实现晃动的效果（在 x 方向和 y 方向随机移动），而不是简单地来回跳跃。
- 结合参数的使用，Zoog 的晃动是由 mouseX 的位置决定的，Zoog 眼睛的颜色是由 Zoog 到光标的距离决定的。

示例 7-6：用函数编写的 Zoog

```
float x = 100;
float y = 100;
float w = 60;
float h = 60;
float eyeSize = 16;

void setup() {
  size(200, 200);
}

void draw() {
  background(255); // Draw a white background

  // A color based on distance from the mouse
  float d = dist(x, y, mouseX, mouseY);
  color c = color(d);

  // mouseX position determines speed factor for moveZoog function
  float factor = constrain(mouseX/10, 0, 5);

  jiggleZoog(factor);
  drawZoog(c);
}

void jiggleZoog(float speed) {
  // Change the x and y location of Zoog randomly
  x = x + random(-1, 1) * speed;
  y = y + random(-1, 1) * speed;

  // Constrain Zoog to window
```

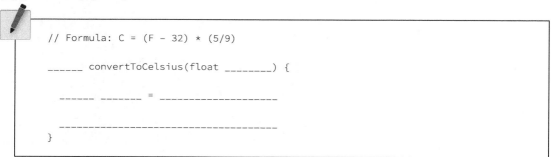

图 7-8

和Zoog相关的代码移动到draw()外面，而函数调用移动到了这里。将参数传递给函数，比如"根据后面的条件让Zoog晃动"，以及"使用后面眼睛的颜色绘制Zoog"。

```
  x = constrain(x, 0, width);
  y = constrain(y, 0, height);
}

void drawZoog(color eyeColor) {
  // Set ellipses and rects to CENTER mode
  ellipseMode(CENTER);
  rectMode(CENTER);

  // Draw Zoog's arms with a for loop
  for (float i = y - h/3; i < y + h/2; i += 10) {
    stroke(0);
    line(x - w/4, i, x + w/4, i);
  }

  // Draw Zoog's body
  stroke(0);
  fill(175);
  rect(x, y, w/6, h);

  // Draw Zoog's head
  stroke(0);
  fill(255);
  ellipse(x, y - h, w, h);

  // Draw Zoog's eyes
  fill(eyeColor);
  ellipse(x - w/3, y - h, eyeSize, eyeSize*2);
  ellipse(x + w/3, y - h, eyeSize, eyeSize*2);

  // Draw Zoog's legs
  stroke(0);
  line(x - w/12, y + h/2, x - w/4, y + h/2 + 10);
  line(x + w/12, y + h/2, x + w/4, y + h/2 + 10);
}
```

练习 7-9：编写一个绘制 Zoog 的函数，该函数可以根据一系列的参数进行绘制。这些参数可以是：Zoog 的 x 和 y 坐标、它的宽度和高度、眼睛的颜色。

练习 7-10：你也可以设计一个宇宙飞船（如果你对 Zoog 已经感到厌倦了），根据你传递给函数的参数的变化，每个宇宙飞船会形成一定的差异性。下面是代码输出结果的示意图，以及部分代码。

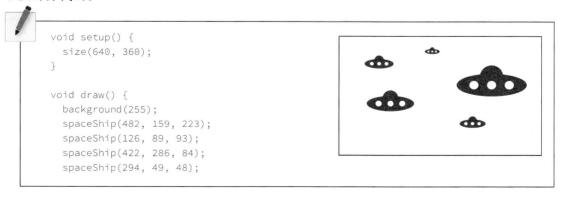

```
void setup() {
  size(640, 360);
}

void draw() {
  background(255);
  spaceShip(482, 159, 223);
  spaceShip(126, 89, 93);
  spaceShip(422, 286, 84);
  spaceShip(294, 49, 48);
```

```
    spaceShip(162, 220, 151);
}
```

注意，这里只使用三个参数：x、y和size。但是，你可以考虑增加诸如颜色、飞船窗户的数量等参数。

练习 7-11：使用函数重新编写第二节课的项目。

对　象

无论多美的事物，在某些特定情况下，它也会看起来很丑。

——奥斯卡·王尔德（Oscar Wilde）

本章主要内容：

- 数据和功能，最终组合在一起
- 什么是对象
- 什么是类
- 编写自定义的类
- 创建自定义的对象
- Processing 的标签

8.1　掌握面向对象编程

在我们开始讨论面向对象编程（object-oriented programming，OOP）在 Processing 中的概念之前，先讨论下关于"对象"（object）的概念。有一点非常重要，那就是你要意识到，我并没有在介绍任何新的编程基础知识。对象只是使用你已经学习过的所有知识：变量、条件语句、循环、函数等。我们要学习的新知识是一种构建和组织你已经学到的所有知识的方法。

假设你并没有用 Processing 编写程序，而是为你的某天日程编写一个程序，一个包含各种指令的清单。那么它应该如下所示：

- 起床。
- 喝咖啡（或者茶）。
- 吃早餐：谷物、蓝莓和豆奶。
- 乘地铁。

整个过程都包含什么？确切地说，这里涉及什么事情？首先，从我编写上述指令来看，虽然看起来并不是非常明显，但你还是能理解，整个过程的主体（main thing）是你，一个人，一个人类。你展示了特定的属性。你看起来与众不同：或许你有棕色头发，戴眼镜，并且有些书生气。你具有完成某些任务的能力，例如醒来（假定你还可以睡眠）、吃饭，以及乘地铁的能力。一个对象就像你一样，具备特定属性，并有完成一些任务的能力。

那这跟编程有什么关系呢？事实上，一个对象具备的属性就是变量；一个对象能够完成的任务就是函数。面向对象编程是从第 1 章到第 7 章我所讲过的所有内容的结合：数据和功能，所有一切都整合到一起。

我们举一个非常简单的人体对象的例子：

人体数据

- 身高

- 体重
- 性别
- 眼睛的颜色
- 头发的颜色

人体功能

- 睡觉
- 醒来
- 吃饭
- 乘坐某种类型的交通工具

现在，在继续深入讨论之前，我想稍微讨论一些形而上的题外话。注意，上面列举出的示例并不是人类本身；它仅仅描述了人类的一个概念或者含义：它描述了如何可以成为人类。要成为人类就要有身高、头发、能够睡觉、能够吃饭等。这和编程中的对象有大的区别。这种人类模板就是所谓的类（class）。类和对象是有区别的。你是一个对象，我是一个对象，地铁上的那个家伙也是一个对象，阿尔伯特·爱因斯坦也是对象。我们所有的人，是整个人类概念在真实世界的例证。

又如，想象下一个饼干模具。一个饼干模具是用来制作饼干的，但它并不是饼干本身。饼干模具是类，饼干则是对象。

练习 8-1：将汽车作为对象。分析一辆车具有什么数据？具有什么功能？

汽车的数据	汽车的功能
--------------------------------	--------------------------------
--------------------------------	--------------------------------
--------------------------------	--------------------------------
--------------------------------	--------------------------------
--------------------------------	--------------------------------

8.2 使用对象

在编写一个类的实际示例之前，我们先简要看下如何在主程序中（也就是 setup() 和 draw()）使用对象来让编程世界更加高效。

返回到第 7 章中的汽车示例，你或许能回想起，草图的所有伪码像下面这样：

数据（全局变量）：

- 汽车的颜色
- 汽车的 x 坐标
- 汽车的 y 坐标
- 汽车水平速度

设置：

- 初始化汽车的颜色

- 初始化汽车相对于原点的位置
- 初始化汽车的速度

绘制：

- 背景填充
- 在特定位置绘制具有某种颜色的汽车
- 以速度为增量，移动汽车的位置

在第 7 章，我在程序的最前面定义了全局变量，在 setup() 中对其初始化，在 draw() 中调用函数来移动和展示汽车。

面向对象编程允许我把所有的变量和函数放到主程序的外部，将其存储于一个汽车对象的内部。一个汽车对象具有它的数据：颜色、位置、速度，这是第一部分。汽车对象的第二部分是汽车所具备的功能：方法（对象里边的函数）。汽车具备移动和展示自身的能力。

使用面向对象设计，伪码可以改进为：

数据（全局变量）：

- 汽车对象

设置：

- 初始化汽车对象

绘制：

- 填充背景
- 显示汽车对象
- 移动汽车对象

请注意，这里我把全部变量从第一个示例中移除了。和之前有诸多分散的关于汽车颜色、汽车位置和汽车速度的变量不同，现在我只有一个变量：一个 Car 变量！同时也由之前需要初始化三个变量，变为现在只需要初始化一个东西：Car 对象。那些变量去哪里了呢？他们仍然存在，只是现在他们位于 Car 对象的内部（将会在 Car 类里面进行定义，马上我就会讲）。

将伪码翻译成实际代码，草图的主体看上去如下所示：

```
Car myCar;          Processing中的一个对象。

void setup() {
  myCar = new Car();
}

void draw() {
  background(255);
  myCar.move();
  myCar.display();
}
```

稍后我将讨论关于前面代码的细节信息，在这之前，我们先看下怎样编写 Car 类本身。

8.3　编写饼干模具的程序

前面简单的汽车示例向我们展示了：如何在 Processing 里应用对象来使得代码更加简洁，可读性更强。现在，编程中最艰辛的工作变为编写对象模板（object template），也就是类。当你刚开始学习面向对象编程时，可以首先尝试不使用对象来编写程序，然后在不更改其功能的前提下，再用对象重写一遍代码，这是一个非常好的练习方法。我将会用面向对象的方式把第 7 章中的汽车示例重新编写。而且在本章结束，我会将 Zoog 重写为一个对象。

所有的类必须包含四个元素：名称（name）、数据（data）、构造函数（constructor）和方法（method）。（严格意义上讲，唯一实际需要的元素是类的名称，但是对于面向对象的编程而言，是要包含以上所有的要素。）

图 8-1 展示了如何从一个简单的非面向对象编程草图里提取对应的元素，并将其置于汽车的类中，据此你就可以编写汽车的对象。

- **类的名称**：类的名称是由你自由决定的。在名称定义完后，你需要将类的所有代码置于波形括号的内部。类的名称通常需要大写（这是为了和变量的名称进行区分，变量通常采用小写字母。）
- **数据**：类的数据是一系列变量。这些变量通常是指实例变量（instance variable），这是由于对象实例（instance of an object）包含这一系列的变量。
- **构造函数**：构造函数是一种特殊的函数，它位于类的内部，用于创建对象本身的实例。在这里，你编写如何建造对象的指令。它就像 Processing 的 setup() 函数，只是这里它在草图里绘制单独的对象。每当有新的对象从这个类中创造出来的时候，它总是具有和类相同的名字，并且通过使用 new 运算符来进行调用：Car myCar = new Car();。
- **功能**：通过为一个对象编写方法，我们可以为对象增加功能。这一点在第 7 章曾经讨论过，需要有返回类型、名称、参数和代码主体。

关于类的这些代码作为一个代码块存在，而且可以设置于 setup() 和 draw() 外部任何地方。

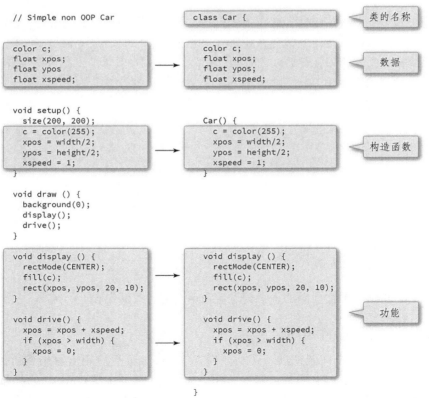

图 8-1

类是一种新的代码块！
```
void setup() {

}

void draw() {

}

class Car {

}
```

练习 8-2：将下面 Human（人）类定义的代码填充完整。让其包含一个名为 sleep()的函数，或者创建你自己的函数。根据汽车示例的句法进行编写。（就实际代码而言，并没有标准的对与错，代码的结构是最重要的。）

```
_____ _____ {
  color hairColor;
  float height;

  _____ {

    _____

    _____
  }

  _____ {

    _____

    _____
  }
}
```

8.4　使用一个对象的具体步骤

在 8.2 节中，我们快速浏览了一个对象是如何大幅度简化 Processing 草图的主体（setup() 和 draw()）的。

```
Car myCar;          ← 步骤1：声明一个对象。

void setup() {
  myCar = new Car();   ← 步骤2：初始化一个对象。
}

void draw() {
  background(255);
  myCar.move();        ← 步骤3：在对象中调用方法。
```

```
    myCar.display();
}
```

让我们看下上面三个步骤的具体细节方法，并讨论如何在草图中使用一个对象。

第1步：声明对象变量

如果翻回到第4章，你会回想起一个变量的声明需要指定变量类型和变量名称。

```
// Variable declaration
// type name
int var;
```

以上是一个具有初始值变量的例子，在这里是一个整数。正如你在第4章里学到的，原始值的数据类型是单个的信息片段：一个整数、一个浮点数据、一个字符等。声明一个具有对象的变量是非常类似的。不同之处在于这里的类型是类的名称，一个我可以定义的名称，在这里是 Car。顺便提一句，对象并不是原始值，而是一种复杂的数据类型。（这是因为它们存储了多个信息片段：数据和功能。初始值只是存储数据。）

第2步：初始化对象

再回想一下，第4章为了初始化一个变量（也就是给它一个初始值），我使用了赋值操作：变量等于某个值。

```
// Variable Initialization
// var equals 10
var = 10;
```

初始化一个对象相对更复杂一些。和简单的为其赋一个初始值（例如整数或者浮点数据）不同，你要构建这个对象。一个对象是通过 new 运算符来创建的。

```
// Object Initialization
myCar = new Car();
```

使用new运算符创建一个新的对象。

在上面的示例中，myCar 是对象变量名称，" = "表明你设置它等于某个东西，创建一个 Car 对象新的实例。我在这里真正所做的是初始化一个 Car 对象。在前面当你初始化一个原始变量的时候，比如说一个整数，你仅仅需要设置让其等于某个数值。但是一个对象却含有多个信息片段。回想前面章节中的 Car 类，你会发现这一行的代码叫做构造函数（constructor），一个特殊的名为 Car() 的函数，将对象的所有变量进行初始化。

另外一件事情，对于原始整数 var，如果你忘记对其初始化（设置它等于10），那么 Processing 会为其设置一个默认的数值0。但是一个对象变量（比如 myCar），Processing 并没有为其提供一个默认的数值。如果你忘记初始化一个对象，Processing 将会为其赋值 null，null 意味着什么也没有，注意这并不是0，也不是 –1，是完全的空白。如果你遇到一个错误信息，在消息窗口中提示 NullPointerException（这是相当常见的一种错误类型），那这个错误就很可能是由于忘记初始化一个对象导致的。（参见本书的附录，查阅更多细节内容。）

第 3 步：使用一个对象

当你成功声明并初始化一个对象变量后，就可以使用它了。使用一个对象需要调用内置于那个对象中的函数。一个人的对象可以吃饭，一个车对象可以驾驶，一只狗对象可以吠叫。严格地讲，一个对象内部的函数就相当于 Java 中的"方法"（method），所以我可以使用这一术语了（见 7.1 节）。在一个对象内部调用一个方法可以通过以下点句法（dot syntax）来完成：

variableName.objectMethod(method arguments);

在汽车的示例中，函数都没有参数，因此它应该如下所示：

```
myCar.draw();        函数通过"点句法"来调用。
myCar.display();
```

练习 8-3：假定存在一个名为 Human（人类）的类。你想要编写一些代码来声明一个 Human 对象，并在那个 Human 对象中调用函数 sleep()。写出下面的代码：

声明并初始化 Human 对象：---------------------------
调用 sleep() 函数：---------------------------

8.5 使用标签进行组合

我已经讲了如何定义一个类，以及如何使用源自这个类的对象。接下来我就可以使用 8.2 节的代码和 8.3 节的代码将它们在一个草图中组合到一起。

示例 8-1：一个汽车类和汽车对象

```
Car myCar;              声明汽车对象为一个全局变量。

void setup() {
  size(200, 200);

  // Initialize Car object
  myCar = new Car();    通过调用构造函数在setup()内初始化汽车对象。
}

void draw() {
  background(255);
  // Operate Car object.
  myCar.move();         使用点句法调用对象方法，从而在draw()内运行汽车对象。
  myCar.display();
}

class Car {             定义一个类。

  color c;
  float xpos;           变量。
  float ypos;
  float xspeed;

  Car() {               一个构造函数。
    c = color(255);
    xpos = width/2;
    ypos = height/2;
```

```
    xspeed = 1;
  }
  void display() {                          函数。
    // The car is just a square
    rectMode(CENTER);
    fill(c);
    rect(xpos, ypos, 20, 10);
  }

  void move() {                             函数。
    xpos = xpos + xspeed;
    if (xpos > width) {
      xpos = 0;
    }
  }
}
```

你会注意到，包含 Car 类的代码块置于程序主体的下面（在 draw() 的下面）。这个位置和我在第 7 章中放置用户自定义的函数的位置一样。严格意义上讲，顺序并不重要，只要代码块（大括号里面的内容）的内容是完整的。Car 类可以位于 setup() 的上面，甚至可以位于 setup() 和 draw() 之间。虽然严格讲任何位置都是正确的，但在编程的时候，最好将各个代码块位置放置于最合乎逻辑、我们最容易理解的位置，代码的底部就是一个很好的选择。不过，Processing 为各个代码块之间互相分隔，提供了一个非常实用的方法：使用标签。

在 Processing 窗口中，找到靠近草图文件名称的倒三角图标。点击那个图标，你将发现它提供了一个"新标签"（New Tab）的选项，如图 8-2 所示。

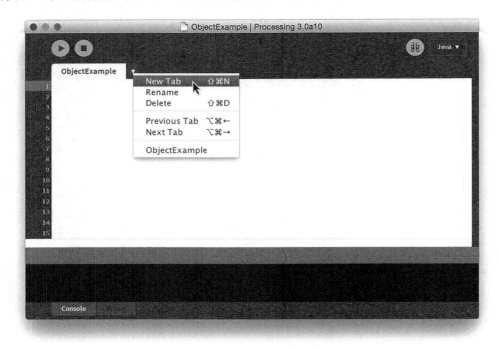

图   8-2

选择"新标签"，Processing 将提示你输入这个新标签的名字，如图 8-3 所示。

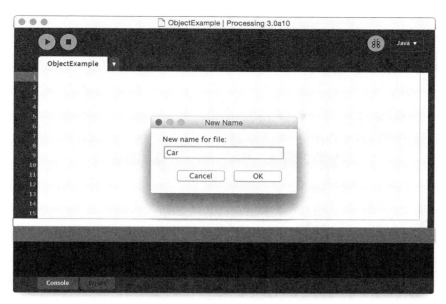

图　8-3

虽然你可以使用任何你喜欢的名字，但是使用你打算放在这里的类来命名是一个不错的主意。然后你可以将主程序代码（`setup()` 和 `draw()`）放在初始的标签（在示例 8-4 中名为"ObjectExample"）上，然后在新标签（命名为"Car"）上输入类的代码。

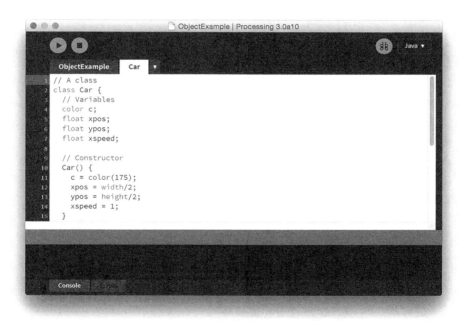

图　8-4

在各个标签之间互相切换也十分简单，只需要点击相应标签名即可。同样，要注意在创建一个新标签的时候，在草图文件夹中也创建了一个新的 .pde 文件，如图 8-5 所示。程序有一个 ObjectExample.pde 文件和一个 Car.pde 文件。

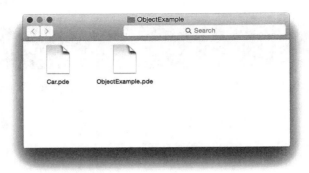

图   8-5

练习 8-4：创建一个含有多个标签的草图，尝试让 Car 示例能够顺利运行。

8.6 构造函数参数

在前面的示例当中，汽车对象是通过使用 new 运算符和类的构造函数来初始化的。

```
Car myCar = new Car();
```

这是你在学习 OOP 时一个有用的简化。可是在上面的代码中，依然存在一个严重的问题。如果我想编写一个具有两个汽车对象的程序，应该怎么做？

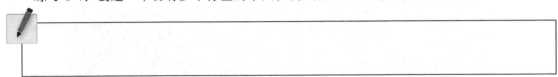

```
Car myCar1 = new Car();
Car myCar2 = new Car();
```

这就完成了我的目标。代码会产生两个 Car 对象：一个存储于变量 myCar1 中，另外一个存储于 myCar2 中。但是，如果你研究过 Car 类，你就会注意到其实两辆汽车是一样的：每一辆都是白色，从屏幕的中间开始启动，速度都为 1。用文字来表述：

　　创建一辆新的汽车。

我想用下面这句话替代：

　　制作一辆新的红色的汽车，坐标位于（0，10），速度为 1。

这样，我同样可以说：

　　制作一辆新的蓝色的汽车，坐标位于（0，100），速度为 2。

我可以通过替换构造函数内部的参数来实现。

```
Car myCar = new Car(color(255, 0, 0), 0, 100, 2);
```

构造函数必须将这些参数合并之后，重新编写：

```
Car(color tempC, float tempXpos, float tempYpos, float tempXspeed) {
  c = tempC;
  xpos = tempXpos;
  ypos = tempYpos;
  xspeed = tempXspeed;
}
```

根据我的经验，使用构造函数的参数来初始化对象变量会有点让人感到迷惑。但是不要责怪你自己。代码本身看上去非常奇怪，而且非常冗杂："对于每一个单个的变量，我想在构造函数内进行初始化，我必须使用那个构造函数的临时参数对它进行复制？"

但是，这是一个需要学习的非常重要的技巧，而且，它是使得面向对象编程方法最终非常强大的原因。但是就目前为止，它可能会让你感到痛苦。让我们再次简要回顾下参数的传递过程，从而帮助你理解在当前的情景下它的工作原理。如图 8-6 所示。

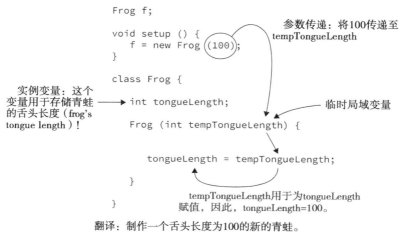

翻译：制作一个舌头长度为100的新的青蛙。

图 8-6

参数是在一个函数内部使用的局域变量，当被调用的时候，就用数值进行填充。在示例中，它们只有一个目的，用以初始化一个对象内部的变量。有用于计数的、设置汽车颜色的、汽车的 x 坐标的变量等。构造函数的参数仅仅是临时的，存在的目的仅仅是将一个数值从制作对象的位置传递至对象本身。

这使得你可以使用相同的构造函数制作许多对象。你也可以在参数名称写上 temp 来提醒自己（x 与 tempX）。你也会注意到许多程序员在许多示例中使用一个下划线（x 与 x_）。在本书末尾的一些示例中，我也将会使用这种方式。当然你可以按照自己的意愿来命名。但是明智的选择是使用一个对你来说有意义的名称。

现在我可以使用多个对象实例编写同一个程序了，每个都具有唯一的属性。

示例 8-2：两个汽车对象

图 8-7

```
    myCar1.display();
    myCar2.move();
    myCar2.display();
}
```

> 尽管有多个对象，但是你仍然仅仅需要一个类。就好像无论我们制造多少个曲奇，都仅需要一台饼干模具。

```
class Car {

    color c;
    float xpos;
    float ypos;
    float xspeed;

    Car(color tempC, float tempXpos, float tempYpos, float tempXspeed) {
        c = tempC;
        xpos = tempXpos;
        ypos = tempYpos;
        xspeed = tempXspeed;
    }
```

> 构造函数通过参数被定义。

```
    void display() {
    stroke(0);
        fill(c);
        rectMode(CENTER);
        rect(xpos, ypos, 20, 10);
    }

    void move() {
        xpos = xpos + xspeed;
        if (xpos > width) {
            xpos = 0;
        }
    }

}
```

练习 8-5：使用一个 Ball 类和对象，对第 5 章中的重力示例进行重新编写。最初的示例及其框架已写在下面供你参考。当你完成一个对象之后，在不改变类的情况下制作两个对象！你能将颜色或者大小的变量增加至你的类中吗？

```
    _____ _____;
    float gravity = 0.1;

    void setup() {
        size(200, 200);

        ball = new _____(50, 0);
    }

    void draw() {
        background(255);
        ball.display();


        _____
    }
```

```
// Simple gravity example

// (x,y) location
float x = 100;
float y = 0;

// Starting speed
float speed = 0;
// Gravity
float gravity = 0.1;

void setup() {
    size(200, 200);
}

void draw() {
    background(255);
```

```
_____ {
  float x;

  _____
  float speed;


  _____(_____,_____,_____) {

    x = _____;

    _____
    speed = 0;
  }

  void _____() {

    _____

    _____

    _____

  }
  _____

  _____

  _____

  _____

  _____

  _____

  _____

  }
```

```
// Display the circle
fill(175);
stroke(0);
ellipse(x, y, 10, 10);

// Add speed to y location
y = y + speed;
// Add gravity to speed
speed = speed + gravity;

// If square reaches the bottom
// Reverse speed
if (y > height) {
  speed = speed * -0.95;
  y = height;
}
}
```

8.7　对象也是数据类型

这是你第一次体验面向对象编程，所以我希望慢慢来。本章的示例都使用一个类，而且使用那个类中的至多两个或者三个对象。事实上，类和对象并没有数量限制。一个 Processing 草图可以使用的类的数量完全可以根据你的喜好来定。比如，之前你编写宇宙入侵者游戏的时候，你可能要创建一个 Spaceship（宇宙飞船）类，一个 Enemy（敌人）类，一个 Bullet（子弹）类，同时在游戏中的每个实体中使用一个对象。

除此之外，尽管类并不是原始值，但类也是像整数和浮点数一样的数据类型。而且因为类是由数据组成的，一个对象因此也可以包含其他的对象！例如，假定你刚刚完成了一个 Fork（叉）类和 Spoon（汤匙）类的编程，当继续创建一个 PlaceSetting（一套餐具）的类时，你可以将 Fork（叉）对象和 Spoon（汤匙）对象包含在那个类中。这在面向对象编程中是非常合理并且相当常见的。

```
class PlaceSetting {

  Fork fork;        ← 一个类可以包含其他的对象。
  Spoon spoon;

  PlaceSetting() {
    fork = new Fork();
    spoon = new Spoon();
  }
}
```

对象，就像其他任何类型的数据类型一样，也可以以参数的形式传递给函数。在宇宙入侵者游戏的示例当中，如果宇宙飞船将子弹射到敌人上，你很可能需要在 Enemy（敌人）类的里面写一个函数来确定敌人是否被子弹击中了。

```
void hit(Bullet b) {    ← 一个函数可以将一个对象作为其参数。
  // Code to determine if
  // the bullet struck the enemy
}
```

在第 7 章，我展示了一个原始值（int、float 等）是如何传递至一个函数，制作变量的副本，而不论函数里发生什么，初始变量保持不变。这是所谓的数值传递。但是对象会有一点不同。如果对象的改变发生于被传递至函数之后，则那些变化将会影响最初的对象。而且它并不是复制对象，然后传递至一个函数中；而是传递对象引用（reference）的副本。你可以将引用理解为内存中存储对象数据的地址。所以，虽然实际上有两个不同变量分别保存有它们的数值，但是那个数值仅仅是指向一个对象的地址。

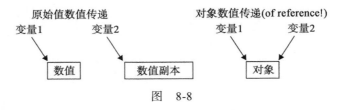

图　8-8

随着你对本书的进一步深入阅读，示例逐步变得更加高级，你会看到使用多个对象的示例。在下一章，我们会关注如何制作一系列的对象。另外第 10 章会细致讨论开发一个包含有多个类项目的整个过程。当下，我将使用 Zoog 结束本章，且继续只使用一个类。

8.8　面向对象的 Zoog

不可避免的，这个问题出现了："我应当在什么时候使用面向对象编程？"对于我来说，答案是：一直使用。对象使得一个软件应用内的各个概念成为有组织的模块和可复用的组件。在阅读本书的过程中，你会一次又一次地看到这点。然而，并不是每个对象使用面向对象的方法都是方便的，或是有必要的，尤其是当你正在学习的时候。Processing 也使得你可以通过非面向对象的代码来方便地将概念视觉化。

对于任何你想制作的 Processing 项目来说，我的建议是采取循序渐进（step-by-step）的方法。你没有必要对每个你要尝试的项目都从编写类开始。首先在 setup() 和 draw() 中构建你的概念，然后明确程序的逻辑，以及你希望代码看上去是什么样子。随着项目的不断推进，花些时间来重组你的代码，或许一开始是使用函数，后来再使用对象。花一些时间进行这种重组的工作（通常叫做代码重构（refactoring）），而不改变程序最终的输出结果，对你编程技术的提高是非常有帮助的。

这也正是我一直以来，为什么从第 1 章直到现在一直在不断修改宇航员 Zoog。一开始，我描绘出 Zoog 的长相，后来尝试为其增添一些动态交互行为。现在具备了更多的知识，我可以花些时间将 Zoog 重构（refactor）为一个对象。这个过程有助于你以后在更复杂的草图中编写 Zoog 的未来。

现在是时候冒险尝试编写 Zoog 的类了。我们的小 Zoog 慢慢长大了。下面的示例实际上和示例 7-6（使用函数的 Zoog）是一样的，只是有一个主要区别：现在，所有的变量和所有的函数都被合并到 Zoog 类中了，而 setup() 和 draw() 却几乎不包含任何代码。

示例 8-3：Zoog 对象

```
Zoog zoog;          ← Zoog是一个对象！

void setup() {
  size(200, 200);
  zoog = new Zoog(100, 125, 60, 60, 16);   ← Zoog通过构造函数来给定初始属性。
}


void draw() {
  background(255);
  // mouseX position determines speed factor
  float factor = constrain(mouseX/10, 0, 5);
  zoog.jiggle(factor);
  zoog.display();
}                      Zoog可以使用函数来实现一些功能。


class Zoog {                     所有跟Zoog相关的内容都在这个类中。Zoog
                                 具有的一些特性（坐标、宽度、高度、眼睛的大小）
  // Zoog's variables            以及Zoog具备的功能（晃动功能、展示功能）。
  float x, y, w, h, eyeSize;

  // Zoog constructor
  Zoog(float tempX, float tempY, float tempW, float tempH, float tempEyeSize) {
    x = tempX;
    y = tempY;
    w = tempW;
    h = tempH;
    eyeSize = tempEyeSize;
  }

  // Move Zoog
  void jiggle(float speed) {
    // Change the location of Zoog randomly
    x = x + random(-1, 1)*speed;
    y = y + random(-1, 1)*speed;

    // Constrain Zoog to window
    x = constrain(x, 0, width);
    y = constrain(y, 0, height);
```

```
}

// Display Zoog
void display() {
  // Set ellipses and rects to CENTER mode
  ellipseMode(CENTER);
  rectMode(CENTER);

  // Draw Zoog's arms with a for loop
  for (float i = y - h/3; i < y + h/2; i += 10) {
    stroke(0);
    line(x - w/4, i, x + w/4, i);
  }

  // Draw Zoog's body
  stroke(0);
  fill(175);
  rect(x, y, w/6, h);

  // Draw Zoog's head
  stroke(0);
  fill(255);
  ellipse(x, y - h, w, h);

  // Draw Zoog's eyes
  fill(0);
  ellipse(x - w/3, y - h, eyeSize, eyeSize*2);
  ellipse(x + w/3, y - h, eyeSize, eyeSize*2);

  // Draw Zoog's legs
  stroke(0);
  line(x - w/12, y + h/2, x - w/4, y + h/2 + 10);
  line(x + w/12, y + h/2, x + w/4, y + h/2 + 10);
  }
}
```

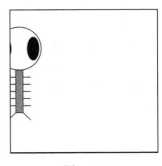

图 8-9

练习 8-6：重新编写示例 8-3，让其包含两个 Zoog。你能改变它们的外观吗？行为呢？考虑以 Zoog 变量的形式为其增加颜色。

第三节课的项目

1. 使用函数，对你第二节课的项目进行重新组织。
2. 然后使用一个类和一个对象变量对项目进一步整理。
3. 为你类的构造函数添加参数，尝试使用不同的变量制作两个或者三个对象。

使用下面的空白为你的项目设计草图，做笔记和书写伪码。

Learning Processing：A Beginner's Guide to Programming Images, Animation, and Interaction, Second Edition

重 复 性

第 9 章　数组

数　　组

我会不断地对自己重复这些话来慢慢安慰自己：脑海当中的许许多多充满哲理的名言警句——如果我还记得那些该死的东西的话。

——多萝西·帕克（Dorothy Parker）

本章主要内容：
- 什么是数组
- 声明一个数组
- 初始化一个数组
- 数组操作：在 for 循环中使用数组
- 数组作为对象

9.1　数组的作用

让我们花点时间重新看下前面面向对象编程中汽车的例子。你可能还记得我花了很大的功夫构建一个程序，它包含多个类的实例，也就是两个对象。

```
Car myCar1;
Car myCar2;
```

作为计算机程序员，这确实是你生命中一个激动人心的时刻。我相信你已经学会深入思考一个看上去非常浅显的问题了。但你如何才能更进一步，编写一个具有 100 个 Car 对象的程序？通过方便的复制和粘贴功能，你可能会编写的程序开头如下所示：

```
Car myCar1
Car myCar2
Car myCar3
Car myCar4
Car myCar5
Car myCar6
Car myCar7
Car myCar8
Car myCar9
Car myCar10
Car myCar11
Car myCar12
Car myCar13
Car myCar14
Car myCar15
Car myCar16
Car myCar17
Car myCar18
Car myCar19
```

```
Car myCar20
Car myCar21
Car myCar22
Car myCar23
Car myCar24
Car myCar25
Car myCar26
Car myCar27
Car myCar28
Car myCar29
Car myCar30
Car myCar31
Car myCar32
Car myCar33
Car myCar34
Car myCar35
Car myCar36
Car myCar37
Car myCar38
Car myCar39
Car myCar40
Car myCar41
Car myCar42
Car myCar43
Car myCar44
Car myCar45
Car myCar46
Car myCar47
Car myCar48
Car myCar49
Car myCar50
Car myCar51
Car myCar52
Car myCar53
Car myCar54
Car myCar55
Car myCar56
Car myCar57
Car myCar58
Car myCar59
Car myCar60
Car myCar61
Car myCar62
Car myCar63
Car myCar64
Car myCar65
Car myCar66
Car myCar67
Car myCar68
Car myCar69
Car myCar70
Car myCar71
Car myCar72
Car myCar73
Car myCar74
Car myCar75
```

```
Car myCar76
Car myCar77
Car myCar78
Car myCar79
Car myCar80
Car myCar81
Car myCar82
Car myCar83
Car myCar84
Car myCar85
Car myCar86
Car myCar87
Car myCar88
Car myCar89
Car myCar90
Car myCar91
Car myCar92
Car myCar93
Car myCar94
Car myCar95
Car myCar96
Car myCar97
Car myCar98
Car myCar99
Car myCar100
```

如果你真的想给自己找麻烦的话，你可以按照上面的方法完成程序的剩余部分。这是一个费力不讨好的差事，而且我也不会在本书中留给你任何进行尝试的空间。

数组允许你把 100 行代码整合为 1 行代码。你并不需要使用 100 个变量，一组数组可以包含一系列的变量。

每当程序需要多个相似数据的实例的时候，你就可以使用数组。举例来说，一个数组可以用来存储一个游戏中 4 个选手的成绩、一组设计程序中的 10 种颜色，或者在一个模拟的水族馆中一系列鱼的对象。

练习 9-1：回头看下迄今为止你创建过的所有草图，思考它们当中是否有使用数组的必要？为什么？

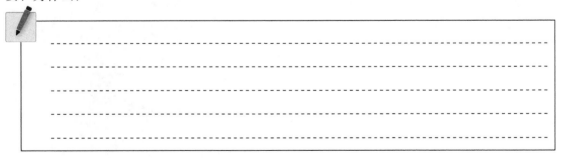

9.2 数组是什么

回想第 4 章变量的定义：数据存储在内存中，变量是指向内存中某个位置的指针。换句话说，变量使得程序可以在一段时间内跟踪记录信息。其实数组和变量非常类似，区别在于变量指向单个信息片段，而一个数组可以指向更多信息。如图 9-1 所示。

你可以将数组想象为一个序列的变量。注意，这里序列的概念是非常关键的，原因有二。第一，一个序列记录了一组元素，这些元素本身的信息非常重要；第二，这个序列要记录这些元素的位置顺序（哪个元素排在第一、第二、第三等）。这在许多程序里非常关键，因为信息的顺序和信息本身同样重要。

在一个数组里，这个序列当中的每个元素都有一个特定的索引值（index），用以指派元素在序列中的位置（元素 1、元素 2、元素 3 等）。在所有情况下，数组的名称指的是这整个序列的名称，而序列中的每个元素要通过它们的位置来访问。

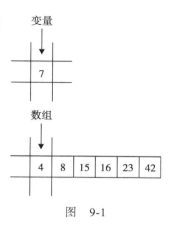

图 9-1

注意在图 9-2 中，索引值的取值范围从 0 到 9。数组总共有 10 个元素，但是注意第一个元素数字是 0，最后一个元素为 9。你可能会忍不住跺脚抱怨："为什么元素编码不能从 1 到 10 呢？那样不是更容易吗？"

尽管一开始，直觉上好像应该从 1 开始算起（确实有些编程语言就是这样的）。我从 0 开始算起是因为，从技术上讲，数组的第一个元素位于数组的起始端，也就是其位置相对于起始端的偏移量为 0。0 开始编号也使得许多数组运算（array operation）更加方便。通过后面几个示例的学习，你就会逐渐发现从 0 开始编号的优势。

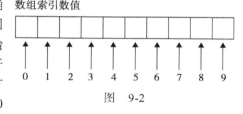

图 9-2

练习 9-2：如果一个数组包含 1000 个元素，那么该数组索引值的取值范围是多少？

答案：从_____到_____

9.3 声明和创建数组

在第 4 章，你了解到所有变量都必须具有名称和数据类型，数组也是。只是声明语句看上去有些不同。具体方法如下：你要将一个空方括号（[]）置于数据类型的后面。我们从一个具有原始值的数组开始讲起，比如说整数。（你可以使用任何数据类型的数组，后面我很快讲到如何创建一个对象数组。）如图 9-3 所示。

图 9-3 中的声明意味着：名为 arrayOfInts 的数组存储一系列的整数数据。数组的名称 arrayOfInts 根据你的需要来自定义（这里我在名称中加入 array 是为了说明当前你正在学习的是数组）。

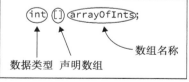

图 9-3

数组有一个基本属性，它们的长度是固定的。定义好一个数组的长度后，就不能再修改了。一个包含 10 个整数的数组永不可能变为 11 个。但是在上面的代码中，长度是在哪里定义的？我还没有定义。上面的代码仅仅声明了一个数组，接下来我必须通过指定长度来创建数组的具体实例。

这里需要使用运算符 new，这和我调用对象构造函数非常类似。在对象的例子中，我会说"制作一辆新汽车"，或者说"制作一个新的 Zoog"。在数组中，我会说"制作一个新的整数类型的数组", 或者 "制作一个新的汽车对象" 等。如图 9-4 所示的数组声明。

图 9-4 中的数组声明要指定数组的长度: 我希望数组存储元素的数量 (或者, 严格意义上来说, 我要求计算机分配多少内存来存储我的数据)。具体的声明语句如下: 首先是 new 运算符, 然后是数据类型, 最后是放在方括号里面的数字, 代表数组的长度。这里的长度必须是一个整数。它可以是一个硬编码的数字, 一个 (整数类型的) 变量, 或者一个值为整数的表达式 (比如 2 + 2)。

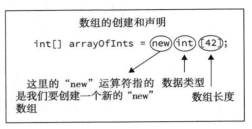

图   9-4

示例 9-1: 另外一个声明和创建数组的示例

```
float[] scores = new float[4];            // A list of 4 floating point numbers
Human[] people = new Human[100];          // A list of 100 Human objects
int num = 50;
Car[] cars = new Car[num];                // Using a variable to specify size
Spaceship[] ships = new Shapeship[num*2 + 3]; // Using an expression to
                                          //      specify size
```

练习 9-3: 为下面的数组书写声明语句。

30 个整数: _____

100 个浮点数: _____

56 个 Zoog 对象: _____

练习 9-4: 在下面的数组声明中, 哪些是有效的? 哪些是无效的 (为什么)?

```
int[] numbers = new int[10];              _____

float[] numbers = new float[5 + 6];       _____

int num = 5;
float[] numbers = new int[num];           _____

float num = 5.2;
Car[] cars = new Car[num];                _____

int num = (5 * 6)/2;
float[] numbers = new float[num = 5];     _____

int num = 5;
Zoog[] zoogs = new Zoog[num * 10];        _____
```

情况慢慢开始好转了。我不仅成功地声明了一个数组, 还给它指定了长度, 为其分配物理内存用以存储数据。但是一个主要内容还没有谈及: 存储于数组中的数据本身!

9.4   初始化数组

填充数组的一个方法是对存储于数组中的每个位置进行硬编码数值。

示例 9-2：逐一初始化数组中的元素

```
int[] stuff = new int[3];

stuff[0] = 8; // The first element of the array equals 8
stuff[1] = 3; // The second element of the array equals 3
stuff[2] = 1; // The third element of the array equals 1
```

正如你所见，通过指定索引值，索引值从 0 开始，为数组中的每一个元素分别赋值。初始化数组的句法如下：首先是数组的名称，后面紧跟括位于方括号中的索引值。

数组名称[索引值]

初始化一个数组的第二种方式是在大括号里面，按顺序手动写出元素对应的每个数值，中间用逗号隔开。

示例 9-3：一次性初始化数组中的元素

```
int[] arrayOfInts = { 1, 5, 8, 9, 4, 5 } ;
float[] floatArray = { 1.2, 3.5, 2.0, 3.4123, 9.9 } ;
```

练习 9-5：声明一个包含三个 Zoog 对象的数组。通过其索引值，初始化数组中每一个位置的元素。

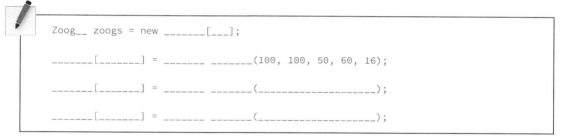

```
Zoog__ zoogs = new _____[___];

_____[_____] = _____ _____(100, 100, 50, 60, 16);

_____[_____] = _____ _____(_____);

_____[_____] = _____ _____(_____);
```

其实上面的方法都不常用，在阅读本书的过程中，你几乎不会看到使用上述方法的示例。事实上，上述的初始化方法都没有完全解决本章一开始提出的问题。想象下初始化一个具有 100、1000，甚至 1000 000 个元素的数组。

要解决所有问题，必须能够逐一重复执行数组中元素。叮，叮，叮，但愿有一个响亮的钟声在你脑海中响起：循环！（如果你很迷茫，回看第 6 章。）

9.5 数组运算

花点时间思考下面的问题：

1. 创建一个具有 1000 个浮点数字的数组。

2. 使用介于 0 到 10 之间的随机数字初始化这个数组的每一个元素。

第 1 步，你已经知道应该怎么实现了：

```
float[] values = new float[1000];
```

第 2 步，我想避免出现下面这种情形：

```
values[0] = random(0, 10);
values[1] = random(0, 10);
values[2] = random(0, 10);
values[3] = random(0, 10);
```

```
values[4] = random(0, 10);
values[5] = random(0, 10);
// etc. etc.
```

我先用文字来描述下我想如何编写这个程序。

对于任意一个介于 0 到 999 之间的数字 n，给数组中的第 n 个元素随机分配一个介于 0 到 10 之间的数值。将这段话翻译为代码，就得到：

```
int n = 0;
values[n] = random(0, 10);
values[n + 1] = random(0, 10);
values[n + 2] = random(0, 10);
values[n + 3] = random(0, 10);
values[n + 4] = random(0, 10);
values[n + 5] = random(0, 10);
```

遗憾的是，这里的情况并没有改善多少。我并没有实现一个质的飞跃。通过使用变量（n）来描述数组中的一个索引值，现在我可以使用 while 循环来初始化每一个 n 元素。

示例 9-4： 使用 while 循环初始化一个数组中的所有元素

```
int n = 0;
while (n < 1000) {
  values[n] = random(0, 10);
  n = n + 1;
}
```

for 循环的使用可以使得代码更加简洁，如示例 9-5 所示。

示例 9-5： 使用 for 循环初始化一个数组中的所有元素

```
for (int n = 0; n < 1000; n++) {
  values[n] = random(0, 10);
}
```

之前长达 1000 行的代码，如今只有 3 行！

这些是循环在简单的初始化数组元素上的应用，接下来我还可以使用相同的技巧探索其他任何类型的数组运算。比如，将数组中每一个元素的数值加倍。（从现在开始，我将使用 i 来代替 n，因为 i 在程序员中使用更广泛。）

示例 9-6： 数组运算

```
for (int i = 0; i < 1000; i++) {
  values[i] = values[i] * 2;
}
```

示例 9-6 中存在一个问题：硬编码数值 1000 的使用。要力争成为更优秀的程序员，你应该不断思考一个硬编码数字的存在。在这个例子当中，如果你想将数组修改为具有 2000 个元素，应该怎么做？如果编写的程序代码非常长，且其中有许多数组运算，那么你将不得不从头到尾对每个数组逐一进行修改。幸运的是，Processing 为我们提供了一个非常方便的方法，通过使用第 8 章学习对象时使用的点句法，我们可以随时修改数组的长度。length 是每个数组都具备的属性，你可以按照下面的方式访问它：

arrayName dot length

下面的示例是具体的使用示范。这回将每个数值都重设为 0。

示例 9-7：使用点长度（dot length）的数组运算

```
for (int i = 0; i < values.length; i++) {
  values[i] = 0;
}
```

练习 9-6：假定一个包含 10 个整数的数组，也就是：

```
int[] nums = { 5, 4, 2, 7, 6, 8, 5, 2, 8, 14 };
```

编写代码以执行下面的数组运算（注意给你的线索的数量是不固定的）。

每个数字的平方（也就是自身乘以自身）	`for (int i _____; i < _____; i++) {`
	
	　`_____[i] = _____*_____;`
	
	`}`

为每个数字增加一个介于 0 到 10 之间的随机数字	`-------------------------------------`
	
	　`_____ += int(_____);`
	
	`---`

为每个数字加上数组中它后面的那个数字。忽略数组中最后一个数值	`for (int i = 0; i < _____; i++) {`
	
	　`_____ += _____[___];`
	
	`}`

计算所有数字的总和	`_____ _____ = _____;`
	`for (int i = 0; i < nums.length; i++) {`
	
	　`_____ += _____;`
	
	`}`

9.6　简单的数组示例：蛇

一个看上去非常容易的任务：编写一个跟随鼠标运动的轨迹，其实并没有它最初看上去那么简单。解决方案需要应用数组，而数组用于存储鼠标的历史坐标。我会使用两个数组：一个用于存储水平鼠标位置；另外一个用于存储垂直鼠标位置。我们随意设定一个数值，比如说我们存储 50 个最近的鼠标位置。

首先，我需要声明两个数组。

```
int[] xpos = new int[50];
int[] ypos = new int[50];
```

然后，在 setup() 里面，我必须对数组进行初始化。由于程序开始的并没有任何的鼠标移动，因此我只需要用 0 来填充数组。

```
for (int i = 0; i < xpos.length; i++) {
  xpos[i] = 0;
  ypos[i] = 0;
}
```

每通过一次主循环 draw()，我都要使用当前的鼠标位置更新数组。我们将当前的鼠标位置放到数组的最后一个位置。因此数组的长度是 50，意味着索引值的取值范围是从 0~49。最后位置的索引值是 49，也就是用数组的长度值减去 1。

```
xpos[xpos.length - l] = mouseX;    ◁── 数组中的最后一个位置等于数组长度值减1。
ypos[ypos.length - 1] = mouseY;
```

接下来是最难的部分。我只想保存最后的 50 个鼠标位置。通过在数组的末尾存储当前的鼠标位置，我就在对之前存储于那个位置内容进行覆写（overwriting）。如果在某一帧中，鼠标位置是（10，10），而在另外一帧中位置是（15，15），我希望将（10，10）放于倒数第二个位置，将（15，15）放于最后一个位置。解决方法就是在当前位置更新之前，将所有元素向下移动一个位置。如图 9-5 所示。

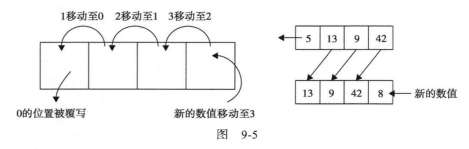

图　9-5

第 49 位的元素移动至第 48 位，第 48 位元素移动至第 47 位，第 47 位移动至第 46 位，以此类推。我可以通过将每个元素的索引值由 i 设置为 i+1 的方式，来循环该数组。请注意我必须在倒数第二的位置停止，这是由于对于长度为 50 的数组来说，最后一位元素的索引值为 49，并不存在索引值为 50 的元素。换言之，退出条件并不能使用：

```
i < xpos.length;
```

而是应当使用：

```
i < xpos.length - 1;
```

所以，完整代码应该如下所示：

```
for (int i = 0; i < xpos.length - 1; i++) {
  xpos[i] = xpos[i + 1];
  ypos[i] = ypos[i + 1];
}
```

最终，我可以使用鼠标位置的历史记录来绘制一系列圆。根据每个元素的横坐标数组和纵坐标数组，基于存储于数组内的相应的数值绘制一个椭圆：

```
for (int i = 0; i < xpos.length; i++) {
  stroke(0);
  fill(175);
  ellipse(xpos[i], ypos[i], 32, 32);
}
```

为了让它更加有趣，你可以选择将圆的亮度以及大小和数组的位置之间实现关联，也就是说，越早的（因此更老）数值，将会更亮，尺寸更小；而越晚的（因此更新）的数值，将会越暗，尺寸则更大。这可以通过处在不断计数中的变量 i，为颜色和尺寸赋值来完成。

```
for (int i = 0; i < xpos.length; i++) {
  noStroke();
  fill(255 - i * 5);
  ellipse(xpos[i], ypos[i], i, i);
}
```

将所有的代码组合到一起，我就得到了下面的示例，其输出结果如图 9-6 所示。

示例 9-8：跟随鼠标运动的蛇

```
// x and y positions
int[] xpos = new int[50];          声明两个具有50个元素
int[] ypos = new int[50];          的数组。

void setup() {
  size(200, 200);

  // Initialize
  for (int i = 0; i < xpos.length; i++) {
    xpos[i] = 0;
    ypos[i] = 0;                    初始化每个数组中的所有
  }                                 元素为0。
}

void draw() {
  background(255);

  // Shift array values
  for (int i = 0; i < xpos.length - 1; i++) {
    xpos[i] = xpos[i + 1];
    ypos[i] = ypos[i + 1];          将所有元素下移一个位置。xpos[0]=
  }                                 xpos[1], xpos[1] = xpos[2], 等等。在
                                    倒数第二个元素处停止。
  // New location
  xpos[xpos.length - 1] = mouseX;
  ypos[ypos.length - 1] = mouseY;   根据鼠标位置更新数组的最后一个
                                    位置。
  // Draw everything
  for (int i = 0; i < xpos.length; i++) {
    noStroke();
    fill(255 - i*5);
    ellipse(xpos[i], ypos[i], i, i);   为数组中的每一个元素绘制一个椭圆。
  }                                    颜色和尺寸都基于循环计数器i。
}
```

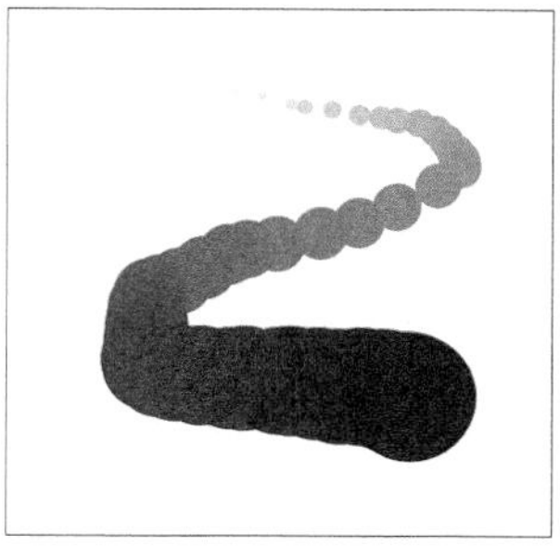

图 9-6

练习 9-7：使用一个 Snake（蛇）类，以面向对象的方式对蛇的示例进行重新编写。你能否改变蛇的外形（比如不同的图形、颜色和尺寸）？（对于一个高级的问题，需要创建一个 Point 类，用以存储 x 和 y 坐标来作为草图的一部分。每个蛇对象将有一个 Point 对象数组。这需要对象数组的知识，下一节将会讨论。）

9.7 对象数组

我知道，我知道了，到目前为止，我还没有完全回答那个问题：如何编写一个具有 100 个汽车对象的程序？

把面向对象编程和数组进行组合的最大优势在于：它使得将一个对象转换为 10 个对象，直至 10 000 个对象这个过程变得十分轻松。事实上，如果谨慎一点，我不会改变 Car 类。一个类并不在乎有多少个对象是由这个类制作出来的。因此，假定我使用相同的 Car 类的代码，让我们看一下如何拓展主程序，也就是使用一个对象数组，而不仅仅是一个对象。

让我们回顾下之前具有一个 Car 对象的主程序。

```
Car myCar;

void setup() {
  myCar = new Car(color(255, 0, 0), 0, 100, 2);
}

void draw() {
  background(255);
  myCar.move();
  myCar.display();
}
```

上面的代码中总共有三个步骤，要想使用对象数组的话，每一步都要进行相应修改。

之前	之后
// 声明car Car myCar;	// 声明car数组 Car[] cars = new Car[100];

// 初始化car
myCar = new Car(color(255), 0, 100, 2);
	// 初始化数组的每一个元素
	for (int i = 0; i < cars.length; i++) {
	  cars[i] = new Car(color(i*2), 0, i*2, i);
	}

// 通过调用方法来运行car
myCar.move();
myCar.display();
	// 运行数组的每一个元素
	for (int i = 0; i < cars.length; i++) {
	  cars[i].move();
	  cars[i].display();
	}

具体的代码如示例 9-9。注意，改变程序中出现的汽车（car）数量只需要改变数组的定义，其他地方并不需要做任何改变！

示例 9-9：一个 Car 对象数组

```
Car[] cars = new Car[100];        ← 一个由100个Car对象组成的数组！

void setup() {
  size(200, 200);

  for (int i = 0; i < cars.length; i++) {
    cars[i] = new Car(color(i*2), 0, i*2, i/20.0);
  }
}                    通过使用for循环来初始化每一个car。

void draw() {

  background(255);
```

```
for (int i = 0; i < cars.length; i++) {
  cars[i].move();
  cars[i].display();
}
```

> 通过使用for循环来运行每一个car。

```
class Car {
```

> 不论你制作100个car还是1000个car，Car类并不需要做任何改变。

```
  color c;
  float xpos;
  float ypos;
  float xspeed;

  Car(color c_, float xpos_, float ypos_, float xspeed_) {
    c = c_;
    xpos = xpos_;
    ypos = ypos_;
    xspeed = xspeed_;
  }

  void display() {
    rectMode(CENTER);
    stroke(0);
    fill(c);
    rect(xpos, ypos, 20, 10);
  }

  void move() {
    xpos = xpos + xspeed;
    if (xpos > width) {
      xpos = 0;
    }
  }

}
```

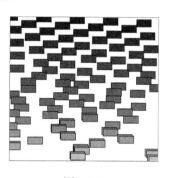

图　9-7

9.8　交互式对象

当你刚开始学习变量（第 4 章）和条件语句（第 5 章）的时候，你编写了一个简单的鼠标翻转特效。一个矩形出现在窗口中，当鼠标位于它上面的时候，它显示一种颜色；当鼠标没有位于它上面的时候，它显示另外一种颜色。下面的这个示例就采用了相同的想法，将其放入一个 Stripe（条纹）类当中。尽管有 10 个条纹，其中每一个单独的条纹通过其自身的rollover() 函数对鼠标做出互动式反应。

```
void rollover(int mx, int my) {
  if (mx > x & & mx < x + w) {
    mouse = true;
  } else {
    mouse = false;
  }
}
```

这个函数的作用在于检查点（mx，my）是否位于垂直的条纹之中，是不是它比左边缘大，并且比右边缘小？如果是的话，一个布尔变量 mouse 将被设置为真。在设计你自己的类的时候，使用一个布尔变量跟踪一个类似于开关的对象的属性通常会带来许多便利。举例来说，一个 Car 对象可以运行或者不运行。Zoog 可以开心或者不开心。

布尔变量位于 Stripe 对象的 display() 函数内部的一个条件语句中，用于决定条纹的颜色。

```
void display() {
  if (mouse) {
    fill(255);
  } else {
    fill(255, 100);
  }
  noStroke();
  rect(x, 0, w, height);
}
```

在那个对象上调用 rollover() 函数，可以将 mouseX 和 mouseY 作为参数。

```
stripes[i].rollover(mouseX, mouseY);
```

虽然我本可以在 rollover() 函数内部直接访问 mouseX 和 mouseY，但最好还是使用参数，这样能带来更大的灵活性。Stripe 对象可以检查并确定（x，y）坐标是否包含在其矩形之内。或许在后面，我想实现的是：不是鼠标，而是另外一个对象在它上面的时候，它会发生变为白色的交互行为。

示例 9-10：可互动的条纹

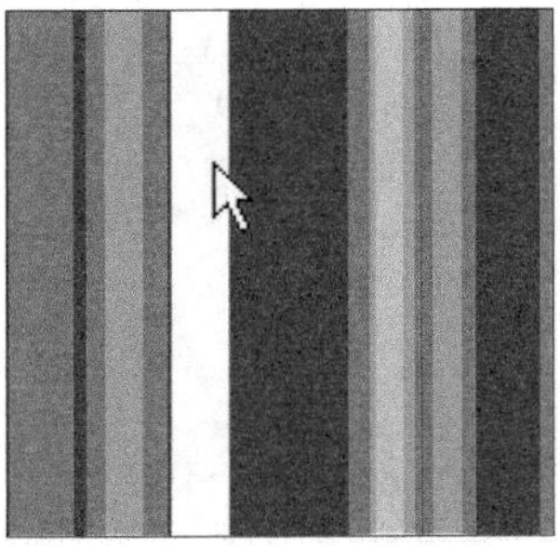

```
Stripe[] stripes = new Stripe[10];          一个Stripe对象数组。

void setup() {
  size(200, 200);
  for (int i = 0; i < stripes.length; i++) {
    stripes[i] = new Stripe();
  }
}

void draw() {
  background(100);
  // Move and display all stripes
  for (int i = 0; i < stripes.length; i++) {
    stripes[i].rollover(mouseX, mouseY);
    stripes[i].move();
    stripes[i].display();
  }
}
```

图 9-8

检查鼠标是否位于条纹上面，这通过将鼠标坐标传递进入Stripe类中的rollover()函数来实现。

```
class Stripe {
  float x;        // horizontal location of stripe
  float speed;    // speed of stripe
  float w;        // width of stripe
  boolean mouse;  // Is the mouse over the stripe?     一个布尔变量不断跟踪对象的状态。

  Stripe() {
    x = 0;                  // All stripes start at 0
    speed = random(1);      // All stripes have a random positive speed
    w = random(10, 30);
    mouse = false;
  }

  void display() {
    if (mouse) {            布尔变量决定条纹的颜色。
      fill(255);
    } else {
      fill(255, 100);
```

```
  }
  noStroke();
  rect(x, 0, w, height);
}

void move() {
  x += speed;
  if (x > width + 20) x = -20;
}

void rollover(int mx, int my) { {
  // Left edge is x, right edge is x + w
  if (mx > x & & mx < x + w)
    mouse = true;
  } else {
    mouse = false;
  }
}
}
```

该函数检查点（mx, my）是位于条纹的内部（返回值为真）还是位于其外部（返回值为假）。

练习 9-8：编写一个 Button（按钮）类（见示例 5-5，它是一个非面向对象的按钮）。当鼠标点击按钮的时候，它会改变颜色。使用一个数组创建不同大小和位置的按钮。在编写主程序之前，粗略的编写出 Button 类的代码。假定按钮一开始出现的时候处于关闭状态。下面是代码的框架：

```
class Button {
  float x;
  float y;
  float w;
  float h;
  boolean on;

  Button(float tempX, float tempY, float tempW, float tempH) {
    x = tempX;
    y = tempY;
    w = tempW;
    h = tempH;

    on = _____;
  }

  _____

  _____

  _____

  _____

  _____

  _____

  _____

  _____
```

```
   ------------------------------------------------------------

   ------------------------------------------------------------

   ------------------------------------------------------------

   ------------------------------------------------------------
   }
```

9.9   Processing 的数组函数

好了，事到如今，我必须坦白一件事情，前面我撒谎了。好吧，其实只是有点而已。在本章的一开始，我曾经强调说：一旦你设定了一个数组的长度，就不能改变该长度值了。一旦你制作了 10 个按钮对象，就再也不能制作第 11 个了。

我是认同这一观点的。严格意义上讲，当你在一个数组中分配 10 个位置的时候，你已经告诉了 Processing 究竟打算使用内存当中的多少空间。你不能指望那个内存块的旁边还有多余的空间，以便让你拓展数组的大小。

当然，也没有理由禁止你制作一个新的数组（一个具有 11 个位置的数组），然后将原来数组的前 10 个元素复制过来。事实上，Processing 提供了一系列数组函数，用以控制数组的长度大小。这些函数是：shorten()、concat()、subset()、append()、splice()，以及 expand()。此外，还有用来改变数组内部顺序的函数，譬如 sort() 和 reverse() 函数。

在 Processing 的参考文档中，可以找到这些函数的具体内容。我们看一个示例，它使用 append() 函数来拓展一个数组的长度。每次点击鼠标，会创建一个新的对象，然后附加到原来数组的末尾。

示例 9-11：使用 append() 函数改变数组的长度

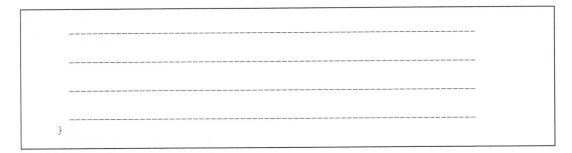

```
Ball[] balls = new Ball[1];        我从一个仅有一个元素的
float gravity = 0.1;               数组开始。

void setup() {
  size(200, 200);
  // Initialize ball index 0
  balls[0] = new Ball(50, 0, 16);
}

void draw() {
  background(100);
  // Update and display all balls
  for (int i = 0; i < balls.length; i++) {    不论数组的长度是多少，更新并
    balls[i].gravity();                        显示所有的对象。
    balls[i].move();
    balls[i].display();
  }
}

void mousePressed() {
  // A new ball object
  Ball b = new Ball(mouseX, mouseY, 10);       在鼠标的位置制作一个新的对象。

    // Append to array
```

图   9-9

```
    balls = (Ball[]) append(balls, b);
  }
```

> 函数append()在数组的末尾增加了一个元素。append()函数共有两个参数：第一个参数是你希望附加的数组；第二个参数是你希望附加的内容。你必须使用append()函数得到的结果重新分配给最初的数组。除此以外，append()函数要求你再次清楚地陈述数组的数据类型，这通过以下方式实现，将数据类型放入圆括号中：（Ball[]）。这个过程就是所谓的转型（casting）。

```
class Ball {
  float x;
  float y;
  float speed;
  float w;

  Ball(float tempX, float tempY, float tempW) {
   x = tempX;
   y = tempY;
   w = tempW;
   speed = 0;
  }

  void gravity() {
   // Add gravity to speed
   speed = speed + gravity;
  }

  void move() {
   // Add speed to y location
   y = y + speed;
   // If square reaches the bottom
   // Reverse speed
   if (y > height) {
     speed = speed * -0.95;
     y = height;
   }
  }

  void display() {
   // Display the circle
   fill(255);
   noStroke();
   ellipse(x, y, w, w);
  }
}
```

　　另外一种修改数组大小的方式是使用一个特殊的对象，名为ArrayList，我们会在第23章对它进行详细介绍。

9.10　1001个Zoog

　　学习了以上的知识，是时候完成Zoog的旅程了，我们看一下如何从一个Zoog拓展到许多个Zoog。我将使用和前面示例中生成Car数组或者Stripe数组同样的方法。我可以直接复制在示例8-3中创建的Zoog类，并将其在一个数组中执行。

示例9-12：包含200个Zoog对象的数组

```
Zoog[] zoogies = new Zoog[200];
```

> 这个示例和前面章节的唯一区别在于，本示例中为多个Zoog对象使用了数组。

```
void setup() {
  size(400, 400);
  for (int i = 0; i < zoogies.length; i++) {
    zoogies[i] = new Zoog(random(width), random(height), 30, 30, 8);
  }
}

void draw() {
  background(255);
  for (int i = 0; i < zoogies.length; i++) {
```

```
      zoogies[i].display();
      zoogies[i].jiggle();
    }
  }

class Zoog {

  // Zoog's variables
  float x;
  float y;
  float w;
  float h;
  float eyeSize;

  // Zoog constructor
  Zoog(float tempX, float tempY, float tempW, float tempH, float tempEyeSize) {
    x = tempX;
    y = tempY;
    w = tempW;
    h = tempH;
    eyeSize = tempEyeSize;
  }

  void jiggle() {
    // Change the location
    x = x + random(-1, 1);
    y = y + random(-1, 1);

    // Constrain Zoog to window
    x = constrain(x, 0, width);
    y = constrain(y, 0, height);
  }

  // Display Zoog
  void display() {


    // Draw Zoog's arms with a for loop
    for (float i = y - h/3; i < y + h/2; i += 10) {
      stroke(0);
      line(x - w/4, i, x + w/4, i);
    }

    // Set ellipses and rects to CENTER mode
    ellipseMode(CENTER);
    rectMode(CENTER);

    // Draw Zoog's body
    stroke(0);
    fill(175);
    rect(x, y, w/6, h);

    // Draw Zoog's head
    stroke(0);
    fill(255);
    ellipse(x, y - h, w, h);

    // Draw Zoog's eyes
    fill(0);
    ellipse(x - w/3, y - h, eyeSize, eyeSize*2);
    ellipse(x + w/3, y - h, eyeSize, eyeSize*2);

    // Draw Zoog's legs
    stroke(0);
    line(x - w/12, y + h/2, x - w/4, y + h/2 + 10);
    line(x + w/12, y + h/2, x + w/4, y + h/2 + 10);
  }
}
```

> 出于简化的目的，我从jiggle()函数中移除了speed（速度）参数。你可以在后面尝试加上该参数作为一个练习。

第四节课的项目

1. 使用你在第三节课中创建的类，然后从那个类中创建一个对象数组。

2. 你能够让对象和鼠标产生互动吗？尝试使用 dist() 函数来判定对象是否靠近鼠标。比如，你能否实现以下效果：越靠近鼠标，晃动地越激烈？

在草图运行变慢之前，你可以创建多少个对象？

使用下面的空白为你的项目设计草图，做笔记和书写伪码。

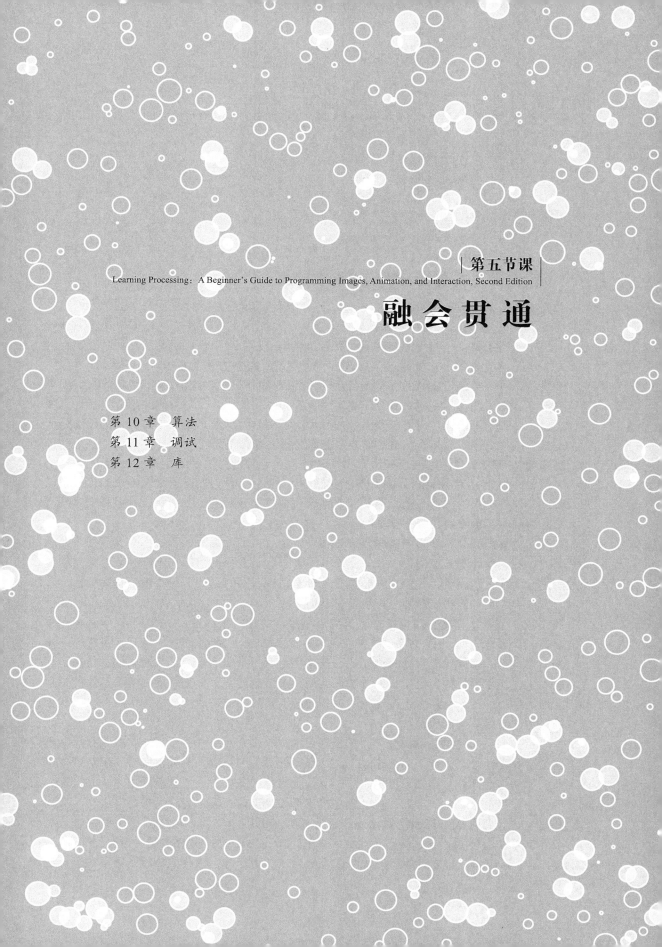

Learning Processing：A Beginner's Guide to Programming Images, Animation, and Interaction, Second Edition

融 会 贯 通

算　法

泡沫，冲洗，重复。

——佚名

10.1　我们现在在哪里？我们将要去哪里

我们的朋友 Zoog 现在过得很不错。Zoog 曾经教给你 Processing 里面基本的图形绘制方法。后来，Zoog 进化发展到可以和鼠标进行交互，通过变量自行移动，根据条件改变运行方向，通过循环拓展自己的身体，利用函数对其代码进行重新整理，将其数据和功能整合为一个对象，最终通过数组来复制自己。这是一个不错的故事，一个循序渐进的故事。可是，阅读完本书，你需要编写的程序不可能都涉及一系列的外星生物在屏幕上晃动身子。（如果是这样的话，那说明你是一名非常幸运的程序员！）现在我想做的是暂停一小会，仔细思考下你已经学习到的知识，如何将已经学会的知识运用到你想做的事情当中去。你的想法是什么？变量、条件语句、循环、函数、对象和数组怎样才能帮助你？

前面的章节一直在讨论一个只具备一个"特色功能"的简单编程示例。Zoog 能够晃动身体，但是它只能晃动身体。Zoog 并不能突然开始跳跃。而且 Zoog 通常是一个人，一直以来无法和其他外星生物进行互动。当然，我本来可以将这些示例进一步深入，但是当时没有这么做，这是为了重点讨论编程基本的知识。

在现实世界中，软件项目通常包含许多移动的部分。前面编写的程序都只具有一个简单的特征，这些程序你都已经慢慢上手了，而从本章开始，我们的目标在于阐述一个大型项目构建的过程。作为程序员，你应该开始具有一种全局观，同时也要记得将整个程序分解为若干部分，这样才是你最终实现那个愿景最科学的方法。

我先从一个概念开始。理想状态下，我可以提供给你一个标准"概念"，在你阅读完本书之后，这个概念可以为你想要创建的任何项目提供基础。遗憾的是，并不存在这样的概念。编写你自己的软件是非常令人激动的，这是因为对一个程序来说，实现它的方法有无数种。根本上讲，你要找到自己擅长的方法。前面我选择创建一个生物帮助你学习基本的编程知识，但是你不可能一直从事于生物编程。因此接下来我尝试使用更加通用的示例，我认为这有助于你学习编写大型项目。

这个示例是一个简单的游戏设计，它具备互动性、多个对象和一个目标。其实重点并不在于这个游戏设计是否有趣，而在于这个游戏设计的理念和过程。你如何实现从想法到代码的飞跃？你如何设计算法实现自己的想法？下面我为你准备了一个更大型的项目，并将其分解为四个小项目，然后各个击破，直至最终将各部分组合到一起，实现最初的想法。

在这里，我要再次强调面向对象编程，分解开来的四个项目都会分别使用类来进行编写。最终结果将会证明：通过将自包含的（self-contained）、功能完整的类（fully functional classes）组合到一起创建最终的程序是多么容易。在开始之前，让我们一起回顾下关于算法的概念，你在步骤 2a 和步骤 2b 中需要使用它。

过程

1. **概念**：从一个想法开始。
2. **部分**：将概念分解为较小的单元部分。
   a. **算法的伪码**：每一个部分使用伪码写出对应部分的算法。
   b. **算法的代码**：用实际代码实现算法。
   c. **对象**：确定和前面算法相关的数据和功能，将其内置于类中。
3. **整合**：将第 2 步中的所有类整合到一个更大的算法中去。

10.2　算法：跟着你自己的节奏跳舞

算法就是解决一个问题的步骤或者程式。在计算机编程中，算法是执行特定任务的一系列步骤。目前为止，本书中我创建的每一个单独的示例都涉及了一个算法。

举个例子，算法和菜谱差不多：

1. 将烤箱预热到 400 ℉ [⊖]。
2. 将香醋、橄榄油和芥末放在一起搅拌。
3. 将四个大蘑菇烘烤 12～15 分钟。
4. 将蘑菇排列在一个大浅盘里，上面再加一些调味品。

上面就是一个烹饪大蘑菇的算法。显然我并不打算用 Processing 编写一个烹饪蘑菇的程序。可是如果我真的这么做了，上面的伪码可能会变成下面的代码：

```
preheatOven(400);
placeMushrooms(4, "baking dish");
bake(400, 15);
whisk("balsamic", "olive oil", "mustard");
combine("mushrooms", dressing");
```

使用算法解决一个数学问题和你当下的学习内容更加相关。我们来思考如何描述这个算法：计算 1 到 N 的这个序列的总和。

$$\text{SUM}(N) = 1 + 2 + 3 + \cdots + N$$

这里，N 是任意一个大于 0 的整数。

1. 设定 SUM＝0，且计数器 i＝1。
2. 当 i 小于或者等于 N 的时候，重复下列步骤。
   a. 计算 SUM＋i，并将其结果保存在 SUM 中。
   b. i 的增量值为 1。
3. 答案就是现在存储于 SUM 里的数值。

将这一算法翻译成代码，就可以得到：

```
int sum = 0;
int n = 10;
int i = 0;    第1步：设置i等于0，并且计算器i=0。
```

$\ominus$　$\dfrac{t_F}{℉} = \dfrac{q}{t}\dfrac{t}{℃} + 32$。

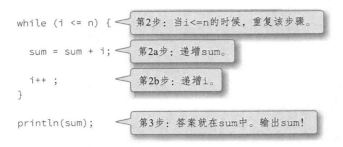

```
while (i <= n) {              第2步：当i<=n的时候，重复该步骤。

  sum = sum + i;             第2a步：递增sum。

  i++ ;                       第2b步：递增i。
}

println(sum);               第3步：答案就在sum中。输出sum！
```

通常，编程的基本步骤是：

1. 构思概念；

2. 制定出一个算法实施这个概念；

3. 将算法用代码编写出来。

这些我在烹饪蘑菇和计算总和的示例中已经完成了。很多概念通常是无法一下子就可以完成的。

将上面三个步骤重新整理，可以具体总结为以下 6 个步骤：

1. 构思概念；

2. 将概念分解为几个容易处理的部分；

3. 为每个部分设计出对应的算法；

4. 为每一部分编写出代码；

5. 设计出每部分组合到一起后的算法；

6. 组合之后的代码的整合。

这并不意味着在整个过程中你不能反复尝试，甚至完全推翻最初始的想法。当然，即便完成了代码的编写，仍然有剩余的工作需要完成，诸如优化代码、问题修复，以及增加其他功能等。正是这样的思考过程才能引导你实现从概念到代码的转变。使用这种策略开发你的项目，创建可以实现你想法的代码，这个过程将会不再让你感到那么令人畏惧。

10.3 从概念到部分

为了将这种开发策略付诸实践，我将从一个概念开始：一个非常简单的游戏。首先我以段落的形式来描述这个游戏。

雨滴游戏

雨滴游戏的目标是在雨滴落在地上之前采集到它们。根据游戏难度的级别，新的雨滴不时地从屏幕的上方以随机的垂直速度在一个随机的水平位置落下来。玩家必须在雨滴到达屏幕底部之前用鼠标抓住它们。

练习 10-1：为你想创建的项目构建出一个概念。注意保持简洁，但是不要过于简单。具备几个基本要素和要素的行为就可以。

现在我们看看是否可以将"雨滴游戏"分解为几个更小的部分。怎样分解呢？首先，我可以从思考游戏中的要素开始：雨滴和收集器。其次，我应该思考这些要素的行为。例如，我需要一个计时机制来保证雨滴可以"不时地"落下。我同样需要决定雨滴什么时候被"抓住"。接下来我们要有序地组织下这几个部分：

1. 开发一个由鼠标控制其中圆的程序。这个圆就是用户控制的"雨滴采集器"。

2. 编写一个程序，判断两个圆是否相交。这用来确定雨水采集器是否采集到了雨滴。

3. 编写一个计时器，每隔 N 秒执行一个函数。

4. 编写一个程序，圆从屏幕的顶端落到底端，这是雨滴。

第 1 部分到第 3 部分比较简单，很快就能完成。可是第 4 部分虽然只是大型项目的一小部分，但是它相当复杂，因此还需要将它分解为更小的步骤。

练习 10-2：将练习 10-1 中的概念分解为几个独立的部分。尝试让每个部分尽量简洁（甚至几近荒唐的地步）。如果每个部分过于复杂，将它们继续分解。

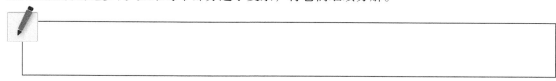

10.4 节到 10.7 节会针对每个独立的部分分别进行讨论：包括步骤 2a、2b 和 2c（详见 10.1 节的"过程"部分）。对于每个部分，首先，我用伪码写出每个部分的算法，然后翻译成实际代码，最后以面向对象版本的代码结束。确保所有一切运行正常之后，将所有功能在一个类中进行构建，你可以在第 3 步中（所有部分的整合）把它们轻易地复制到最终项目中。

10.4 第 1 部分：雨水采集器

这是最简单的部分，这里需要的知识稍微超出了第 3 章的内容。这里的伪码只有两行，这是一个好兆头，表明这一部分已经很简单，因此没有必要将其分解为更小的部分了。

伪码：

- 擦除背景。
- 在鼠标位置绘制一个椭圆。

将其翻译为代码，很容易：

```
void setup() {
  size(400, 400);
}

void draw() {
  background(255);    ◁—— 擦除背景。
  stroke(0);
  fill(175);
  ellipse(mouseX, mouseY, 64, 64);    ◁—— 在鼠标位置绘制一个椭圆。
}
```

这是一个良好的开端，但是还没有结束。如上所述，我的目标是用面向对象的方式开发雨水采集程序。当我将这部分代码整合到最终的程序当中时，我希望让其单独放到一个类中，这样我可以构建一个 Catcher（采集器）对象。伪码如下所示：

设置：

- 初始化采集器对象。

绘制：

- 擦除背景。
- 设置采集器坐标为鼠标的坐标。
- 显示采集器。

示例 10-1 展示了重写一个 Catcher 对象的代码。

示例 10-1：采集器

```
Catcher catcher;

void setup() {
  size(400, 400);
  catcher = new Catcher(32);
}

void draw() {
  background(255);          擦除背景。

  catcher.setLocation(mouseX, mouseY);

                            将采集器的坐标设置为鼠标的坐标。

  catcher.display();
}
                            显示采集器。
```

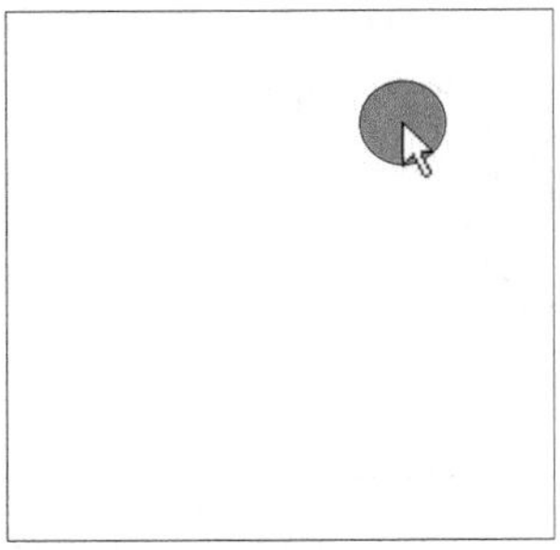

图　10-1

Catcher 类本身是比较简单的，其中包含关于坐标和尺寸的变量，以及两个函数：一个用于设定位置；另外一个用以显示。

```
class Catcher {
  float r;   // radius
  float x;   // location
  float y;

  Catcher(float tempR) {
    r = tempR;
    x = 0;
    y = 0;
  }

  void setLocation(float tempX, float tempY) {
    x = tempX;
    y = tempY;
  }

  void display() {
    stroke(0);
    fill(175);
    ellipse(x, y, r*2, r*2);
  }
}
```

10.5 第 2 部分：相交

第 2 部分要求确定在什么时候雨水采集器和雨滴相交。这一步需要关注的重点是实现相交功能。我将从一个简单的弹跳球类开始（就是你在示例 5-6 中看到的），接下来解决如何确定两个弹跳的圆何时相交。在"整合"阶段，这个 intersect() 函数将合并到 Catcher 类来采集雨滴。

这是"相交"部分的算法。

设置：

- 创建两个球对象。

绘制：

- 移动球。
- 如果球 1 和球 2 相交，则将两个球的颜色显示为白色。否则，保持球为灰色。
- 显示两个球。

很明显，这里最困难的工作是相交判断，后面我会对这部分进行讨论。首先，我需要一个、不包含相交判断的简单弹跳球类。

数据：

- x 和 y 坐标。
- 半径。
- x 和 y 方向上的速度。

函数：

- 构造函数
    ——根据参数设定半径。
    ——选取随机位置。
    ——选取随机速度。
- 移动
    ——在 x 轴方向，设置 x 的增量为速度。
    ——在 y 轴方向，设置 y 的增量为速度。
    ——如果球触碰到任意边缘，则逆转方向。
- 显示
    ——在 x 和 y 位置绘制球。

我现在可以将这部分内容转译为代码了。

示例 10-2：弹跳球类

```
class Ball {
  float r;              // radius
  float x, y;           // location
  float xspeed, yspeed; // speed

  Ball(float tempR) {

    r = tempR;          根据参数设置半径。

    x = random(width);  选取随机位置。
    y = random(height);
```

```
    xspeed = random(-5, 5);          选取随机速度。
    yspeed = random(-5, 5);
  }

  void move() {

    x += xspeed;          x方向速度和y方向速度的增量。
    y += yspeed;

    // Check horizontal edges
    if (x > width || x < 0) {
      xspeed *= -1;               如果球触碰任意边缘，则翻转方向。
    }

    // Check vertical edges
    if (y > height || y < 0) {
      yspeed *= -1;
    }
  }

  // Draw the ball
  void display() {
    stroke(0);
    fill(0, 50);
    ellipse(x, y, r*2, r*2);       在该位置绘制圆。
  }
}
```

从这里开始，创建一个具有两个球对象的草图是相当容易的。可是，在最终的草图中，需要一个具有许多雨滴的数组，但是目前，两个球的变量更加简单。

```
// Two Ball variables
Ball ball1;
Ball ball2;

void setup() {
  size(400, 400);
  // Initialize Ball objects
  ball1 = new Ball(64);
  ball2 = new Ball(32);
}

void draw() {
  background(255);
  // Move and display Ball objects
  ball1.move();
  ball2.move();
  ball1.display();
  ball2.display();
}
```

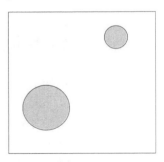

图　10-2

现在我已经创建了一个系统：两个圆在屏幕上移动。接下来我需要设计一个算法，判断圆之间是否会相交。在 Processing 中，dist() 函数可以计算两点之间的距离（见 7.7 节）。我们也知道每个圆的半径值（每个对象里面的变量 r）。图 10-3 展示了我可以通过比较两个圆之间的距离和两个圆的半径之和，来判定两个圆是否有重合部分。

做如下假设：

- x_1，y_1：第一个圆的坐标
- x_2，y_2：第二个圆的坐标
- r_1：第一个圆的半径
- r_2：第二个圆的半径

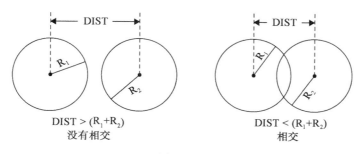

$$DIST > (R_1+R_2)$$
没有相交

$$DIST < (R_1+R_2)$$
相交

图 10-3

语句如下:

如果点（x_1，y_1）和点（x_2，y_2）之间的距离小于 r_1 和 r_2 的和，那么说明两个圆是相交的。

现在的工作是写一个基于上述语句返回真或假的函数。

```
// A function that returns true or false based on whether two circles intersect
boolean intersect(float x1, float y1, float x2, float y2, float r1, float r2) {
  // Calculate distance
  float distance = dist(x1, y2, x2, y2);
  if (distance < r1 + r2) {
    return true;
  } else {
    return false;
  }
}
```

> 如果距离小于两个半径的和，则两圆相交。

既然函数已经完成，就可以使用 `ball1` 和 `ball2` 的数据进行判断。

```
boolean intersecting = intersect(ball1.x,ball1.y,ball2.x,ball2.y,ball1.r,ball2.r);
if (intersecting) {
  println("The circles are intersecting!");
}
```

由于 `intersect()` 的参数过多，因此上述代码看上去有些冗杂。我们进一步完善该段代码：将相交判断部分的代码合并至 `Ball` 类中。我们看下当前的主程序:

```
// Two ball variables
Ball ball1;
Ball ball2;

void setup() {
  size(400, 400);
  // Initialize Ball objects
  ball1 = new Ball(64);
  ball2 = new Ball(32);
}

void draw() {
  background(255);
  // Move and display Ball objects
  ball1.move();
  ball2.move();
  ball1.display();
  ball2.display();
```

```
boolean intersecting = intersect(ball1.x,ball1.y,ball2.x,ball2.y,ball1.r,ball2.r);
if (intersecting) {
  println("The circles are intersecting!");
}
}


// A function that returns true or false based on whether two circles intersect
// If distance is less than the sum of radii the circles touch
boolean intersect(float x1, float y1, float x2, float y2, float r1, float r2) {
  float distance = dist(x1, y2, x2, y2);    // Calculate distance
  if (distance < r1 + r2) {                 // Compare distance to r1 + r2
    return true;
  } else {
    return false;
  }
}
```

由于我使用面向对象的方式编写球的程序，因此突然将 intersect() 函数置于球类的外面显得不合逻辑。一个球对象应该具有判断它和其他球是否相交的功能。通过将相交逻辑功能组合至类中，可以进一步提高代码质量，比如说 ball1.intersect(ball2); 或者说："球一和球二相交了吗？"

```
void draw() {
  background(255);
  // Move and display Ball objects
  ball1.move();
  ball2.move();
  ball1.display();
  ball2.display();
  boolean intersecting = ball1.intersect(ball2);
  if (intersecting) {
    println("The circles are intersecting!");
  }
}
```

> 这里在 Ball（球）类的内部的 intersect() 函数返回一个真或假的值。

紧接着判断相交的模型和算法，这里是一个球类内部的函数。注意，这个函数对其自身坐标（x 和 y），以及其他球的坐标（b.x 和 b.y）的使用。

```
// A function that returns true or false based on whether two Ball objects intersect
boolean intersect(Ball b) {
  float distance = dist(x, y, b.x, b.y);
  if (distance < r + b.r) {
    return true;
  } else {
    return false;
  }
}
```

> 这个函数用于比较两个球之间的距离和二者半径之和。

将它们组合到一起后，得到了示例 10-4 中的代码。

示例 10-4：会相交的弹跳球

```
// Two ball variables
Ball ball1;
Ball ball2;

void setup() {
```

```
  size(400, 400);
  // Initialize Ball objects
  ball1 = new Ball(64);
  ball2 = new Ball(32);
}

void draw() {
  background(255);
  // Move and display Ball objects
  ball1.move();
  ball2.move();
  if (ball1.intersect(ball2)) {
    ball1.highlight();
    ball2.highlight();
  }
  ball1.display();
  ball2.display();
}
```

> 新知识！一个对象的函数可以使用其他对象作为自己的参数。这是一种实现对象间相互交流的方法。在这个例子中，它们判断彼此之间是否相交。

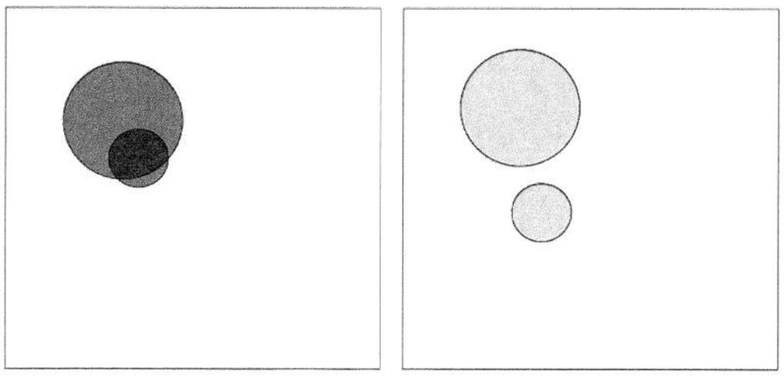

图 10-4

```
class Ball {
  float r; // radius
  float x, y;
  float xspeed, yspeed;
  color c = color(100, 50);

  // Constructor
  Ball(float tempR) {
    r = tempR;
    x = random(width);
    y = random(height);
    xspeed = random(-5, 5);
    yspeed = random(-5, 5);
  }

  void move() {
    x += xspeed;    // Increment x
    y += yspeed;    // Increment y

    // Check horizontal edges
    if (x > width || x < 0) {
      xspeed *= -1;
    }
    // Check vertical edges
    if (y > height || y < 0) {
      yspeed *= -1;
    }
  }

  void highlight() {
    c = color(0, 150);
  }
```

> 每当圆之间相交，就会调用highlight()函数，使得圆的颜色变暗。

```
  // Draw the ball
  void display() {
    stroke(0);
    fill(c);
    ellipse(x ,y, r*2, r*2);
    c = color(100, 50);
  }
```

> 现在所有的球都展示出来了，颜色被重新设置回深灰色。

```
  // A function that returns true or false based on whether two circles intersect
  // If distance is less than the sum of radii the circles touch
  boolean intersect(Ball b) {
    float distance = dist(x, y, b.x, b.y); // Calculate distance
    if (distance < r + b.r) {              // Compare distance
      return true;                         // to sum of radii
    } else {
```

> 对象也可以作为参数传递给函数！

```
        return false;
      }
    }
}
```

10.6　第 3 部分：计时器

下一个任务是设计一个每隔 *N* 秒执行一个函数的计时器。我们还是要分两步完成这个任务：首先，直接使用程序的主体部分；其次，将逻辑放到一个名为 Timer（计时器）的类中。Processing 提供了 hour()、second()、minute()、month()、day() 和 year() 等函数处理时间。很明显，我们可以使用 second() 函数判定过去了多长时间。可是，这样做并不十分方便，因为 second() 函数在每分钟的末尾都会从 60 滚动至 0。

对于一个计时器来说，使用函数 millis() 是最佳选择，它以微秒为单位，返回一个草图开始的时间，这样就精确得多。注意，1 微秒 = 10^{-3} 秒。其次，millis() 函数从来不会滚动回 0，所以它返回的值一直都是耗时的总和。

假设我想要一个草图在其开始后的 5 秒钟后将背景色变为红色。5 秒钟就是 5000 毫秒，所以这样的代码比较简单，就是检查 millis() 函数的结果是否大于 5000。

```
if (millis() > 5000) {
  background(255, 0, 0);
}
```

让问题稍微再复杂一点，我可以继续拓展程序：每隔 5 秒钟就随机改变背景颜色。

设置：

- 在启动的时候保存时间（注意，此值应该一直为 0，但是将它存储于一个变量中会更方便），将其命名为 savedTime。

绘制：

- 计算耗时的方法是将当前时间（也就是 millis()）减去 savedTime，将它另存为 passedTime。
- 如果耗时大于 5000，给背景填充一个新的随机色，并且将 savedTime 重设为当前的时间。该步骤会重启计时器。

下面的示例将上述内容翻译成代码。

示例 10-5：实现一个计时器

```
int savedTime;
int totalTime = 5000;

void setup() {
  size(200, 200);
  background(0);
  savedTime = millis();          保存时间。
}

void draw() {
  int passedTime = millis() - savedTime;   计算过去了多长时间。

  if (passedTime > totalTime) {   是否已经过去了5秒钟?

    println("5 seconds have passed!");
    background(random(255)); // Color a new background
```

```
    savedTime = millis();    // Save the current time to restart the timer!
  }
}
```

编写好逻辑框架,我们就可以将计时器移动到一个类中了。让我们思考下计时器内需要用到的数据。一个计时器必须知道它开启的时间(savedTime)以及它需要运行的时间(totalTime)。

数据:

- savedTime
- totalTime

计时器必须能够开始计时,以及查看是否它已经完成。

函数:

- start()
- isFinished():返回真或假的值

从非面向对象编程的示例中把代码提取出来,根据上述的逻辑结果,我们就很容易得到示例 10-6 中的代码。

示例 10-6: 面向对象的计时器

```
Timer timer;

void setup() {
  size(200, 200);
  background(0);
  timer = new Timer(5000);
  timer.start();
}

void draw() {
  if (timer.isFinished()) {
    background(random(255));
    timer.start();
  }
}

class Timer {
  int savedTime;  // When Timer started
  int totalTime;  // How long Timer should last

  Timer(int tempTotalTime) {
    totalTime = tempTotalTime;
  }

  // Starting the timer
  void start() {
    savedTime = millis();
  }
```

> 当计时器开始之后,它将以毫秒为单位记录当前时间。

```
  boolean isFinished() {
    // Check how much time has passed
    int passedTime = millis() - savedTime;
    if (passedTime > totalTime) {
      return true;
    } else {
      return false;
    }
  }
}
```

> 如果过了5000毫秒,则函数isFinished()返回真。计时器就是按照这样的方法工作的。

10.7 第 4 部分：雨滴

我们快要完成了，我已经完成了一个 Catcher 类的创建，我也知道了如何测试相交，此外我还完成了 Timer 类。任务的最后一步是雨滴本身。最终，我们需要一组 Drop（雨滴）对象数组，从窗口的顶端下落直至底部。由于这一步需要创建一个运动的对象数组，因此有必要将第 4 步分解为几个更小的步骤，也就是子部分。现在再次思考下将会用到的独立的元素和行为。

第 4 部分的子部分：

4.1 部分：单个运动的雨滴。

4.2 部分：一个雨滴对象数组。

4.3 部分：数量不固定的雨滴（一次出现一个）。

4.4 部分：雨滴的外观。

4.1 部分实现一个雨滴（目前就是一个简单的圆）的运动效果，它是比较容易的。

- 雨滴 y 方向位置的增量
- 显示雨滴

将上述内容翻译为代码，我就得到了 4.1 部分——单个运动的雨滴，如示例 10-7 所示。

示例 10-7：雨滴的简单行为

```
float x, y; // Variables for drop location

void setup() {
  size(400, 400);
  x = width/2;
  y = 0;
}

void draw() {
  background(255);
  // Display the drop
  fill(50, 100, 150);
  noStroke();
  ellipse(x, y, 16, 16);
  // Move the drop
  y++;
}
```

再一次，我需要进一步创建一个 Drop 类——毕竟我最终想要一个雨滴数组。在这个雨滴类中，我可以为其增加许多变量，比如速度或大小等，同时还可以加入一个函数用以测试雨滴是否滴到屏幕的底端，这对于后面统计游戏分数非常有用。

```
class Drop {

  float x, y;    // Variables for location of raindrop
  float speed;   // Speed of raindrop
  color c;
  float r;       // Radius of raindrop
```

> 一个雨滴对象具有坐标、速度、颜色和尺寸这几个量。

```
  Drop() {
    r = 8;                  // All raindrops are the same size
    x = random(width);      // Start with a random x location
    y = -r*4;               // Start a little above the window
    speed = random(1, 5);   // Pick a random speed
```

```
  c = color(50, 100, 150); // Color
}

// Move the raindrop down
void move() {
  y += speed;
}
```

具有增量的y位于move()函数中。

```
// Check if it hits the bottom
boolean reachedBottom() {
  if (y > height + r*4) {
    return true;
  } else {
    return false;
  }
}
```

除此之外，我还需要一个函数
用于判定雨滴是否离开窗口。

```
// Display the raindrop
void display() {
  fill(50, 100, 150);
  noStroke();
  ellipse(x, y, r*2, r*2);
}
}
```

在实现 4.3 部分中的雨滴数组之前，我们要确定单个 Drop 对象函数的正常运行。作为一个练习，请完成练习 10-3 中的代码，它用于测试单一雨滴对象。

练习 10-3：填写下面的空格以完成"雨滴测试"的草图。

```
Drop drop;

void setup() {
  size(200, 200);

  _____
}

void draw() {
  background(255);

  drop._____

  _____
}
```

既然我们已经完成了"雨滴测试"，下一步就是从一个雨滴拓展至一个雨滴数组——4.2部分。这正是你在第 9 章学到的方法。

```
// An array of drops
Drop[] drops = new Drop[50];

void setup() {
  size(400, 400);
```

和前面的一个雨滴Drop对象不同，这里是一个长度为50的数组。

```
  // Initialize all drops
  for (int i = 0; i < drops.length; i++) {
    drops[i] = new Drop();
  }
}

void draw() {
  background(255);
  // Move and display all drops
  for (int i = 0; i < drops.length; i++) {
    drops[i].move();
    drops[i].display();
  }
}
```

> 使用一个循环对所有的雨滴进行初始化。

> 移动并且展示所有的雨滴。

上述代码中的问题在于所有的雨滴一次全部出现。根据前面讨论的游戏说明，雨滴应当是每隔 N 秒出现一个——现在我们进行到 4.3 部分。我们暂且忽略掉时间间隔的问题，首先实现每一帧出现一个新的雨滴。然后就可以将数组拓展得更大，从而实现更多的雨滴。

为了实现这一目标，我们需要一个新的变量记录所有雨滴的总数——totalDrops。在大多数数组示例中，要想处理整个数组列表，需要访问整个数组。现在，我们想要访问这个列表的一部分，即存储于 totalDrops 中的数值。首先我们编写一些伪码描述这个过程：

设置：

- 创建一个长度为 1000 的雨滴数组。
- 设置 totalDrops 等于 0。

绘制：

- 在数组中创建一个新的雨滴（在索引值为 totalDrops 的位置）。由于 totalDrops 从 0 开始，因此，首先在数组的第一个位置创建一个新的雨滴。
- 设置 totalDrops 的增量（这样，下一次就会在数组的下一个位置创建一个新的雨滴）。
- 如果 totalDrops 超出数组的大小，将它重置为 0 并从头开始。
- 移动并显示所有可用的雨滴（例如 totalDrops）。

示例 10-8 将上述伪码翻译成实际代码。

示例 10-8：一次出现一个雨滴

```
// An array of drops
Drop[] drops = new Drop[1000];

int totalDrops = 0;

void setup() {
  size(400, 400);
}

void draw() {
  background(255);

  // Initialize one drop
  drops[totalDrops] = new Drop();
  // Increment totalDrops
  totalDrops++ ;
  // If totalDrops hits the end of the array
  if (totalDrops >= drops.length) {
```

> 新的变量用于跟踪记录雨滴的总数！

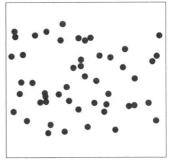

图　10-5

```
    totalDrops = 0; //Start over
  }

  // Move and display drops
  for (int i = 0; i < totalDrops; i++) {
    drops[i].move();
    drops[i].display();
  }
}
```

> 新知识！这里并不显示所有的雨滴，而是仅显示游戏中当前出现的totalDrops。

我们花了很多时间来解决雨滴运动的问题：如何创建一个展示雨滴行为信息的类，并且从那个类中创建一个对象数组。可是一直以来，我们都是使用一个圆来作为雨滴的外形。这样做的好处在于可以将用于视觉设计的代码放到后面去编写，从而将注意力集中于雨滴的运动行为和数据以及函数的组织上。现在我们就要开始关注雨滴的外形了——4.4 部分。

创建一个更像雨滴形状的方式是，在垂直方向上绘制一个序列的圆，圆从上到下依次变大。

示例 10-9：更形象的雨滴外观

```
background(255);
for (int i = 2; i < 8; i++) {
  noStroke();
  fill(0);
  ellipse(width/2, height/2 + i*4, i*2, i*2);
}
```

我们可以将这个算法合并到示例 10-8 中的 Drop 类中，使用 x 和 y 作为圆的起始坐标，并且在 for 循环内，将雨滴的半径值作为 i 的最大值。输出结果如图 10-7 所示。

```
void display() {
  noStroke();
  fill(c);
  for (int i = 2; i < r; i++) {
    ellipse(x, y + i*4, i*2, i*2);
  }
}
```

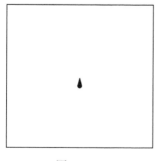

图　10-6

图　10-7

10.8　整合

终于到最后一步了。既然我们已经将各个独立的部分构建完毕，并且确定它们都运转正常，我们就可以将它们组合到一个程序中了。第一步是创建一个具有四个标签的 Processing 草图，其中的三个标签分别用于三个类，另外一个标签用于一个主程序，如图 10-8 所示。

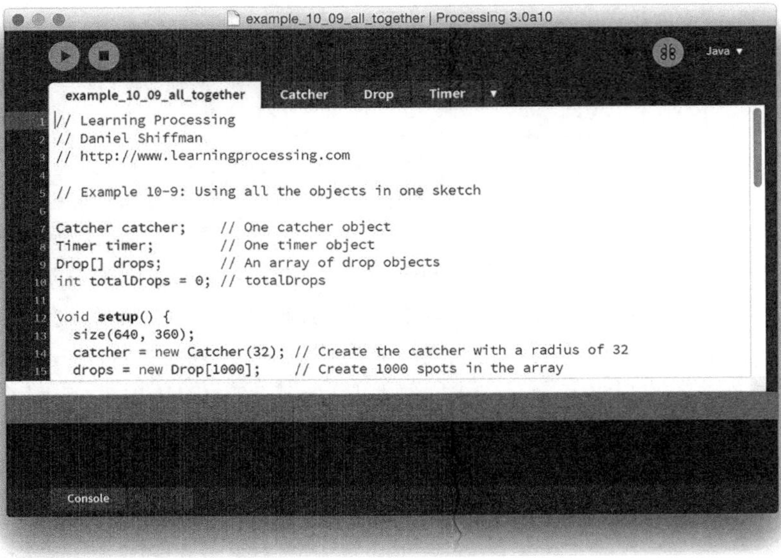

图   10-8

第一步是把每个类的代码复制并粘贴到每个标签中。它们都不必进行修改，因此也就没有必要重新编辑代码。我们需要做的是重新编辑主程序——也就是 setup() 和 draw()。参考最开始的游戏说明，并确定如何组合各部分，我们就可以为整个游戏编写伪码算法。

设置：

- 创建一个 Catcher 对象。
- 创建一个 Drop 对象数组。
- 设置 totalDrops 等于 0。
- 创建 Timer 对象。
- 开启计时器。

绘制：

- 设置采集器位置为鼠标位置。
- 显示采集器。
- 移动所有可用的雨滴。
- 显示所有可用的雨滴。
- 如果采集器和任一雨滴相交。
  - ——将相交雨滴从屏幕移除。
- 如果计时器结束：
  - ——增加雨滴的数量。
  - ——重启计时器。

注意为何本章前面在实现上述程序中每一步的同时有一个疏漏："将相交的雨滴从屏幕移除。"这是经常遇到的情况：将开始的概念分解为几个部分，然后一次实现每个部分，往往会有部分内容被遗漏。幸运的是，这个功能块比较简单，我们再稍加努力，就能在后面的代码组合中看到如何编写这部分的代码。

将上面的所有算法组合到一起的方法是：先把上面所有的元素整合到一个草图中，而不考虑它们之间交互的问题。换句话说，除了计时器触发雨滴，以及判断是否相交之外，我们将所有一切组合至一个草图中。现在，我需要从前面的代码中进行复制粘贴操作！

下面是全局变量：一个 Catcher 对象，一个 Drop 对象数组，一个 Timer 对象，以及一个用以存储雨滴总数的整数。

```
Catcher catcher;        // One catcher object
Timer timer;            // One timer object
Drop[] drops;           // An array of drop objects

int totalDrops = 0;     // totalDrops
```

在 setup() 中，初始化变量。但是请注意，我们可以跳过初始化数组中的雨滴这一步，因为每一次只创建一滴。同样需要调用计时器的 start() 函数。

```
void setup() {
  size(400, 400);

  catcher = new Catcher(32);     // Create the catcher with a radius of 32
  drops = new Drop[1000];        // Create 1000 spots in the array
  timer = new Timer(2000);       // Create a timer that goes off every 2 seconds
  timer.start();                 // Starting the timer
}
```

在 draw() 中，对象调用它们各自的方法。我们只需要再次将之前已经完成的各部分代码按顺序粘贴进来。

示例 10-10：在一个草图中使用所有对象

```
Catcher catcher;        // One catcher object
Timer timer;            // One timer object
Drop[] drops;           // An array of drop objects

int totalDrops = 0;     // totalDrops

void setup() {
  size(400, 400);

  catcher = new Catcher(32);   // Create the catcher with a radius of 32
  drops = new Drop[1000];      // Create 1000 spots in the array
  timer = new Timer(2000);     // Create a timer that goes off every 2 seconds

  timer.start();               // Starting the timer
}

void draw() {
  background(255);
```

```
  // Set catcher location
  catcher.setLocation(mouseX, mouseY);
  // Display the catcher
  catcher.display();
```
◁ 第1部分：采集器。

```
  // Check the timer
  if (timer.isFinished()) {
    println("2 seconds have passed!");
    timer.start();
  }
```
◁ 第3部分：计时器。

```
// Initialize one drop
drops[totalDrops] = new Drop();
// Increment totalDrops
totalDrops++;
// If totalDrops hit the end of the array
if (totalDrops >= drops.length) {
  totalDrops = 0; // Start over
}

// Move and display all drops
for (int i = 0; i < totalDrops; i++) {
  drops[i].move();
  drops[i].display();
}
}
```

> 第4部分：雨滴。

下一步就是将我们已经构建好的这些概念组合到一起。举个例子，每 2 秒之后应该只创建一个新的雨滴（正如计时器的 isFinished() 函数）。

```
// Check the timer
if (timer.isFinished()) {

  // Initialize one drop
  drops[totalDrops] = new Drop();
  // Increment totalDrops
  totalDrops++;
  // If totalDrops hit the end of the array
  if (totalDrops >= drops.length) {
    totalDrops = 0; // Start over
  }
  timer.start();
}
```

> 所有的概念组合到一起！这里，当计时器结束的时候，将会添加一个Drop对象（通过递增"totalDrops"）。

我们同时需要知道 Catcher 对象与一个雨滴到底在什么时候相交。在 10.5 节中，我们通过调用 Ball 类里面的 intersect() 函数判断相交。

```
boolean intersecting = ball1.intersect(ball2);
if (intersecting) {
  println("The circles are intersecting!");
}
```

我可以在这里做相同的事情，调用 Catcher 类里的一个 intersect() 函数，并将其传递给系统内的每一个雨滴。这并不是输出一条消息，我们希望能够影响雨滴本身，让雨滴消失。这段代码假定 caught() 函数可以完成这项工作。

```
// Move and display all drops
for (int i = 0; i < totalDrops; i++) {
  drops[i].move();
  drops[i].display();
  if (catcher.intersect(drops[i])) {
    drops[i].caught();
  }
}
```

> 所有的概念组合到一起！在这里，Catcher对象判断自己是否和drops数组内任一Drop对象相交。

Catcher 类最初并不包含 intersect() 函数，Drop 类也不包含 caught() 函数。因此这些便是我们需要在相交程序内新增的函数。

加入 intersect() 函数比较简单,因为该问题已经在 10.5 节解决了,所以只需将之前的代码复制到 Catcher 类里(将参数由 Ball 对象换为 Drop 对象)。

```
// A function that returns true or false based if the catcher intersects a raindrop
boolean intersect(Drop d) {
  // Calculate distance
  float distance = dist(x, y, d.x, d.y);
  // Compare distance to sum of radii
  if (distance < r + d.r) {
    return true;
  } else {
    return false;
  }
}
```

> 除了调用函数之外,对象内的变量可以使用点语法进行访问。

捕捉到雨滴之后,我们可以设置让它的位置远离屏幕(这样它就不会被看到了,也就相当于"消失"),并且通过将它速度设为 0 来停止其运动。虽然在整合过程之前我们并没有实现这个功能,不过现在做也很容易。

```
// If the drop is caught
void caught() {
  speed = 0;      // Stop it from moving by setting speed equal to zero
  y = -1000;      // Set the location to somewhere way off-screen
}
```

终于完成了!作为参考,示例 10-11 是整个草图的代码。计时器被修改为每 300ms 执行,这样使得游戏稍微难了一点点。

示例 10-11:雨滴采集游戏

```
Catcher catcher;        // One catcher object
Timer timer;            // One timer object
Drop[] drops;           // An array of drop objects

int totalDrops = 0;     // totalDrops
void setup() {
  size(400, 400);

  // Create the catcher with a radius of 32
  catcher = new Catcher(32);
  // Create 1000 spots in the array
  drops = new Drop[1000];
  // Create and start a timer that goes off every 300
milliseconds
  timer = new Timer(300);
  timer.start();
}

void draw() {
  background(255);
  catcher.setLocation(mouseX, mouseY);   // Set catcher location
  catcher.display();                     // Display the catcher

  // Check the timer
  if (timer.isFinished()) {
    // Initialize one drop
    drops[totalDrops] = new Drop();
    // Increment totalDrops
    totalDrops++ ;
```

图 10-9

```
      // If totalDrops hit the end of the array
      if (totalDrops >= drops.length) {
        totalDrops = 0; // Start over
      }
      timer.start();
    }

    // Move and display all drops
    for (int i = 0; i < totalDrops; i++) {
      drops[i].move();
      drops[i].display();
      if (catcher.intersect(drops[i])) {
        drops[i].caught();
      }
    }
  }
}

class Catcher {
  float r;        // radius
  color col;      // color
  float x, y;     // location

  Catcher(float tempR) {
    r = tempR;
    col = color(50, 10, 10, 150);
    x = 0;
    y = 0;
  }

  void setLocation(float tempX, float tempY) {
    x = tempX;
    y = tempY;
  }

  void display() {
    stroke(0);
    fill(col);
    ellipse(x, y, r*2, r*2);
  }

  // Returns true if the catcher intersects a raindrop, otherwise false
  boolean intersect(Drop d) {
    float distance = dist(x, y, d.x, d.y);      // Calculate distance
    if (distance < r + d.r) {                   // Compare distance to sum of radii
      return true;
    } else {
      return false;
    }
  }

}

class Drop {

  float x, y;        // Variables for location of raindrop
  float speed;       // Speed of raindrop
  color c;
  float r;           // Radius of raindrop

  Drop() {
    r = 8;                      // All raindrops are the same size
    x = random(width);          // Start with a random x location
    y = -r*4;                   // Start a little above the window
    speed = random(1, 5);       // Pick a random speed
    c = color(50, 100, 150);    // Color
  }
```

```
// Move the raindrop down
void move() {
  y += speed; // Increment by speed
}

// Display the raindrop
void display() {
  // Display the drop
  fill(c);
  noStroke();
  for (int i = 2; i < r; i++) {
   ellipse(x, y+i*4, i*2, i*2);
  }
}

// If the drop is caught
void caught() {
  speed = 0; // Stop it from moving by setting speed equal to zero
  y = -1000; // Set the location to somewhere way off-screen
}
}

class Timer {

  int savedTime; // When Timer started
  int totalTime; // How long Timer should last

  Timer(int tempTotalTime) {
    totalTime = tempTotalTime;
  }

  // Starting the timer
  void start() {
    savedTime = millis();
  }

  boolean isFinished() {
    // Check out much time has passed
    int passedTime = millis()- savedTime;
    if (passedTime > totalTime) {
      return true;
    } else {
      return false;
    }
  }

}
```

练习 10-4：为游戏设计一个计分系统。选手的初始分数为 10 分。每次有一滴雨滴落到地上，就减去 1 分。如果 1000 滴之后，分数还没有降到 0 分，那么一个新的纪录诞生，此后雨滴下落得会更快。在任意一关，如果有 10 滴雨滴落到地面，那么选手就输了。将分数以按尺寸递减的矩形的方式显示在窗口中。不要尝试将所有的特色功能一次性实现出来。要循序渐进！下面的代码帮助你开始，这是关于 Drop 类的函数，用来判定 Drop 对象是否落到地面上。

```
boolean reachedBottom() {
  // If the drop goes a little beyond the bottom
  if (y > height + r*4) {
    return true;
```

```
    } else {
      return false;
    }
  }
```

10.9　为下一步做好准备

本章的重点并不是学习如何编写一个捕捉雨滴的游戏，而是要培养一种解决问题的方法：有了一个概念之后，将它分解为几个部分，然后为那些部分编写伪码，并每次实现其中的一小步。

请注意，适应这样编程的流程需要时间和大量的练习，这是非常重要的。每个人在初学编程的时候都会经历痛苦和挣扎。

在继续学习本书剩下内容之前，让我们花点时间思考下你学到了什么，以及正在朝什么方向前进。前面 10 章重点讨论了编程的所有基础知识：

- **数据**：以变量和数组的形式。
- **控制流**：以条件语句和循环的形式。
- **组织**：以函数和对象的形式。

这些概念并不仅仅适用于 Processing，同时还适用于所有编程语言和环境，比如 C++、Python、JavaScript 等。不同语言之间的句法可能会改变，但是编程的基本思想和概念却是大同小异的。

从第 13 章开始，本书将着重讲解 Processing 中的一些高级概念，比如三维平移和旋转、图像处理和视频捕捉、网络以及音频等。虽然这些概念并不仅仅适用于 Processing，但是在 Processing 特定的编程环境中，它们具体实现的细节知识却有所不同。

在继续讨论这些高级的话题之前，我想再花点时间谈一下在代码中修复错误的知识（第 11 章）以及如何使用 Processing 库（第 12 章）。许多这些高级话题都要求导入来自于 Processing 的和来自于第三方的库。Processing 的一个巨大优势在于其本身非常容易通过库进行拓展。在本书的最后一章，你会看到一些关于如何创建你自己的库的提示。

好的，我们继续前进！

第五节课的项目

　　1. 为一个项目构思一个新的概念，使它在 Processing 中通过使用简单的图形绘制和编程的基础知识就能实现。你也可以设计类似乒乓球或者井字棋之类的游戏。

　　2. 根据本章提出的开发步骤和策略，将概念分解为几个小的部分，分别为每部分编写算法。一定要对于每部分都使用面向对象编程的方式。

　　3. 最后将几个小部分组合为一个程序，注意检查是否遗漏掉了某个元素或者功能。

　　使用下面的空白为你的项目设计草图，做笔记和书写伪码。

调　　试

正确的单词和几乎正确的单词之间的区别，就好像闪电和萤火虫之间的区别。

——马克·吐温（Mark Twain）

"越吃越有胃口。"

——法国谚语

故障（bug）时常会发生。

5 分钟之前，你的代码还运行得非常完美，你发誓，只是改变了几个对象的颜色！但是，当宇宙飞船撞击小行星的时候，它再也不会运转了。可是就在 5 分钟之前它还一切正常！你的朋友也这么说："是的，我刚才看到它还在旋转。非常酷。" rotate() 函数仍然在那里。发生了什么？它应该是正常工作的。这一点也说不通啊！很可能计算机出问题了。你会说：是的，是的。这绝对是计算机的问题。

也许你在学习计算机科学的知识，阅读编程的书籍，或者播放代码的教程录音上花了大量时间，但是，你永远无法摆脱故障。

这真是令人沮丧啊！

故障是指程序里的任何缺陷。有时候故障非常明显：你的草图会退出（或者根本不会运行），或者在消息控制台里显示错误提示。这些类型的故障是由于简单的拼写错误，或者说没有初始化的变量，以及由一个并不存在的数组中的元素等引起的。关于"错误"故障更多的线索提示，请看本书关于错误内容的附录。

故障有可能会更加严重或者神秘。如果你的 Processing 草图并没有按照你的意愿执行，那说明你遇到了故障。在这种情况下，草图在运行时，消息控制台里可能并没有任何的提示出现。寻找这种类型的故障更加困难，因为它并不像前面说的那种故障那么明显。

本章将会讨论几个基本的策略，为的是修复 Processing 里的故障。

11.1　建议 1：休息一下

我是认真的。离开你的电脑。小睡一下，慢跑一圈，吃个橙子，玩玩拼图游戏，做一些其他的事情，不要继续纠结你的代码了。我都忘记有多少次，我盯着代码好几个小时都不能去修复它，结果第二天早上起来后，5 分钟内我就解决了。

11.2　建议 2：让另外一个人参与进来

和你的朋友讨论这个问题。给另外一个程序员（甚至非程序员）看一下你的代码，把程序的逻辑从头至尾检查一遍通常也可以发现故障在哪里。在许多情况下，之所以你没发现问题是因为你对自己的代码太过了解。将代码解释给别人的过程，却可以迫使你仔细检查代码。如果你附近没有朋友,你同样可以将代码大声读给你自己。是的,这会看上去很好笑,但是这确实管用。

11.3 建议 3:简化

简化。简化!简化!!

第 10 章重点讨论了增量开发的过程。在项目开发的过程中,你越是能够循序渐进并把它分解为易于管理的片段,那么越会少犯错。当然,完全不出问题是绝对不可能的,但是当出现故障时,增量开发的理念同样适用于调试故障。和编程时候的一点一点构建代码不同,调试则是需要对代码一点一点进行剖析。

其中一个方法是把大块的代码注释掉,将特定区域的代码孤立出来。下面是一个草图主要标签中的代码。草图里有一组 Snake(蛇)对象、一个 Button(按钮)对象,以及一个 Apple(苹果)对象。(类的代码没有包含在内。)我们假定除了 Apple 是不可见的以外,草图的其余部分都运行正常。为了调试这个故障,除了直接跟初始化和显示 Apple 对象相关的几行代码之外,其余的所有代码都应当注释掉。

```
// Snake[] snakes = new Snake[100];
// Button button;
Apple apple;

void setup() {
  size(200, 200);
  apple = new Apple();
  /*for (int i = 0; i < snakes.length; i ++) {
    snakes[i] = new Snake();
  }
  button = new Button(10, 10, 100, 50);*/
}
```

> 只有和Apple对象相关的代码保留下来,这样,你可以确定这些代码都不是导致问题的原因。

```
void draw() {
    background(0);
    apple.display();
    // apple.move();
  }
```

> 再一次,只有显示Apple对象的代码没有被注释掉。

```
/*
  for (int i = 0; i < snakes.length; i++) {
    snakes[i].display();
    snakes[i].slither();
    snakes[i].eat(apple);
  }

  if (button.pressed()) {
    apple.restart();
  }
*/

  }
```

> 大段的代码可以置于/*和*/之间而被注释掉。
> ```
> /*All of this is
> commented out */
> ```

```
/*
void mousePressed() {
  button.click(mouseX, mouseY);
}*/
```

一旦所有的代码都被注释掉，就会有两个可能的结果：要么是 Apple 仍然没有出现；要么它会出现。前一种情况下，原因最有可能是由 Apple 本身引起的，因而下一步的任务就是仔细研究 display() 函数的内部，寻找错误。

如果苹果出现了，那么说明问题是由其他代码行引起的。或许是因为函数 move() 让苹果处在屏幕外面，导致你无法看到它。又或者是因为蛇无意中将其覆盖了。为了找出问题所在，我建议取消注释掉几行代码，一次一行。每次你取消注释掉一行代码，立刻运行草图来观察苹果是否会出现。一旦它出现了，你就可以迅速知道问题所在，并找到故障的根源。使用像前面面向对象编程方式创建的草图（具有许多的类）对于调试过程非常有帮助。你可以尝试另外一个策略：创建一个新的草图，仅仅使用其中的一个类。首先，创建一个草图，这个草图使用相关的类只能完成一个功能，然后再现错误。假设，现在并不是苹果会不会出现的问题，而是蛇无法正常运行。为了简化并找出故障，你就可以创建一个只使用一条蛇（而不是一个数组）而并不包含苹果和按钮的草图。没有了其他的干扰，你可以更容易调试代码。

```
Snake snake;

void setup() {
  size(200, 200);
  snake = new Snake();
}

void draw() {
  background(0);
  snakes.display();
  snakes.slither();
  // snakes.eat(apple);
}
```

> 由于这个版本的代码并不包含一个Apple对象，因此我们不能使用这一行代码。但是作为调试过程的一部分，我们需要逐步添加关于苹果的代码，并将其注释掉。

虽然我还没有讨论和外部设备（后面的章节会进行更多的讨论）相关的示例，但是简化草图和代码就包括关闭和这些设备的连接，比如摄像头、麦克风，或者网络连接等，将它们用"虚拟"的信息替代。举个例子，分析一张图片，只是载入一张 JPG 图片，这就比使用一个在线的视频源更简单。或者载入一个本地文本文件，而不是连接到一个 URL XML 源。如果这样做以后问题消失了，你就可以完全确定：要么是网络服务器出了问题；要么是我的摄像头出问题了。如果问题没有解决，深入研究代码，继续寻找问题所在。如果你担心从代码中去掉大段代码块会导致问题更加严重，那就在移除代码块之前将草图备份好。

11.4 建议 4：println() 是你的朋友

使用消息窗口显示变量的值是非常有用的，如果一个对象在屏幕上完全消失，你又想知道原因，你就可以输出位置变量的值。它看起来可能如下所示：

```
println(x, y);
```

比如，结果如下所示：

```
9000000 -900000
9000116 -901843
9000184 -902235
9000299 -903720
9000682 -904903
```

非常明显，这些值并不是合理的像素坐标。所以可能是在对象计算（x，y）坐标的时候，有些东西消失了。可是，如果数值是非常合理的，那么你就要继续寻找问题了。或许问题出在颜色上？

```
println("brightness: " + brightness(thing.col) + " alpha: " + alpha(thing.col));
```

结果是：

```
brightness: 150.0 alpha: 0.0
```

如果对象颜色的 **alpha** 值为 0，那就能解释为什么你看不到它了！让我们花点时间回想下建议 3：简化。如果你在草图中仅仅处理 Thing 对象，那么输出变量数值的过程会更加高效。这样的话，你就可以确定并不是其他的类在无意中遮挡住了 Thing 对象。

你可能已经注意到上面的输出语句是用两种不同的方式进行编写的。第一种方式包含两个由逗号分开的变量。println() 函数可以接收任何数量的变量，而且会自动通过空格进行分隔来展示它们。你也可以将文本、变量，或者函数调用的结果连接起来，如 brightness() 和 alpha()。关于这个内容的具体介绍将在第 17 章中讲解。这样做是一个好主意。举个例子，下面这一行代码只会输出 x 的数值。

```
println(x);
```

查看消息窗口可能会给你带来困惑，尤其是当你对代码的不同部分进行输出时。你如何能知道哪个是 x 哪个是 y？因此，建议你在 println() 中加上自己的注释，这样就能消除这个困惑了：

```
println("我要寻找的x的数值为: " + x);
```

除此之外，我们可以使用 println() 判定是否已到达特定部分的代码。举例来说，在前面的"弹跳球"示例中，如果球到了右手边却无法弹跳回来，这是什么原因？问题可能是：（a）你没有正确定义它怎样才算触碰边缘；或者（b）在它抵达边缘后，要执行的代码有问题。要知道原因究竟是哪种情况，你可以编写以下代码：

```
if (x > width) {
  println("x is greater than width. This code is happening now!");
  xspeed *= -1;
}
```

如果运行草图后并没有显示任何消息，那么说明很可能是因为你的布尔表达式有问题。

最后，为了在消息控制台中检查一个数组的内容，要用到函数 printArray()。printArray() 函数会规范数组内容的格式，同时也会在消息窗口中显示索引值。

```
float[] values = new float[10];
for (int i = 0; i < values.length; i++) {
```

```
    values[i] = random(10);
}
printArray(values);
```

诚然，`println()` 和 `printArray()` 函数并不是最理想的调试工具。在信息窗口内跟踪大量的信息是比较困难的。它也会明显降低草图运行速度（根据你输出内容的多少来判断）。最新版本的 Processing 同样包含了一个调试工具（你可以通过菜单栏中的"Debug"按钮选项打开，或者直接点击 debugger（调试器）图标，如下图所示）。

调试器允许你暂停程序（通过指定一个断点（breakpoint）），并且可以逐行运行代码（所谓的单步（stepping））。图 11-1 就是一个草图在一个特定的断点暂停的情况。你可以在调试器窗口中看到当前变量的状态。接下来你可以选择在下一个断点之前继续执行代码，或者单步执行。

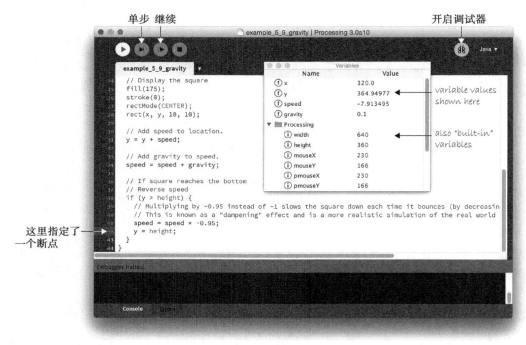

图　11-1

虽然调试器非常有用，但是在大多数情况下你只需要休息一下，和朋友聊聊天，有一点点常识性知识就能解决问题。

库

如果真理是美的，那为什么没有人在图书馆里做发型呢？

——莉莉·汤姆林（Lily Tomlin）

接下来的许多章节都要用到 Processing 的库。所以本章将讨论怎样下载、安装和使用这些库。阅读完本章的内容，可以帮助你对库的概念有一个基本的认识，如果有必要的话，你也可以在下载完一个库（本书第 15 章会第一次使用库）之后，再返回到本章阅读相关内容。

12.1 库概述

每次在 Processing 中调用一个函数，比如 `line()`、`background()`、`stroke()` 等，其实是在调用你在 Processing 参考文档（甚至有可能是本书）中学到的一个函数。参考文档里包含了所有 Processing 核心库（core library）中的可用函数。在计算机科学中，库指的是"辅助"代码的集合。一个库可能会包含函数、变量和对象。你完成的大部分程序很可能都是由 Processing 核心库完成的。

在大多数编程语言中，你必须首先在代码的最顶端说明你要使用什么库。这一步的目的在于告诉编译器（见第 2 章）去哪里查找这些内容，才能将你的源代码转译为机器代码。如果你查看 Processing 程序里的文件，会发现一个名为 core.jar 的文件。这个文件包含了你使用 Processing 做的所有东西的编译代码（compiled code）。由于每个程序都会用到它，因此Processing 就默认导入了这个文件，而不要求你必须明确地写一个导入语句。否则，你必须在每一个草图的所有代码最顶端写明：

```
import processing.core.*;
```

`import` 表明你会使用库，而且你使用的库的名称叫做"processing.core"。".*"是一个通配符，意味着你可以使用库中的所有内容。当你对 Processing 和编程越来越熟悉的时候，你会了解到更多关于库命名的知识。目前，你只要掌握"processing.core"是库的名称。

尽管核心库已经涵盖了大多数的基本功能，但是对于一些更高级的功能，你必须导入 Processing 并没有事先默认的特定库。你第一次遇到这样的情况会是在第 16 章，到时为了从一个相机里导入照片，你要使用 Processing 的视频库：

```
import processing.video.*;
```

后面许多章节会要求明确使用 Processing 库，比如视频、网络、串行等。关于这些库的文件，你可以在 Processing 网站关于库的页面中找到（http://www.processing.org/reference/libraries/）。在这里，你可以找到 Processing 适用的一系列的库，以及第三方提供的可用库的下载链接。

12.2　内置库

一些内置的库并不用安装，这些库在你安装完 Processing 后就可以直接使用。这就是内置库（built-in library）。内置的库（所有库的名称在上述网站里可以看到）并不是特别多，下面列举本书中会讲到的库。最后两个（视频和声音）需要单独安装，下一节内容将会讨论。

- **串行**：用来在 Processing 和外部设备之间通过串行通信（serial communication）发送数据，本书第 19 章会讲解。
- **网络**：用来创建可以通过因特网交流的客户端和服务器，本书第 19 章会讲解。
- **PDF**：用来创建在 Processing 里生成的高分辨率图形的 PDF，本书第 21 章会讲解。
- **视频**：用来从相机里获取图像，以及播放电影文件，本书第 16 章会讲解。
- **声音**：用来分析、合成和播放声音，本书第 20 章会讲解。

以上列举了使用上述库的对应示例所在的章。Processing 的网站也有关于这些库的优秀文档（可以在"libraries"页面找到）。你唯一需要的关于 Processing 内置库的通用知识就是：你必须在程序的最顶端编写对应的导入语句。如果你选择"Sketch"（速写本）→"Import Library"（引用库文件），那么导入声明会自动增加到草图中。或者，你可以选择手动输入代码（使用"导入库"选项和手动输入导入语句没有区别）。

```
import processing.video.*;
import processing.serial.*;
import processing.net.*;
import processing.pdf.*;
import processing.sound.*;
```

12.3　第三方库

Processing 的第三方库（也就是别人贡献的库）的世界就好像美国的大西部。在编写本书的时候，Processing 官方网站已经有 113 个第三方库了，它们的功能多种多样，有物理建模，数据包监测，计算机视觉，生成文本，GUI 控制等。如果你在线搜索，还会找到还有几百个没有在 Processing 官网中列举的第三方库（可能无法和当前版本的 Processing 兼容）。本书剩余部分会讨论几段来自第三方库的代码。目前为止，让我们先将精力放在安装库上。

安装第三方库的过程和安装 Processing 的视频和音频库是相同的。下面我使用安装视频库作为一个示例讲解。第一步是打开 Processing 库的管理器，这可以通过菜单选项"Sketch"→"Import Library"→"Add Library"来实现。

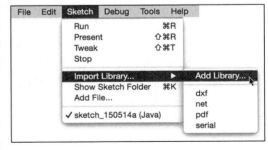

图　12-1

这样就可以打开库管理器了。在那里，可以在库列表中搜索你需要的库。也可以按照种类进行筛选，或者通过搜索框输入关键词搜索。比如，通过输入"视频"（video）就能够很快找到 Processing 的视频库。

要想安装一个库，只需要点击"Install"（安装）按钮，然后等待下载库就可以了！当你遇到问题的时候，尝试在安装完毕后重启 Processing。当发布库的更新时，可以通过管理器更新库。也可以通过库管理器查看哪些库可以进行更新。

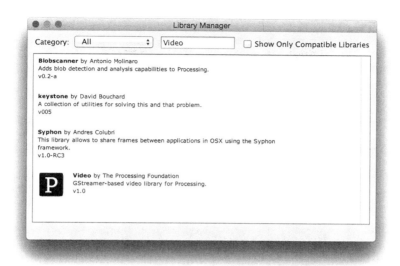

图　12-2

12.4　手动安装库

我一直在犹豫要不要增加本节内容，因为安装库的推荐方法是通过管理器。管理器中列出的所有库都已经经过 Processing 测试过了。可是，你还可以在线找到管理器没有列出的、优秀的库。这些库安装必须通过手动方式完成。为此，你要做的第一件事就是找到草图文件夹。在 Mac 电脑中，它通常位于 /Documents/Processing/，而 Windows 电脑上通常位于 C:/Documents/Processing。如果你不确定的话，可以在 Processing 的"偏好设置"中找到该路径。

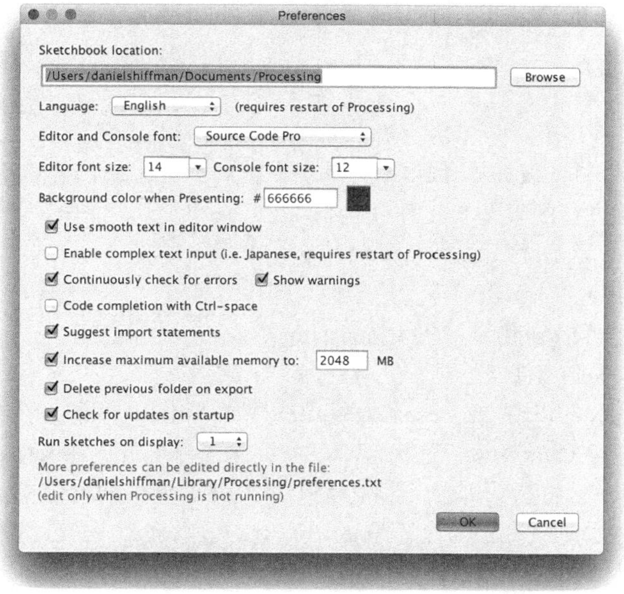

图　12-3

找到草图文件夹的位置之后，寻找名为"libraries"的子文件夹。

库目录允许你手动添加第三方库。库就是一个下载的文件目录，它通常是一个 zip 格式的文件。将文件下载到本地之后，按照下面的步骤执行，参考图 12-4。

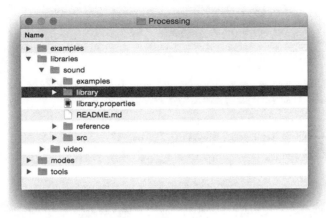

图　12-4

1. **解压 ZIP 文件**。可以通过双击文件或者任何解压缩应用程序来完成，比如 Winzip 软件。

2. **将解压缩后的文件复制到库文件夹下**。你下载的大多数库都会自动解压到正确的文件目录中。完整的目录结构应该是：libraries/libraryName/library/libraryName.jar。

此外，多数的库还会包含额外的文件，比如源代码和示例。如果库并没有自动地按照上述文件目录进行解压，那么你可以手动创建这些文件夹（使用 finder 或者 explorer），然后把 libraryName.jar 文件放到合适的位置。

3. **重新启动 Processing**。如果你在执行步骤 2 的时候 Processing 正在运行，那么需要退出 Processing 并将其重启。

不论你是手动安装库，还是通过管理器安装，只要安装正确的话，在"Sketch"→"Import Library"选项中，现在应该如图 12-5 所示。库安装完毕后，你需要进行的下一步工作完全取决于你安装的库。本书第 16 章、第 18 章和第 20 章有许多关于库具体使用的示例。

实际上，你同样可以创建自己的 Processing 库，但这超出了本书讨论的范围。关于它的

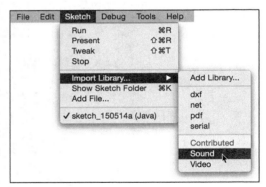

图　12-5

具体指南和信息，你可以在 Processing 的 github repository（https://github.com/processing/processing/wiki/Library-Overview）上找到。最后，除了库之外，Processing 开发环境（PDE）本身可以使用工具和模式进行拓展。工具为 PDE 提供了更小的特色功能；而后者提供了根本性的大的改变（比如使用一种完全不同的语言来编写你的代码）。这些都可以通过管理器进行安装，而"工具"（tools）和"模式"（modes）位于你速写本的子目录中。

Learning Processing：A Beginner's Guide to Programming Images, Animation, and Interaction, Second Edition

你周围的世界

数　　学

人们不相信数学这么简单，只因为他们没有意识到生活是如此复杂。

——约翰·冯·诺依曼（John von Neumann）

你是余弦平方，我就是正弦平方，你和我在一起就是一个整体。

——佚名

本章主要内容：

- 模数
- 概率
- Perlin 噪声
- map() 函数
- 三角学
- 递归
- 二维数组

到目前为止，Processing 的基础知识已经讲完了，我开始介绍一些相对复杂的话题。你可能发现章与章之间并没有借助一个完整的故事贯穿起来。不过，虽然现在章与章之间的衔接并没有前面几章那么连贯，可是章节内容确实是循序渐进的。

这里，我仍然使用和 setup() 以及 draw() 相同的流程结构，我将继续使用 Processing 库中的函数和由条件语句和循环构成的算法，以及使用面向对象编程方法组织草图。可是此时，本章所有的内容都假定你已经掌握 Processing 的基础知识，因此如果有必要的话，建议你返回前面的章节回顾下相关的内容。

13.1　数学和编程

你是否还记得老师叫你到黑板上写代数作业，你额头紧张地出汗。是不是只要提到"微积分"这个单词就会让你紧张到四肢颤抖？

放轻松，不用害怕。你只是恐惧数学，其他并没有什么值得恐惧的。或许在刚开始阅读本书的时候，你会对电脑编程感到恐惧。可是我非常希望，你对任何和代码相关的恐惧已经得到平复。本章旨在从数学当中汲取一些有用的话题，并采用一种轻松友好的方法帮助你学习 Processing。

事实上，你一直都在使用数学。

例如，自从学了变量之后，几乎每一页都会使用一个代数表达式。

```
float x = width/2;
```

就在第 10 章，你还使用勾股定理（Pythagorean Theorem）判断雨滴和采集器是否相交。

```
float d = dist(x1, x2, y1, y2);
```

以上仅仅是你见到的几个例子，当你在编程的路上越走越远时，你甚至会在某天半夜里上网搜索"正弦螺旋曲线"（Sinusoidal Spiral Inverse Curve）。现在，我先介绍几个有用的数学问题。

13.2　模数

让我们先讨论取模运算符（modulo operator），在 Processing 中，它被写成百分比符号。事实上，模数（modulus）是一个非常简单的概念，它对于让一个数字保持在一个特定区间内是非常有用的（比如说图形保持在窗口之内，一个索引值维持在数组的范围之内，等等）。取模运算符用以计算一个数字除以另外一个数字之后的余数。它对整数和浮点数都适用。

20 除以 6 等于 3 余 2。（换句话说，6 乘以 3 加 2 等于 20。）

因此：

20 对 6 取模等于 2，或者 20%6＝2。

下面有更多的例子，其中的空白需要由你填写：

17 除以 4 等于 4 余 1	`17 % 4 = 1`
3 除以 5 等于 0 余 3	`3 % 5 = 3`
10 除以 3.75 等于 2 余 2.5	`10 % 3.75 = 2.5`
100 除以 50 等于_____余_____	`100 % 40 = _____`
9.25 除以 0.5 等于_____余_____	`9.25 % 0.5 = _____`

你会注意到：如果 A＝B % C，那么 A 永远不会比 C 大。余数永远不会大于或者等于除数。

0%3＝0
1%3＝1
2%3＝2
3%3＝0
4%3＝1
……

因此，每当你需要将一个计数器变量循环返回至 0 的时候，你都可以使用模数。对于以下代码：

```
x = x + 1;
if (x >= limit) {
  x = 0;
}
```

你也可以使用下述代码来代替：

```
x = (x + 1) % limit;
```

如果你想一次性统计数组中的元素个数，这会非常有用，当达到数组长度的时候，它总是返回 0。

示例 13-1：模数

```
// 4 random numbers
float[] randoms = new float[4];
int index = 0; // Which number from the array

void setup() {
  size(200, 200);
  // Fill array with random values
  for (int i = 0; i < randoms.length; i++) {
    randoms[i] = random(0, 256);
  }
  frameRate(1);
}

void draw() {
  // Every frame access one element of the array
  background(randoms[index]);
  // And then go on to the next one
  index = (index + 1) % randoms.length;
}
```

> 使用取模运算符将计算器循环至 0。

13.3　随机数

第 4 章曾介绍过 random() 函数，它可以返回随机数。Processing 的随机数字是关于数的一种"均匀"分配。举例说，如果我希望返回一个介于 0 到 9 之间的随机数，那么数字 0 返回的概率是 10%，数字 1 返回的概率也是 10%，数字 2 返回的概率同样是 10%，以此类推。我可以通过使用数组来编写一个简单的草图证明上述事实，如示例 13-2 所示。

伪随机数

事实上，你通过 random() 函数获得的随机数并不是真正随机的，它是一种"伪随机数"（Pseudo-random number）。它们是数学函数模拟随机性而生成的。而"伪随机数"在数长到一定程度时会从其第一位开始循环，由于出现的循环长度相当大，所以可以当成随机码使用。

示例 13-2：随机数的分布

```
// An array to keep track of how often random numbers
are picked.
float[] randomCounts;

void setup() {
  size(200, 200);
  randomCounts = new float[20];
}

void draw() {
  background(255);

  // Pick a random number and increase the count
  int index = int(random(randomCounts.length));
  randomCounts[index]++ ;

  // Draw a rectangle to graph results
  stroke(0);
  fill(175);
  for (int x = 0; x < randomCounts.length; x++) {
    rect(x * 10, 0, 9, randomCounts[x]);
  }
}
```

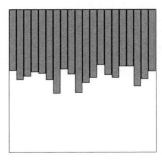

图　13-1

通过使用一些技巧，你可以改变使用 random() 函数的工作方式，从而生成非均匀分布的随机数，以及改变某些特定事件发生的概率。打个比方，如果你希望创建这样一个草图：背景颜色有 10% 的概率变为绿色，90% 的概率变为蓝色，如何能够实现？

13.4 概率回顾

让我们来回顾下关于概率的一些基本原则，首先看一下单一事件的概率，也就是某件事发生的可能性。

如果某个系统的结果具有 N 种可能性，那么其中任一事件发生的概率是 1/N。最简单的例子是抛硬币。结果总共有两种可能（正面或者反面）。只有一种方法可以抛出正面，因此抛出正面的概率是一除以二，也就是 1/2，或者 50%。

考虑下一副 52 张牌的扑克牌。从这副牌中抽出 A 的概率是：

A 的数目 / 牌的数目＝4/52＝0.077≈8%

抽出方块的概率是：

方块的数目 / 牌的总数＝13/52＝0.25＝25%

你也可以计算多个连续发生的事件的概率。

比如，抛硬币三次都朝上的概率是：

(1/2) * (1/2) * (1/2)＝1/8（或 0.125）。

换句话说，连续抛三次硬币，正面朝上的概率是八分之一。

练习 13-1：从一副扑克牌中连续抽出两张 A 的概率是多少？

13.5 代码中的事件概率

在代码中，使用 random() 函数来实现随机效果有许多方法。具体来说，如果我为一个数组填充了一系列数字（其中有些是重复的），我可以从该数组中随机挑选数字，并且根据我的选择来生成事件。

```
int[] stuff = new int[5];
stuff[0] = 1;
stuff[1] = 1;
stuff[2] = 2;
stuff[3] = 3;
stuff[4] = 3;
int index = int(random(stuff.length));   从一个数组中随机挑选元素。
if (stuff[index] == 1) {
  // Do something
}
```

如果运行这段代码，那么会有 40% 的概率得到数字 1，20% 的概率得到数字 2，40% 的概率得到数字 3。

另外一种策略，就是请求一个随机数（为了简化问题，我们考虑介于 0 到 1 之间的随机浮点数值），并且只有当所选择的随机数位于特定范围内时，才允许事件发生。举个例子：

```
float prob = 0.10;        // A probability of 10%
float r = random(1);      // A random floating point value between 0 and 1
if (r < prob) {           // If the random number is less than 0.1

  // Instigate the event here!                    该代码被执行的概率是10%。

}
```

同样的方法可以应用于更多的输出：

结果 A——60%│结果 B——10%│结果 C——30%

为了实现这段代码，我挑选一个随机的浮点数字。

- 介于 0.00 ～ 0.60 之间（60%）→ 结果 A
- 介于 0.60 ～ 0.70 之间（100%）→ 结果 B
- 介于 0.70 ～ 1.00 之间（30%）→ 结果 C

在示例 13-3 中，用三种不同的颜色绘制圆，每一种颜色的概率基于上述的概率（红：60%，绿：10%，蓝：30%）。图 13-2 是该示例的输出结果。

示例 13-3：概率

```
void setup() {
  size(200, 200);
  background(255);
  noStroke();
}



void draw() {

  float red_prob = 0.60;
  float green_prob = 0.10;
  float blue_prob = 0.30;              在这里，定义了三种不同的可能性：红色（0.6）的概率
                                       是60%，绿色（0.1）的概率是10%，蓝色（0.3）的概率是
                                       30%。这三者的概率相加必须是100%（1.0）！

  float num = random(1);               选择一个介于 0 到 1 之间的随机数值。

  if (num < red_prob) {                如果选中的数值小于 0.6。

    fill(255, 53, 2, 150);

  } else if (num < green_prob + red_prob) {   如果选中的数值位于 0.6 到 0.7 之间。

    fill(156, 255, 28, 150);

  } else {                             所有其他的情况（介于 0.7 到 1 之间）。

    fill(10, 52, 178, 150);
  }

  // Now draw that circle!
  ellipse(random(width), random(height), 64, 64);
}
```

图   13-2

练习 13-2：填充下面的代码，使得圆有 10% 的概率向上移动，20% 的概率向下移动，70% 的概率静止。

```
float y = 100;

void setup() {
  size(200, 200);
}

void draw() {
  background(0);
  float r = random(1);

  -----------------------------------------------

  -----------------------------------------------

  -----------------------------------------------

  -----------------------------------------------

  -----------------------------------------------

  -----------------------------------------------
  ellipse(width/2, y, 16, 16);
}
```

13.6　Perlin 噪声

　　一个理想的随机数生成机制是，生成的各个数字之间应当看上去没有任何联系，如果这些数字之间并没有展现出任何显见的联系模式，那么它们就被认为是随机的（random）。

　　要想通过编程实现有机的、栩栩如生甚至逼真的效果，有必要使用一定程度上的随机。不过，你可能并不想要一种不可控的随机性。下面是 Ken Perlin 采用的方法，他于 20 世纪 80 年代开发了一种函数，命名为"Perlin 噪声"，它可以生成一系列的自然序列（也就是连续序列）的伪随机数。它最初是用来创建程序贴图用的，Ken Perlin 凭借此赢得了技术成果奖。Perlin 噪声可以用来生成一系列非常有趣的效果，包括云状物、风景、大理石纹理等。

　　图 13-3 展示了两个图，一个图展示了 Perlin 噪声随时间变化（x 轴代表时间，请注意曲线在这里非常平滑），与之形成比较的是一个随时间变化的纯随机图表。（访问本书的配套网站可以查看对应代码。）

Perlin 噪声

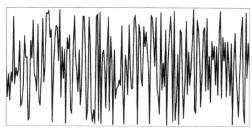
随机

图　13-3

关于 Perlin 噪声的细节知识

如果你访问 processing.org 中 Perlin 噪声的参考文档，你会发现噪声是通过几个"八度音"（octaves）来计算的。通过调用 `noiseDetail()` 函数，可以改变八度音的数值以及它们的相对权重，进而改变噪声函数的行为。详见 http://processing.org/reference/noiseDetail_.html。

你可以通过阅读 Ken Perlin 的资料，了解更多关于 Perlin 噪声的知识（http://www.noisemachine.com/talk1/）。

Processing 有一个内置的生成 Perlin 噪声的函数：`noise()`。`noise()` 函数使用一个、两个或者三个参数（根据要应用的空间的维度来选择：一维、二维和三维）。本章仅仅关注一维噪声。访问 Processing 网站可以获得更多关于二维和三维噪声的信息。

一维 Perlin 噪声生成的是随时间变化的线性序列的数值。举例来说：

0.364，0.363，0.363，0.364，0.365

请注意这些数值是如何随机上下波动的，但同时和前面一个数值保持相近。现在，为了能够使用 Perlin 噪声函数，你必须完成两项工作：（1）调用函数 `noise()`；（2）将当前的"时间"作为一个参数传递给该函数。通常情况下是从时间 t＝0 开始，因此像如下这样调用函数 `noise(t)`；

```
float t = 0.0;
float noisevalue = noise(t); // Noise at time 0
```

也可以把上面的代码放到循环运行的 `draw()` 中。

```
float t = 0.0;
void draw() {
  float noisevalue = noise(t);
  println(noisevalue);
}
```

> 输出：
> 0.28515625
> 0.28515625
> 0.28515625
> 0.28515625

上面的代码不断输出同样的数值。这是因为我在同一时间点（0.0）向函数 `noise()` 请求结果。如果我给时间变量 t 设置一个增量，结果就不一样了。

```
float t = 0.0;
void draw() {
  float noisevalue = noise(t);
  println(noisevalue);

  t += 0.01;
}
```

> 时间在向前移动！

> 输出：
> 0.12609221
> 0.12697512
> 0.12972163
> 0.13423012
> 0.1403218

变量 t 增加的速度也影响噪声曲线的平滑度。尝试多运行代码几次，将 t 的增量值改为 0.01、0.02、0.05、0.1、0.0001 等。

现在，你可能已经注意到 `noise()` 函数总是返回一个介于 0 和 1 之间的浮点数值。这个细节是不能被忽视的，因为它影响你如何在 Processing 的草图中使用 Perlin 噪声函数。示例 13-4 将 `noise()` 函数的结果赋值为一个圆的大小。噪声的值通过乘以窗口的

噪声数值	乘　以	等　于
0	200	0
0.12	200	24
0.57	200	114
0.89	200	178
1	200	200

宽度值被放大。如果宽度值为 200，而且 noise() 的变化区间为 0.0 到 1.0，则 noise() 乘以宽度值之后的变化区间为 0.0 到 200.0。这一点通过以下表格和示例 13-4 可以看出。

示例 13-4：Perlin 噪声

```
float time = 0.0;
float increment = 0.01;

void setup() {
  size(200, 200);
}

void draw() {
  background(255);

  float n = noise(time) * width;
```
> 获取 time(时间) 的一个噪声数值，然后根据窗口的宽度值对其进行放大。

图　13-4

```
  fill(0);
  ellipse(width/2, height/2, n, n);
```
> 圆的直径被设置为噪声数值 n。

```
  time += increment;
}
```
> 在每个循环中都增加 time 的数值。

练习 13-3：下面使用 Perlin 噪声来设置圆的直径，完成该代码。然后运行代码，查看圆是否会呈现出"自然"移动？

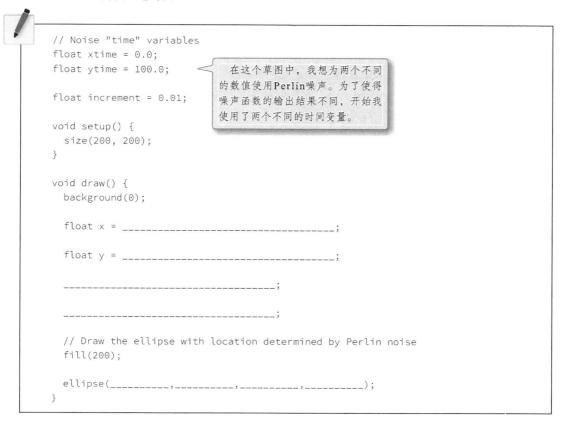

```
// Noise "time" variables
float xtime = 0.0;
float ytime = 100.0;
```
> 在这个草图中，我想为两个不同的数值使用Perlin噪声。为了使得噪声函数的输出结果不同，开始我使用了两个不同的时间变量。

```
float increment = 0.01;

void setup() {
  size(200, 200);
}

void draw() {
  background(0);

  float x = _____;

  float y = _____;

  _____;

  _____;

  // Draw the ellipse with location determined by Perlin noise
  fill(200);

  ellipse(_____,_____,_____,_____);
}
```

13.7   map() 函数

使用 Perlin 噪声设置颜色或者 x 坐标是比较容易的。如果是椭圆，椭圆的 x 坐标介于 0 和椭圆宽度值之间，需要将噪声函数的结果（输出结果介于 0 到 1 之间）乘以宽度值。

```
float x = width * noise(t);
ellipse(x, 100, 20, 20);
```

这种范围变换就是映射（mapping）。我将一个介于 0 到 1 之间的 Perlin 噪声值映射到一个介于 0 和宽度值之间的 x 坐标中。这种类型的转换在编程中一直都有。或许你想要将鼠标的 x 坐标（介于 0 到宽度值之间）映射至一个颜色数值（介于 0 到 255 之间）当中。这其中的数学计算可能会更加复杂，但是比较容易操作。

```
float r = 255.0 * mouseX / width;
fill(r, 0, 0);
```

> 将 mouseX 除以 width 会得到一个介于 0 到 1 之间的数值，然后乘以 255。注意，对于数字 255 你必须精确到小数点后 1 位，这样才能保证使用的是浮点数据。

现在我们考虑一个更加复杂的场景。假设你从一个传感器中读取数值，其取值范围介于 65 到 324 之间。你希望将这些数值映射到一个区间为 0 到 255 的颜色当中去。现在事情变得有些棘手了。幸运的是，Processing 包含一个 map() 函数，它可以解决将数值从一个区间转换为另一个区间的数学问题。map() 函数需要的四个参数如下所示：

1. **数值**：这是你希望映射的数值。
2. **当前的最小值**：数值区间的最小值。
3. **当前的最大值**：数值区间的最大值。
4. **新的最小值**：新数值区间的最小值。
5. **新的最大值**：新数值区间的最大值。

在上面刚刚描述过的场景中，数值是通过传感器获取的。当前的最小值和最大值就是从传感器读取数值的变化区间 65 到 324。而新的最小值和最大值分别是 0 和 255。

```
float r = map(sensor, 65, 324, 0, 255);
fill(r, 0, 0);
```

使用"最小值"和"最大值"描述新的数值区间并不完全准确。因为 map() 函数还可以颠倒"最小值"和"最大值"。如果你希望实现在传感器的数值低的时候图形为红色，而数值高的时候图形颜色为黑色，那你可以通过简单地交换 0 和 255 来实现。

```
float r = map(sensor, 65, 324, 255, 0);
fill(r, 0, 0);
```

下面的示例阐述了 map() 函数的使用方法。在这里，背景的红色和蓝色的数值和鼠标的 x 和 y 坐标进行了关联。

示例 13-5：使用 map() 函数

```
void setup() {
  size(640, 360);
}

void draw() {
  float r = map(mouseX, 0, width, 0, 255);
```

```
float b = map(mouseY, 0, height, 255, 0);
background(r, 0, b);
}
```

注意映射是如何颠倒的。当鼠标位于顶端时，背景最蓝。

练习 13-4：使用 map() 函数重做练习 13-3。

13.8　角度

本书中的一些示例需要对角度是如何定义的有一个基本理解。例如在第 14 章里，你就需要了解角度的知识，才能更加方便地使用 rotate() 函数来旋转物体。

为了能够更好地理解后面章节中的示例，你需要学习弧度（radian）和角度（degree）的知识。很可能你已经熟悉了以度来表示角大小的方法。整个圆是从 0° 旋转到 360°。90° 的角（一个直角）是 360° 的四分之一，在图 13-5 中，直角就是两条垂直线形成的角。

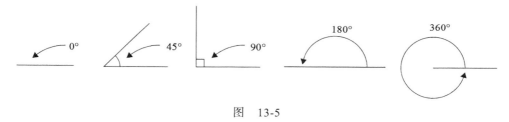

图　13-5

用度数的方式去思考角是比较容易理解的。举例来说，图 13-6 中的矩形围绕其中心旋转了 45°。

不过，在 Processing 中角是用弧度来指定角的具体数值的。在三角学中，弧度是角的度量单位。

弧度制的基本思想是用角对应的弧长与圆半径之比来度量角度，若弧长等于半径其所对的圆心角为 1 弧度（见图 13-7）。180°＝π 弧度（π 的更多内容见下文）。360°＝2π 弧度，90°＝π/2 弧度，依此类推。

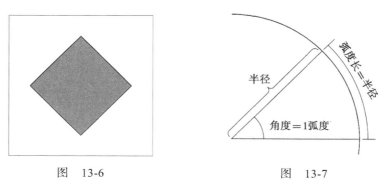

图　13-6　　　　　　　　　图　13-7

角度转换为弧度的公式为：

$$弧度＝2π×角度÷360$$

幸运的是，如果你倾向于用角度制但需要用弧度制来编写代码，Processing 为你提供了一个简单的方法。radians() 函数可以将角度自动转换为弧度。除此之外，常数 PI 和 TWO_PI 可以用来表示经常用到的弧度数值（分别等于 180° 和 360°）。举例来说，下面的代码将图形旋转 60°（关于旋转的知识将在下一章进行充分讨论）。

```
float angle = radians(60);
rotate(angle);
```

---

pi，它是什么？

数学常量 pi（或 π）是圆的周长（圆一周的长度）与直径（通过圆心且两个端点都在圆上的线段）的比值。它的值约等于 3.141 59。

练习 13-5：一名舞蹈演员转了两整圈。那么该舞蹈演员一共旋转了多少角度？多少弧度？

角度_____弧度_____

13.9 三角学

"sohcahtoa"，说来奇怪，这个看似没有意义的单词，却是许多计算机图形运行的基础。每当你需要计算一个角度、测算两点之间的距离、处理圆、弧直线等问题时，你就会发现掌握一定量的三角学知识是非常有必要的。

三角学（trigonometry）是研究面和角之间关系的学科，sohcahtoa 是帮助你记忆三角函数：正弦（sine）、余弦（cosine）和正切（tangent）的助记手段，如图 13-8 所示。

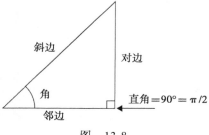

图   13-8

soh：正弦（sine）＝对边 / 斜边

cah：余弦（cosine）＝邻边 / 斜边

toa：正切（tangent）＝对边 / 邻边

每当你需要在 Processing 中显示一个图形的时候，你必须指明一个像素的位置，给定例如（x，y）的坐标。这些坐标称为笛卡儿坐标（Cartesian coordinate），以法国数学家 René Descartes 的名字命名，他将几何坐标体系公式化。

还有另外一个有用的坐标系统，叫做极坐标（polar coordinate），平面上任一点的位置就用该点距离极点的长度，以及该点和极点连线与极轴形成的角度来确定。在 Processing 中，你并不能在一个函数中直接使用极坐标作为其参数来使用。可是，三角公式可以将这些极坐标转换为笛卡儿坐标，这对于绘制图形来说非常有帮助，如图 13-9 所示。

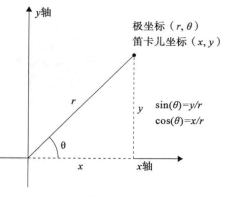

图   13-9

$$\sin(\theta)=y/r \rightarrow y=\sin(\theta)\times r$$

$$\cos(\theta) = y/r \rightarrow y = \cos(\theta) \times r$$

举个例子，假设有半径 r 和极角 theta，我可以使用上面的方程计算出 x 和 y 的大小。在 Processing 中，正弦和余弦函数分别是 sin() 和 cos()。它们都使用一个参数：用弧度制衡量角度的浮点数。

```
float r = 75;
float theta = PI / 4;        // You could also say: float theta = radians(45);
float x = r * cos(theta);
float y = r * sin(theta);
```

这种类型的转换在某些特定应用中非常有用。比如，在笛卡儿坐标系中，怎样才能使一个图形沿着圆路径移动呢？这是比较困难的。可是使用极坐标的话，这就非常容易了：只需要给角度一个增量！

下面是使用全局变量 r 和 theta 来完成的例子：

示例 13-6：把极坐标转换为笛卡儿坐标

```
// A polar coordinate
float r = 75;              极坐标：( r, theta )
float theta = 0;

void setup() {
  size(200, 200);
  background(255);
}

void draw() {
  float x = r * cos(theta);    为了能够在ellipse()函数
  float y = r * sin(theta);    中使用，把极坐标（r, theta）
                               转换为笛卡儿坐标（x, y）。

  noStroke();
  fill(0);
  ellipse(x + width/2, y + height/2, 16, 16); .

  // Increment the angle      在笛卡儿坐标（x, y）距离中心有一定偏
  theta += 0.01;             移量的位置绘制椭圆。
}
```

图 13-10

练习 13-6：根据示例 13-6 绘制一个螺旋路径。从中心开始向外运动。注意：只需要改变一行代码，然后增加一行新的代码就能完成！

13.10 振荡

三角函数不仅仅用于和三角形相关的几何计算。我们看一下图 13-11，这是一个正弦函数 $y＝\sin(x)$。

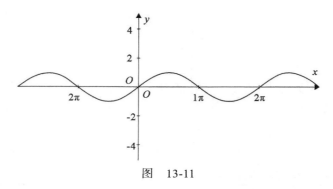

图　13-11

你会注意到正弦的输出结果是一条在 –1 到 1 之间变化的光滑曲线。这种类型的变化就是振荡（oscillation）：两点之间的周期性运动。比如说一个钟摆，就会发生振荡现象。

我可以在 Processing 草图中模拟振荡现象：将正弦函数的输出结果分配给一个对象的坐标。这跟我使用 noise() 函数来控制一个圆的尺寸（见示例 13-4）非常相似，只是这里 sin() 函数控制一个位置。请注意，尽管 noise() 函数产生一个介于 0 到 1.0 之间的数值，sin() 函数的输出结果取值范围是 –1 到 1。示例 13-7 展示了在 Processing 中模拟振荡摆的代码。

示例 13-7：振荡

```
float theta = 0;

void setup() {
  size(200, 200);
}

void draw() {
  background(255);

  float x = map(sin(theta), -1, 1, 0, 200);

  // With each cycle,
  // increment theta
  theta += 0.05;

  // Draw the ellipse at the
  // value produced by sine
  fill(0);
  stroke(0);
  line(width/2, 0, x, height/2);
  ellipse(x, height/2, 16, 16);
}
```

> sin() 函数的输出结果在 –1 到 1 之间平滑振荡。通过使用 map() 函数，可以得到一个介于 0 到 200 之间的变化值，该值就可以用来设定椭圆的 x 坐标。

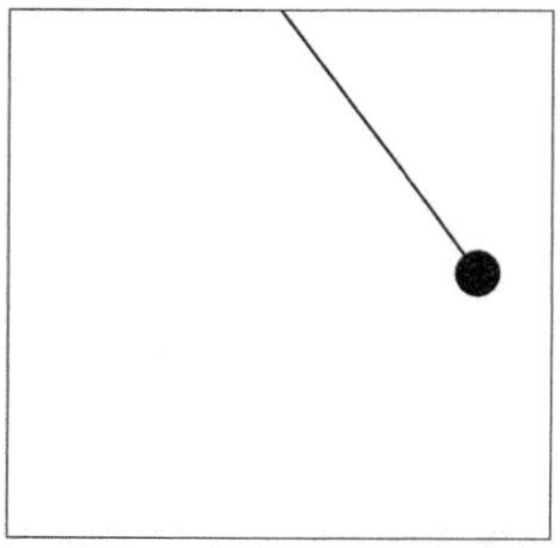

图　13-12

练习 13-7：将以上功能封装进一个 Oscillator 对象之中。创建一个 Oscillator 数组，每个都沿着 x 轴和 y 轴以不同的速率运动。下面是一些 Oscillator 类的代码，帮助你快速上手。

```
class Oscillator {
  float xtheta;
  float ytheta;

  _____

  Oscillator() {
    xtheta = 0;
    ytheta = 0;

    _____
  }

  void oscillate() {

    _____

    _____
  }

  void display() {

    float x = _____

    float y = _____
    ellipse(x, y, 16, 16);
  }
}
```

练习 13-8：使用正弦函数来创建一个"呼吸"的图形，也就是一个尺寸发生振荡变化的图形。

我可以沿着正弦函数的路径绘制一系列形状，以实现有趣的效果，如示例 13-8 所示。

示例 13-8：波形

```
// Starting angle
float theta = 0.0;

void setup() {
  size(200, 200);
}

void draw() {
  background(255);

  // Increment theta (try different values for "angular
velocity" here)
  theta += 0.02;

  noStroke();
```

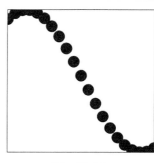

图 13-13

```
fill(0);

float x = theta;
// A simple way to draw the wave with an ellipse at each location
for (int i = 0; i <= 20; i++) {
  // Calculate y value based off of sine function using map()
  float y = map(sin(angle), -1, 1, 0, height);
  // Draw an ellipse
  ellipse(i * 10, y, 16, 16);
  // Move along x-axis
  x += 0.2;
}
}
```

> 这里的 for 循环用来绘制沿着正弦波形分布的所有点（将其放大到窗口像素尺寸）。

练习 13-9：使用 noise() 函数代替 sin() 函数来重新编写上述示例。

13.11 递归

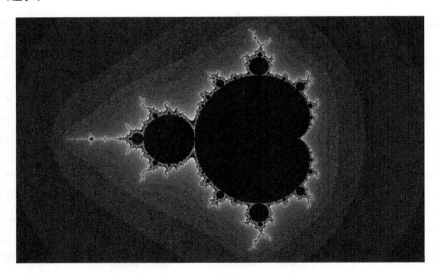

图 13-14 曼德布洛特集合（The Mandelbrot set）：http://processing.org/
learning/topics/mandelbrot.html

在 1975 年，Benoit Mandelbrot 提出了术语分形（fractal），用来描述在自然界中发现的自相似图形（self-similar shape）。你在现实世界中遇到的大部分东西都可以用理想化的集合形态来描述——一张明信片具有长方形的形态，一个乒乓球是球形的，等等。不过，自然界中出现的许多结构并不能通过这样简单的方式描述。这样的例子包括：雪花、树木、海岸线以及山峦等。分形为描述和模拟这类自相似图形提供了几何方法（"自相似"指的是不论放大或者缩小多少，局部形态和整体形态看上去是相似的）。其中一种生成这类图形的方式叫做递归（recursion）。

你已经知道，在一个函数中可以调用另外一个函数。每次你在 draw() 函数里调用任何函数，都是进行此类操作。但是一个函数能否调用其自身？ draw() 可以调用 draw() 吗？事实上，是可以的（尽管在 draw() 里调用 draw() 是一个糟糕的例子，因为它会导致一个无限循环）。

调用函数本身的函数就是递归的（recursive），而且非常适合解决不同类型的问题。这经常出现在数学计算中，这方面最常见的例子就是阶乘（factorial）。

任何数字 n 的阶乘，通常写作 $n!$，定义如下：

$$n! = (n-1) \times (n-2) \times (n-3) \times \cdots \times 1$$

换句话说，阶乘是所有小于以及等于 n 的正整数的乘积。举例来说：

$$5! = 5 \times 4 \times 3 \times 2 \times 1$$

我可以在 Processing 中使用 for 循环编写一个函数来计算阶乘：

```
int factorial(int n) {
  int f = 1;
  for (int i = 0; i < n; i++) {
    f = f * (i + 1);
  }
  return f;
}
```

如果仔细研究下阶乘是如何计算的，你会发现一些有意思的事情。我们来验证 4! 和 3!

$$4! = 4 \times 3 \times 2 \times 1$$
$$3! = 3 \times 2 \times 1$$

因此，$4! = 4 \times 3!$

我们来概括一下。对于任何一个正整数 n：$n! = n \times (n-1)!$

$$1! = 1$$

写成文字就是：

n 的阶乘等于 n 乘以 $(n-1)$ 的阶乘。

这个阶乘的定义中竟然包含阶乘本身！这就好比"劳累"定义为"当你劳累时，你的状态"一样。这种在函数中自参考（self-reference）的概念叫做递归（recursion）。你可以使用递归来编写一个调用其自身的阶乘函数。

```
int factorial(int n) {
  if (n == 1) {
    return 1;
  } else {
    return n * factorial(n-1);
  }
}
```

这太疯狂了，我知道。但是它确实起作用了。图 13-15 将 factorial(4) 被调用时所发生的所有步骤详细分解了一遍。

同样的理念应用于图形中会带来有趣的结果。看一下下面的递归函数。输出结果如图 13-16 所示。

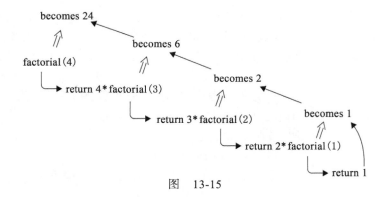

图　13-15

```
void drawCircle(int x, int y, float radius) {
  ellipse(x, y, radius, radius);
  if (radius > 2) {
    radius * = 0.75;
    drawCircle(x, y, radius);
  }
}
```

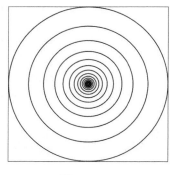

函数 drawCircle() 是怎么运行的？它首先根据一系列参数绘制一个椭圆，然后根据相同的参数（将它们进行略微调整）调用自身。输出结果就是一系列的圆：每个圆都在前一个圆内部进行绘制。

图　13-16

注意，在上面的函数中，只有当半径值大于 2 的时候函数才会递归式地调用其本身。这是一个关键点：所有的递归函数都必须有一个退出条件！这跟迭代是一样的。在第 6 章，你曾学过所有的 for 和 while 循环都必须包含一个布尔判断，最终判断值为假，因此可以退出循环。如果没有的话，系统将会崩溃，深陷于无限循环当中。同样，如果一个递归函数持续不断地调用它自身，你最终得到的就是一个漂亮的死机画面。

前面的圆示例非常简单，因为通过简单迭代它就可以轻易实现。可是在某些更复杂的场景中，如果一个函数调用它自身超过一次，递归就会产生一些非常优雅的图形。

接下来，我们将 drawCircle() 函数修改得更复杂一些。每绘制一个新的圆，使用前面一个圆一半的尺寸，并且绘制于前一个圆的左侧和右侧，如示例 13-9 所示。

示例 13-9：递归

```
void setup() {
  size(200, 200);
}

void draw() {
  background(255);
  stroke(0);
  noFill();
  drawCircle(width/2, height/2, 100);
}

void drawCircle(float x, float y, float radius) {
  ellipse(x, y, radius, radius);
  if (radius > 2) {
```

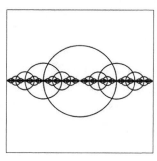

图　13-17

```
   drawCircle(x + radius/2, y, radius/2);
   drawCircle(x - radius/2, y, radius/2);
 }
}
```

> drawCircle() 函数调用了自身两次，产生了分支效应（branching effect），每次绘制的新圆，尺寸都要比先前的圆小，且绘制在先前圆的左右两侧。

增加一点代码，我还可以在上面和下面增加更多的圆，结果如图 13-18 所示。

```
void drawCircle(float x, float y, float radius) {
  ellipse(x, y, radius, radius);
  if (radius > 8) {
    drawCircle(x + radius/2, y, radius/2);
    drawCircle(x - radius/2, y, radius/2);
    drawCircle(x, y + radius/2, radius/2);
    drawCircle(x, y - radius/2, radius/2);
  }
}
```

图　13-18

尝试用递归的方式来重新编写这个草图。我向你挑战！

练习 13-10：补全下述代码，使它可以生成如图所示的样式（注意：解决方案使用了直线，但是使用旋转矩形来创建这个图形也是可能的，你会在第 14 章学会这种方法）。

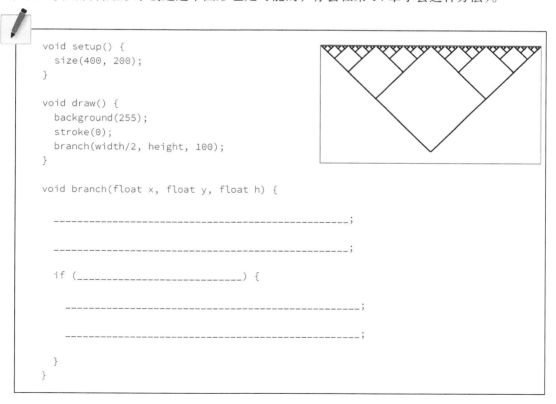

```
void setup() {
  size(400, 200);
}

void draw() {
  background(255);
  stroke(0);
  branch(width/2, height, 100);
}

void branch(float x, float y, float h) {

  _____;

  _____;

  if (_____) {

    _____;

    _____;

  }
}
```

13.12　二维数组

在第 9 章，你了解了一个数组可以跟踪以线性方式排列多个信息片段，也就是一个一维列表。可是，和特定系统相关的数据（一张数码照片、一个棋盘游戏等）是二维数据。为了将这种数据可视化，你需要一个多维数据结构，也就是一个多维数组。

一个二维数组只不过是一个关于数组的数组（而一个三维数组就是一个数组的数组的数组）。思考下你的晚餐。下面是一个关于你食物的一维列表：

（生菜，番茄，沙拉酱，肉排，土豆泥，豆角，蛋糕，冰激凌，咖啡）

或者是一个包含三道菜的二维列表，每道菜包含三种食物：

（生菜，番茄，沙拉酱）和（肉排，土豆泥，豆角）和（蛋糕，冰激凌，咖啡）

传统的一维数组可能如下所示：

```
int[] myArray = {0, 1, 2, 3};
```

而二维数组可能看上去是这样的：

```
int[][] myArray = { {0, 1, 2, 3}, {3, 2, 1, 0}, {3, 5, 6, 1}, {3, 8, 3, 4} } ;
```

对于我来说，将二维数组想象成一个矩阵更容易帮助你理解。一个矩阵可以视为由数字构成的网格，按照行和列进行排列，有点类似 bingo 棋盘。如下所示，我写出一个二维数组用来阐述这一点：

```
int[][] myArray = { {0, 1, 2, 3} ,
                    {3, 2, 1, 0} ,
                    {3, 5, 6, 1} ,
                    {3, 8, 3, 4} };
```

为了访问一个二维数组中的个别元素，你需要两个索引值。第一个用于指定数组中的哪一个数组，而第二个用于指定数组中的哪一个元素。因此 `myArray[2][1]` 就是 5（见上面加粗的字体）。

下面我们使用这种数据结构对一张图片进行信息编码。举个例子，图 13-19 中的灰度图像可以用下面的数组来表示：

```
int[][] myArray = { {236, 189, 189,   0} ,
                    {236,  80, 189, 189} ,
                    {236,   0, 189,  80} ,
                    {236, 189, 189,  80} };
```

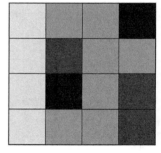

图　13-19

为了能够遍历一个一维数组中的每一个元素，我需要一个 `for` 循环，也就是：

```
int[] myArray = new int[10];
for (int i = 0; i < myArray.length; i++) {
  myArray[i] = 0;
}
```

对于一个二维数组，为了可以检索每一个元素，必须使用两个嵌套的循环。这就为矩阵中的每一列和每一行提供了一个计数器变量，如图 13-20 所示。

```
int cols = 10;
int rows = 10;
int[][] myArray = new int[cols][rows];
```

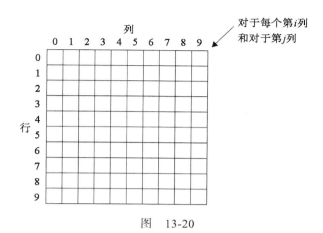

图　13-20

```
for (int i = 0; i < cols; i++) {
  for (int j = 0; j < rows; j++) {
    myArray[i][j] = 0;
  }
}
```

> 两个嵌套的循环使得你可以访问一个二维数组中的每一个位置。对于每个第 i 列，访问每个第 j 行。

举例来说，你可能要使用一个二维数组来绘制一个灰度图像，如示例 13-10 所示。

示例 13-10：二维数组

```
size(200, 200);
int cols = width;
int rows = height;
```

> 二维数组包含了每个像素。

```
// Declare 2D array
int[][] myArray = new int[cols][rows];
```

> 两对方形括号用于指明这是一个二维数组。

```
for (int i = 0; i < cols; i++) {
  for (int j = 0; j < rows; j++) {
    myArray[i][j] = int(random(255));
  }
}
```

图　13-21

```
// Draw points
for (int i = 0; i < cols; i++) {
  for (int j = 0; j < rows; j++) {

    stroke(myArray[i][j]);
    point(i, j);
  }
}
```

> 为了对二维数组中的每一个元素进行迭代，你需要一个嵌套的循环。

> 每个元素都是通过两个索引值来访问，在这里索引值是 i 和 j。

二维数组也可以用于存储对象，这对于那些包含类似"网格"或者"棋盘"的草图尤其方便。示例 13-11 展示了一个由 Cell 对象构成的网格，它存储于一个二维数组中。每个单元格是一个矩形，它的亮度值在 0～255 之间振荡，这是由一个正弦函数来触发的。

示例 13-11：对象的二维数组

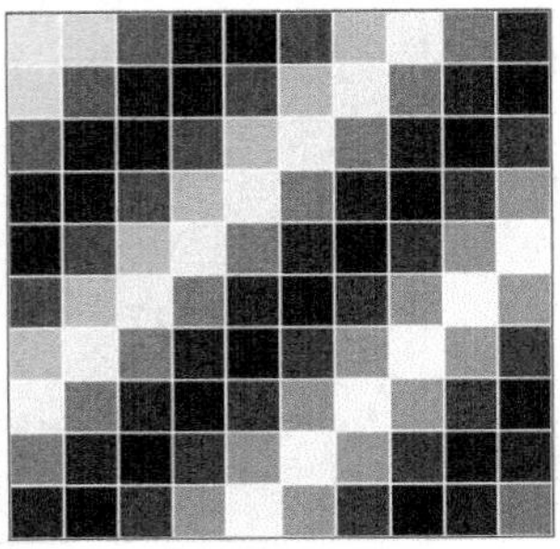

```
Cell[][] grid;
```
> 二维数组可以用来存储对象。

```
int cols = 10;
int rows = 10;
```
> 网格中列和行的数量。

```
void setup() {
  size(200, 200);
  grid = new Cell[cols][rows];
  for (int i = 0; i < cols; i++) {
    for (int j = 0; j < rows; j++) {
      // Initialize each object
      grid[i][j] = new Cell(i*20, j*20, 20, 20, i+j);
    }
  }
}
```

图   13-22

```
void draw() {
  background(0);
  for (int i = 0; i < cols; i++) {
    for (int j = 0; j < rows; j++) {
      // Oscillate and display each object
      grid[i][j].oscillate();
      grid[i][j].display();
    }
  }
}
```
> 计数器变量i和j同样也是列和行的数目，可以用作网格对象构造函数的参数。

```
class Cell {
  float x;
  float y;
  float w;
  float h;
```
> Cell对象通过变量x、y、w和h来获得其在网格内的位置和大小。

```
  float angle;
```
> angle变量用来使单元格的亮度发生振荡变化。

```
  Cell(float tempX, float tempY, float tempW, float tempH, float tempAngle) {
    x = tempX;
    y = tempY;
    w = tempW;
    h = tempH;
    angle = tempAngle;
  }
```
> 在上面的setup()中，看一下每个单元格是如何获取其起始角度数值的。你能想出其他用以计算一个起始角度的创造性方法吗？

```
  void oscillate() {
    angle += 0.02;
  }
```
> 随着时间变化，增加角度值。

```
  void display() {
    stroke(255);

    float bright = map(sin(angle), -1, 1, 0, 255);

    fill(bright);
    rect(x,y,w,h);
  }
}
```
> 将sin()函数的结果映射到每个单元格的亮度值。

练习 13-11：尝试开发井字游戏的开始部分。创建一个 Cell 类，它存在两个状态：O 或者空白。当你点击单元格时，它的状态从空白变为 "O"。下面的代码框架帮助你上手。

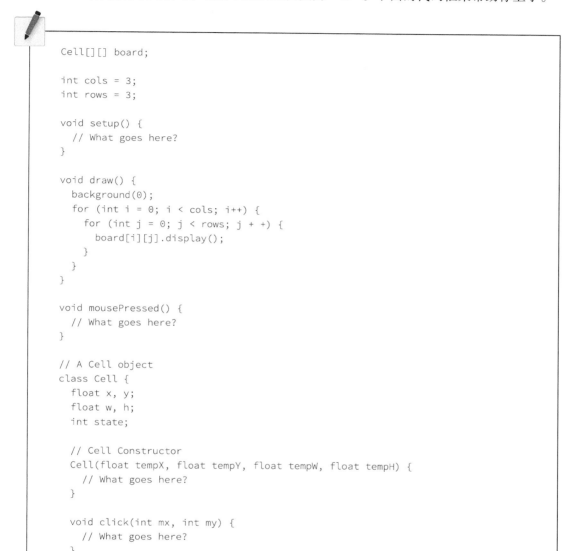

```
Cell[][] board;

int cols = 3;
int rows = 3;

void setup() {
  // What goes here?
}

void draw() {
  background(0);
  for (int i = 0; i < cols; i++) {
    for (int j = 0; j < rows; j + +) {
      board[i][j].display();
    }
  }
}

void mousePressed() {
  // What goes here?
}

// A Cell object
class Cell {
  float x, y;
  float w, h;
  int state;

  // Cell Constructor
  Cell(float tempX, float tempY, float tempW, float tempH) {
    // What goes here?
  }

  void click(int mx, int my) {
    // What goes here?
  }

  void display() {
    // What goes here?
  }
}
```

练习 13-12：完成井字游戏，为其增加 X 和通过鼠标点击完成选手的交换。

三维平移和旋转

矩阵究竟是什么？

——尼奥（Neo）[⊖]

本章主要内容：

- 二维和三维平移
- 使用 P3D 和 P2D 渲染器
- 顶点图形
- 二维和三维旋转
- 保存和还原平移状态：`pushMatrix()` 和 `popMatrix()`

14.1 z 坐标轴

纵观本书，通过使用笛卡儿坐标系来描述二维窗口中的像素：一个 x 坐标（水平）和一个 y 坐标（纵向）。这一概念可以一直追溯到第 1 章，当时我们讨论说，将电脑屏幕想象成一张坐标纸。

而在三维空间里（例如你正在阅读本书时所处的实际世界），第三个坐标轴（通常情况是指 z 轴）指的是任何一个已知点的纵深值。在 Processing 草图的窗口中，沿着 z 轴的坐标指的是该像素在窗口正前方或者正后方距离的多少。读到这里，你可能会迷惑地摇头。毕竟，电脑窗口只是两维的，并没有像素漂浮在你 LCD 显示器的前面或后面！在本章，我会阐述如何使用理论的 z 轴，在你的 Processing 窗口中创建虚拟的三维空间。

实际上，我可以根据你已经学到的知识来创建一个虚拟的三维效果。例如，如果我在窗口的中间位置绘制一个矩形，该矩形的宽度值和高度值缓慢增加，看上去它好像不断向你缓慢移动。如示例 14-1 所示。

示例 14-1：一个逐渐变大的矩形，还是一个向你移动的矩形？

```
float r = 8;

void setup() {
  size(200, 200);
}

void draw() {
  background(255);

  // Display a rectangle in the middle of the screen
  stroke(0);
  fill(175);
  rectMode(CENTER);
  rect(width/2, height/2, r, r);
```

图　14-1

⊖　电影《黑客帝国》中的角色。

```
    // Increase the rectangle size
    r++;
}
```

这个矩形会飞离电脑屏幕撞向你的鼻子吗？当然不会。它只是一个不断变大的矩形。但是我确实通过这种方式实现了矩形朝你移动的假象。

好消息是，如果你使用三维坐标，Processing 会为你创建模拟的三维效果。虽然在电脑显示器上出现第三个维度的想法看上去非常具有想象力，但是对于 Processing 来说，这是真实存在的。Processing 理解透视知识，它会选择合适的视角来创建真实的三维效果。然而你必须认识到，一旦进入三维像素的坐标世界，那么一部分的控制必须交由 Processing 的渲染器来处理。你再也不能像在二维坐标系中实现对图形的精准控制，这是因为（x，y）坐标将会被调整以适应三维的视角和透视。

为了在三维空间中指定点的位置，点的三维坐标按照你所期待的顺序排列：（x，y，z）。笛卡儿 3D 系统可以描述为左旋的（left-handed）和右旋的（right-handed）。如果使用右手，伸出食指朝向 y 轴的正极方向（向上），拇指朝向 x 轴的正极方向（向右），剩余的手指将会指向 z 轴的正极方向。如果使用左手进行同样的操作，它就是左手旋的。在 Processing 中，系统是左手旋的，如图 14-2 所示。

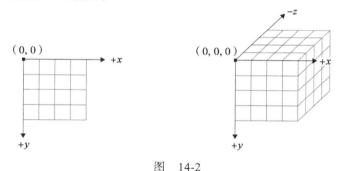

图 14-2

首先，我想使用 Processing 中的三维功能重新编写示例 14-1。假定下面的变量：

```
int x = width/2;
int y = height/2;
int z = 0;
int r = 10;
```

为了指定一个矩形的位置，rect() 函数使用四个参数：x 坐标、y 坐标、宽度值和高度值。

```
rect(x, y, z, w, h);
```

你的第一反应很可能是为 rect() 函数增加一个新的参数。

```
rect(x, y, z, w, h);
```

> 不正确！你不能在 Processing 图形函数（例如 rect()、ellipse()、line() 等）中使用（x，y，z）坐标。其他类型的函数可以使用（x，y，z）这样的三个参数，在本章后面你就会看到。

可是 Processing 的参考文档并不允许这样做。为了在 Processing 中为图形指定三维坐标，你必须学会使用一个新的函数 translate()。

translate() 函数并不是三维草图所独有的，所以让我们返回到二维平面中去看一下它是如何运行的。

函数 translate() 是通过移动原点（0，0）的方式来实现图形运动的。初始状态下的坐标原点是在窗口的左上角。如果你调用函数 translate()，使用参数（50，50）的结果就会如图 14-3 所示。

> **什么是原点？**
>
> 在 Processing 中，"原点"是二维平面中的点（0，0），或者三维空间中的点（0，0，0）。它永远位于窗口的左上角，除非你使用函数 translate() 进行移动。

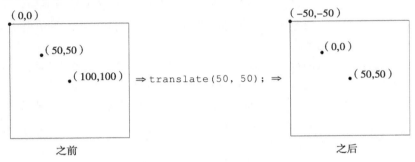

图　14-3

你可以将其想象成一支在屏幕上运动的笔，笔指向原点。

此外，在 draw() 的初始阶段，原点总是会将其位置重置于屏幕左上角。

示例 14-2：多次平移

```
void setup() {
  size(200, 200);
}

void draw() {
  background(255);
  stroke(0);
  fill(175);

  // Grab mouse coordinates, constrained to window
  int mx = constrain(mouseX, 0, width);
  int my = constrain(mouseY, 0, height);

  translate(mx, my);        平移到鼠标位置。
  ellipse(0, 0, 8, 8);

  translate(100, 0);        向右平移100像素。
  ellipse(0, 0, 8, 8);

  translate(0, 100);        向下平移100像素。
  ellipse(0, 0, 8, 8);

  translate(-100, 0);       向左平移100像素。
  ellipse(0, 0, 8, 8);
}
```

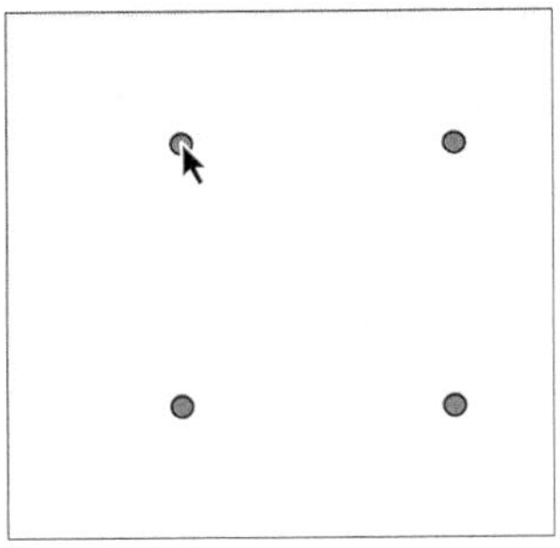

图　14-4

现在我已经讨论了 translate() 函数如何运行，可以返回到一开始指定三维坐标的问题了。translate() 函数并不像 rect()、ellipse() 和其他图形函数，它可以使用第三个参数作为 z 坐标。

```
translate(0, 0, 50);
rectMode(CENTER);
rect(100, 100, 8, 8);
```

> 沿z轴平移!

上面的代码沿 z 轴平移 50 像素，然后在坐标（100，100）处绘制一个矩形。这在技术上是正确的，但是使用 translate() 时，将位置（x,y）指定为平移的一部分是个好习惯，也就是：

```
translate(100, 100, 50);
rectMode(CENTER);
rect(0, 0, 8, 8);
```

> 当使用translate()时，矩形的坐标为（0，0），因为translate()移动了矩形的位置。

最后，我可以使用一个变量指代 z 坐标，然后图形实现面向观察者运动的效果，如示例 14-3 所示。

示例 14-3：沿着 z 轴移动的矩形

```
float z = 0; // A variable for the z (depth) coordinate

void setup() {
  size(200, 200, P3D);
}

void draw() {
  background(0);
  stroke(255);
  fill(100);

  // Translate to an (x,y,z) coordinate
  translate(width/2, height/2, z);
  rectMode(CENTER);
  rect(0, 0, 8, 8);

  z++;
}
```

> 当使用（x，y，z）坐标时，必须告知 Processing 你需要一个三维草图。这通过给size()函数增加第三个参数P3D来实现。详见14.2节的内容。

> z的数值不断增加（也就能够实现图形朝着观察者运动的效果）。

尽管这个示例的结果和示例 14-1 看上去并没有什么区别，但是从概念上讲，它是完全不同的。因为我们已经使用 Processing 的 3D 引擎在窗口上创建多个三维效果了。

练习 14-1：填写合适的 translate() 函数来创建如下图所示的样式。完成之后，尝试给 translate() 再增加一个参数，将其移动到一个三维空间中。

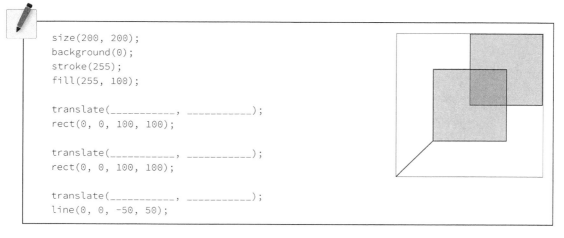

```
size(200, 200);
background(0);
stroke(255);
fill(255, 100);

translate(_____, _____);
rect(0, 0, 100, 100);

translate(_____, _____);
rect(0, 0, 100, 100);

translate(_____, _____);
line(0, 0, -50, 50);
```

translate() 函数在相对于某个中心点绘制一系列图形的时候非常有用。回顾本书前 10 章内容，你曾经看到过类似这样的代码：

```
void display() {
  // Draw Zoog's body
  fill(150);
  rect(x, y, w/6, h*2);

  // Draw Zoog's head
  fill(255);
  ellipse(x, y-h/2, w, h);
}
```

上面的 display() 函数根据 Zoog 的（x，y）坐标来绘制 Zoog 所有的身体部分（身体和头等）。这需要 x 和 y 都在 rect() 和 ellipse() 中使用。translate() 函数使得我可以将 Processing 的原点（0，0）设置为 Zoog 的（x，y）坐标，因此可以相对于该坐标进行绘制。

```
void display() {
  // Move origin (0,0) to (x,y)
  translate(x, y);

  // Draw Zoog's body
  fill(150);
  rect(0, 0, w/6, h*2);

  // Draw Zoog's head
  fill(255);
  ellipse(0, -h/2, w, h);
}
```

> translate() 函数可以根据某个指定点绘制一系列图形。

14.2 P3D 究竟是什么

如果你仔细看一下示例 14-3，会注意到我为 size() 函数增加了第三个参数。传统意义上讲，size() 函数只有一个作用：用于指定 Processing 窗口的宽度和高度值。事实上，size() 函数同样可以使用第三个参数，用以指定一个绘制模式或者说"渲染器"。渲染器会告知 Processing 在渲染展示窗口的时候应当如何去做。默认的渲染器（也就是没有任何指定的情况下）使用现有的 Java 2D 库来绘制图形、设置颜色等。你不必去担心这个过程的运行原理。Processing 的开发者已经将一切细节都处理妥当了。

如果你想使用 3D 平移（或者旋转，这会在本章的后面介绍），那么默认的渲染器就不足以满足需要了。运行示例，结果会导致以下错误提示：

"translate()，或者它的这种特定变化，在该渲染器下并不可用。"

接下来，你并不用切换回 translate(x, y)，而应该选择一个不同的渲染器：P3D。P3D 是一个采用硬件加速的三维渲染器。如果你电脑上安装了 OpenGL 兼容图形卡（几乎每台电脑都安装了），就可以使用这个渲染器。P3D 同样具有一个优势：速度。如果你计划在屏幕的高分辨窗口上显示大量的图形，这种模式是最佳的选择。另外还有一个 P2D 渲染器，在你希望使用 OpenGL 的功能但是绘制二维图形时，可以使用它。

为了指定渲染模式，需要为 size() 函数增加另外一个参数，全部使用大写。

```
size(200, 200);          // using the default renderer
size(200, 200, P3D);     // using P3D
size(200, 200, P2D);     // using P2D
```

最后，关于高"像素密度"的显示（比如苹果的"视网膜"显示），Processing 使用 pixelDensity() 函数以"2X"来渲染。像素密度和像素分辨率是不同的，像素分辨率是以像素为单位，由一张图片的实际宽度和高度来定义的。像素密度是通过 DPI（"每英寸点数"（dots per inch））来衡量的。这里的密度指的是，你显示器的每个物理英寸中有多个像素（也就是点）。对于高密度的显示，Processing 提供的渲染器可以将像素数目加倍，使得人眼看上去图形更加细腻。这都是 Processing 幕后的工作，因此你不必修改代码——你草图的 width 值和 height 值可以保持不变。但是，当你直接和像素打交道的时候，会出现一些复杂的情况，我会在下一章讨论这个话题。

```
size(200, 200);
pixelDensity(2);
```

这里指定Processing应该以"2X"进行渲染以获得高像素显示。这在草图中只能调用一次，并且只能在setup()里面，size()的后面。

练习 14-2：首先使用默认的渲染器运行任何一个 Processing 草图，然后切换至 P2D 和 P3D 渲染器。注意有没有差别？

14.3　顶点形状

直到现在，你在窗口中绘制图形的能力被限制在一系列初始的基础二维图形中：矩形、椭圆、三角形、直线和点。但是，某些项目要求你创建自己个性化的图形。这时候就可以使用函数 beginShape()、endShape() 和 vertex()。

现在考虑下一个矩形的绘制。Processing 中的一个矩形由一个参考点，以及宽度值和高度值定义。

```
rect(50, 50, 100, 100);
```

但是你也可以将一个矩形当做一个由四个点构成的多边形（由线段构成的封闭图形）。构成多边形的点叫做顶点（vertex）。下面的代码绘制出了一个和使用 rect() 函数完全一样的图形，它是通过分别定义矩形四个顶点的位置来完成绘制的。如图 14-5 所示。

```
beginShape();
vertex(50, 50);
vertex(150, 50);
vertex(150, 150);
vertex(50, 150);
endShape(CLOSE);
```

图　14-5

beginShape() 表示你将使用若干顶点来创建一个自定义图形：一个多边形（polygon）。vertex() 函数指定了多边形中各个点的坐标；endShape() 函数表明你添加了所有顶点。endShape(CLOSE) 内部中的参数 CLOSE 说明该图形为封闭图形，换句话说，图形的最后一个顶点要和第一个顶点相连接。

相较于使用 rect() 函数绘制的矩形，使用自定义图形绘制的好处在于灵活性。举例来说，多边形的边与边之间不一定是垂直的，如图 14-6 所示。

```
stroke(0);
fill(175);
beginShape();
vertex(50, 50);
vertex(150, 25);
vertex(150, 175);
vertex(25, 150);
endShape(CLOSE);
```

图   14-6

你也可以创建不止一个图形，比如说，使用循环进行绘制，如图 14-7 所示。

```
stroke(0);
for (int i = 0; i < 10; i++) {
  beginShape();
  fill(175);
  vertex(i*20, 10 - i);
  vertex(i*20 + 15, 10 + i);
  vertex(i*20 + 15, 180 + i);
  vertex(i*20, 180-i);
  endShape(CLOSE);
}
```

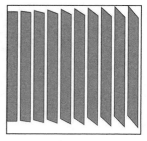

图   14-7

你还可以为 beginShape() 函数增加一个参数，指定你想要创建什么类型的图形。这对于创建不止一个多边形是尤其有用的。举例来说，如果你创建了 6 个顶点，除非你声明 beginShape(TRIANGLES)，否则 Processing 根本不知道你想要绘制两个三角形（与之相反的是一个六边形）。如果你根本不想绘制一个多边形，而只是想绘制点或直线，你可以通过声明 beginShape(POINTS) 或者 beginShape(LINES) 来实现。如图 14-8 所示。

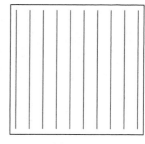

图   14-8

```
stroke(0);
beginShape(LINES);
for (int i = 10; i < width; i += 20) {
  vertex(i, 10);
  vertex(i, height-10);
}
endShape();
```

注意，LINES 指的是绘制一系列单独的直线，而不是一个连续的折线。对于后者，无需使用任何参数。相反，仅仅需要指定所有你需要的顶点，然后使用 noFill() 函数。如图 14-9 所示。

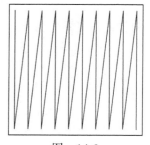

图   14-9

```
noFill();
stroke(0);
beginShape();
for (int i = 10; i < width; i += 20) {
  vertex(i, 10);
  vertex(i, height - 10);
}
endShape();
```

关于 beginShape() 完整的可能的参数列表，请见 Processing 的参考文档（http://processing.org/reference/beginShape_.html）：POINTS、LINES、TRIANGLES、TRIANGLE_FAN、TRIANGLE_STRIP、QUADS 以及 QUAD_STRIP。

此外，vertex() 也可以被 curveVertex() 所替代，这将用曲线连接各点，而不是直线连接。注意，在使用 curveVertex() 时，第一个顶点和最后一个顶点将不会显示。这是因为它们要用来定义弯曲率，因此曲线将从第二个顶点开始，结束于倒数第二个顶点。如图 14-10 所示。

```
noFill();
stroke(0);
beginShape();
for (int i = 10; i < width; i +=20) {
  curveVertex(i, 10);
  curveVertex(i, height - 10);
}
endShape();
```

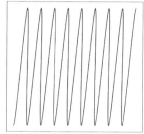

图　14-10

练习 14-3：为图示的图形完成顶点的编写。

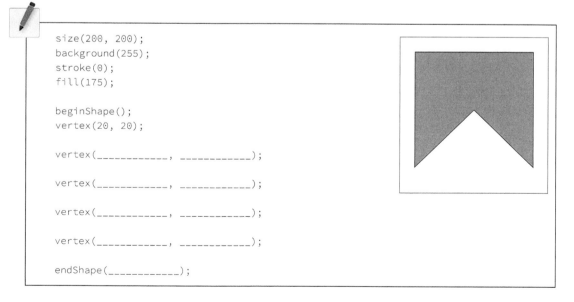

```
size(200, 200);
background(255);
stroke(0);
fill(175);

beginShape();
vertex(20, 20);

vertex(_____, _____);

vertex(_____, _____);

vertex(_____, _____);

vertex(_____, _____);

endShape(_____);
```

14.4　自定义三维图形

创建三维图形，可以使用 beginShape()、endShape() 和 vertex() 以恰当的构造将多个多边形并排组合到一起来实现。比如你想要绘制一个由四个三角形构成的四面金字塔（four-sided pyramid），所有的线连接至一个点（顶点）和一个平面（基面）。如果图形非常简单，你或许直接通过编写代码就能实现了。在大多数情况下，最好使用铅笔和草纸开始绘制草图，这样可以方便地画出所有顶点的位置。金字塔的其中一个示例如图 14-11 所示。

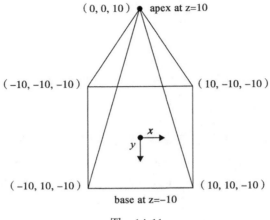

图   14-11

示例 14-4 使用了图 14-11 中的各个顶点，并将它们置于一个函数中，从而可以绘制各种大小的金字塔（作为练习，尝试将金字塔为一个对象）。

示例 14-4： 使用 `beginShape(TRIANGLES)` 绘制金字塔

```
void setup() {
  size(200, 200, P3D);
}

void draw() {
  background(255);
  translate(100, 100, 0);
  drawPyramid(150);
}

void drawPyramid(int t) {
  stroke(0);

  beginShape(TRIANGLES);
  fill(255, 150);
  vertex(-t, -t, -t);
  vertex( t, -t, -t);
  vertex( 0,  0,  t);

  fill(150, 150);
  vertex(t, -t, -t);
  vertex(t,  t, -t);
  vertex(0,  0,  t);

  fill(255, 150);
  vertex( t,  t, -t);
  vertex(-t,  t, -t);
  vertex( 0,  0,  t);

  fill(150, 150);
  vertex(-t,  t, -t);
  vertex(-t, -t, -t);
  vertex( 0,  0,  t);
  endShape();
}
```

> 由于金字塔的各个顶点是相对于一个中心点绘制的，所以你必须调用 translate() 将金字塔放在窗口的合适位置。

> 该函数在中心点周围的弹性距离内设置金字塔的各个顶点，该弹性距离的大小取决于传递给它的参数的值。

> 这个金字塔有四个面，每面被绘制为一个独立的三角形，每个面有三个顶点，形成一个三角形的形状。参数 t 决定了三角形的大小。

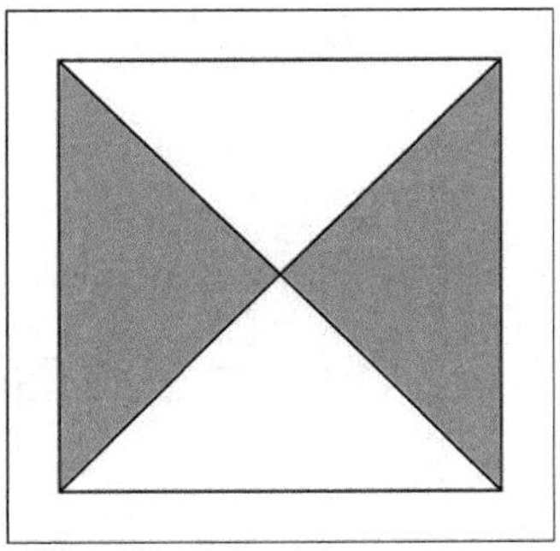

图   14-12

练习 14-4：创建一个只有三个面的金字塔。包含基面（总共有 4 个三角形）。使用下面的空间按照图 14-11 的方式手绘出顶点的位置。

练习 14-5：使用 8 个四边形创建一个三维的立方体——`beginShape(QUADS)`。（注意：在 Processing 中制作一个立方体更简单的方式是使用 `box()` 函数。）

14.5　简单的旋转

前面金字塔的示例的视觉输出，并不能给人特别真实的立体感。这个图片看上去更像一个平面。再一次，你要提醒自己，我只是在创建一个三维的错觉，因为它并不能在虚拟空间里实现金字塔结构的动态效果，因此它并不是一个特别有效的方式。解决这个问题的方法之一是旋转金字塔。接下来我们学习关于旋转的基础知识。

对于大多数人来说，在现实世界中，旋转是一个相当简单和直观的概念。手拿一个指挥棒，旋转它，然后你就能够对旋转一个对象有更直观的理解。

编程中的旋转，并没有那么简单。学习过程中会遇到各种各样的问题。比如：你应该沿着哪个坐标轴进行旋转？旋转多少角度？围绕哪个原点进行旋转？ Processing 提供了和旋转相关的几个函数，我会一步一步、慢慢地讲解。我们的目标是编写一个模拟太阳系的程序：许多行星围绕一个恒星以不同的速率旋转（以及旋转金字塔从而更好地体验它的维度）。

不过，首先让我们尝试实现一些简单的事情：让一个矩形围绕其中心进行旋转。我会按照下面的三条原则实现旋转：

1. 使用 `rotate()` 函数，让图形在 Processing 内转动。

2. `rotate()` 函数有一个参数，角度以弧度来衡量。

3. `rotate()` 函数按照顺时针方向转动形状。

好了，有了这些知识的武装，我应该只需要调用 `rotate()` 函数，然后把角度值传递给它，例如 45°（或者说弧度制 PI/4）。下面是第一个（尽管存在缺陷）尝试，其输出结果如图 14-13 所示。

```
rotate(radians(45));
rectMode(CENTER);
rect(width/2, height/2, 100, 100);
```

哪里出错了？矩形看上去转动了，但是它不在正确的位置！

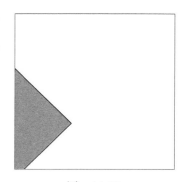

图　14-13

在 Processing 中旋转，有一点需要记住：Processing 内的图形永远是围绕原点旋转的。这个示例内的原点在哪里？左上角！原点没有位移。因此矩形并不围绕它的中心旋转，而是围绕左上角旋转。如图 14-14 所示。

当然了，也许有一天你想将图形围绕其左上角进行旋转，但是在那一天到来之前，你始终需要在旋转之前将原点移动到合适的位置，然后再显示矩形。translate() 来拯救你了。

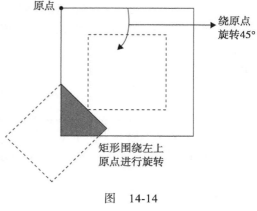

原点

绕原点旋转45°

矩形围绕左上原点进行旋转

图　14-14

```
translate(width/2, height/2);
rotate(radians(45));
rectMode(CENTER);
rect(0, 0, 100, 100);
```

> 为了旋转我进行了转换，矩形现在位于点（0，0）。

我可以将上述代码扩展一下，使用 mouseX 的值计算一个旋转的角度。如示例 14-5 所示。

示例 14-5：矩形围绕其中心旋转

```
void setup() {
  size(200, 200);
}

void draw() {
  background(255);
  stroke(0);
  fill(175);

  // Translate origin to center
  translate(width/2, height/2);

  // theta is a common name of a variable to store an
angle

  float theta = map(mouseX, 0, width, 0, TWO_PI);

  // Rotate by the angle theta
  rotate(theta);

  // Display rectangle with CENTER mode
  rectMode(CENTER);
  rect(0, 0, 100, 100);
}
```

图　14-15

> 使用 map() 函数，角的取值范围是0到 TWO_PI。

练习 14-6：创建一条围绕其中心旋转的线段（就像旋转一根指挥棒）。在线段两端都绘制端点。

14.6　围绕不同的轴旋转

你已经掌握了关于旋转的基础知识，接下来可以思考另一个关于旋转的重要问题：*旋转的时候需要围绕哪个轴转动？*

在前面的几节，正方形围绕 z 轴旋转。这对于二维旋转来说，是默认的轴。如图 14-16 所示。

Processing 同样允许围绕 x 和 y 轴旋转，这需要使用函数 rotateX() 和 rotateY()，这都需要使用 P3D 渲染器。另外也存在函数 rotateZ()，它等同于 rotate()。具体如示例 14-6、示例 14-7、示例 14-8 所示。

图　14-16

示例 14-6：围绕 z 轴旋转

```
float theta = 0.0;

void setup() {
  size(200, 200, P3D);
}

void draw() {
  background(255);
  stroke(0);
  fill(175);

  translate(100, 100);
  rotateZ(theta);
  rectMode(CENTER);
  rect(0, 0, 100, 100);

  theta += 0.02;
}
```

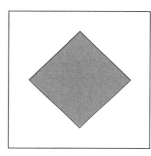

图　14-17

示例 14-7：围绕 x 轴旋转

```
float theta = 0.0;

void setup() {
  size(200, 200, P3D);
}

void draw() {
  background(255);
  stroke(0);
  fill(175);

  translate(100, 100);
  rotateX(theta);
  rectMode(CENTER);
  rect(0, 0, 100, 100);

  theta += 0.02;
}
```

图　14-18

示例 14-8：围绕 y 轴旋转

```
float theta = 0.0;

  void setup() {
  size(200, 200, P3D);
}
```

```
void draw() {
  background(255);
  stroke(0);
  fill(175);

  translate(100, 100);
  rotateY(theta);
  rectMode(CENTER);
  rect(0, 0, 100, 100);

  theta += 0.02;
}
```

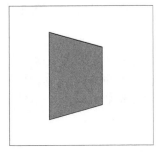

图 14-19

各个旋转函数也可以组合使用。示例 14-9 的输出结果如图 14-20 所示。

示例 14-9：围绕不止一个坐标轴进行旋转

```
void setup() {
  size(200, 200, P3D);
}

void draw() {
  background(255);
  stroke(0);
  fill(175);

  translate(width/2, height/2);
  rotateX(map(mouseY, 0, height, 0, TWO_PI));
  rotateY(map(mouseX, 0, width, 0, TWO_PI));
  rectMode(CENTER);
  rect(0, 0, 100, 100);
}
```

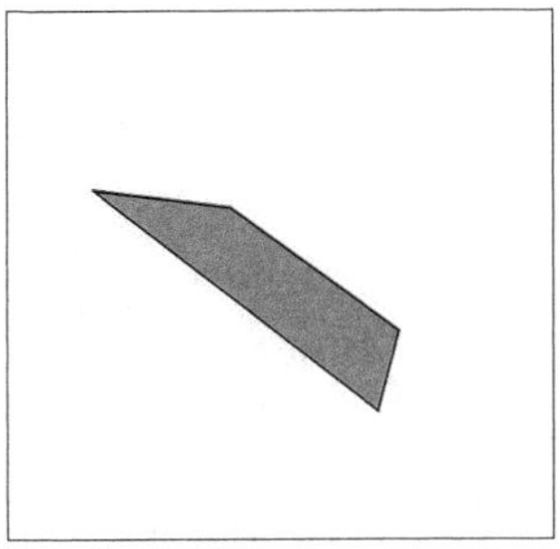

图 14-20

返回到金字塔的示例，你会看到使用旋转能够增强图形的三维效果。这个示例还进行了拓展，包含了另外一个金字塔图形，它使用 translate() 函数使得相较于第一个金字塔进行了一定的偏移。但是请注意，它仍然和第一个金字塔围绕同一个原点旋转（因为 rotateX() 和 rotateY() 是先于第二个 translate() 被调用的）。

示例 14-10：金字塔

```
float theta = 0.0;

void setup() {
  size(200, 200, P3D);
}

void draw() {
  background(255);
  theta += 0.01;

  translate(100, 100, 0);       ◁── 为第一个金字塔实现平移。
  rotateX(theta);
  rotateY(theta);
  drawPyramid(50);

  translate(50, 50, 20);        ◁── 为第二个小一些的金字塔再次实行平移。它的位置相
  drawPyramid(10);                   较于第一个金字塔有偏移。根据调用的 rotateX() 和
}                                     rotateY() 函数，后者和前者围绕同一原点旋转。
```

```
void drawPyramid(int t) {
  stroke(0);

  fill(150, 0, 0, 127);
  beginShape(TRIANGLES);
  vertex(-t, -t, -t);
  vertex( t, -t, -t);
  vertex( 0,  0,  t);

  fill(0, 150, 0, 127);
  vertex( t, -t, -t);
  vertex( t,  t, -t);
  vertex( 0,  0,  t);

  fill(0, 0, 150, 127);
  vertex( t,  t, -t);
  vertex(-t,  t, -t);
  vertex( 0,  0,  t);

  fill(150, 0, 150, 127);
  vertex(-t,  t, -t);
  vertex(-t, -t, -t);
  vertex( 0,  0,  t);
  endShape();
}
```

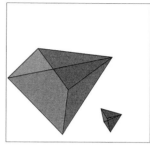

> 该函数并没有变化。再次，金字塔具有四个面，每一面都是根据参数t的大小被绘制成为独立的三角形。

图　14-21

练习 14-7：旋转你在练习 14-5 中的制作的三维立方体。你能让其围绕边角或者中心旋转吗？你也可以使用 Processing 的 box() 函数制作立方体。

练习 14-8：制作一个金字塔类。

14.7　scale() 函数

除了 translate() 函数和 rotate() 函数之外，还有一个名为 scale() 的函数，它用于放大或缩小屏幕上对象的尺寸。和 rotate() 一样，其比例效果也是相对于原位置。

scale() 函数使用一个浮点数据类型，按照百分比计算，比如 1.0 即 100%。举例来说：scale(0.5) 以原尺寸一半的大小绘制对象；scale(3.0) 将对像大小增加到 300%。

下面是使用 scale() 函数对示例 14-1（不断增大的矩形）的重新编写：

示例 14-11：使用 scale() 创建一个不断增大的矩形

```
float r = 0.0;

void setup() {
```

```
  size(200, 200);
}

void draw() {
  background(0);

  // Translate to center of window
  translate(width/2, height/2);

  scale(r);

  stroke(255);
  fill(100);
  rectMode(CENTER);
  rect(0, 0, 10, 10);

  r += 0.02;
}
```

> scale() 函数以百分比的形式（1等于100%），相对于原点增加一个对象的尺寸。注意，在这个示例中，缩放导致图形的轮廓变得更粗了。

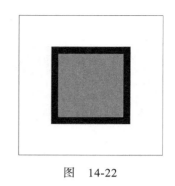

图   14-22

scale() 函数也可以使用 2 个参数（沿着 x 和 y 轴分别按照不同数值缩放），或者使用 3 个参数（分别是 x 轴、y 轴和 z 轴）。

14.8 pushMatrix() 和 popMatrix() 函数

什么是矩阵？

为了能够记录和跟踪旋转和转换状态，并且根据不同的旋转状态来展示图形，Processing（以及任何其他的计算机图形软件）使用了矩阵。

关于矩阵变换的工作原理的内容已经超越了本书的研究范围，你只需要了解和坐标系统相关的信息存储于所谓的变换矩阵（transformation matrix）中就可以了。在应用一个平移或者旋转之后，变换矩阵也会发生变化。通常，保存当前的矩阵状态并供后面使用是非常有帮助的。这使得你可以在影响其他东西的情况下移动或者旋转独立的图形。

什么是矩阵？

矩阵是一个包含行和列的数字表格。在 Processing 中，一个变换矩阵来描述窗口朝向——它是平移了还是旋转了？你可以在任何时候通过调用函数 printMatrix() 来查看当前的矩阵。下面是矩阵的"标准"状态，这没有调用 translate() 函数或者 rotate() 函数。

```
1.0000 0.0000 0.0000
0.0000 1.0000 0.0000
```

最后我们通过一个示例来讲解这个概念。先来给自己布置一个任务：创建一个 Processing 草图，其中有两个以不同速度和方向围绕各自中心点旋转的矩形。

在我编写这个示例的过程中，你会看到有问题出现，而我需要使用函数 pushMatrix() 和 popMatrix() 来解决。

首先，使用和 14.4 小节中相同的代码，我可以在窗口的左上角让一个正方形绕 z 轴旋转。如示例 14-12 所示。

示例 14-12：旋转一个正方形

```
float theta1 = 0;

void setup() {
```

```
  size(200, 200, P3D);
}

void draw() {
  background (255);
  stroke(0);
  fill(175);
  rectMode(CENTER);

  translate(50, 50);
  rotateZ(theta1);
  rect(0, 0, 60, 60);
  theta1 += 0.02;
}
```

图　14-23

进行一些小的调整，现在在窗口的右下角让一个正方形旋转。

示例 14-13：旋转另外一个正方形

```
float theta2 = 0;

void setup() {
  size(200, 200, P3D);
}

void draw() {
  background(255);
  stroke(0);
  fill(175);
  rectMode(CENTER);

  translate(150, 150);
  rotateY(theta2);
  rect(0, 0, 60, 60);

  theta2 += 0.02;
}
```

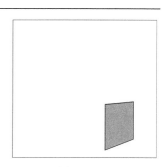

图　14-24

我并没有考虑太多，打算简单地将两个程序进行组合。setup() 函数应该维持不变，这里需要合并两个全局变量，theta1 和 theta2，然后为每个矩形调用合适的平移和旋转函数。我也应该为第二个正方形调整平移：从 translate(150, 150) 到 translate(100, 100)，由于我已经将第一个矩形平移到（50，50）。这应该行得通，对吗？

```
float theta1 = 0;
float theta2 = 0;

void setup() {
  size(200, 200, P3D);
}

void draw() {
  background(255);
  stroke(0);
  fill(175);
  rectMode(CENTER);
```

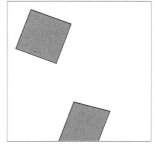

图　14-25

```
translate(50, 50);
rotateZ(theta1);
rect(0, 0, 60, 60);

theta1 += 0.02;

translate(100, 100);
rotateY(theta2);
rect(0, 0, 60, 60);

theta2 += 0.02;
}
```

> 这里调用 rotateZ() 影响后面绘制的所有图形。两个正方形都围绕第一个正方形的中心点旋转。

运行这个示例很快就遇到了问题。第一个（左上角）正方形围绕其中心进行旋转。但是，虽然第二个正方形确实旋转了，但是它也围绕第一个正方形旋转！记住，所有平移和旋转都是相对于坐标系统的前一个状态。我需要将矩阵还原至其初始状态，以使得各个图形可以独立平移运动。

保存和恢复旋转 / 平移状态是通过函数 pushMatrix() 和 popMatrix() 来完成的。开始，让我们将它们当作 saveMatrix() 和 restoreMatrix()。（注意：其实并没有这两个函数。）push＝保存（save），pop＝还原（restore）。

为了使各个正方形独立旋转，我可以写下如下算法（新的部分用粗体显示）：

1. 保存当前的变换矩阵。这是起点，窗口左上角的坐标（0，0），并且没有旋转。

2. 平移并旋转第一个正方形。

3. 显示第一个正方形。

4. 从第一步中还原矩阵，这样第二个正方形不会受到第 2 步和第 3 步的影响！

5. 平移并旋转第二个正方形。

6. 显示第二个正方形。

重新编写示例 14-14 中的代码，得到如图 14-26 的正确结果。

示例 14-14：旋转两个正方形

```
float theta1 = 0;
float theta2 = 0;

void setup() {
  size(200, 200, P3D);
}

void draw() {
  background(255);
  stroke(0);
  fill(175);
  rectMode(CENTER);

  pushMatrix();

  translate(50, 50);
  rotateZ(theta1);
  rect(0, 0, 60, 60);

  popMatrix();

  pushMatrix();
```

> **pushMatrix();** — 第1步：保存平移状态。
> translate(50, 50); — 2
> rect(0, 0, 60, 60); — 3
> **popMatrix();** — 第4步：还原平移状态。

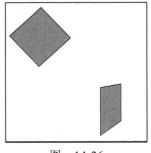

图　14-26

```
translate(150, 150);          5
rotateY(theta2);
rect(0, 0, 60, 60);           6

popMatrix();

theta1 += 0.02;
theta2 += 0.02;
}
```

　　虽然技术上并不需要，但是把 pushMatrix() 和 popMatrix() 放到第二个正方形的周围是一个良好的习惯（在有些情况下我会添加更多图形）。刚开始使用 pushMatrix() 和 popMatrix() 的一个经验法则是：对于所有图形而言，都要在平移和旋转的前后使用 pushMatrix() 和 popMatrix()，这样它们才能作为独立的个体被对待。实际上，本示例应该以面向对象的方式来编写，其中每个对象分别调用自己的 pushMatrix()、translate()、rotate() 和 popMatrix()。如示例 14-15 所示。

示例 14-15：使用对象旋转多个图形

```
// An array of Rotater objects
Rotater[] rotaters;

void setup() {
  size(200, 200);
  rotaters = new Rotater[20];

  // Rotaters are made randomly
  for (int i = 0; i < rotaters.length; i++) {
    rotaters[i] = new Rotater(random(width),
        random(height), random(-0.1, 0.1), random(48));
  }
}
```

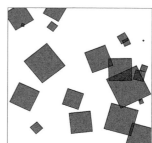

图　14-27

```
void draw() {
  background(255);
  // All Rotaters spin and are displayed
  for (int i = 0; i < rotaters.length; i++) {
    rotaters[i].spin();
    rotaters[i].display();
  }
}

// A Rotater class
class Rotater {
  float x, y;    // x,y location
  float theta;   // angle of rotation
  float speed;   // speed of rotation
  float w;       // size of rectangle

  Rotater(float tempX, float tempY, float tempSpeed, float tempW) {
    x = tempX;
    y = tempY;
    theta = 0;             // Angle is always initialized to 0
    speed = tempSpeed;
    w = tempW;
  }

  // Increment angle
```

```
void spin() {
  theta += speed;
}

// Display rectangle
void display() {
  rectMode(CENTER);
  stroke(0);
  fill(0, 100);
  pushMatrix();
  translate(x, y);
  rotate(theta);
  rect(0, 0, w, w);
  popMatrix();
}
}
```

> pushMatrix()是在类的display()方法内部被调用的。

> 并且popMatrix()也在这里。这样的话，每一个Rotater对象是根据其自身独立的平移和旋转来渲染的！

嵌套使用 pushMatrix() 和 popMatrix() 会产生有趣的结果。注意 pushMatrix() 和 popMatrix() 的数量必须永远相等，但是它们没有必要是一个接一个的形式。

为了明白其中的工作原理，让我们仔细看一下 "push"（添加）和 "pop"（取出）的含义。"push" 和 "pop" 在计算机科学领域指的是栈（stack）。了解栈是如何工作的会帮助你更加正确地使用 pushMatrix() 和 popMatrix()。

栈的含义就是：堆叠。假设有一名英语教师，要在晚上对桌上的一堆试卷阅卷打分，也就是一叠（stack）试卷。该教师将试卷一页一页堆叠起来，然后按照堆叠顺序的逆向顺序进行阅卷。也就是说，最先堆在桌上的试卷反而是最后一张阅读的试卷。注意，这和一个队列是截然相反的。如果你去看电影排队买票，队列中的第一个人就是第一个买到票的人，最后一个人是最后买到票的。如图 14-28 所示。

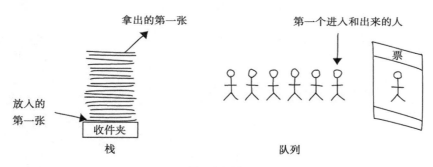

图   14-28

添加（pushing）指的是将某些东西放入栈中的过程，而取出（popping）指的是拿出某些东西。这就是为什么你必须确保 pushMatrix() 和 popMatrix() 调用的数量永远是相等的。你无法取出（pop）并不存在的东西！如果你的数字不准确，消息控制台会提示错误。举例来说，如果有过多 popMatrix() 的调用，Processing 会报告："缺少一个 pushMatrix() 来匹配那个 popMatrix()。"

使用之前的旋转正方形作为基础，你可以看到嵌套的 pushMatrix() 和 popMatrix() 是如何发挥作用的。在下面的示例中，图形中心有一个圆（我们称其为太阳），另外一个圆围绕它旋转（我们称其为地球），以及另外两个圆围绕它旋转（我们称其为月亮 1 和月亮 2）。

示例 14-16：简化的太阳系

```
// Angle of rotation around sun and planets
float theta = 0;

void setup() {
  size(200, 200);
}

void draw() {

  background(255);
  stroke(0);

  // Translate to center of window to draw the sun.
  translate(width/2, height/2);
  fill(255, 200, 50);
  ellipse(0, 0, 20, 20);

  // The earth rotates around the sun
  pushMatrix();
  rotate(theta);
  translate(50, 0);
  fill(50, 200, 255);
  ellipse(0, 0, 10, 10);

  // Moon #1 rotates around the earth

  pushMatrix();
  rotate(-theta*4);
  translate(15, 0);
  fill(50, 255, 200);
  ellipse(0, 0, 6, 6);
  popMatrix();

  // Moon #2 also rotates around the earth
  pushMatrix();
  rotate(theta*2);
  translate(25, 0);
  fill(50, 255, 200);
  ellipse(0, 0, 6, 6);
  popMatrix();

  popMatrix();

  theta += 0.01;
}
```

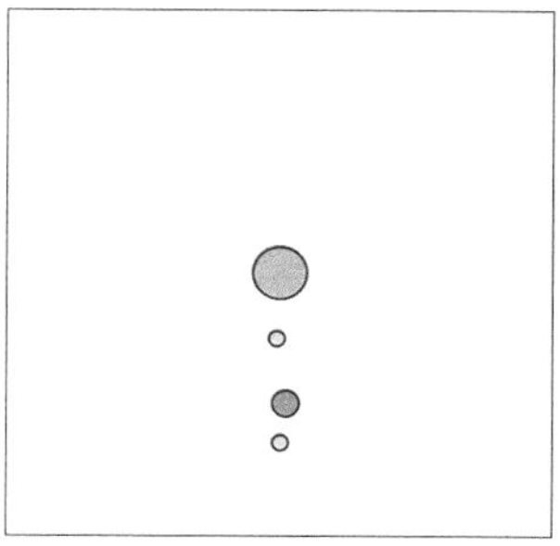

图 14-29

> 在绘制月亮1之前调用pushMatrix()保存平移状态。这样我就可以在绘制月亮2之前取出并返回地球。所有的月亮都围绕地球旋转（而地球自身围绕太阳旋转）。

pushMatrix() 和 popMatrix() 也可以在 for 或者 while 循环内部进行嵌套，产生相当独特并且有趣的结果。比如下面的示例。

示例 14-17：嵌套的 push 和 pop

```
// Global angle for rotation
float theta = 0;

void setup() {
  size(200, 200);
}

void draw() {
  background(100);
  stroke(255);

  // Translate to center of window
```

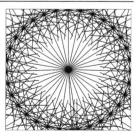

图 14-30

```
translate(width/2, height/2);

// Loop from 0 to 360 degrees (2*PI radians)
for(float i = 0; i < TWO_PI; i += 0.2) {
  // Push, rotate and draw a line!
  pushMatrix();
  rotate(theta + i);
  line(0, 0, 100, 0);
  // From 0 to 360 degrees (2*PI radians)
  for(float j = 0; j < TWO_PI; j + = 0.5) {

    // Push, translate, rotate!
    pushMatrix();
    translate(100, 0);
    rotate(-theta - j);
    line(0, 0, 50, 0);
    // Done with the inside loop, pop!
    popMatrix();
  }
  // Done with the outside loop, pop!
  popMatrix();
}
endShape();

// Increment theta
theta += 0.01;
}
```

> 平移状态在 for 循环的每次循环之初被保存，在末尾被还原。尝试将这些代码注释掉看一下会发生什么！

> 另外一个 pushMatrix()。

> 另外一个 popMatrix()。

> 最终的 popMatrix()。

练习 14-9：将你的金字塔或者立方体图形示例制作为一个类。让每个对象可以各自调用 pushMatrix() 和 popMatrix()。你能制作一个在三维中各自独立旋转的对象数组吗？

14.9　用 Processing 模拟太阳系

使用我们在本章学习的所有的平移、旋转、添加和取出技术，你可以创建一个 Processing 太阳系了。这个示例是前面小节中示例 14-16（没有月亮）的更新版本，主要改变表现在以下两个方面：

- 每个行星都是一个对象，是 Planet（行星）类的一员。
- 一个行星数组围绕太阳旋转。

示例 14-18：面向对象的太阳系

```
// An array of 8 planet objects
Planet[] planets = new Planet[8];

void setup() {
  size(200, 200);

  // The planet objects are initialized using the
counter variable
  for (int i = 0; i < planets.length; i++) {
    planets[i] = new Planet(20 + i*10, i + 8);
  }
}
```

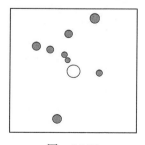

图　14-31

```
void draw() {

  background(255);

  // Drawing the Sun
  pushMatrix();
  translate(width/2, height/2);
  stroke(0);
  fill(255);
  ellipse(0, 0, 20, 20);

  // Drawing all Planets
  for (int i = 0; i < planets.length; i++) {
    planets[i].update();
    planets[i].display();
  }

  popMatrix();
}

class Planet {

  float theta;      // Rotation around sun
  float diameter;   // Size of planet
  float distance;   // Distance from sun
  float orbitspeed; // Orbit speed

  Planet(float distance_, float diameter_) {
    distance = distance_;
    diameter = diameter_;
    theta = 0;
    orbitspeed = random(0.01, 0.03);
  }

  void update() {
    // Increment the angle to rotate
    theta += orbitspeed;
  }
void display() {

    pushMatrix();
    // Rotate orbit
    rotate(theta);
    // Translate out distance
    translate(distance, 0);
    stroke(0);
    fill(175);
    ellipse(0, 0, diameter, diameter);
    popMatrix();
  }
}
```

每个行星对象跟踪记录其自身的旋转角度。

在旋转和平移之前，矩阵的状态使用 pushMatrix()进行保存。

一旦绘制好行星，使用popMatrix()将矩阵进行还原，这样下一个行星不会受到影响。

练习 14-10：你能为上述行星增加卫星吗？提示：编写一个 Moon（卫星）类，这个类实际上和 Planet 类是一样的。然后，将一个 Moon 变量合并到 Planet 类中。（在第 22 章，我使用高级的 OOP（面向对象编程）技巧使其更高效。）

练习 14-11：拓展太阳系的示例至三维空间中。尝试使用 sphere() 或者 box() 函数来代替 ellipse() 函数。注意：sphere() 函数采用一个参数，也就是球体的半径值。box() 函数可以使用一个参数（立方体的边长）或者三个参数（长度、宽度和高度）。

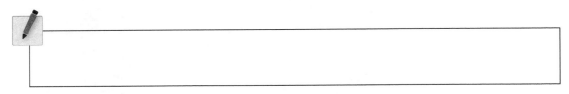

14.10　PShape 类

在本书的一开始，你学习的第一件事情便是学习在屏幕上如何绘制"原始的"图形：矩形、椭圆、直线、三角形等。你已经在本章看到更高级的绘制选项：在二维和三维空间中，使用 beginShape() 和 endShape() 来确定自定义多边形的顶点进行绘制。

这一切都不错，而且能让你进一步深入学习下去。掌握了前面的知识，几乎没有你不能绘制的图形了。但是，还有另外一步你需要学习。这一步在很多情况下可以提高你绘制图形的速度，而且为你的代码提供更加高级的组织模式——PShape()。

到目前为止，你对于各种数据类型的概念已经轻车熟路了。你经常指定一种数据类型：一个名为 speed 的浮点变量，一个名为 x 的整型，或许是一个名为 letterGrade 的字符变量。这些都是原始的数据类型，是系统自带的供你随时使用的。这似乎有些棘手，但你已经开始适应掌握了对象的概念和使用，以及存储多个数据片段（以及函数功能）的、更复杂的一种数据类型——比如说 Zoog 类，它包含与位置、尺寸和速度相关的浮点类型变量，以及用于移动、显示等的方法。Zoog 当然是一种用户自定义的类，我将 Zoog 带到这个编程的世界里，给 Zoog 下了定义，定义了和 Zoog 对象相关的数据和函数。

除了用户自定义的对象之外，Processing 还有一系列内置的类供你使用。下一章会全面讲述这些内置的 Processing 对象中的一种：PImage，一种用于载入和显示图片的类。

在继续下一章之前，让我们首先通过学习 PShape 来涉及这片领域，它是用于存储图形的一种数据类型。一个 PShape 可以存储通过一种算法构建的自定义的几何图形，以及从一个外部文件载入的图形，比如可缩放矢量图形（scalable vector graphics，SVG）文件，它是一种用于存储图形数据的标准格式。

一个 **PShape** 对象可以通过 createShape 函数或者 loadShape() 来进行创建。下面让我们看一个快速上手的例子，对 PShape 进行更全面的讨论，这有些超越了本书的研究范围，Processing 的上线教程中也包含了这方面的讨论（https://processing.org/tutorials/pshape/）。

示例 14-19：PShape

```
PShape star;

void setup() {
  size(200, 200);
  star = createShape();

  star.beginShape();
  star.fill(102);
```

使用一个 **PShape** 对象实例和使用一个用户自定义的类没有什么区别。首先，需要声明一个类型为 PShape 的变量。

使用 createShape() 函数创建 PShape 对象的一个新的实例。

```
star.stroke(0);
star.strokeWeight(2);

star.vertex(0, -50);
star.vertex(14, -20);
star.vertex(47, -15);
star.vertex(23, 7);
star.vertex(29, 40);
star.vertex(0, 25);
star.vertex(-29, 40);
star.vertex(-23, 7);
star.vertex(-47, -15);
star.vertex(-14, -20);
star.endShape(CLOSE);
}

void draw() {
  background(255);
  translate(mouseX, mouseY);
  shape(star);
}
```

所有的绘制函数现在都可以在 PShape 对象自身中进行调用。

这些都是硬编码的数值，但是可以使用一个算法来生成。

translate() 设定窗口中图形的位置。

shape() 函数在窗口中绘制 PShape。

图 14-32

练习 14-12：重新编写示例 14-19，使得 PShape 对象自身位于你自己的 Star 类中，这个类包含关于位置的 x 和 y 变量。将对象的多个实例制作一个数组。下面的代码帮助你上手。

```
class Star {

  // The PShape object
  PShape s;
  // The location where I will draw the shape
  float x, y;

  Star() {
    // What goes here?
  }

  void move() {
    // What goes here?
  }

  void display() {
    // What goes here?
  }
}
```

第六节课的项目

　　创建一个虚拟的生态系统。为你世界中的每个"生物"都制作一个类。使用 13 章到 14 章学到的技术和方法，尝试为你的生物们注入个性特征。下面是几种可能：

- 使用 Perlin 噪声控制生物的运动。
- 使用振荡让生物看上去在呼吸。
- 使用递归设计生物。
- 使用 beginShape() 设计自定义的多边形。
- 在生物的行为中使用旋转。

使用下面的空白为你的项目设计草图，做笔记和书写伪码。

Learning Processing：A Beginner's Guide to Programming Images, Animation, and Interaction, Second Edition

显微镜下的像素

第 15 章　图像

第 16 章　视频

图　　像

政治终将被图像所取代。政治家无比沉迷于他们的形象当中，因为这些形象将会比他们自身更加强大。

——马歇尔·麦克卢汉（Marshall McLuhan）

当谈到像素的时候，我想我已经有自己填色的方式了。我的手指和大脑有足够的像素，我可能需要几十年消化它们。

——约翰·梅达（John Maeda）

本章主要内容：
- PImage 类
- 显示图像
- 改变图像颜色
- 图像的像素
- 图像处理初步
- 交互式图像处理

一张数码图像无非就是由数据构成的：各种代表红、绿和蓝颜色的数字，构成特定的像素网格。多数情况下，我们在电脑屏幕上看到的图像就是大量组合在一起的微小矩形。批判性地加以思考，并利用代码对像素进行低层次的操作，就可以用无数种方式重新呈现这些信息。本章致力于突破在 Processing 中绘制的简单图形，而是使用图像（及其像素）作为构建 Processing 图形的基本素材。

15.1　图像入门

正如你在 14.10 节学到的，Processing 有一系列非常好用的类供你使用。（在后面第 23 章，你会发现同样可以使用大量的 Java 类。）在第 14 章中，我们讨论过 PShape 类，本章我们主要致力于学习另外一个 Processing 自定义的类：PImage，一个用于导入以及显示一张图像的类，如图 15-1 所示。

示例 15-1："Hello World"图像

```
PImage img;            声明一个变量类型PImage，它是Processing核心
                       库中可用的类。

void setup() {
  size(320, 240);
  img = loadImage("runde_bird_cliffs.jpg");    通过载入一个图像文件，制作
}                                               PImage类的一个新的实例。

void draw() {
  background(0);
  image(img, 0, 0);    image()函数用以设置图像显示的坐标——在这里使用了坐标（0，0）。
}
```

图 15-1

与使用 PShape 一样，使用 PImage 对象实例和使用一个用户自定义类（user-defined class）没有太大区别。具体步骤如下：首先，要声明 PIamge 的变量名称，即 img；然后，通过 loadImage() 这个方法创建 PImage 新的对象实例。loadImage() 方法具有一个参数：要载入到内存里的图像文件名的字符串（String）（在本书第 17 章中有对字符串的更为详细的解释）。loadImage() 要载入的图像要存储于 Processing 草图的 data 文件夹内。

> ## data 文件夹的位置
>
> 　　你可以通过直接将文件拖入到 Processing 窗口中，这样图片会自动添加到数据文件里。你也可以通过下述方法添加文件：
> 　　"速写本"→"添加文件"
> 或者手动添加：
> 　　"速写本"→"打开程序目录"
> 　　这样会像图 15-2 那样打开草图文件夹。如果并没有数据目录，那就创建一个。将你的图像文件放到里面。Processing 支持下面的图像格式：GIF、JPG、TGA 和 PNG。
> 　　注意，你需要注明要载入图像的扩展名，比如 "file.jpg"。

在示例 15-1 中，让人感觉有些奇怪的是，我从来没有调用一个构造函数来实例化 PImage 对象，也就是 new PImage()。毕竟，在每一个跟对象相关的例子中，构造函数都是创建对象实例的必需条件。

```
Spaceship ss = new Spaceship();
Flower flr = new Flower(25);
```

这里，一个 PImage 的实例不是通过 new 的方式创建的，而是通过 loadImage() 函数创建的：

```
PImage img = loadImage("file.jpg");
```

事实上，这里 loadImage() 函数扮演了构造函数的角色：通过特定图像的文件名，返回一个崭新的 PImage 对象实例。你可以把它想象成用于载入图像的 PImage 构造函数。在创建一个空白图像时，要使用 createImage() 函数。

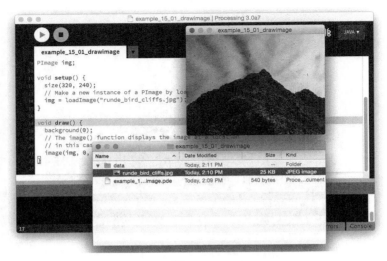

图   15-2

```
// Create a blank image, 200 X 200 pixels with RGB color
PImage img = createImage(200, 200, RGB);
```

我还想说的是，从硬盘中载入图像到内存里是一个相对缓慢的过程，因此你要确保你的草图只进行一次载入图像的操作，也就是在 setup() 中进行。在 draw() 中载入图像会降低系统的性能，会出现"内存不足"的错误。另外，你还要避免在 setup() 的上面调用 loadImage() 函数，因为此时 Processing 还不知道 data 文件夹的位置，因此 Processing 也会报错。

载入图像以后，它要通过 image() 函数来实现显示。image() 函数必须至少使用三个参数：要显示的图像、图像的 x 坐标和 y 坐标。还有两个可选的参数，用来改变图像的尺寸至特定的大小。

```
image(img, 10, 20, 90, 60);
```

练习 15-1：载入并在 Processing 中显示一张图像。通过鼠标控制图像的宽度和高度。

15.2   图像的动画效果

根据前面几章学到的知识，你自己很容易使用图像来做进一步的探索。注意在下面的示例中，我将通过使用 imageMode() 函数来根据图像的中心位置显示图片，这个工作原理非常类似于 rectMode() 函数，只是在这里它是用于图像而已。

示例 15-2：图像的动态效果

```
PImage head; // A variable for the image file
float x, y;  // Variables for image location
float rot;   // A variable for image rotation

void setup() {
```

```
  size(200, 200);
  // Load image, initialize variables
  head = loadImage("face.jpg");
  x = 0;
  y = width/2;
  rot = 0;
}

void draw() {
  background(255);

  translate(x, y);
  rotate(rot);
  imageMode(CENTER);
  image(head, 0, 0);

  // Adjust variables for animation
  x += 1.0;
  rot += 0.01;
  if (x > width) {
    x = 0;
  }
}
```

> 图像可以实现动态效果，就像普通图形使用变量一样，如translate()、rotate()等。

图　15-3

练习 15-2：以面向对象编程的方式重新编写这个示例，将图像、位置、大小、旋转等都放到一个类中。当它碰到屏幕边缘的时候，你能够让这个类翻转图像吗？

```
class Head {

    _____ // A variable for the image file

    _____ // Variables for image location

    _____ // A variable for image rotation


    Head(String filename, _____, _____) {
      // Load image, initialize variables

      _____ = loadImage(_____);

      _____

      _____

      _____
    }

    void display() {

      _____

      _____

      _____
    }
```

> 本书第17章会对String类进行细节的探讨。

```
void move() {

    -------------------------------

    -------------------------------

    -------------------------------

    -------------------------------

    -------------------------------

    -------------------------------
    }
}
```

15.3   我的第一个图像处理滤镜

我们常常会希望适当改变图像的外观。比如你希望图像能够稍微暗一些、透明一些、偏蓝一点等。这种类型的简单的图像滤镜可以通过 Processing 的 tint() 函数来实现。tint() 函数本质上相当于图形的 fill() 函数，它可以对图像的颜色和 alpha 不透明度进行设置。然而，一张图像通常并不是单一颜色的。tint() 函数的参数仅仅指定了那张图像的每一个像素，指定的颜色要使用的量，以及像素的透明度的数值。

在接下来的示例中，我首先载入两张图像（向日葵和狗），狗的图像作为背景图片（这样方便我展示透明效果）。见图 15-4。这些图像的彩色版本请访问 http://www.learningprocessing.com。

```
PImage sunflower = loadImage("sunflower.jpg");
PImage dog = loadImage("dog.jpg");
background(dog);
```

图   15-4

如果 tint() 函数只使用一个参数，只有图像的亮度受影响。

```
tint(255);                    （A: 图像呈现初始状态。）
image(sunflower, 0, 0);
```

```
tint(100);                    （B: 图像看上边变暗了。）
image(sunflower, 0, 0);
```

再加入一个参数会改变图像的 alpha 透明度。

```
tint(255, 127);               （C: 图像的不透明度为50%。）
image(sunflower, 0, 0);
```

三个参数会影响红、绿和蓝三种颜色的构成色值。

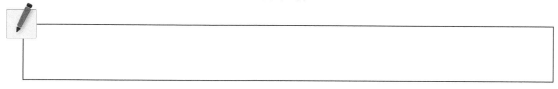

```
tint(0, 200, 255)
image(sunflower, 0, 0);
```
D: 红色色值为0，绿色色值为200，蓝色色值为255。

最后，加入第 4 个参数控制 alpha 值（与具有两个参数时，第 2 个参数的作用相同）。顺便说一下，tint() 函数的取值范围可以通过 colorMode() 函数来指定（见第 1 章）。

```
tint(255, 0, 0, 100);
image(sunflower, 0, 0);
```
E: 该图像色调为红色，并且是透明的。

练习 15-3：对一张图像使用 tint() 函数。使用鼠标的位置来控制红绿蓝的数量。然后尝试用鼠标到图像的四角或者中心的距离来控制。

练习 15-4：使用 tint() 函数，创建混合图像的蒙太奇效果。当你把几张 alpha 透明度不同的图像分层排列，会发生什么？你能否让它们实现互动效果，不同的图像可以淡入淡出？

15.4 图像数组

处理一张图是比较容易上手的，但是这不会持续太久，因为 Processing 可以使用处理多张图像的功能，促使你继续学习。是的，你可以通过使用多个变量来控制多张图像，但这同时也是一个重新发现数组功能强大的好机会。现在，假定我有 5 张图像，每次用户点击鼠标都会显示一张新的背景图像。

首先，我要设置一个图像数组作为全局变量。

```
// Image array
PImage[] images = new PImage[5];
```

然后，我需要载入每张图像，并将其置于数组中合适的位置。这些是在 setup() 中完成的。

```
// Loading images into an array
images[0] = loadImage("cat.jpg");
images[1] = loadImage("mouse.jpg");
images[2] = loadImage("dog.jpg");
images[3] = loadImage("kangaroo.jpg");
images[4] = loadImage("porcupine.jpg");
```

当然这看上去多少有些奇怪。每次分别载入图像并不简洁。这里是 5 张图片，我们还能处理，但是想象下如果我们要用代码载入 100 张图像，要怎么做？一个解决方法是将文件名存储到一个 String 数组中，然后使用 for 条件语句初始化所有的数组元素。

```
// Loading images into an array from an array of filenames
String[] filenames = {"cat.jpg", "mouse.jpg", "dog.jpg", "kangaroo.jpg",
"porcupine.jpg");
for (int i = 0; i < filenames.length; i++) {
  images[i] = loadImage(filenames[i]);
}
```

连接：一种新的加法类型

通常，一个加号（＋）意味着相加，2+2＝4，对吗？

在文字（存储于一个字符串中，放置在双引号里面）中，＋代表连接（concatenate），也就是说，将两个字符串组合到一起。

"cow"（牛）＋ "bell"（铃）→ "cowbell"（牛铃）

"2" ＋ "2" → "22"

更多关于字符串的内容见第 17 章。

在这之前，如果我从忙乱的日程表中抽出一点时间对这些图像文件名进行编号（"animal0.jpg"、"animal1.jpg"、"animal2.jpg"等），就能够进一步简化代码：

```
// Loading images with numbered files
for (int i = 0; i < images.length; i++) {
  images[i] = loadImage("animal" + i + ".jpg");
}
```

载入图像以后，接下来就是 draw() 了。这里，我选择展示一张特定的图像，通过在数组中引用一个索引（下面示例中是 "0"）。

```
image(images[0], 0, 0);
```

当然了，使用硬编码索引值是不明智的，我需要一个变量，在任何给定时刻能够动态展示不同的图像。

```
image(images[imageIndex], 0, 0);
```

这里的 imageIndex 变量需要作为全局变量（类型为整数）被声明。它的值可以在程序的运行过程中改变。完整版见示例 15-3。

示例 15-3：切换图像

```
int maxImages = 10; // Total # of images
int imageIndex = 0; // Initial image to be displayed is the first
PImage[] images = new PImage[maxImages]; // The image array

void setup() {
  size(200, 200);                                    声明一个图像数组。
  // Loading the images into the array
  // Don't forget to put the JPG files in the data folder!
  for (int i = 0; i < images.length; i++) {
    images[i] = loadImage("animal" + i + ".jpg");
  }
}                                                    载入一数组的图像。

void draw() {
```

```
    image(images[imageIndex], 0, 0); // Displaying one image
}
```

> 显示来自于数组的一张图像。

```
void mousePressed() {
    // A new image is picked randomly when the mouse is clicked
    // Note the index to the array must be an integer!
    imageIndex = int(random(images.length));
}
```

> 通过改变索引值变量选择新的图像。

要想以动画的形式播放一组图像序列，请看下面的示例 15-4（只列举了 draw() 函数内部的代码）。

示例 15-4：图像序列

```
void draw() {
    background(0);
    image(images[imageIndex], 0, 0);
    // Increment image index by one each cycle
    // use modulo "%" to return to 0 once the size
    // of the array is reached
    imageIndex = (imageIndex + 1) % images.length;
}
```

> 还记得模数吗？符号%，你可以用它将一个计数器循环至0。回顾一下第13章内容。

练习 15-5：在屏幕上创建一个图像序列的多个实例。让每张图像按照序列中的顺序，在不同时间启动。提示：使用面向对象编程将图像序列放到一个类中。

15.5　像素，像素，更多的像素

如果你一直根据我的建议，勤勤恳恳地按照顺序一丝不苟地阅读本书，会发现：到目前为止，在屏幕上进行绘制的唯一方式是通过调用函数。"在这些点之间绘制一条线"，或者说"将椭圆填充为红色"，又或者"载入这张 JPG 格式的图像，将其放于屏幕的这个位置"等。但是在某地，某人因为某事不得不要编写代码，将这些函数转换为屏幕上的单个像素来按照要求显示图形。一条直线并不是因为你使用 line() 函数才出现，它的出现是因为两点之间沿一条直线路径的所有像素改变了颜色。幸运的是，你不必每天对这样的低层次的像素操作亲力亲为，因为你拥有 Processing（和 Java），它有许多绘图函数处理这一类事务。

可是，有些时候，你可能会希望打破一直以来存在绘制图形的方法，而是直接和屏幕上的像素打交道。Processing 通过 pixels 数组为你提供了这种功能。

在一个二维窗口中，屏幕上的每一个像素都有一个 (x, y) 的位置，这个概念你已经非常熟悉了。但是，pixels 数组却只有一个维度，按照线性序列的方式存储颜色。如图 15-5 所示。

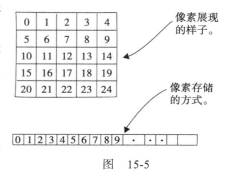

图　15-5

下面的这个示例。这个草图为窗口中的每个像素设置了一个随机的灰度值。像素数组跟其他数组看上去是一样的，唯一的不同在于你没必要对其进行声明，因为它是一个 Processing 内置的变量。

示例 15-5：设置像素

```
size(200, 200);
// Before I deal with pixels
loadPixels();

// Loop through every pixel
for (int i = 0; i < pixels.length; i++) {
```

> 就像其他任何数组一样，你可以获取像素数组的长度。

```
  // Pick a random number, 0 to 255
  float rand = random(255);
  // Create a grayscale color based on random number
  color c = color(rand);
  // Set pixel at that location to random color
  pixels[i] = c;
}
```

> 就像其他任何数组一样，你可以访问像素数组的单个元素。

```
// When you are finished dealing with pixels
updatePixels();
```

图　15-6

首先，我需要指出在上面示例中非常重要的一些东西。每当你要访问 Processing 窗口的像素时，你必须向 Processing 告知，通过以下两个函数来实现：

- loadPixels()：这个函数要在你访问像素数组之前调用，就好像说："载入像素，我想和它们对话！"
- updatePixels()：这个函数在你完成像素数组之后再调用，就好像说："快去更新像素，我已经做好了！"

在示例 15-5 中，由于颜色是随机设定的，因此在访问它们的时候，我没有必要去担心这些像素的位置，我只是简单地设定了所有的像素，而没有关心它们的相对位置。可是，在许多图形处理应用中，像素的（x，y）坐标本身是至关重要的信息。这方面的一个简单例子是：设置偶数列像素为白色，奇数列像素为黑色。在一维的像素数组中，你怎样实现这一目标？你如何知道任一指定像素位于哪一列哪一行？

在对像素进行编程操作的时候，你需要想象每一个像素都存在于一个二维的世界中，但是你依然通过一维的方式（因为这样的方式对我们来说可行性更高）访问这些数据。你可以按照下面的规则来实现：

1. 假定一个窗口或者图像具有指定宽度和高度。

2. 然后，你可以计算出像素数组的元素总数量等于宽度 × 高度。

3. 对于窗口中任意一个点（x，y），其在一维的像素数组中的位置是：

$$像素数组位置 = x + (y \times 宽度);$$

这可能会让你想起第 13 章的二维数组。事实上，你需要使用相同的嵌套 for 循环技术。区别在于，尽管你想使用 for 循环思考二维世界中的像素，但是在实际访问像素数据的时候，它们在一个一维数组中，你就必须应用图 15-7 的方程（formula）。

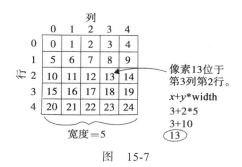

图 15-7

我们具体看一下这是如何完成的, 现在开始处理上面的奇数和偶数列的问题。如图 15-8 所示。

示例 15-6: 根据像素的二维坐标设置像素

```
size(200, 200);
loadPixels();

// Loop through every pixel column
for (int x = 0; x < width; x++) {

  // Loop through every pixel row
  for (int y = 0; y < height; y++) {

    int loc = x + y * width;



    if (x % 2 == 0) {
      pixels[loc] = color(255);
    } else {
      pixels[loc] = color(0);
    }
  }
}
updatePixels();
```

两个循环允许你访问到每列 (x) 和行 (y)。

像素数组中的位置通过如下来计算:
一维像素坐标=x+y*宽度值。

图 15-8

使用列的数值 (x) 来决定颜色为黑色还是白色。

像素密度回顾

在第 14.2 节, 我简要提及了 pixelDensity() 函数的使用, 它可以实现高像素密度的显示(就像苹果的视网膜(Retina)屏幕), 实现高质量的渲染。设置 pixelDensity(2) 实际相当于, 其像素数量 4 倍于草图窗口的像素数量。水平和垂直方向的像素分别翻倍。在绘制图形的时候, 所有一切都在幕后控制完成, 但是在直接处理像素数组的问题时, 你必须考虑实际的像素宽度和高度(草图的宽度和高度是不同的)。对于这种情形, Processing 具有快捷变量(convenience variable)pixelWidth 和 pixelHeight 来应对, 举例来说, 下面是示例 15-5 使用 pixelDensity(2) 的版本。

```
size(200, 200);
pixelDensity(2);
loadPixels();
for (int x = 0; x < pixelWidth x++) {
```

像素密度设置为2。

```
    for (int y = 0; y < pixelHeight; y++) {
      int loc = x + y * pixelWidth;
      pixels[loc] = color(random(255));
    }
  }
updatePixels();
```

> 使用pixelWidth和pixelHeight替换width和height。

在本章后面的内容中，假定像素密度值为1。

练习 15-6：完成代码的空白处，实现如图所示的输出效果。

```
size(255, 255);

_____;
for (int x = 0; x < width; x++) {
  for (int y = 0; y < height; y++) {

    int loc = _____;

    float distance = _____);

    pixels[loc] = _____;
  }
}

_____;


size(255, 255);

_____;
for (int x = 0; x < width; x++) {
  for (int y = 0; y < height; y++) {

    _____;

    if (_____) {

      _____;

    } else {

      _____;
    }
  }
}

_____;
}
```

15.6 图像处理简介

前面章节中的示例是根据任意的计算来设置像素值的。现在我想根据现有的 PImage 对象设置像素。下面是伪码：

1. 将图片文件载入到一个 PImage 对象中。

2. 获取图像中每个像素的颜色，并且设置展示的像素为那个颜色。

PImage 类包含一些有用的域，用以存储和图像相关的数据：width、height 和 Pixels。正如和用户自定义的类一样，你可以通过点句法来访问这些域。

```
PImage img = createImage(320, 240, RGB); // Make a PImage object
println(img.width);  // Yields 320
println(img.height); // Yields 240
img.pixels[0] = color(255, 0, 0); // Sets the first pixel of the image to red
```

访问这些域使得你可以循环遍历一张图像的所有像素，并将它们显示在屏幕上。

示例 15-7：展示一张图像的像素

图   15-9

```
PImage img;

void setup() {
  size(200, 200);
  img = loadImage("sunflower.jpg");
}

void draw() {
  loadPixels();
  img.loadPixels();                  你必须同样在PImage中调用函数
                                     loadPixels()。

  for (int y = 0; y < height; y++) {
    for (int x = 0; x < width; x++) {
     int loc = x + y * width;
     float r = red   (img.pixels[loc]);    函数red()、green()和blue()
     float g = green (img.pixels[loc]);    从一个像素中获取三种颜色的比重
     float b = blue  (img.pixels[loc]);    构成。


     // image processing!      如果要更改RGB的数值，那么可以
     // image processing!      在这里着手，但要在显示窗口里设
     // image processing!      置像素之前进行。


     // Set the display pixel
     pixels[loc] = color(r, g, b);
    }
  }
  updatePixels();
}
```

现在，仅仅是显示图片的话（例如，嵌套的循环是没有必要的，更不必说使用 image() 函数来跳过整个像素），你可能会希望使用更简单的方法。但是，示例 15-7 为每个像素基于其空间定位（(x，y)坐标）获取每个像素的红、绿和蓝的值提供了一个基本框架。这就可以开发更加高级的图像处理算法。

在继续讲解下一节内容之前，我要强调，这个示例之所以能够运行，是因为显示区域和源图像具有相同的尺寸（dimension）。如果不是这样的情况，你只需要两个像素坐标计算式，一个用于原图像，一个用于展示区域：

```
int imageLoc   = x + y * img.width;
int displayLoc = x + y * width;
```

练习 15-7：使用示例 15-7，在显示它们之前改变 r、g 和 b 的值。

15.7   另外一个图像处理滤镜：制作属于你自己的 `tint()` 函数

就在前面几个小节里，你正享受这轻松的编程，使用非常容易上手的 `tint()` 函数调整图片的颜色和 alpha 透明度。对于基础的滤镜操作，这个方法非常管用。可是，逐像素的方法，使得你可以构建自定义算法，这样可以以数学的方式精确地改变图像中的颜色。考虑下亮度——越亮的颜色，它们红、绿和蓝三色成分的数值自然越高。因而你可以通过增加或者降低每个像素的三色成分数值改变一张图像的亮度。

在下一个示例中，我会根据鼠标的水平位置，动态地增加或者减少这些数值。（这里，注意下面的两个示例只包含了图片处理循环部分的代码，其余的代码未写入。）

示例 15-8：调整图像亮度

```
for (int x = 0; x < img.width; x++) {
  for (int y = 0; y < img.height; y++) {
    // Calculate the 1D pixel location
    int loc = x + y * img.width;
    // Get the red, green, blue values
    float r = red   (img.pixels[loc]);
    float g = green(img.pixels[loc]);
    float b = blue (img.pixels[loc]);

    // Adjust brightness with mouseX
    float adjustBright
      = map(mouseX, 0, width, 0, 8);
    r *= adjustBright;
    g *= adjustBright;
    b *= adjustBright;

    r = constrain(r, 0, 255);
    g = constrain(g, 0, 255);
    b = constrain(b, 0, 255);

    // Make a new color
    color c = color(r, g, b);
    pixels[loc] = c;
  }
}
```

图   15-10

使用 map() 函数，根据 mouseX 的位置计算一个区间为 0.0 到 8.0 的乘数。这个乘数改变了每个像素的 RGB 数值。

在设置为新的颜色之前，RGB 值被限制在 0 到 255 之间。

由于我是在每一个像素的基础上改变图像，因此所有像素并不能同等对待。举例来说，我可以根据每个像素距离鼠标的距离来改变其亮度。

示例 15-9：根据像素坐标调整图像亮度

```
for (int x = 0; x < img.width; x++) {
  for (int y = 0; y < img.height; y++) {
    // Calculate the 1D pixel location
```

```
int loc = x + y * img.width;
// Get the red, green, blue values from pixel
float r = red   (img.pixels[loc]);
float g = green(img.pixels[loc]);
float b = blue (img.pixels[loc]);

// Calculate an amount to change brightness
// based on proximity to the mouse
float distance = dist(x, y, mouseX, mouseY);
float adjustBright = map(distance, 0, 50, 8, 0);
r *= adjustBrightness;
g *= adjustBrightness;
b *= adjustBrightness;
// Constrain RGB to between 0-255
r = constrain(r, 0, 255);
g = constrain(g, 0, 255);
b = constrain(b, 0, 255);
// Make a new color
color c = color(r, g, b);
pixels[loc] = c;
  }
}
```

图 15-11

> 距离鼠标越近的像素，distance数值越低。但是我希望距离越近的像素更亮，故我使用map()函数将adjustBrightness反向。距离鼠标为50（或更大）的像素的亮度值乘以0.0，距鼠标为0的像素亮度乘以8。

练习 15-8：根据鼠标的交互行为，分别改变红、绿、蓝的颜色构成。举例来说，让 mouseX 控制红色，mouseY 控制绿色，距离控制蓝色等。

15.8 写入另外一个 PImage 对象的像素

前面所有的示例都是从源图像读取每个像素，然后直接在 Processing 窗口内写下新像素。可是，将新的像素写入到一个新的目标图像（也就是接下来你使用 image() 函数进行展示的图像）更加方便。本节通过另外一个简单的像素操作：阈值（threshold），对上述方法进行详细讲解。

一个阈值滤镜仅以两种状态显示一个图像的每一个像素：黑或白。该状态是根据一个特定的阈值数值进行设定的。如果像素的亮度高于阈值，则以白色显示，反之，如果低于阈值，则使用黑色。示例 15-10 使用了阈值为 100 的情形。

示例 15-10：亮度阈值

```
PImage source;       // Source image
PImage destination;  // Destination image
```

> 这里需要两张图像，一个是源图像（初始文件），另一个是目标图像（将要展示的图像）。

```
void setup() {
  size(200, 200);
  source = loadImage("sunflower.jpg");
  destination = createImage(source.width,
                 source.height, RGB);
}
```

> 目标图像创建为一个与原图大小相同的空白图像。

图 15-12

```
void draw() {
  float threshold = 127;
```

```
// The sketch is going to look at both image's pixels
source.loadPixels();
destination.loadPixels();

for (int x = 0; x < source.width; x++) {
  for (int y = 0; y < source.height; y++) {
    int loc = x + y*source.width;
    // Test the brightness against the threshold
    if (brightness(source.pixels[loc]) > threshold){
      destination.pixels[loc] = color(255); // White
    } else {
      destination.pixels[loc] = color(0);    // Black
    }
  }
}

// The pixels in destination changed
destination.updatePixels();
// Display the destination
image(destination, 0, 0);
}
```

> brightness()函数返回一个介于0～255之间的数值，也就是像素颜色的整体亮度。如果它大于100，显示为白色；如果小于100，显示为黑色。

> 写入目标图像的像素。

> 显示目标图像！

练习 15-9：使用 map() 函数，根据 mouseX 改变阈值。

　　这个特殊的功能在 Processing 的 fliter() 函数内并不可用。但是，理解更低级代码，对于你想要在 filter() 函数之外创作你自己的图像处理算法是至关重要的。

　　如果你只想设置一个阈值，则示例 15-11 是更简便的选择。

示例 15-11：使用滤镜设定亮度阈值

```
// Draw the image
image(img, 0, 0);
// Filter the window with a threshold effect
// 0.5 means threshold is 50% brightness
filter(THRESHOLD, 0.5);
```

更多关于 filter() 函数的信息

```
filter(mode);
```

```
filter(mode, level);
```

　　filter() 函数为展示窗口提供一系列预先包装好的滤镜。这样就没有必要使用 PImage 了，因为执行 filter() 的时候，filter() 会改变绘制在窗口中的内容。除了 THRESHOLD 之外，其他可用的模式包括 GRAY、INVERT、POSTERIZE、BLUR、OPAQUE、ERODE 和 DILATE。详见 Processing 的参考文档（http://processing.org/reference/ filter_.html）为每个模式提供的示例。

　　除此之外，Processing 通过 PShader 类也对着色器（shaders）提供了支持，但这不是本书所要讨论的。Shaders（着色器）是低级程序，用一种名为 GLSL（OpenGL Shading Language）的特殊语言编写的，可以用于多种电脑图像特效，包括图像处理。PShader 在 P3D 和 P2D 渲染器中都可以使用，你可以阅读由 Andres Colubri 编写的相关教程（https://processing.org/tutorials/pshader/）。

15.9 第二阶段：像素组处理

在前面的示例中，你已经了解了源像素和目标像素之间的一对一关系。为了增加一张图像的亮度，你从源图像中获取一个像素，增加其 RGB 数值，然后在输出窗口中显示该像素。为了实现更高级的图像处理函数，你必须从前面一对一关系的像素范式发展到对像素组（pixel group）的处理范式。

让我们先从基于原图片两个像素（一个像素及其左边相邻的像素）创建一个新像素开始。

如果我知道一个像素位于 (x, y)：

```
int loc = x + y * img.width;
color pix = img.pixels[loc];
```

那么该像素左边的一个像素坐标就是 (x-1, y)：

```
int leftLoc = (x - 1) + y * img.width;
color leftPix = img.pixels[leftLoc];
```

接着我们根据两个像素间的差异创建一个新的颜色。

```
float diff = abs(brightness(pix) - brightness(leftPix));
pixels[loc] = color(diff);
```

示例 15-12 展示了完整的算法，其输出结果如图 15-13 所示。

示例 15-12：像素边缘差异

```
// Since I am looking at left neighbors
// I skip the first column
for (int x = 1; x < width; x++) {
  for (int y = 0; y < height; y++) {
    // Pixel location and color
    int loc = x + y * img.width;
    color pix = img.pixels[loc];      读取左边的像素。

    // Pixel to the left location and color
    int leftLoc = (x - 1) + y * img.width;
    color leftPix = img.pixels[leftLoc];
    // New color is difference between
    // pixel and left neighbor
    float diff = abs(brightness(pix)
      - brightness(leftPix));
    pixels[loc] = color(diff);
  }
}
```

图 15-13

示例 15-12 是一个简单的竖直边缘提取（vertical edge detection）的算法。当像素和其周围的像素差异非常大的时候，它就很可能是"边缘"像素。举个例子，考虑下在一张白色纸张上绘制的图片，放在一个黑色的桌子上。那张纸的边缘处就是黑白两色的交界处，也是像素差异最大的区域。

在示例 15-12 中，我查找了两个像素寻找边缘。但是对于更加复杂的算法，通常要在许多相邻的像素之间寻找。毕竟，每个像素有八个相邻的像素：左上、上、右上、右、右下、下、左下以及左。如图 15-14 所示。

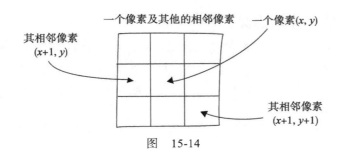

图   15-14

图像处理算法通常指的是"空间卷积"（spatial convolution）。这个算法使用输入像素及其相邻像素的加权平均值（weighted average）计算输出像素。换句话说，新像素是一个区域内像素的函数。它可以使用不同大小的相邻区域面积，比如3×3，5×5的矩阵，等等。

每个像素不同权重的组合会导致不同的结果。比如，通过减小相邻像素的数值，增加中心点像素数值，可以将图像锐化。而模糊效果可以通过对所有临近像素的数值取平均值的方法来实现。（注意，卷积矩阵中所有值的和为1。）

举个例子：

锐化：
```
 -1 -1 -1
 -1  9 -1
 -1 -1 -1
```

模糊：
```
1/9 1/9 1/9
1/9 1/9 1/9
1/9 1/9 1/9
```

示例 15-13 是一个使用三维数组（参考第 13 章回顾下二维数组的知识）的卷积，用以存储一个像素权重为 3×3 的矩阵。这个示例可能是目前为止本书中最高级的例子，因为它使用了非常多的元素（嵌套循环、二维数组、像素等）。

示例 15-13：使用卷积实现锐化效果

```
PImage img;
int w = 80;

// it's possible to perform a convolution
// the image with different matrices

float[][] matrix = { { -1, -1, -1 },
                     { -1,  9, -1 },
                     { -1, -1, -1 } };
void setup() {
  size(200, 200);
  img = loadImage("sunflower.jpg");
}

void draw() {
  // The sketch is only going to process a portion of the image
  // so let's set the whole image as the background first
  image(img, 0, 0);

  int xstart = constrain(mouseX - w/2, 0, img.width);
  int ystart = constrain(mouseY - w/2, 0, img.height);
  int xend   = constrain(mouseX + w/2, 0, img.width);
  int yend   = constrain(mouseY + w/2, 0, img.height);
  int matrixsize = 3;
```

> 实现锐化效果的卷积矩阵存储了一个3×3的二维数组。

图   15-15

> 在这个示例中，只有图像的一部分区域（围绕鼠标周围80×80像素的矩形）被处理了。

```
    loadPixels();
    // Begin loops for every pixel
    for (int x = xstart; x < xend; x++) {
      for (int y = ystart; y < yend; y++) {
        color c = convolution(x, y, matrix, matrixsize, img);
        int loc = x + y*img.width;
        pixels[loc] = c;
      }
    }
    updatePixels();

    stroke(0);
    noFill();
    rect(xstart, ystart, w, w);
  }
  color convolution(int x, int y, float[][] matrix, int matrixsize, PImage img) {
    float rtotal = 0.0;
    float gtotal = 0.0;
    float btotal = 0.0;
    int offset = matrixsize / 2;
    // Loop through convolution matrix
    for (int i = 0; i < matrixsize; i++) {
      for (int j = 0; j < matrixsize; j++) {
        // What pixel is being examined
        int xloc = x + i - offset;
        int yloc = y + j - offset;
        int loc = xloc + img.width * yloc;

        loc = constrain(loc, 0, img.pixels.length-1);

        // Calculate the convolution
        rtotal += (red(img.pixels[loc]) * matrix[i][j]);
        gtotal += (green(img.pixels[loc]) * matrix[i][j]);
        btotal += (blue(img.pixels[loc]) * matrix[i][j]);
      }
    }
    // Make sure RGB is within range
    rtotal = constrain(rtotal, 0, 255);
    gtotal = constrain(gtotal, 0, 255);
    btotal = constrain(btotal, 0, 255);
    // Return the resulting color
    return color(rtotal, gtotal, btotal);
  }
}
```

> 每个像素的坐标（x，y）传递给一个名为convolution()的函数，然后该函数返回一个要显示的新的颜色数值。

> 查看下相邻像素，确认你没有在无意间离开像素数组的边缘。

> 将所有相邻像素相加，然后乘以卷积矩阵中的数值。

> 在把总和限定在一个0～255的区间之后，返回一个新的颜色数值。

练习 15-10：对卷积矩阵尝试不同的数值。

练习 15-11：使用图像处理示例中构建好的框架结构，创建一个滤镜：使用两张图像作为输入，然后生成一张新的图像。换句话说，显示的每个像素为两个原像素的颜色数值的函数，两个原像素分别来自两张源图像。例如，你能否编写出将两张图像融合到一起的代码（不使用 tint() 函数）？

15.10   具有创意的可视化

你可能会想："天哪，这章内容非常有意思，但是说真的，当我想要一张图像变得模糊，或者改变它的亮度，我真的有必要通过编写代码来实现吗？我的意思是，用 Photoshop 岂不更加方便？"事实上，现在我讲的内容，只不过是高级程序员在 Adobe 日常工作内容的一个最基础的介绍。但是 Processing 的优势在于创建实时的、交互式的图形应用中具有的潜力。其实，你没有必要受"像素点"和"像素组"这类图像处理方法的限制。

下面的内容是两个关于绘制 Processing 图形的算法的示例。和之前随机地或使用硬编码的值对图形上色不同，我打算从一个 PImage 对象的像素中选择颜色。图像本身并不会被展示，它只是作为一个信息的数据库而存在，你可以根据自己的想法对其进行探索。

在第一个示例当中，对于 draw() 中的每一次循环，我会在屏幕上的一个随机位置填充一个椭圆，而该椭圆的颜色来自于原图像中对应的相同位置的颜色。结果是类似"点彩画"的效果。如图 15-16 所示。

示例 15-14："点彩画"

```
PImage img;
int pointillize = 16;

void setup() {
  size(200, 200);
  img = loadImage("sunflower.jpg");
  background(0);
}

void draw() {
  // Pick a random point
  int x = int(random(img.width));
  int y = int(random(img.height));
  int loc = x + y * img.width;

  // Look up the RGB color in the source image
  img.loadPixels();
  float r = red(img.pixels[loc]);
  float g = green(img.pixels[loc]);
  float b = blue(img.pixels[loc]);

  noStroke();
  fill(r, g, b, 100);
  ellipse(x, y, pointillize, pointillize);
}
```

图   15-16

> 回到图形！使用来自于像素的颜色绘制一个圆。

在下面一个示例中，我会从一个二维图像中提取数据，使用在第 14 章里讲过的三维转换方法，在一个三维的空间中，为每一个像素渲染一个矩形。而 z 坐标是由颜色的亮度值来决定的。越亮的颜色，看上去距离观察者越近，反之，越暗则越远。

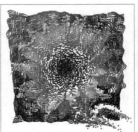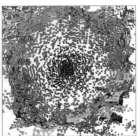

图   15-17

示例 15-15：二维图像映射到三维

```
PImage img;       // The source image
int cellsize = 2; // Dimensions of each cell in the grid
int cols, rows;   // Number of columns and rows in the system

void setup() {
  size(200, 200, P3D);
  img = loadImage("sunflower.jpg"); // Load the image
  cols = width / cellsize;             // Calculate # of columns
  rows = height / cellsize;            // Calculate # of rows
}

void draw() {
  background(255);
  img.loadPixels();
  // Begin loop for columns
  for (int i = 0; i < cols; i++) {
    // Begin loop for rows
    for (int j = 0; j < rows; j++) {
      int x = i*cellsize + cellsize/2; // x position
      int y = j*cellsize + cellsize/2; // y position
      int loc = x + y * width;         // Pixel array location
      color c = img.pixels[loc];       // Grab the color

      // Calculate a z position as a function of mouseX and pixel brightness
      float z = map(brightness(img.pixels[loc]), 0, 255, 0, mouseX);
```

> z坐标是通过将一个像素的亮度映射到鼠标的x坐标计算出来的。

```
      // Translate and draw!
      pushMatrix();
      translate(x, y, z);
      fill(c);
      noStroke();
      rectMode(CENTER);
      rect(0, 0, cellsize, cellsize);
      popMatrix();
    }
  }
}
```

练习 15-12：创建一个草图，使用某图形覆盖整个图像窗口，从而实现某种样式图案。载入一张图像，根据该图像的像素对图形上色。比如下面这张图像，使用的图形为三角形，对图像进行了填充。

Learning Processing: A Beginner's Guide to Programming Images, Animation, and Interaction, Second Edition

视　　频

我并没有记忆。这就像你照镜子，除了镜子以外你看不到任何东西。

——阿尔弗雷德·希区柯克（Alfred Hitchcock）

本章主要内容：
- 显示视频直播
- 显示已录制的视频
- 创建软件镜像
- 计算机视觉基础：如何使用视频摄像头作为传感器

16.1　视频直播

你已经学会了如何在 Processing 中对静态图片进行探索，现在已经为学习动态图像做好准备了，尤其是来自在线摄像头的（以及后面来自于录制的影片）。我将从导入视频库的基本步骤，以及使用 Capture 类来展示视频直播。

第 1 步：导入 Processing 视频库。

如果你略过了第 12 章关于 Processing 库的内容，需要返回去重新看一下细节内容。虽然视频库是由 Processing 官方开发和维护的，但由于文件较大，所以仍然需要通过库管理器单独下载。这方面的全部介绍内容在 12.3 节。

安装好库之后，下一步是将库导入至你的代码。通过选择菜单栏中的"速写本"→"引用库文件"→"视频"，或者通过输入下面一行代码导入（应当位于草图中所有代码的最上方）：

```
import processing.video.*;
```

这里使用"引用库文件"菜单选项只不过是将上面一行自动插入到代码中，所以手动输入是完全相同的。

第 2 步：声明一个 Capture 对象。

学习了前面的章节，你已经了解了如何从内置于 Processing 语言内部的类中创建对象，例如 PShape 和 PImage。要注意，这些类是 Processing 核心库中的一部分，所以，并不需要导入语句。在 processing.video 库中，有两个特别有用的类：Capture 类，用于视频直播；Movie 类，用于录制视频。在这一步，我要声明一个 Capture 对象。

```
Capture video;
```

第 3 步：初始化 Capture 对象。

Capture 对象"video"和其他任何对象一样。正如你在第 8 章学到的，要想创建一个对象，你需要在构造函数后面使用 new 运算符。使用 Capture 对象，这行代码通常出现在 setup() 中。

```
video = new Capture();
```

上面一行代码缺少用于构造函数的合适参数。记住，这并不是你自己定义的一个类，因此你在查看在线参考文档（http://www.processing.org/reference/libraries/video/Capture.html）之前，你无法确切地知道圆括号内究竟需要什么。

参考文档会告诉你：调用 Capture 构造函数（见第 23 章中多个构造函数的过载内容）的方法有好几种。一种典型的方式是使用 3 个参数调用构造函数：

```
void setup() {
  video = new Capture(this, 320, 240);
}
```

让我们来逐一讨论 Capture 构造函数中的 3 个参数。

- this：如果你对这里的 this（当前的）的含义感到困惑的话，请放心，你并不是一个人。这是目前为止，本书第一次提及 this 这个术语。严格意义上讲，this 指的是当单词 this 出现时，类的实例。坏消息是，这样的定义很可能会让你困惑地摇头。一种理解它的更好的方式是自我参照的表述（self-referential statement）。毕竟，如果你需要在 Processing 程序中参考引用你自己的代码，应当怎么做？你可能会说 "me" 或者 "I"。但是，这些单词在 Java 中并不能使用，所以这里使用 this。你将 this 传递给 Capture 对象的过程像是在告诉它："嘿，听着，我想进行视频采集，当摄像头捕捉到新的图像时，我希望你告知 this（当前的）草图。"
- 320：好消息是，第 1 个参数 this 是唯一一个让人感到困惑的参数。320 指的是由摄像头捕捉到视频的宽度值。
- 240：视频的高度值。

但是有些情况下，上面的内容并不管用。例如，如果计算机附带有多个摄像头。你如何选择你想要捕捉图像的那一个？除此以外，在某些比较少见的情况下，你可能也想要指定摄像头的帧频。对于以上的这些情况，Processing 会通过 Capture.list() 提供给你一个关于所有摄像头配置的清单。你可以在消息控制台中查看这些内容，举个例子，可以通过输入以下代码实现：

```
printArray(Capture.list());
```

> 把一个数组输出至消息控制台时，使用 printArray() 而不是 println()，因为前者会使用换行符和数值索引格式化数组。

你可以通过这些配置的文本内容来创建一个 Capture 对象。比如，对于内置摄像头的 Mac 电脑来说，可以如下操作：

```
  video = new Capture(this, "name=FaceTime HD Camera (Built-
in),size=320x240,fps=30");
```

Capture.list() 函数实际上给了你一个数组，因此可以引用你需要的配置的索引值。

```
video = new Capture(this, Capture.list()[0]);
```

第 4 步：摄像头开始捕捉图像。

当摄像头一切就绪之后，轮到你来告诉 Processing 开始捕捉图像了。

```
void setup() {
  video = new Capture(this, 320, 240);
  video.start();
}
```

几乎在所有情况下，你都需要在 setup() 中开始捕捉图像。可是，start() 是它自己的方法，其实你还有其他的选择，例如，在某个时刻之后（如点击一个按钮之后等）再开始捕捉图像。

第 5 步：从摄像头中读取图像。

有两种从摄像头中读取帧图片的策略。我会简要介绍这两种方法，然后选择其中一种作为本章的示例。事实上，两种策略在操作时都遵循同样的基本原则：只有当一个新的帧图片可供读取时，才从摄像头中读取图像。

为了查看一张图像是否可用，你需要使用函数 available()，它根据是否有图像来返回真或假的值。如果有图像，函数 read() 就会被调用，然后摄像头中的帧图像被读入内存中。你可以在 draw() 中反复这样执行，以便查看是否有可用来读取的新图像。

```
void draw() {
  if (video.available()) {
    video.read();
  }
}
```

第二种策略是使用"事件"的方法，这要求每当一个特定事件（在这里是一个摄像头事件）发生的时候，就执行某个函数。如果你回想第 3 章，在发生鼠标点击操作时，函数 mousePressed() 执行。这里，你可以选择执行函数 captureEvent()，每当有图像捕捉事件发生时，也就是摄像头中有新的可用的帧图像时，该函数就会被唤醒。这一类事件函数（mousePressed()、keyPressed()、captureEvent() 等）有些时候称为"回调函数"（callback）。顺便说一下，如果你仔细思考下，会发现这就是前面说的 this 适用的情况。Capture 对象 video，它通过使用 captureEvent() 来通知 this（当前的）草图，因为在创建 Capture 对象 video 的时候，你将一个引用传递给了 this 草图。

captureEvent() 是一个函数，因此它具有自己的代码块，这位于 setup() 和 draw() 的外面。

```
void captureEvent(Capture video) {
  video.read();
}
```

你可能注意到 captureEvent() 函数有一点奇怪。在其定义中，包含了一个 Capture 类型的参数。对你来说这似乎有些多余。毕竟，在这个示例中，我已经有了一个全局变量 video。但是在其他情况中，你可能有多个捕捉设备，此时，你可能使用的是相同的事件函数，视频库要确保正确的 Capture 对象传递给了 captureEvent()。

总而言之，每当有内容读取的时候，我要调用函数 read()，要达到这个目的，我可以在 draw() 中使用 available() 函数手动检查，或者让一个回调函数帮助你处理——captureEvent()。在后面章节（比如第 19 章）我会使用的其他库也是采用了相同的工作原理。

在本书的示例中，我选择使用 captureEvent()。把摄像头读取图像这一过程从主动态循环中分离出来，能使得草图运行更加高效。

第 6 步：显示视频图像。

毫无疑问，这是最容易的部分。你可以把 Caputre 对象想象为一个随时间变化的

PImage 对象，而实际上，一个 Capture 对象确实可以用和 PImage 对象相同的方式来使用。

```
image(video, 0, 0);
```

示例 16-1 将上述所有的内容组合到了一起。

示例 16-1：显示视频

```
import processing.video.*;

Capture video;

void captureEvent(Capture video) {
  video.read();
}

void setup() {
  size(320, 240);
  video = new Capture(this, 320, 240);
  video.start();
}

void draw() {
  image(video, 0, 0);
}
```

第1步：导入视频库！

第2步：声明一个Capture对象！

第5步：当有新的图像可用时，从摄像头中读取该图像。

第3步：初始化一个Capture对象！

第4步：开始捕捉。

第6步：显示图像。

图　16-1

再提醒一次，所有你可以对 PImage（尺寸、色调、移动等）进行的操作，Capture 对象也都适用。只要你使用 read() 函数读取那个对象，当你操作时，视频图像就会更新。如示例 16-2 所示。

示例 16-2：操作视频图像

```
import processing.video.*;

Capture video;

void setup() {
  size(320, 240);
  video = new Capture(this, 320, 240);
  video.start();
}

void captureEvent(Capture video) {
  video.read();
}

void draw() {
  background(255);

  tint(mouseX, mouseY, 255);
  translate(width/2, height/2);
  imageMode(CENTER);
  rotate(PI/4);
  image(video, 0, 0, mouseX, mouseY);
}
```

图　16-2

一个视频图像可以像PImage那样修改颜色。它也可以移动、旋转、修改大小，这一切都跟PImage一样。

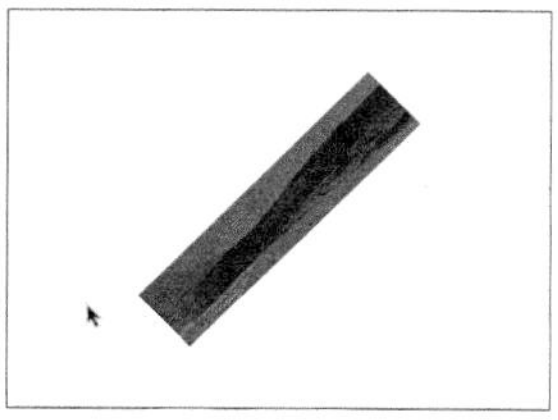

第 15 章中关于图像的例子都可以使用视频来重新编写。下面的示例是对一个视频图像修改亮度。

示例 16-3：调整视频亮度

图 16-3

```
// Step 1. Import the video library
import processing.video.*;

// Step 2. Declare a Capture object
Capture video;

void setup() {
  size(320, 240);

  // Step 3. Initialize Capture object via Constructor
  video = new Capture(this, 320, 240);
  video.start();
}

// An event for when a new frame is available
void captureEvent(Capture video) {
  // Step 4. Read the image from the camera.
  video.read();
}
void draw() {
  loadPixels();
  video.loadPixels();

  for (int x = 0; x < video.width; x++) {
    for (int y = 0; y < video.height; y++) {

      // Calculate the 1D location from a 2D grid
      int loc = x + y * video.width;

      // Get the red, green, blue values from a pixel
      float r = red  (video.pixels[loc]);
      float g = green(video.pixels[loc]);
      float b = blue (video.pixels[loc]);

      // Calculate an amount to change brightness based on proximity to the mouse
      float d = dist(x, y, mouseX, mouseY);
      float adjustbrightness = map(d, 0, 100, 4, 0);
      r *= adjustbrightness;
      g *= adjustbrightness;
      b *= adjustbrightness;

      // Constrain RGB to make sure they are within 0-255 color range
      r = constrain(r, 0, 255);
      g = constrain(g, 0, 255);
      b = constrain(b, 0, 255);

      // Make a new color and set pixel in the window
      color c = color(r, g, b);
      pixels[loc] = c;
    }
  }
  updatePixels();
}
```

练习 16-1：使用视频直播重新编写示例 15-14（点彩画）。

16.2　已录制的视频

显示已录制的遵循和视频直播几乎相同的结构。Processing 的视频库可以使用大多数的视频文件格式：关于其详细内容，访问 Movie 参考文档（https://www.processing.org/reference/libraries/video/Movie.html）。

第 1 步：声明一个 Movie 对象来代替 Capture 对象。

```
Movie movie;
```

第 2 步：初始化 Movie 对象。

```
movie = new Movie(this, "testmovie.mov");
```

这里需要的参数是 this 以及视频的文件名，后者要放在引号里边。注意，视频文件应该存储在草图的数据目录当中。

第 3 步：开始视频播放。

这里有两个选择：play()，只播放视频一次；loop()，持续地循环播放。

```
movie.loop();
```

第 4 步：从视频中读取帧图像。

再一次，和视频捕捉完全一样。你既可以查看是否有可用的、新的帧图像，也可以使用回调函数。

```
void draw() {
  if (movie.available()) {
    movie.read();
  }
}
```

或者：

```
void movieEvent(Movie movie) {
  movie.read();
}
```

第 5 步：显示视频。

```
image(movie, 0, 0);
```

示例 16-4 是将所有部分合到一起的情形。

示例 16-4：显示已录制的视频

```
import processing.video.*;

Movie movie;          第1步：声明一个Movie对象！

void setup() {
  size(320, 240);

  movie = new Movie(this, "testmovie.mov");     第2步：初始化Movie对象！文件
                                                testmovie.mov应当位于data文件夹内。

  movie.loop();       第3步：开始播放视频。要想只
}                     播放一次，那就使用play()替换
                      掉loop()。

void movieEvent(Movie movie) {   第4步：从视频中读取新
  movie.read();                  的帧图片。
}


void draw() {
  image(movie, 0, 0);     第5步：显示视频。
}
```

尽管 Processing 绝对不是用来播放和控制已录制视频播放最复杂的环境，但是在视频库中有许多更高级的特色功能。有的函数可以获取视频的持续时长（以秒为单位）信息，有的函数可以让视频加速或者减速播放，有的函数可以跳至视频的某个时间点播放。如果你觉得它们的表现性能不佳、视频播放不连贯的话，那我建议你使用 P2D 或者 P3D 渲染器，本书14.2 节对其进行了讲解。

下面的例子使用 jump() 函数（跳转至视频中的特定时间点）和 duration() 函数（返回视频的持续时长信息，以秒为单位）。

示例 16-5：视频中的前后跳转

```
import processing.video.*;

Movie movie;                    在这个例子中，如果mouseX值为0，
                                跳转到视频起始端。如果mouseX值为
void setup() {                  width，跳转到视频结束端。其他的
  size(200, 200);               值，则位于视频开始端和结束端之间！
  background(0);
  movie = new Movie(this, "testmovie.mov");
}
void movieEvent(Movie movie) {
  movie.read();
}

void draw() {
  // Ratio of mouse X over width
  float ratio = mouseX / (float) width;
```

```
movie.jump(ratio * movie.duration());

image(movie, 0, 0);
}
```

jump()函数允许你迅速跳转到视频当中的某个特定的时间点。duration()函数则以秒为单位返回视频的持续时间。

练习 16-2：在 Movie 类中使用 speed() 方法，编写一个程序，用户可以通过鼠标控制视频的播放速度。注意，speed() 使用一个参数，用这个参数数值乘以视频播放速率。乘以 0.5 使得视频播放速度减半，乘以 2 使得视频播放速度变为常速 2 倍等。注意，并不是所有的视频格式都支持回放。Processing 的参考文档提供了细节内容（https://processing.org/reference/libraries/video/ Movie_speed_.html）。

16.3 软件镜像

随着越来越多的个人电脑都带有小型视频摄像头，开发实时的图像控制软件变得愈加流行起来。这种类型的应用通常叫做"镜像"（mirror），因为它们提供了观察者的数码映像。Processing 中用于图像的函数拓展库（extensive library），具备通过摄像头实时捕捉图像的功能。这就使得 Processing 成为一个用于制作和试验软件镜像原型的优秀的开发环境。

正如本章前面所描述的，你可以将基本的图像处理技术应用于视频图像，对像素进行逐个读取甚至替换。将这一概念进一步拓展，你就可以读取像素，将颜色应用于在屏幕上绘制的图形。

下面我要展示一个示例，它捕捉一个大小为 80×60 像素的视频，在 640×480 大小的窗口上进行渲染。对于视频中的每一个像素，我会绘制一个 8 像素宽、8 像素高的矩形。

我们首先编写一个程序，显示由矩形构成的网格。如图 16-4 所示。

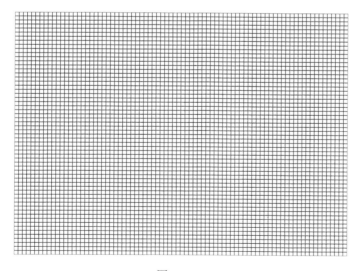

图 16-4

示例 16-6：绘制 8×8 平方像素大小的网格

```
// Size of each cell in the grid, ratio of window size to video size
int videoScale = 8;
// Number of columns and rows in the system
int cols, rows;

void setup() {
  size(640, 480);
  // Initialize columns and rows
  cols = width/videoScale;
  rows = height/videoScale;
}

void draw() {
  // Begin loop for columns
  for (int i = 0; i < cols; i++) {
    // Begin loop for rows
    for (int j = 0; j < rows; j++) {
      // Scaling up to draw a rectangle at (x,y)
      int x = i*videoScale;
      int y = j*videoScale;
      fill(255);
      stroke(0);
      rect(x, y, videoScale, videoScale);
    }
  }
}
```

> videoScale变量存储窗口的尺寸和网格尺寸的比例值。80×8＝640，60×8＝480。

> 每一行和每一列都绘制一个矩形，坐标位于（x，y），尺寸由videoScale确定。

确定了我想制作的正方形的宽度和高度都是 8 个像素，我就可以计算列的数量了：将宽度值除以 8 个像素，同理，行的数量是高度值除以 8 个像素。

- 640/8＝80 列
- 480/8＝60 行

现在我们可以捕捉一个尺寸为 80×60 的视频图像了。修改尺寸的优势在于：从摄像头捕捉 640×480 尺寸的视频，相比 80×60 要慢许多。我只想用草图需要的分辨率来捕捉颜色信息。

图 16-5

对于一个 i 列 j 行的方格来说，我从视频图像的像素（i，j）检索颜色，然后进行相应地上色。见示例 16-7（新的部分字体加粗）。

示例 16-7：视频像素

```
// Size of each cell in the grid, ratio of window size to video size
int videoScale = 8;
// Number of columns and rows in the system
int cols, rows;
// Variable to hold onto Capture object
Capture video;

void setup() {
  size(640, 480);
  // Initialize columns and rows
  cols = width/videoScale;
  rows = height/videoScale;
  background(0);
  video = new Capture(this, cols, rows);
}

// Read image from the camera
void captureEvent(Capture video) {
  video.read();
}

void draw() {
  video.loadPixels();
  // Begin loop for columns
  for (int i = 0; i < cols; i++) {
    // Begin loop for rows
    for (int j = 0; j < rows; j++) {
      // Where are you, pixel-wise?
      int x = i*videoScale;
      int y = j*videoScale;
      color c = video.pixels[i + j*video.width];
      fill(c);
      stroke(0);
      rect(x, y, videoScale, videoScale);
    }
  }
}
```

> 每个方格的颜色都是从 Capture 对象的像素数组中获取的。

正如你所看到的，将简单的网格系统拓展至包含从视频获取的颜色只需要增加几行代码。我必须对 Capture 对象进行声明和初始化，从像素数组中读取颜色。

将少量的像素颜色文字映射到网格中的图形也是可以实现的。在下面的示例中，只使用了黑色和白色。视频中越亮的像素，方格越大；越暗的像素，方格越小。如图 16-6 所示。

图　16-6

示例 16-8：亮度镜像

```
// Each pixel from the video source is drawn as
// a rectangle with size based on brightness.

import processing.video.*;

// Size of each cell in the grid
int videoScale = 10;
// Number of columns and rows in the system
int cols, rows;
// Variable for capture device
Capture video;

void setup() {
  size(640, 480);
  // Initialize columns and rows
  cols = width / videoScale;
  rows = height / videoScale;
  // Construct the Capture object
  video = new Capture(this, cols, rows);
  video.start();
}

void captureEvent(Capture video) {
  video.read();
}
void draw() {
  background(0);
  video.loadPixels();
  // Begin loop for columns
  for (int i = 0; i < cols; i++) {
    // Begin loop for rows
    for (int j = 0; j < rows; j++) {
      // Where are you, pixel-wise?
      int x = i*videoScale;
      int y = j*videoScale;

      int loc = (video.width - i - 1) + j * video.width;
```

> 使用下面的公式将图片镜像：镜像列×宽度值−列−1。

```
      color c = video.pixels[loc];
      float sz = (brightness(c)/255) * videoScale;
```

> 一个矩形的尺寸是作为像素的亮度来进行计算的。像素越亮，矩形越大；像素越暗，矩形越小。

```
      rectMode(CENTER);
      fill(255);
      noStroke();
      rect(x + videoScale/2, y + videoScale/2, sz, sz);
    }
  }
}
```

下面总结一下，通常将软件镜像的实现过程分为两个步骤。这样也可以帮助你实现更多的效果，而不仅仅局限于将像素映射到网格的形状上。

第 1 步：开发一个可以将整个窗口覆盖住的有意思的模式。

第 2 步：使用视频的像素作为查用表（look-up table），为上述样式着色。

比如在第 1 步中，我编写了在一个窗口中乱写随机线条的程序。下面是我的算法，用伪码表示：

- 将位于屏幕中心位置的点（x，y）作为起始点。
- 一直重复下面的内容：
  ——选取一个位于窗口内部的新点（x，y）。
  ——从旧点（x，y）向新点（x，y）绘制一条直线。
  ——保存新的点（x，y）。

示例 16-9：一笔画

```
// Two global variables
float x;
float y;

void setup() {
  size(320, 240);
  background(255);
  // Start x and y in the center
  x = width/2;
  y = height/2;
}


void draw() {

  float newx = constrain(x + random(-20, 20), 0, width);
  float newy = constrain(y + random(-20, 20), 0, height);

  // Line from (x,y) to the (newx,newy)
  stroke(0);
  strokeWeight(4);
  line(x, y, newx, newy);

  x = newx;
  y = newy;
}
```

图 16-7

> 通过对当前点（x，y）增加或者减去一个随机值来获得新点（x，y）。新点的坐标位置必须始终限定于窗口像素内部。

> 保存新的点（x，y），以实现这个过程的无限循环。

既然我已经完成了样式生成草图，接下来可以改变 `stroke()` 函数以根据视频图像设定颜色。再次注意下，在示例 16-10 中，新增加的代码行用粗体表示。

示例 16-10：一笔画镜像

```
import processing.video.*;

// Two global variables
float x;
float y;

// Variable to hold onto Capture object
Capture video;

void setup() {
  size(320, 240);
  background(0);
  // Start x and y in the center
  x = width/2;
  y = height/2;
  // Start the capture process
  video = new Capture(this, width, height);
  video.start();
}

void captureEvent(Capture video) {
```

图 16-8

> 如果是更大的窗口（比如说800×600），你可能想要将捕捉的图像按比例缩小，这样你就无需捕捉一张如此高分辨的图像了。

```
  // Read image from the camera
  video.read();
}

void draw() {
  video.loadPixels();

  // Pick a new x and y
  float newx = constrain(x + random(-20, 20), 0, width-1);
  float newy = constrain(y + random(-20, 20), 0, height-1);

  // Find the midpoint of the line
  int midx = int((newx + x) / 2);
  int midy = int((newy + y) / 2);
  // Pick the color from the video, reversing x
  color c = video.pixels[(width-1-midx) + midy*video.width];

  // Draw a line from (x,y) to (newx,newy)
  stroke(c);
  strokeWeight(4);
  line(x, y, newx, newy);

  // Save (newx,newy) in (x,y)
  x = newx;
  y = newy;
}
```

> 颜色是从视频图像中的一个像素拉取的。

练习 16-3：使用示例 16-9 和示例 16-10 中的方法创建你自己的软件镜像。首先不使用视频，然后加入视频，根据视频的像素来决定颜色、行为等。

16.4   视频作为传感器和计算机视觉

本章中的每一个示例一直将视频摄像头当作在屏幕上显示数码照片的数据源。这一节里将简要介绍使用视频摄像头但并不将图像展示出来的一些操作，也就是说"计算机视觉"。计算机视觉是一个这样的研究领域：致力于研究使用摄像头作为传感器，使得机器可以看得到。

为了能够更好地理解计算机视觉算法的内部工作机制，我将从逐像素的层次上编写所有的代码。可是，为了能够进一步探讨这个话题，你需要下载一些 Processing 可用的第三方计算机视觉库。这其中的许多库都包含有超越了本章所讲内容的、更高级的功能。本节最后会简要介绍下这些库。

我们先从一个简单的示例开始。

视频摄像头是你的朋友，因为它提供了许多信息。一张 320×230 大小的图像包含有76 800 个像素！如果你想将这些像素归结为一个数字：一个房间的整体亮度，要怎么做？这可以通过光敏元件（或者"光电管"）来完成，但是作为练习，我使用一个网络摄像头来完成。

在前面的示例中，你已经了解到单个像素的亮度值可以用 brightness() 函数来获取，它返回一个介于 0 到 255 之间的浮点数据值。下面的代码可以获取视频图像第一个像素的亮度值。

```
float brightness = brightness(video.pixels[0]);
```

然后我可以计算整体的（也就是平均）亮度值，通过累加所有的亮度值，然后除以像素的总数量。

```
video.loadPixels();
// Start with a total of 0
float totalBrightness = 0;
// Sum the brightness of each pixel
for (int i = 0; i < video.pixels.length; i++) {
  color c = video.pixels[i];
  totalBrightness + = brightness(c);        将所有亮度值相加。
}

// Compute the average
float averageBrightness = totalBrightness / video.pixels.length;
// Display the background as average brightness
background(averageBrightness);                平均亮度＝总亮度除以
                                              总像素数量。
```

在你向这个小成果热情地欢呼之前，你应该意识到这个示例确实是一个分析由视频源提供的图像不错的示范算法，但它事实上尚未充分利用一个视频摄像头可以"看到"的所有内容。毕竟，一个视频图像不仅仅是颜色的集合，它也是空间有序颜色的集合。通过开发一个搜索像素和识别样式的算法，你可以开发更多更高级的计算机视觉应用。

能够跟踪最亮的颜色是一个良好的开端。想象下，在一个黑暗的房间里有一个运动的单一光源。根据你接下来要学习的内容，光源将会被使用鼠标实现的交互形式所取代。是的，在手电筒的照明下，你现在正在打乒乓球的路上不断前进。

首先，我需要在整个图像中进行搜索，以找到最亮像素点（x，y）的坐标。这里我要使用的策略是在所有的像素中寻找"世界纪录"的最亮的像素（使用 brightness() 函数）。一开始，"世界纪录"将被第一个像素所持有。随着搜索的继续，其他像素会陆续打破纪录，成为新的世界纪录保持者。在循环的末尾，持有世界纪录的当前像素将得到"图像中最亮像素"的桂冠。

这里是相应的代码：

```
// The world record is 0 at first
float worldRecord = 0.0;
// Which pixel will win the prize?
int xRecordHolder = 0;
int yRecordHolder = 0;

for (int x = 0; x < video.width; x++) {
  for (int y = 0; y < video.height; y++) {
    // What is current brightness
    int loc = x + y*video.width;
    float currentBrightness = brightness(video.pixels[loc]);
    if (currentBrightness > worldRecord) {
      // Set a new record
      worldRecord = currentBrightness;
```

```
        // This pixel holds the record!
        xRecordHolder = x;
        yRecordHolder = y;
      }
    }
}
```

> 当你找到了新的最亮像素，你必须将其坐标（x, y）保存至数组，从而可以在后面访问该数据。

该示例的一个自然延伸是跟踪一种特定的颜色，而不是简单的跟踪亮度。举例来说，我可以寻找在一个视频图像中最"红"或者最"蓝"的部分。为了执行这种类型的分析，我需要开发一个用于比较颜色的方法。我们创建两种颜色：c1 和 c2。

```
color c1 = color(255, 100, 50);
color c2 = color(150, 255, 0);
```

对于颜色来说，它们只能对红、绿和蓝各自的颜色成分进行比较，故而我必须首先将三种颜色成分数值分离出来。

```
float r1 = red(c1);
float g1 = green(c1);
float b1 = blue(c1);
float r2 = red(c2);
float g2 = green(c2);
float b2 = blue(c2);
```

现在，我开始比较颜色了。一种策略是获得它们差值的绝对值的总数。这样做工作量比较大，但是原理比较简单。让 r1 减去 r2。由于我只在乎差值的大小，并不在乎差值是正数还是负数，所以只使用绝对值。为绿色和蓝色执行这个操作，然后将它们相加。

```
float diff = abs(r1 - r2) + abs(g1 - g2) + abs(b1 - b2);
```

这种方法用于解决上面的问题已经足够了，但是还有一种更为精确的方法：就是用颜色之间的"距离"来计算颜色差异。你可能会怀疑："你认真的吗？怎么可能描述一个颜色距离另外一个颜色是近还是远呢？"事实上，你已经知道两个点之间的距离是通过勾股定理来计算的。那么你可以将颜色想象成为三维空间内的一点，只是用（r, g, b）来代替（x, y, z）。如果两种颜色在这种颜色空间里距离很近，那么这两种颜色就很相似；反之如果很远，则非常不同。

```
float diff = dist(r1, g1, b1, r2, g2, b2);
```

举例来说，要寻找一张图像中最红的像素，就是寻找最接近红色数值为（255, 0, 0）的颜色。

通过将亮度跟踪代码修改为寻找最接近某种颜色（而不是最亮的）的像素，我们就可以完成一种颜色跟踪的草图。在下面的示例中，用户可以使用鼠标点击想要捕捉的颜色。一个黑色圆会出现在最接近那个颜色的位置。如图 16-9 所示。

示例 16-11：简单的颜色跟踪

```
import processing.video.*;

// Variable for capture device
Capture video;
color trackColor;

void setup() {
```

> 一个用于你要寻找的颜色的变量。

```
      size(320, 240);
      video = new Capture(this, width, height);
      video.start();
      // Start off tracking for red
      trackColor = color(255, 0, 0);
}

void captureEvent(Capture video) {
      // Read image from the camera
      video.read();
}

void draw() {
      video.loadPixels();
      image(video, 0, 0);

      float worldRecord = 500;
      // (x,y) coordinate of closest color
      int closestX = 0;
      int closestY = 0;
      // Begin loop to walk through every pixel
      for (int x = 0; x < video.width; x++) {
        for (int y = 0; y < video.height; y++) {
          int loc = x + y * video.width;
          // What is current color
          color currentColor = video.pixels[loc];
          float r1 = red(currentColor);
          float g1 = green(currentColor);
          float b1 = blue(currentColor);
          float r2 = red(trackColor);
          float g2 = green(trackColor);
          float b2 = blue(trackColor);
          // Using euclidean distance to compare colors
          float d = dist(r1, g1, b1, r2, g2, b2);

          // If current color is more similar to tracked
          // color than closest color, save current location
          // and current difference
          if (d < worldRecord) {
            worldRecord = d;
            closestX = x;
            closestY = y;
          }
        }
      }

      if (worldRecord < 10) {
        // Draw a circle at the tracked pixel
        fill(trackColor);
        strokeWeight(4);
        stroke(0);
        ellipse(closestX, closestY, 16, 16);
      }
}

void mousePressed() {
      // Save color where the mouse is clicked in trackColor variable
      int loc = mouseX + mouseY * video.width;
      trackColor = video.pixels[loc];
}
```

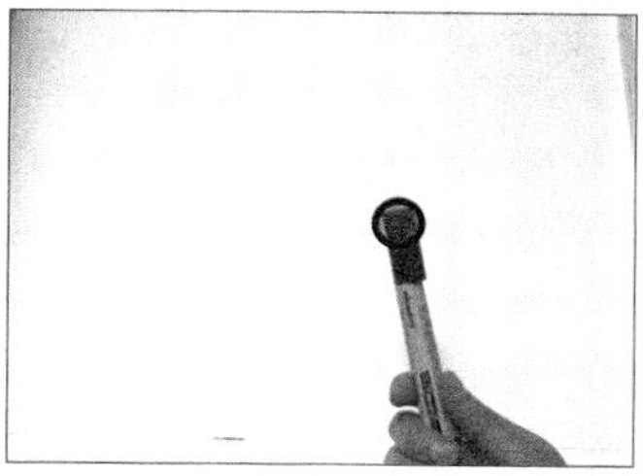

图　16-9

> 在开始搜索之前，用于最接近颜色的"世界纪录"被设置为一个很高的值，这样第一个像素很容易击败这个数值。

> 我使用dist()函数来比较当前颜色和被跟踪的颜色。

> 只有在颜色距离小于10的时候，才认为找到那个颜色了。当然这个阈值为10是任意设置的，你可以根据精确度要求修改这个数值。

　　练习16-4：虽然dist()函数更加精确，但是因为它在计算过程中包含了平方根计算，因此跟绝对值的方法相比，它的速度要慢一些。解决方法之一是你自行编写一个不需要计算平方根的算法来计算颜色距离。根据下面的方法重新编写示例 16-11。在缺少平方根的情况下，你如何修改阈值？

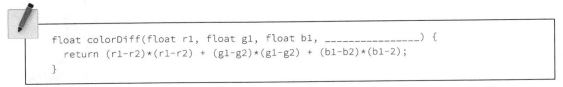

```
float colorDiff(float r1, float g1, float b1, _____) {
  return (r1-r2)*(r1-r2) + (g1-g2)*(g1-g2) + (b1-2)*(b1-2);
}
```

练习 16-5：使用任何一个你之前编写的包含有鼠标交互的草图，用颜色跟踪替换鼠标。为摄像头找到一个简单并且高对比的环境。举个例子，用一个白色（或者黑色）的物体将摄像头指向一个纯黑（或者白色）的桌面。（如果你没有单色的桌面，可以尝试用白色 T 恤将其覆盖）。使用物体的位置控制你的草图。下面的图片展示了使用一个瓶盖来控制示例 9-8 中的"蛇"。

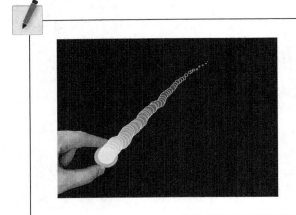

16.5　背景消除

颜色距离的比较在其他的计算机视觉算法中也是有用的，比如说背景消除。如果你想展示跳草裙舞的视频，只是并不想在办公室跳，而是希望在有波浪的海滩背景下跳舞。背景消除就是这样可以帮助你移除一张图像背景（这里就是你的办公室），并且用任何你喜欢的图像（这里是海滩）来替换的方法，这种方法还能保证前景（你的舞姿）不受任何影响。

算法如下：

- 记录一张背景图像。
- 在当前视频帧图像中检查每一个像素。如果和背景图像中对应的像素区别非常大，那么它就是一个前景像素。反之，它就是一个背景像素。只显示前景像素。

为了示范上述算法，我们让屏幕背景保持绿色：草图会把一张图像中的背景消除，然后用绿色像素替换。

第 1 步就是"记录"背景图像。背景本质上是视频的一个快照。由于视频图像随着时间发生改变，我必须将帧图像保存副本至单独的 PImage 对象中。

```
PImage backgroundImage;

void setup() {
  backgroundImage = createImage(video.width, video.height, RGB);
}
```

当 backgroundImage 创建完毕之后，它是一个空白的和视频具有相同尺寸的图像。这样的形式并没有什么用，所以当我需要记录背景图像的时候，需要从摄像头复制一张图像进入至背景图像。让我们在鼠标点击的时候完成这个操作。

```
void mousePressed() {
  // Copying the current frame of video into the backgroundImage object
  // Note copy takes 5 arguments:
  // The source image
  // x, y, width, and height of region to be copied from the source
  // x, y, width, and height of copy destination
  backgroundImage.copy(video, 0, 0, video.width, video.height,
      0, 0, video.width,video.height);
  backgroundImage.updatePixels();
}
```

> copy()函数使得你可以从一张图像到另一张图像复制像素。注意，updatePixels()函数应该在新像素被复制后调用。

将背景图像保存完毕之后，我就可以在当前的帧图像中循环所有的像素，并且使用距离计算来将它们和背景进行比较。对于任何一个给定的像素（x，y），我使用下面的代码：

```
int loc = x + y * video.width;          // Step 1: what is the 1D pixel location?
color fgColor = video.pixels[loc];       // Step 2: the foreground color
color bgColor = backgroundImage.pixels[loc]; // Step 3: the background color

// Step 4: Compare the foreground and background color
float r1 = red(fgColor); float g1 = green(fgColor); float b1 = blue(fgColor);
float r2 = red(bgColor); float g2 = green(bgColor); float b2 = blue(bgColor);
float diff = dist(r1, g1, b1, r2, g2, b2);

// Step 5: Is the foreground color different from the background color
if (diff > threshold) {
  // If so, display the foreground color
  pixels[loc] = fgColor;
} else {
  // If not, display green
  pixels[loc] = color(0, 255, 0);
}
```

上面的代码假定了一个名为 threshold 的变量。threshold 越低，对于一个像素来说，就越容易被识别为前景像素。这样它并不需要和背景像素具有太大的差异。下面是 threshold 作为一个全局变量时的完整例子。

示例 16-12：简单的背景消除

```
import processing.video.*;

// Variable for capture device
Capture video;
// Saved background
PImage backgroundImage;
// How different must a pixel be to be foreground
float threshold = 20;

void setup() {
  size(320, 240);
  video = new Capture(this, width, height);
  video.start();
```

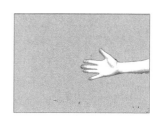

图 16-10

```
    // Create an empty image the same size as the video
    backgroundImage = createImage(video.width, video.height, RGB);
}

void captureEvent(Capture video) {
    video.read();
}

void draw() {
    loadPixels();
    video.loadPixels();
    backgroundImage.loadPixels();

    // Draw the video image on the background
    image(video, 0, 0);
    // Begin loop to walk through every pixel
    for (int x = 0; x < video.width; x++) {
        for (int y = 0; y < video.height; y++) {
            int loc = x + y*video.width; // Step 1, what is the 1D pixel location
            color fgColor = video.pixels[loc]; // Step 2, what is the foreground color
            // Step 3, what is the background color
            color bgColor = backgroundImage.pixels[loc];
            // Step 4, compare the foreground and background color
            float r1 = red   (fgColor);
            float g1 = green(fgColor);
            float b1 = blue (fgColor);
            float r2 = red   (bgColor);
            float g2 = green(bgColor);
            float b2 = blue (bgColor);
            float diff = dist(r1, g1, b1, r2, g2, b2);

            // Step 5, Is the foreground color different from the background color
            if (diff > threshold) {
                // If so, display the foreground color
                pixels[loc] = fgColor;
            } else {
                // If not, display green
                pixels[loc] = color(0, 255, 0);
            }
        }
    }
    updatePixels();
}

void mousePressed() {
    // Copying the current frame of video into the backgroundImage object
    // Note copy takes nine arguments:
    // The source image
    // x, y, width, and height of region to be copied from the source
    // x, y, width, and height of copy destination
    backgroundImage.copy(video, 0, 0, video.width, video.height,
        0, 0, video.width, video.height);
    backgroundImage.updatePixels();
}
```

> 我正在查看视频的像素、记录的 **backgroundImage** 的像素以及访问显示的像素。`loadPixels()` 函数可以完成上述内容。

> 你可以选择使用其他东西来替换背景，而不仅仅是绿色。

当你准备运行这个示例的时候，要先处于帧图像之外，点击鼠标来记录背景图像，然后返回进入到帧图像之内，接下来就会看到如图 16-10 所显示的结果了。

如果这个草图不能正常运行，那就检查下摄像头是否开启了"自动"功能。如果摄像头设置为自动适应亮度或者白平衡，那么就会遇到问题。尽管背景图像被记录了，一旦整个图像变得更亮或者改变色调，草图会认为所有的像素都发生了改变，因而将其当作前景的一部分！为了能够顺利运行，关闭摄像头上所有的自动功能。

练习 16-6：选择用其他图像替换背景，而不是绿色。阈值采用什么数值可以正常运行，而什么数值根本无法运行？尝试使用鼠标来控制阈值变量。

16.6 运动检测

今天是让人高兴的一天。为什么呢？因为你已经学到的从一个视频中消除背景和运动检测是同样的原理。在前面背景消除的示例中，我检查了每个像素和一个背景图像之间的关系。一个视频中动作的产生是因为一个像素颜色与其上一帧相比，发生了大幅度的变化。换言之，运动检测和背景消除的算法完全相同，唯一的不同在于：背景消除只是记录一次背景图像，而在运动检测中需要持续记录视频的前一帧。

下面的示例和背景消除的示例几乎完全相同，只是有一个重要的区别：每当一个新的帧图像可以使用时，视频的上一张帧图像就被保存。

```
void captureEvent(Capture video) {
  // Before reading the new frame, always save the previous frame for comparison!
  prevFrame.copy(video, 0, 0, video.width, video.height,
     0, 0, video.width, video.height);
  prevFrame.updatePixels();
  video.read();
}
```

（颜色显示同样变为黑白色，另外一些变量的名称不同了，不过这都是非常细微的差别。）

示例 16-13：简单的运动检测

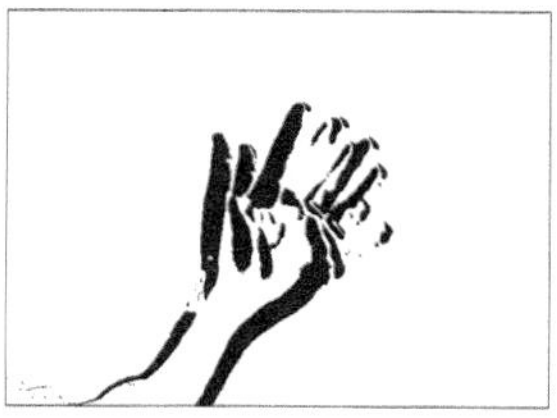

```
import processing.video.*;

// Variable for capture device
Capture video;
// Previous Frame
PImage prevFrame;
// How different must a pixel be to be a "motion" pixel
float threshold = 50;

void setup() {
  size(320, 240);
  video = new Capture(this, width, height, 30);
  video.start();
  // Create an empty image the same size as the video
  prevFrame = createImage(video.width, video.height, RGB);
}

void captureEvent(Capture video) {
  // Before reading the new frame, always save the previous frame for comparison!
  prevFrame.copy(video, 0, 0, video.width, video.height, 0,
     0, video.width, video.height);
  prevFrame.updatePixels();  // Read image from the camera
```

图 16-11

```
    video.read();
  }

void draw() {
  loadPixels();
  video.loadPixels();
  prevFrame.loadPixels();

  // Begin loop to walk through every pixel
  for (int x = 0; x < video.width; x++) {
    for (int y = 0; y < video.height; y++) {
      int loc = x + y * video.width; // Step 1: What is the 1D pixel location?
      color current = video.pixels[loc]; // Step 2: What is the current color?
      color previous = prevFrame.pixels[loc]; // Step 3: what is the previous color?
      // Step 4, compare colors (previous vs. current)
      float r1 = red(current); float g1 = green(current); float b1 = blue(current);
      float r2 = red(previous); float g2 = green(previous);
      float b2 = blue(previous);
      float diff = dist(r1, g1, b1, r2, g2, b2);
      // Step 5, How different are the colors?
      if (diff > threshold) {
        // If motion, display black
        pixels[loc] = color(0);
      } else {
        // If not, display white
        pixels[loc] = color(255);
      }
    }
  }
  updatePixels();
}
```

> 如果位于那个像素的颜色改变了，那么说明那个像素位置处在"运动"中。

如果你想要了解一个房间内"整体的"运动情况应当怎么做呢？在本书 16.4 节的开头中，我曾经计算了一个图像的平均亮度值：将每个像素的亮度值相加之后除以像素的总数量。

平均亮度＝总亮度 / 像素总数

同理，我可以计算平均运动信息：

平均运动＝总运动 / 像素总数

下面的示例中展示了一个基于运动数量而改变颜色和尺寸的圆。再次注意，你没有必要为了分析视频而去显示它！

示例 16-14：整体的运动情况

```
import processing.video.*;

// Variable for capture device
Capture video;
// Previous Frame
PImage prevFrame;
// How different must a pixel be to be a "motion" pixel
float threshold = 50;

void setup() {
  size(320, 240);
  // Using the default capture device
  video = new Capture(this, width, height);
  video.start();
  // Create an empty image the same size as the video
  prevFrame = createImage(video.width, video.height, RGB);
}
```

```
// New frame available from camera
void captureEvent(Capture video) {
  // Save previous frame for motion detection!!
  prevFrame.copy(video, 0, 0, video.width, video.height, 0, 0, video.width,
video.height);
  prevFrame.updatePixels();
  video.read();
}

void draw() {
  background(0);

  // If you want to display the videoY
  // You don't need to display it to analyze it!
  image(video, 0, 0);

  loadPixels();
  video.loadPixels();
  prevFrame.loadPixels();

  // Begin loop to walk through every pixel
  // Start with a total of 0
  float totalMotion = 0;
  // Sum the brightness of each pixel
  for (int i = 0; i < video.pixels.length; i++) {
    color current = video.pixels[i];
    // Step 2: What is the current color?
    color previous = prevFrame.pixels[i];
    // Step 3: What is the previous color?
    // Step 4: Compare colors (previous vs. current)
    float r1 = red(current);
    float g1 = green(current);
    float b1 = blue(current);
    float r2 = red(previous);
    float g2 = green(previous);
    float b2 = blue(previous);

    float diff = dist(r1, g1, b1, r2, g2, b2);
```

每个单独像素的运动就是它之前颜色和当前颜色之间的差异。

```
    totalMotion += diff;
  }
```

totalMotion就是所有颜色差异的总和。

```
  float avgMotion = totalMotion / video.pixels.length;

  // Draw a circle based on average motion
  fill(0);
  float r = avgMotion * 2;
  ellipse(width/2, height/2, r, r);
}
```

运动均值（averageMotion）是运动总和除以已经分析的像素数量。

练习 16-7：创建一个检测运动平均位置的草图。你能实现一个跟随你挥手运动的椭圆吗？

16.7　计算机视觉库

目前已经有几个可供 Processing（当然以后会越来越多）使用的计算机视觉库了。而编写属于你自己的计算机视觉代码的好处在于：你可以在最底层控制视觉算法，而且它可以精确地符合你自己的需要。而使用第三方库的优势在于：当前对一些常见的计算机视觉问题（比如边缘检测、斑点、运动、颜色跟踪等）已经有了大量的研究，因此你不必亲自再去解决这些麻烦的问题。你可以在 Processing 的网站（http://processing.org/reference/libraries/#video&vision）上找到所有的库列表。下面两个是我建议使用的库。

- OpenCV for Processing：由 Greg Borenstein 编写（https://github.com/atduskgreg/opencv-processing）

  OpenCV（Open Source Computer Vision) 是用 C++ 中编写的开源库，最初由英特尔研发部开发。它提供了广泛的计算机视觉和图像处理功能，从图像过滤到轮廓寻找和对象检测等。

- BlobDetection：由 Julien "v3ga" Gachadoat 编写（http://www.v3ga.net/processing/BlobDetection/）

  该库，正如它的名称所描述的，是专门用于在一张图像中处理斑点检测的。斑点是指一个区域内的像素，其亮度高于或者低于某个阈值。这个库可以将任何图像作为输入，然后返回一个 Bolb 对象的数组，每个对象都会告知你它的边缘点和边界框。

最后，同样值得一提的是最近在深度感测（最出名的就是微软的 Kinect 传感技术）上的创新技术发展，已经使得许多复杂的计算机视觉问题在 Processing 上运行成为可能。正如在本章中所展示的所有示例，一个传统的摄像头提供了一个像素网格。如果你可以知道每个像素距离摄像头的距离，那会怎样？举个例子，这当然会使得背景减除（background subtraction）更加简便。有了深度传感器，这一切都会成为可能。对于关于深度感测的更多内容，你可以访问本书配套的在线网站。

第七节课的项目

根据以下步骤构建一个包含计算机视觉技术的软件镜像。

1. 设计一个没有颜色的图形样式。这可以是一个静止的图片效果（比如说马赛克），或者一个运动的效果（比如前面的"一笔画"示例），或者两者的结合。

2. 根据一张图像的像素对上述图形样式上色。

3. 使用直播摄像头（或者一个录制好的视频）替换上面的 JPG 图片。

4. 使用计算机视觉方法，根据图像的属性改变绘制元素的行为。比如越亮的像素会导致图形转动，改变很大的像素会让图形飞离屏幕之外等。

使用下面的空白为你的项目设计草图，做笔记和书写伪码。

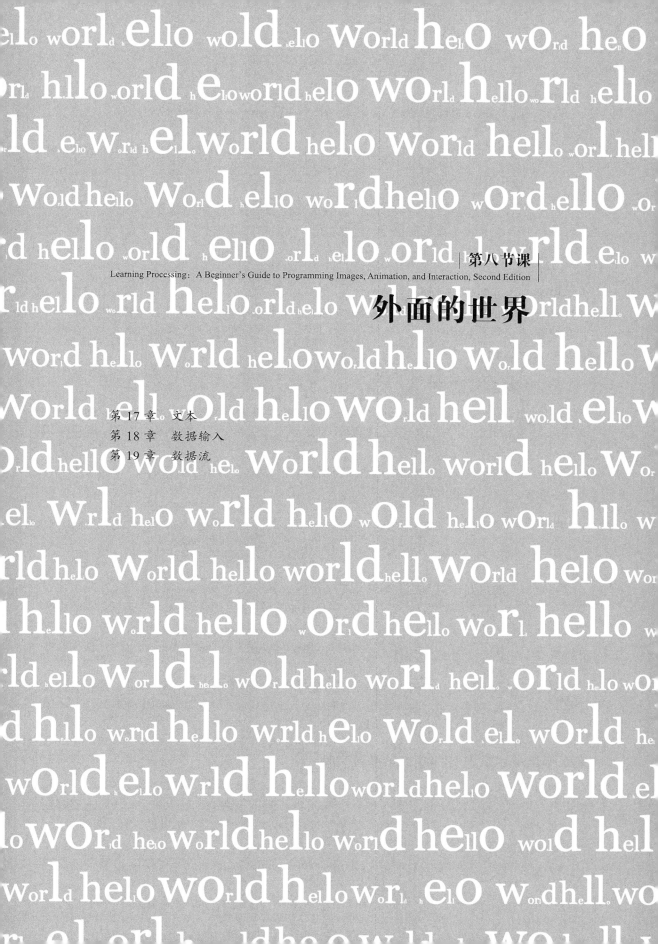

Learning Processing：A Beginner's Guide to Programming Images, Animation, and Interaction, Second Edition

外面的世界

文　　本

如果未来的历史学家说这些超炫的东西是非常疯狂的想法，我会很开心。

——理查德·费曼（Richard Feynman）

本章主要内容：
- 将文本存储为 `String` 对象
- 基本的 `String` 功能
- 创建和载入字体
- 显示文本

17.1　字符串从哪来

第 15 章讨论了一种 Processing 环境内置的新的对象数据类型用来解决图片的问题——`PImage`。在本章，我会介绍另一个新的数据类型，另一种你可以在 Processing 中直接使用的类，叫做字符串（String）。

`String` 类并不是一个全新的概念。每次你在消息窗口中输出某些文本，或者载入一张图片的时候，你就在和字符串打交道了。

```
println("printing to the message window!");        打印一个字符串。

PImage img = loadImage("filename.jpg");            为文件名使用一个字符串。
```

可是，虽然我们在很多地方都使用过字符串，但在这本书中，我们尚未能够完全地探索它，也尚未开发它们的潜力。为了明白字符串的来源，我们先思考一下类是怎么来的。你知道你可以创建自己的类（`Zoog`、`Car` 等），你也可以使用 Processing 环境内置的类，比如 `PImage`。而且，通过在上一章节的学习，你也可以导入其他的 Processing 库来使用某些类，比如 `Capture` 或者 `Movie`。

不过，你尚未探索巨大的未知领域，这是一个充满了上千个可用的 Java 类的世界。在我跳过 Java API 悬崖之前（我会在第 23 章中这么做），可以先瞥一眼 Java 诸多基础的类之一：`String` 类，它可以用来存储和操作文本。

你在哪里可以找到 String 类的参考文档

学习 Processing 内置的变量、函数和类，Processing 的参考文档是非常好的参考资料。虽然严格意义上讲，`String` 类属于一个 Java 类，但由于在 Processing 中 `String` 类使用频率非常高，因此 Processing 在其自身的参考文档中也含有介绍字符串的文档。除此之外，Processing 对于字符串并不要求导入声明。

Processing 参考文档（http://processing.org/reference/String.html）仅仅涵盖了一部分可

用的关于 String 类的方法。完整文档可以在 Oracle's Java 网站（http://docs.oracle.com/javase/7/docs/api/java/lang/String.html）找到。也查看整个 Java API 的链接（http://docs.oracle.com/javase/7/docs/api/）。

我目前并不打算细讲如何使用 Java 文档（更多内容参见第 23 章），但是你可以通过访问和细读上述链接来激发你的兴趣。

17.2 什么是字符串

字符串本质上是一种存储一组字符的方法。如果没有 String 类的话，你很可能会编写出如下代码：

```
char[] sometext = {'H', 'e', 'l', 'l', 'o', ' ', 'W', 'o', 'r', 'l', 'd' } ;
```

显然，在 Processing 中这是让人抓狂的。但如果像下面这样使用 String 对象则会简单许多：

```
String sometext = "How do I make a String? Type characters between quotes!";
```

从上面的代码中可以看出，字符串不过是在引号之间的一组字符而已。不过，这仅仅是字符串的数据。一个字符串是一个具有方法的对象（这点你可以在参考页上找到）。

这就类似于一个 PImage 对象不仅存储和图像有关的数据，还可以使用方法 copy()，loadPixels() 等。在第 18 章，我会更加侧重于讲解 String 方法。这里先给出几个示例。

方法 charAt() 可以返回一个字符串中给定索引值的单个字母。字符串和数组一样，第 1 个字母索引值同为 0！

练习 17-1：下面代码的结果是什么？

```
String message = "a bunch of text here.";
char c = message.charAt(3);
println(c);
_____
```

另一个有用的方法是 length()。这通常会和一个数组的 length 属性相混淆。但是，当调用一个 String 对象的 length（长度）时，你必须使用圆括号，因为你是在调用一个名为 length() 的函数，而不是访问一个名为 length 的属性。

```
String message = "This String is 34 characters long.";
println(message.length());
```

练习 17-2：循环遍历并输出字符串中的每一个字符。

```
String message = "a bunch of text here." ;
for (int i = 0; i < _____); i++) {
  char c = _____ ;
  println(c);
}
```

你也可以将字符串中的所有字母转变为大写（或者小写），这可以通过使用 toUpperCase() 或者 toLowerCase() 方法实现。

```
String uppercase = message.toUpperCase();
println(uppercase);
```

你可能会注意到这里有点奇怪。为什么我要将 message.toUpperCase() 的结果分配给一个具有不同名称的一个新的变量 uppercase。为什么我不可以简单地使用 message.toUpperCase()；然后输出 message（消息）变量？

这是因为 String 是一种特别的对象。它是不可变的（immutable）。不可变对象中的数据永远不可改变。当你创建一个 String 对象的时候，它将一直保持不变。要改变这个字符串，你只能创建一个新的字符串。所以在将其转换成为大写形式的时候，方法 toUpperCase() 返回的实际是全大写的、String 对象的副本。

本章我要讲的最后一个方法是 equals()。谈到"相等"，可能你的第一反应是使用"=="运算符来比较字符串。

```
String one = "hello";
String two = "hello";
println(one == two);
```

严格意义上讲，当对象使用"=="的时候，它进行比较的是每个对象的内存地址。尽管每个字符串包含同样的数据（"hello"），如果他们是不同的对象实例，那么"=="可能会导致一个错误的的比较。equals() 函数用以确保两个 String 对象是否含有相同序列的字符，而不管这些数据存储于计算机内存的位置。

```
String one = "hello";
String two = "hello";
println(one.equals(two));
```

虽然上述两种方法都会返回正确的结果，但是使用 eqauls() 函数会更加安全。根据 String 对象在草图中创建方式的不同，"=="并不总是能够正常使用。

练习 17-3：找到下面字符串数组中重复的内容。

```
String[] words = { "I", "love", "coffee", "I", "love", "tea" } ;

for (int i = 0; i < _____; i++) {

  for (int j = _____; j < _____; j++) {

    if (_____) {

     println(_____ + " is a duplicate. ");
    }
  }
}
```

String 对象的另外一个特色功能在于连接（concatenation），也就是将两个字符串组合到一起。字符串可以使用"＋"运算符来连接。就运算符"＋"而言，对于数字来说通常指的是相加。但是在字符串中，它意味着组合（join）。

```
String helloworld = "Hello" + "World";
```

使用"＋"运算符也可用以添加变量：

```
int x = 10;
String message = "The value of x is: " + x;
```

第 15 章中载入一个具有编号序列文件名的图片数组时，就是一个相关的示例。

练习 17-4：将给定的变量连接为一个字符串，输出下面的信息。

矩形的宽度值为 10 像素，高度为 12 像素，位置坐标为（100，100）。

```
float w = 10;
float h = 12;
float x = 100;
float y = 100;

String message = _____;
println(message);
```

17.3　显示文字

关于 String 类的可用的函数，我将在第 18 章中继续探索，那里更加侧重于对文字的分析和操作。现在你所了解的字符串的知识足以让你完成本章的主要内容：文字的渲染。

显示文字最简单的方法是在消息窗口中输出的内容。这有点像你一直以来调试的时候经常会用到的东西。例如，如果你想知道鼠标的水平位置，你就会写：

```
println(mouseX);
```

或者说，如果需要执行代码的某一部分，你可能会输出一个描述性信息：

```
println("I got here and I'm printing out the mouse location!!!");
```

以上对于调试来说当然非常有帮助，但是对于想要给用户呈现文字这一目标来说，并没有太多用处。为了能够在屏幕上渲染出文字，必须遵循一系列的步骤。

1. 声明一个类型为 **PFont** 的对象。

```
PFont f;
```

2. 通过在函数 **creatFunction()** 中提及字体名称来指定字体。

这应该只载入一次，通常位于 setup() 中。正如载入一张图像一样，将一个字体载入到内存的过程也是比较缓慢的，因此如果将其放于 draw() 中会极大地影响草图的渲染表现。

```
f = createFont("Georgia", 16);
```

createFont() 函数还有另外一个参数，就是字体的大小。虽然在 Processing 草图运行的过程中，你可以动态调整字体的大小，但是开始的时候你仍然需要选择一个字体。要查询你当前可用的字体的清单（和你安装到电脑中的字体相同），可以使用

```
printArray(PFont.list());。
```

3. 使用 textFont() 指定字体。

textFont() 函数具有一个或两个参数：分别是字体变量和字体大小，后者是可选的。如果你不指定字体大小，字体将会按照它最初被载入的大小显示。（注意，在使用 P2D 和 P3D 渲染器的时候，指定一个与创建字体大小不同的字体，会导致像素颗粒化，或者显示不清晰。）

```
textFont(f, 36);
```

4. 使用 fill() 指定颜色。

```
fill(0);
```

5. 调用 text() 函数显示文字。

（这个函数就好像图形或者图像绘制函数，它有三个参数：要显示的文字、要显示文字的 x 坐标和 y 坐标。）

```
text("To be or not to be.", 10, 100);
```

完成以上所有步骤后，输出效果如图 17-1 所示。其中步骤 1～3 是可选的，因为 Processing 会使用一个默认的字体和大小，你也可以不必指定。

示例 17-1：简单的文字显示

```
PFont f;// 第1步: 声明PFont变量。

void setup() {
  size(200, 200);
  f = createFont("Georgia", 16); // 第2步: 载入字体。
}

void draw() {
  background(255);
  textFont(f, 16);        // 第3步: 指定使用的字体。
used
  fill(0);                // 第4步: 指定字体颜色。

  // 第5步: 显示文字。
  text ("To be or note to be.", 10, 100);
}
```

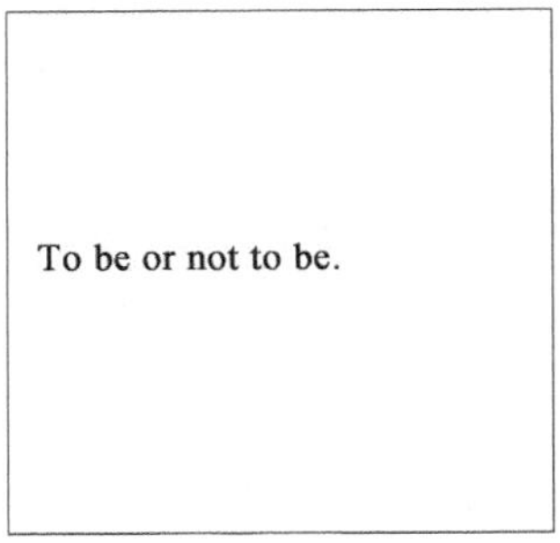

图   17-1

字体也可以使用 loadFont() 函数来创建。

```
f = loadFont("GothamMedium-48.vlw");
```
← LoadFont()函数载入一个vlw格式的字体文件

loadFont() 函数从数据文件夹中载入字体文件。Processing 使用一个特殊的字体格式：vlw，它使用图片显示每个字母。当你要打包具有特殊字体的草图，并要保证字体外观不改变的时候（从一台电脑到另外一台电脑的时候，显示的文字字体可能会发生改变），这就非常有用。通过选择"工具"（Tools）→ "创建字体"（Create Font）来创建一个字体。这会在你的数据目录中进行创建。注意上面第 3 步中字体的文件名。这种基于图像的方法要求你在创建字体时使用你想要展示的字体的大小。如图 17-2 所示。

本书会在所有的例子中使用 creatFont() 函数。

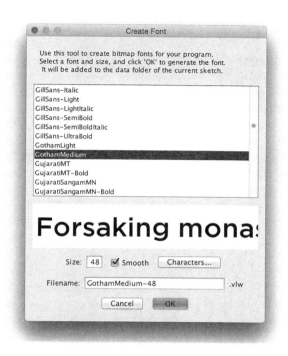

图　17-2

练习 17-5：回顾第 5 章中的弹跳球示例，在球的一侧显示球的 x 和 y 坐标。

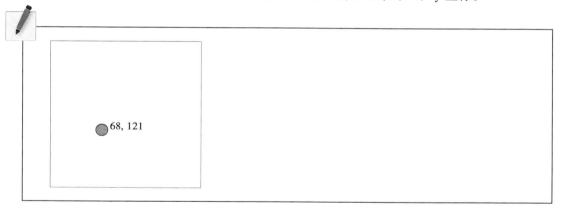

17.4　文字的动态效果

介绍完显示文字的步骤，现在可以结合本书的其他知识实现文本实时的动态效果。

开始之前，我们先看下另外两个和显示文字相关的 Processing 函数：

1. textAlign()：指定字体的对齐模式：RIGHT（右对齐）、LEFT（左对齐），或者 CENTER（中心对齐）。

示例 17-2：文字对齐

```
PFont f;

void setup() {
  size(400, 200);
```

```
    f = createFont("Georgia", 16);
}

void draw() {
  background(255);

  stroke(175);
  line(width/2, 0, width/2, height);

  textFont(f);
  fill(0);

  textAlign(CENTER);
  text("This text is centered.", width/2, 60);

  textAlign(LEFT);
  text("This text is left aligned.", width/2, 100);

  textAlign(RIGHT);
  text("This text is right aligned.", width/2, 140);
}
```

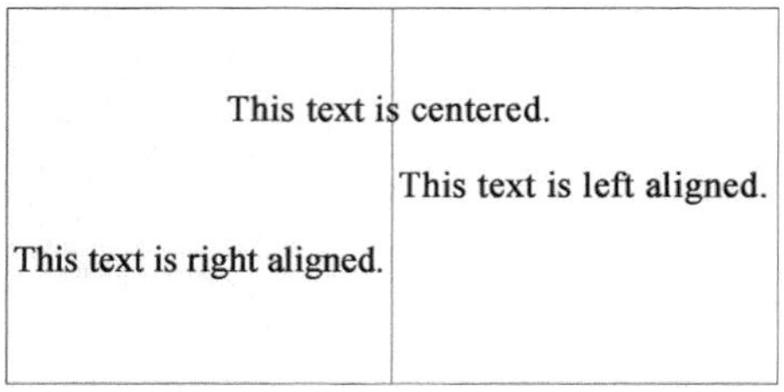

This text is centered.

This text is left aligned.

This text is right aligned.

图   17-3

textAlign()函数设置显示字体的对齐模式。它有一个参数：CENTER、LEFT或者RIGHT。

2.textWidth()：计算然后返回任何字符或者文本字符串的宽度值。

现在，我想创建一个新闻字幕跑马灯：文字在屏幕的下面从左至右滚动。当新闻字幕全部出窗口之后，它在左手边重新出现，并且再次滚动。如果我知道文字起始端的 x 位置以及文字的宽度值，那么就可以确定它在什么时候会完全消失在视野中（见图 17-4）。textWidth() 函数可以获取该宽度值。

第一步，我要在 setup() 中声明文字、字体以及文字的 x 坐标，并且对它们进行初始化。

```
// A headline
String headline = "New study shows computer programming lowers cholesterol.";
PFont f; // Global font variable
float x; // Horizontal location of headline

void setup() {
  f = createFont("Arial", 16); // Loading font
  x = width; // Initializing headline off-screen to the right
}
```

draw() 函数非常类似于第 5 章的弹跳球示例。首先，我要在合适的位置显示文字。

```
// Display headline at x location
textFont(f, 16);
textAlign(LEFT);
text(headline, x, 180);
```

x 根据速度值改变大小（在这个例子中是一个负数，因为文字朝左侧移动）。

```
// Decrement x
x = x - 3;
```

接下来，稍微复杂一点。测试圆何时抵达屏幕的左边缘非常容易，我只需要询问：x 是否小于 0 ？但是对于文字来说，由于它是左对齐的，当 x 等于 0 的时候，它在屏幕上依旧可见。只有当 x 小于 0 减去文字的宽度值（文字宽度的负值）的时候，文字才会完全消失（见图 17-4）。在这种情况下，我重设 x 回到窗口的右边缘出，也就是宽度值（width）。

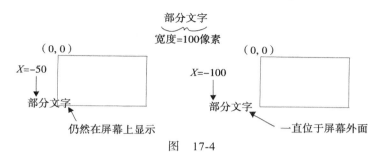

部分文字
宽度=100像素

(0,0)

X=-50

部分文字

仍然在屏幕上显示

(0,0)

X=-100

部分文字

一直位于屏幕外面

图　17-4

```
float w = textWidth(headline);

if (x < -w) {
  x = width;
}
```

> 如果x小于文字宽度的负值，那么该文字完全位于屏幕之外。

示例 17-3 是完整的示例：每次前面的文字标题离开屏幕后，显示一段不同的文字标题。文字标题存储在 String 数组中。

示例 17-3：滚动的文字标题

```
// An array of news headlines
String[] headlines = {
  "Processing downloads break
downloading record.",
  "New study shows computer programming
lowers cholesterol.",
};

PFont f; // Global font variable
float x; // Horizontal location
int index = 0;

void setup() {
  size(400, 200);
  f = createFont("Arial", 16);
  // Initialize headline offscreen
  x = width;
}

void draw() {
  background(255);
  fill(0);

  // Display headline at x location
  textFont(f, 16);
  textAlign(LEFT);
  text(headlines[index], x, 180);

  // Decrement x
  x = x - 3;

  // If x is less than the negative width,
  // then it is off the screen
  float w = textWidth(headlines[index]);

  if (x < -w) {
    x = width;
    index = (index + 1) % headlines.length;
  }
}
```

dy shows computer programming lowers cholesterol.

图　17-5

> 根据变量index的值，显示数组的一个特定的字符串。

> textWidth()用来计算当前字符串的宽度值。

> 变量index的值是递增的，当前的字符串离开屏幕后，便显示一个新的字符串。

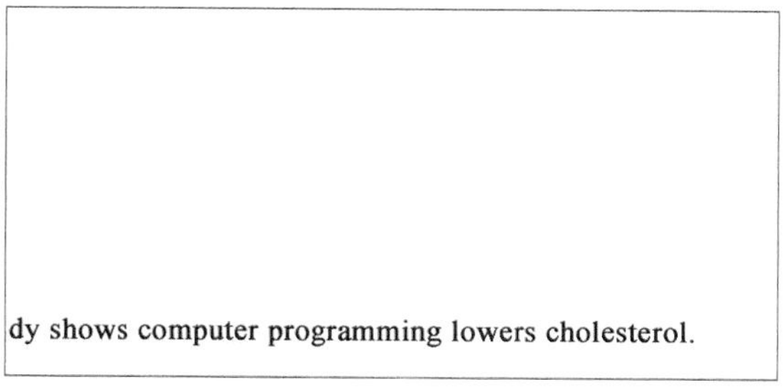

除了函数 textAlign() 和 textWidth() 之外，Processing 还提供了函数 textLeading()、textMode() 和 textSize()，它们用于其他显示功能。这些函数在本章中没有必要再展开讲解了，但是你可以在 Processing 参考文档中继续探索这些函数。

练习 17-6：创建一个不断循环的股票报价机。当最后一支股票进入窗口的时候，第一支股票立刻在它的右边显示。

02 Z00G 903 AAPL 60 XDSL 10 CMG 5

17.5 文字马赛克

结合第 15 章和第 19 章学到的关于像素数组的知识，我们现在可以使用一张图像的像素来创建文字马赛克效果了。这是第 16 章视频镜像代码的延伸。（注意在示例 17-4 中，与文字相关的新代码被加粗处理了。）如图 17-6 所示。

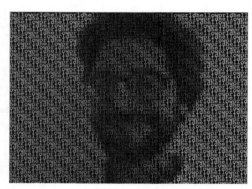

图 17-6

示例 17-4：文字镜像

```
import processing.video.*;

// Size of each cell in the grid, ratio of window size to video size
int videoScale = 10;
// Number of columns and rows in the system
int cols, rows;
// Variable to hold onto capture object
Capture video;

// A String and Font
String chars = "helloworld";
PFont f;

void setup() {
  size(640, 480);
  // Set up columns and rows
  cols = width / videoScale;
  rows = height / videoScale;
  video = new Capture(this, cols, rows);
  video.start();
```

> 在马赛克样式中使用的源文字。更长的字符串可能会产生更加有趣的效果。

```
    // Load the font
    f = createFont("Courier", 16);
}

void captureEvent(Capture video) {
    video.read();
}

void draw() {
    background(0);
    video.loadPixels();

    // Use a variable to count through chars in a string
    int charcount = 0;

    // Begin loop for rows
    for (int j = 0; j < rows; j++) {
        // Begin loop for columns
        for (int i = 0; i < cols; i++) {
            // Where are you, pixel-wise?
            int x = i * videoScale;
            int y = j * videoScale;

            // Looking up the appropriate color in the pixel array
            color c = video.pixels[i + j* video.width];

            // Displaying an individual character from the String
            // Instead of a rectangle
            textFont(f);
            fill(c);
            text(chars.charAt(charcount), x, y);
            // Go on to the next character
            charcount = (charcount + 1) % chars.length();
        }
    }
}
```

使用一个"固定宽度"的字体。对于大多数字体来说，每个字母具有不同的宽度值。而在固定宽度值的字体中，所有字体的宽度相同。在本示例中这点非常重要，因为我需要在空间中均匀地排布这些字母。参见17.7节了解如何显示非固定宽度值得字体。

显示源文本中的一个字符，并且根据像素的位置填充颜色。一个计数器变量（charcount）以一次一个字符的方式遍历整个源字符串。

练习 17-7：创建一个视频文字马赛克，每个字母用白色填充，但是每个字母的大小是由一个像素的亮度决定的。像素越亮，它就越大。下面是像素循环中的一小部分代码（其中有一些空白），帮助你上手。

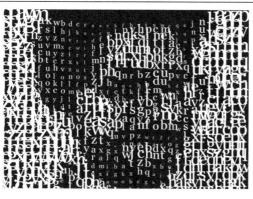

```
float b = brightness(video.pixels[i + j*video.width]);

float fontSize = ____ * (_____ / _____);
textSize(fontSize);
```

17.6   旋转文字

平移和旋转（见第14章）也可以应用到文字上面。例如，要想让文字绕其中心点旋转，首先使用变换，然后使用 `textAlign(CENTER)` 命令，具体如示例17-5。

示例17-5：旋转的文字效果

```
PFont f;
String message = "this text is spinning";
float angle;

void setup() {
  size(200, 200);
  f = createFont("Arial", 20);
}


void draw() {
  background(255);
  fill(0);

  textFont(f);                     // Set the font
  translate(width/2, height/2);    // Translate to the center
  rotate(angle);                   // Rotate by angle
  textAlign(CENTER);
  text(message, 0, 0);
  theta += 0.05;
}
```

> 在平移和旋转后，这段文字在点（0，0）处居中对齐。参考第14章回顾下平移和旋转的知识。

图　　17-7

练习17-8：让文字居中，通过旋转使其具有悬浮效果。

```
String info = "A long long time ago\nIn a galaxy far far away";
PFont f;
float y = 0;

void setup() {
  size(400, 200, P3D);
  f = createFont("Arial", 80);
}

void draw() {
  background(255);
  fill(0);
  translate(_____,_____);
  _____(_____);
  textFont(f);
  textAlign(CENTER);
  text(info,_____,_____);
  y--;
}
```

> "\n"意思是"新的一行"。在Java中，不可见的字母可以合并到一个具有"转义序列"（escape sequence）的字符串内：一个斜杠"\"后跟一个字母。以下有几种用法：\n—新的一行，\r—回车，\t—tab键，\'—单引号，\"—双引号，\\—斜杠。

17.7 按字符逐一显示文字

在某些图形应用里，要求每个字符逐一渲染来显示文字。例如，如果需要单独移动每个字符，那么简单地使用 text("a bunch of letters", 0, 0) 并不管用。

解决方法是依次循环一个 String，每一次显示一个字符。

我们首先看一个一次显示所有文字的例子。见图 17-8。

```
PFont f;
String txt = "Each character is not
written individually.";

void setup() {
  size(400, 200);
  f = createFont("Arial", 20);
}

void draw() {
  background(255);
  fill(0);
  textFont(f);
  text(txt, 10, height/2);
}
```

Each character is not written individually.

使用 text() 函数将文本块一次全部展示出来。

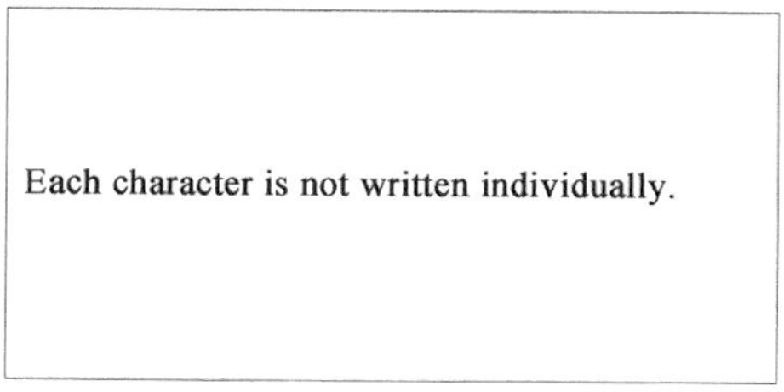

图 17-8

下面我重写了这段代码：在一个循环里使用 charAt() 函数来实现每个字符逐一显示的效果。

```
int x = 10;

for (int i = 0; i < txt.length(); i++) {
  text(msg.charAt(i), x, height/2);
  x += 10;
}
```

第一个字符位于10像素处。

使用 charAt() 函数，一次显示一个字符，间隔10像素。

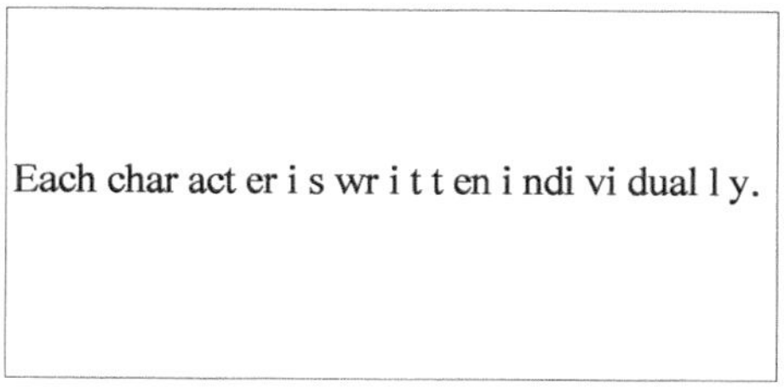

Each char act er i s wr i t t en i ndi vi dual l y.

图 17-9

（注意，这里的空格是不正确的。）

在之后的示例中（填充颜色、设置大小、在一个字符串中单独放置字符），为每一个字符调用 text() 函数为我们带来了更大的灵活性。但是本示例有一个相当明显的缺陷。在这里，每个字符之间间隔为 10 像素。虽然这大致是正确的，但是每个字符的宽度并不全是 10 像素。正确的间隔可以通过使用 textWidth() 函数来实现，如下面的代码所阐释的。请注意在这个示例中，它是如何在随机字符大小的情况下，依然实现合适间隔的。如图 17-10 所示。

```
int x = 10;
for (int i = 0; i < txt.length(); i++) {
  textSize(random(12, 36));
  text(txt.charAt(i), x, height/2);
  x += textWidth(txt.charAt(i));
}
```

使用 textWidth() 函数使得字符之间保持合适的间隔。

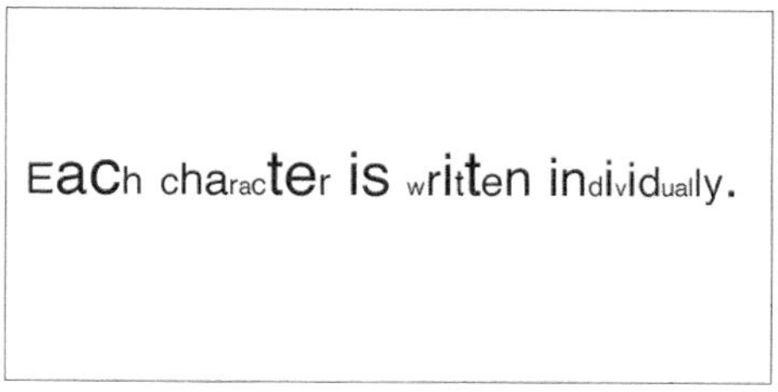

EACh charaCter iS wrItten individually.

图 17-10

（注意，如何保证合适的间隔！）

练习 17-9：使用 `textWidth()` 函数重新编写示例 17-4（文字镜像），使用合适的字符间距和非固定大小的字体。下面的图像使用了 Georgia 字体。

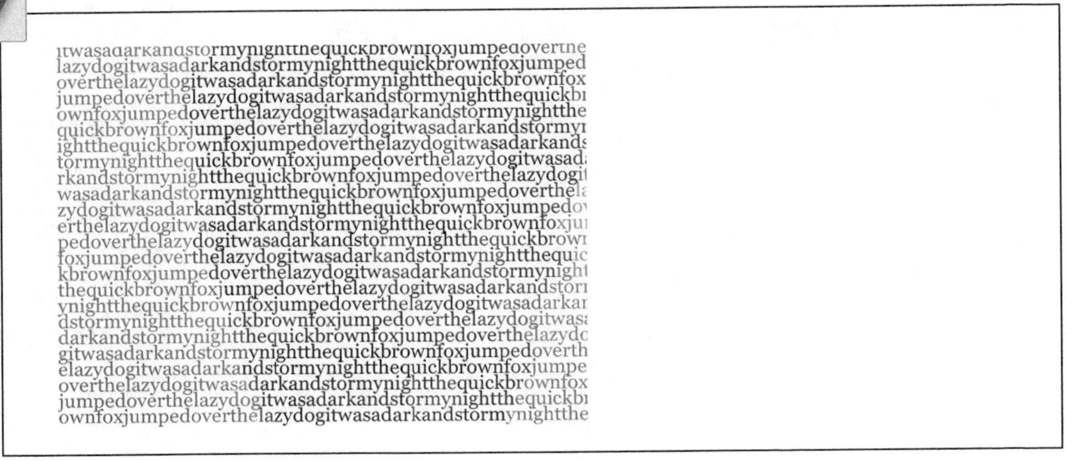

"逐字"的方法也可以应用于字符串中的字符独立运动的草图。在下面的示例中，使用了面向对象的方式让字符串中的每个字符成为一个 Letter（字母）对象，这使得它们既能在合适的位置显示，又能在屏幕上独立运动。

示例 17-6：分开的文本

```
PFont f;
String message = "click mouse to shake
it up";
// An array of Letter objects
Letter[] letters;

void setup() {
  size(260, 200);
  // Create the font
  f = createFont("Arial", 20);
  textFont(f);

  // Create the array the same size as
the String
  letters = new
Letter[message.length()];
  // Initialize Letters at the correct
x location
  int x = 16;
  for (int i = 0; i < message.length(); i++) {
    letters[i] = new Letter(x, 100, message.charAt(i));
    x += textwidth(message.charAt(i));
  }
}
void draw() {
  background(255);
  for (int i = 0; i < letters.length; i++) {
    // Display all letters
    letters[i].display();

    // If the mouse is pressed the letters shake
```

图　17-11

> Letter 对象根据在 String 中的位置进行初始化，以及它们应该显示什么字符。

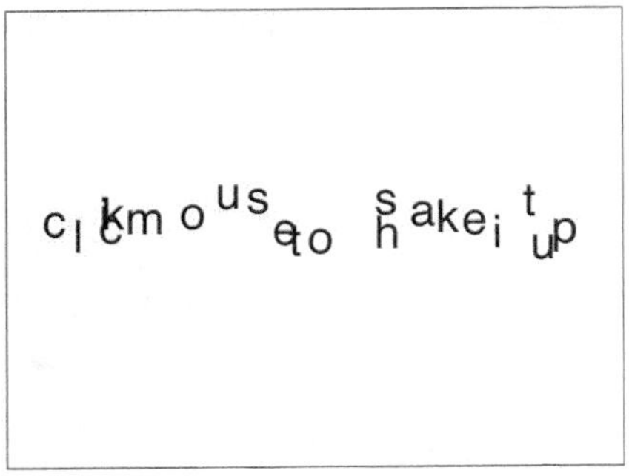

```
    // If not, they return to their original location
    if (mousePressed) {
      letters[i].shake();
    } else {
      letters[i].home();
    }
  }
}

// A class to describe a single Letter
class Letter {
  char letter;

  float homex, homey;

  // Its current location
  float x, y;

  Letter (float x_, float y_, char letter_) {
    homex = x = x_;
    homey = y = y_;
    letter = letter_;
  }

  // Display the letter
  void display() {
    fill(0);
    textAlign(LEFT);
    text(letter, x, y);
  }

  // Move the letter randomly
  void shake() {
    x + = random(-2, 2);
    y + = random(-2, 2);
  }

  void home() {
    x = homex;
    y = homey;
  }
}
```

> 对象知道它最初的位置和当前的位置（x，y），是否应当在屏幕上移动。

> 在任意一点，通过调用home()函数将当前位置重设为原始位置。

这种逐一显示字符的方法同样可以使得文字沿曲线显示。在使用字符做示范之前，我们先看一下如何绘制沿曲线分布的方块。这个示例充分使用了第13章讲过的三角函数。

示例 17-7：沿曲线分布的方块

```
PFont f;
// The radius of a circle
float r = 100;
// The width and height of the boxes
float w = 40;
float h = 40;

void setup() {
  size(320, 320);
}

void draw() {
  background(255);

  // Start in the center and draw the circle
  translate(width/2, height/2);
```

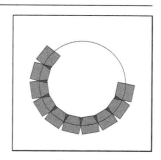

图　17-12

```
noFill();
stroke(0);
ellipse(0, 0, r*2, r*2);
```

> 曲线是一个半径值为r的圆，位于窗口的中心位置。

```
// 10 boxes along the curve
int totalBoxes = 10;
// I must keep track of the position along the curve
float arclength = 0;

// For every box
for (int i = 0; i < totalBoxes; i++) {

  arclength += w/2;
```

> 根据方块的宽度值，沿着曲线移动。每个方块中心对齐，因此使用w/2。

```
  float theta = arclength / r;
```

> 角的弧度等于弧长除以半径。

```
  pushMatrix();
  // Polar to Cartesian coordinate conversion
  translate(r * cos(theta), r * sin(theta));
  // Rotate the box
  rotate(theta);
  // Display the box
  fill(0, 100);
  rectMode(CENTER);
  rect(0, 0, w, h);
  popMatrix();
  // Move halfway again
  arclength += w/2;
 }
}
```

你可能会觉得这个示例中的数学运算比较复杂，但是图 17-12 向你直观地展示了示例的输出效果。下一步，我需要把方块替换为放入方块中的字符串。由于每个字符的宽度并不完全相同，因此在这里我并不会使用保持恒定的变量 w，而是使方块宽度的变量根据 textWdith() 函数的变化而变化。

示例 17-8：沿着曲线分布的字符

```
// The message to be displayed
String message = "text along a curve";

PFont f;

// The radius of a circle
float r = 100;

void setup() {
  size(320, 320);
  f = createFont("Georgia", 40, true);
  textFont(f);
  textAlign(CENTER);
}
```

> 文本必须居中！

```
void draw() {
  background(255);

  // Start in the center and draw the circle
  translate(width/2, height/2);
  noFill();
  stroke(0);
  ellipse(0, 0, r*2, r*2);
```

图   17-13

```
// Track the position along the curve
float arclength = 0;

// For every box
for (int i = 0; i < message.length(); i++) {
  // The character and its width
  char currentChar = message.charAt(i);
  float w = textWidth(currentChar);
```

为了替代固定宽度，核查每个字符的宽度。

```
  // Each box is centered so I move half the width
  arclength + = w/2;
  // Angle in radians is the arclength divided by the radius
  // Starting on the left side of the circle by adding PI
  float theta = PI + arclength / r;

  pushMatrix();

  translate(r*cos(theta), r*sin(theta));
```

使用极坐标转到笛卡儿坐标，你可以找到沿着曲线的点。作为回顾，可以参见第13章。

```
  // Rotate the box (offset by 90 degrees)
  rotate(theta + PI/2);
  // Display the character
  fill(0);
  text(currentChar, 0, 0);
  popMatrix();
  // Move halfway again
  arclength += w/2;
  }
}
```

练习 17-10：创建一个草图，许多字符随机被打散（并且旋转了）。让它们缓慢地回归到原始位置。使用面向对象的方法编写。如示例 17-6 ⊖。

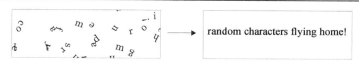

解决这个问题的一种方法是使用插值（interpolation）。插值指的是计算两个给定信息片段之间数值的过程。在这个练习中，我想要知道字符串中每个字母，从起点位置到目标位置的中间的 x 坐标（以及 y 坐标）。插值的方法就是简单地取平均值。把这个过程想象为面向一面墙走的时候，总是迈出一半的步伐。

```
x = (x + targetX) / 2;
y = (y + targetY) / 2;
```

另一种可能就是走 10% 的路。

```
x = 0.9*x + 0.1*targetX;
y = 0.9*y + 0.1*targetY;
```

Processing 的 lerp() 函数可以实现插值。访问参考文档（http:// Processing.org/ reference/lerp_.html）查看更多信息。

考虑让你的草图具备互动性。你能通过控制鼠标将字母推来推去吗？

⊖ 这个练习的起源可以追溯至 John Maeda 1995 年的作品：飞翔的字母。

数据输入

把一百万台打字机给一百万只猴子，这就是互联网。

——西蒙·蒙纳里（Simon Munnery）

本章主要内容：
- 字符串的操作
- 读取和写入文本文件
- 表格数据
- 字数统计和文本分析
- XML 和 JSON 数据
- 线程
- 使用来自 API 的数据

在本章中，我们会在之前显示文本的基础上更进一步，学习如何使用 String 对象读写数据。首先我会讲一些关于字符串操作的更复杂的方法，诸如在字符串中搜索、分解字符串、组合字符串等。然后，我会讨论以上这些方法怎样用来从文本文件、网页文件、XML 提要、JSON 数据以及第三方 API 中向 Processing 导入数据，这样你将逐渐进入到数据可视化的世界。

18.1 字符串的操作

在第 17 章，我谈及了在 Java String 类中可以使用的几个基本函数，比如 charAt()、toUpperCase()、equals() 和 length()。这些函数在 Processing 参考文档关于 String 的内容中有详细讲解。可是，为了能够实现更高级的数据解析功能，你需要探索更多关于字符串操作的函数，这一切都在 Java 网站上（http://docs.oracle.com/javase/7/docs/api/java/lang/String.html）有详细讲解。（我会在第 23 章对 Java API 进行更多的介绍。）

让我们首先仔细看一下这两个函数：indexOf() 和 substring()。

indexOf() 在一个字符串中定位一个字符序列。它有一个参数（一个搜索字符串），返回一个数字值，这个数值对应在 String 对象中所搜索字符串第一次出现的位置。

```
String search = "def";
String toBeSearched = "abcdefghi";
int index = toBeSearched.indexOf(search);
```
> 本例中返回的数值为3。

字符串和数组一样，第一个字符的索引值为 0，最后一个字符的索引值为字符串的长度减 1。

练习 18-1：预测下述代码的结果。

```
String sentence = "The quick brown fox jumps over the lazy dog.";

println(sentence.indexOf("quick")); _____

println(sentence.indexOf("fo")); _____

println(sentence.indexOf("The")); _____

println(sentence.indexOf("blah blah")); _____
```

如果在练习 18-1 的最后一题遇阻，那是因为不参考 Java 参考文档（或者根据经验推测）的话，你是绝对无法知道答案的。如果无法找到搜索字符串，那么 indexOf() 返回 –1。这是个非常好的选择，因为在字符串中 –1 并不是一个合理的索引值，因此它可以表示 "无法找到"。在一串字符或一个数组中，不存在负数的索引值。

在一个字符串中找到一个搜索短语之后，你可能希望将其从字符串中分离出来，保存至一个不同的变量中。字符串的一部分叫做子字符串（substring），子字符串通过 substring() 函数得到。substring() 函数具有两个参数：一个起始索引；一个结束索引。substring() 返回两个索引值之间的子字符串。

```
String alphabet = "abcdefghi" ;
String sub = alphabet.substring(3, 6);    这个例子中的子字符串是 "def"。
```

这里需要注意，子字符串开始于指定的起始索引值（也就是第一个参数），然后扩展至结束索引值（也就是第二个参数）减去 1 之后的字符。你可能会问，如果直接返回从起始索引值到结束索引值之间的字符串岂不是更加容易？尽管最初看起来确实如此，但是在结束索引值减 1 的位置结束，实际上更加方便。举个例子，如果你需要一个一直延伸至字符串末尾的子字符串，你可以直接使用更简单的 thestring.length()。此外，将结束索引值减去 1 作为结尾，那么在需要计算子字符串的长度时，只需要简单地用结束索引值减去起始索引值就可以了。

练习 18-2：填写下面的空白处，以得到子字符串 "fox jumps over the lazy dog"。

```
String sentence = "The quick brown fox jumps over the lazy dog.";

int foxIndex = sentence.indexOf(_____);
int periodIndex = sentence.indexOf(".");

String sub = _____._____(_____,_____);
```

练习 18-3：编写你自己的 "子字符串" 函数，让其具有三个参数：一个字符串、一个开始位置和字符总数。函数应该返回指定开始位置对应的子字符串，以及一个和字符总数匹配的长度。下面的代码帮助你开始。

```
void substring(String txt, int start, int num) {

  return _____;
}
```

18.2   拆分和组合

在第 17 章，你学会了如何通过使用"＋"运算符让字符串组合到一起（也就是"连接"）。我们回顾一下，如何使用连接从键盘上获取用户输入。

示例 18-1： 用户输入

```
PFont f;

// Variable to store text currently being typed
String typing = "";
// Variable to store saved text when return is hit
String saved = "";


void setup() {
  size(300, 200);
  f = createFont("Arial", 16);
}

void draw() {
  background(255);
  int indent = 25;

  // Set the font and fill for text
  textFont(f);
  fill(0);

  // Display everything
  text("Click in this sketch and type. \nHit return to save what you typed.",
indent, 40);
  text(typing, indent, 90);
  text(saved, indent, 130);
}

void keyPressed() {
  // If the return key is pressed, save the String and clear it
  if (key == '\n') {
    saved = typing;
    typing = "";

  // Otherwise, concatenate the String
  } else {
    typing = typing + key;
  }
}
```

> 对于键盘输入，我使用两个变量：一个用于存储正在输入的文字；另外一个存储点击"回车"键后输入的文字的副本。

> 可以通过将字符串设置为等于""来将其清除。

> 用户输入的每一个字符都增加到字符串后面。

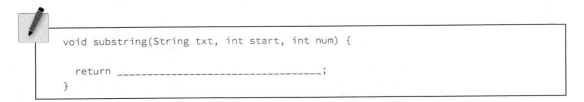

Click in this sketch and type.
Hit return to save what you typed.

4 8 15 16 23 42

图　18-1

练习 18-4：创建一个可以和用户聊天的草图。例如，如果用户输入" cats "（猫），草图可能会回应："How do cats make you feel？"（猫让你感觉如何？）

Processing 还有两个额外的函数，可以方便地组合字符串（或者相反，拆分字符串）。对于需要从一个文件或者网页解析数据的草图，你可能需要以一个字符串数组或者一个长字符串的形式来获取这些数据。根据你想要完成的内容，了解如何在两种存储模式中互相转换非常有帮助。这时候有两个新的函数——split() 和 join()，使用起来非常顺手。

```
"one long string or array of strings" ← → { "one", "long", "string", "or", "array",
"of", "strings" }
```

我们来看下 split() 函数。该函数根据拆分字符，也就是定界符（delimiter），将一个长字符串分解为一个字符串数组。它有两个参数：需要进行拆分的字符串对象和定界符。（定界符可以是一个字符，或者一个字符串。）

```
// Splitting a string based on spaces
String spacewords = "The quick brown fox jumps over the lazy dog.";

String[] list = split(spacewords, " " );

printArray(list);
```
> 注意printArray()函数是如何把一个数组的内容以及对应的索引值在消息控制台中输出的。

> 在这里，句号并不能作为一个定界符，因此它将会包含在最后一个字符串中："dog."

下面的例子使用逗号作为定界符（这里只传递一个单一字符 ','）。

```
// Splitting a string based on commas
String commaswords = "The,quick,brown,fox,jumps,over,the,lazy,dog.";
String[] list = split(commaswords, ',');
printArray(list);
```

如果你想要使用多个定界符来分解一个文本，必须使用 Processing 函数 splitTokens()。splitTokens() 函数和 split() 函数的运行机制是一样的，只有一个地方不同：字符串中的任何元素都有资格作为一个定界符。

```
// Splitting a String based on multiple delimiters
String stuff = "hats & apples, cars + phones % elephants dog.";
String[] list = splitTokens(stuff, " &,+." );
printArray(list);
```

> 在这里，句号被指定为一个定界符，因此不会被包含在数组中的最后一个字符串 "dog" 中。

练习 18-5：将上面一行代码在消息控制台中显示的内容填写至下面空格。

```
hats_____
_____
_____
_____
_____
```

如果你需要拆分一个字符串中的数字，使用 Processing 中的 int() 函数可以将结果数组转换为一个整数数组。

```
// Calculate sum of a list of numbers in a String
String numbers = "8,67,5,309";
// Converting the String array to an int array
int[] list = int(split(numbers, ','));
int sum = 0;
for (int i = 0; i < list.length; i++ ) {
  sum = sum + list[i];
}
println(sum);
```

> 字符串中的数字并不能用于数学计算，除非你事先将其转换类型。

split() 函数的反向操作是 join()。join() 函数用来将字符串数组组合为一个长的字符串对象。join() 函数也有两个参数：需要进行组合的数组和分隔符（separator）。分隔符既可以是一个字符，也可以是一个字符串。

看下面这个数组：

```
String[] lines = {"It", "was", "a", "dark", "and", "stormy", "night."};
```

使用"＋"运算符和一个 for 循环，可以将字符串组合起来：

```
// Manual Concatenation
String onelongstring = "";
for (int i = 0; i < lines.length; i++) {
    onelongstring = onelongstring + lines[i] + " ";
}
```

而 join() 函数可以绕过这个过程，只需要一行代码就能达成同样的结果。

```
// Using Processing's join()
String onelongstring = join(lines, " ");
```

练习 18-6：将下面的字符串分解为一个浮点数的数组，然后计算平均值。注意，句号不能作为定界符，因为它是浮点数本身的一部分。

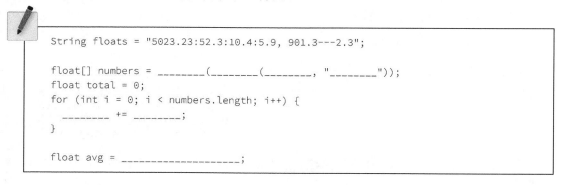

```
String floats = "5023.23:52.3:10.4:5.9, 901.3---2.3";

float[] numbers = _____(_____(_____, "_____"));
float total = 0;
for (int i = 0; i < numbers.length; i++) {
  _____ += _____;
}

float avg = _____;
```

18.3　处理数据

数据可以有许多不同的来源：网站、新闻推送、电子表格、数据库等。假设你想要制作一个关于世界花朵的地图。在上网搜索之后，你可能会得到一个关于花朵百科全书的 PDF 版本，或者一个关于花属的电子表格，或者关于花朵数据的 JSON 提要，又或者一个提供地理位置经纬度坐标的 REST API，以及包含有人收集到的美丽的花朵照片的网页，等等。那么问题就不可避免地出现了："我找到了这些数据，这些我需要使用的数据，但是我如何将其导入到 Processing 中？"

如果你足够幸运，你可能会发现一个使用代码直接将数据导入的 Processing 库（http://processing.org/reference/libraries/）。或许解决方法就是下载库，然后编写如下代码：

```
import flowers.*;

void setup() {
  FlowerDatabase fdb = new FlowerDatabase();
  Flower sunflower = fdb.findFlower("sunflower");
  float h = sunflower.getAverageHeight();
}
```

在这种情况下，有些人已经替你完成了所有工作。他们收集了关于花朵的数据，并且创建了一个 Processing 库，这里包含的函数可以使你非常方便的导入数据。令人遗憾的是，这种库并不存在（尚未存在），但是有些库确实已经存在了。如雅虎天气（YahooWeather）（http://www.onformative.com/lab/google-weather-library-for-processing）是由 Marcel Schwittlick 创建的一个库，可以为你从 Yahoo 抓取天气数据，允许你编写类似 `weather.getWindSpeed()` 或者 `weather.getSunrise()` 等之类的代码。要想使用库，还有许多工作要做。

让我们看下另外一个场景。你希望设计一个关于美国职业棒球大联盟（Major League Baseball）数据的可视化项目。你没有找到相关的 Processing 库，但是你在 mlb.com 上找到了你需要的所有数据。如果你可以在网页浏览器上可以看到这些数据，难道你不可以将这些数据导入到 Processing 中吗？将数据从一个应用（比如一个网页应用）传递到另外一个应用（比如 Processing 草图）是软件工程中经常需要处理的事情。解决方法之一是通过 API 或者"应用程序接口"（application programming interface）：一种实现两个电脑程序可以互相沟通的方法。了解之后，你可能决定去网上搜索"MLB API"。遗憾的是，mlb.com 并没有通过一个 API 来提供其数据。在这种情况下，你需要从网站上下载原始材料，手动搜索你需要的数据。虽然理论上可行，但是这种解决方法并不非常理想，因为通读一遍 HTML 源代码以及为解析它而编写代码需要花费大量的时间。

本章的目标在于给你关于技术方面的概要知识，从难度更大的手动解析数据，到解析标准化格式的数据，再到使用专门为 Processing 设计的 API。每种获取数据的方法都伴随着与之相对应的一系列挑战。能够轻松使用一个 Processing 库要求有一个内容清晰的文档和示例。但在大多数情况下，如果你找到的数据是采用适用于电脑的格式（电子数据表格、XML、JSON 等），那么就能为你省下不少时间用于散步。

下面是另外值得一提的关于数据的内容。在开发一个需要数据源的应用时，比如数据可视化，有时候使用"虚假"或者"伪造"数据是非常有用的。你不希望在数据检索过程中调试故障的同时还要解决和绘制相关算法的问题。为了恪守我提倡的"循序渐进"（one-step-at-a-time）的"咒语"，如果程序的主要内容是使用虚假数据完成的，你就可以将注意力集中在如何从真实数据源中获取真实数据。在对一个视觉概念进行试验的时候，你完全可以在代码中使用一个随机的或者硬编码的数字，之后再连接到真实的数据。

18.4　处理文本文件

我们首先处理最简单的数据检索（data retrieval）形式：从一个文本文件中进行读取。文本文件既可以用作一个非常简易的数据库（你可以存储一个程序的设置、成绩单、图表的数据等），也可以模拟一个更加复杂的数据源。

要想创建一个文本文件，你可以使用任何简单的文本编辑器。比如 Windows 系统的"记事本"或者 Mac OS X 的"文本编辑"。只需要确保你的文件格式为"纯文本"（plain text），同时将文本文件的扩展名存储为".txt"格式。正如第 15 章中的图像文件，这些文本文件同样需要放置于草图的"data"目录下面，这样 Processing 草图就可以读取这些文件。

当文本文件放置好以后，Processing 的 loadStrings() 函数就可以将文件的内容读取至一个 String 数组中。文件中的每一行（见图 18-2）分别称为数组中独立的元素。

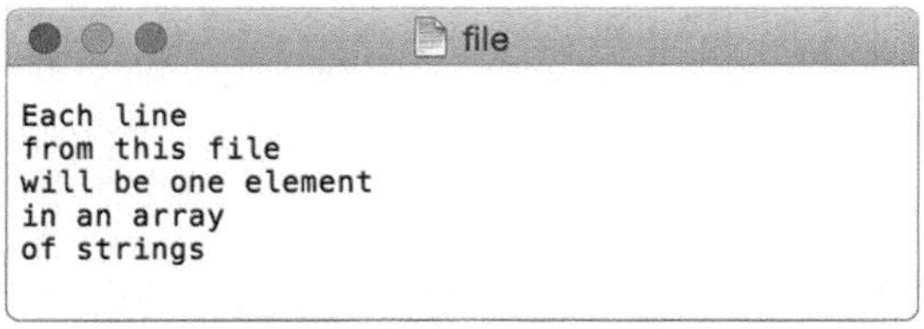

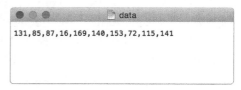

图 18-2

```
String[] lines = loadStrings("file.txt");
println("There are " + lines.length + " lines.");
printArray(lines);
```

> 代码会输出如图18-2展示的所有源文本文件的内容。

要想运行代码，创建一个名为"file.txt"的文本文件，在该文件中输入几行字，然后将其放置于你的草图数据目录下。

练习 18-7：重新编写示例 17-3，使其可以载入一个文本文件的标题内容。

来自数据文件的文本可以用于生成一个简单的数据可视化。示例 18-2 载入了图 18-3 中的数据文件。注意文件扩展名".csv"的使用，表明它是一种"逗号分隔文件"。这个数据的可视化结果如图 18-3 所示。

data
131,85,87,16,169,140,153,72,115,141

图 18-3 "data.csv"的内容

示例 18-2：为一个文本文件中以逗号分隔的数字绘制图表

```
int[] data;

void setup() {
  size(200, 200);
  // Load text file as a String
  String[] stuff = loadStrings("data.csv");
  data = int(split(stuff[0], ','));
}
```

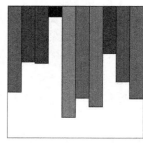

图 18-4

> 来自文件中的文本被载入至一个数组中。由于文件只有一行，因此该数组只有一个元素。使用','作为定界符，将元素分解为一个字符串数组。最后，使用int()函数将数组转换为整数数组。

```
void draw() {
  background(255);
  stroke(0);
```

```
  for (int i = 0; i < data.length; i++) {
    fill(data[i]);
    rect(i*20, 0, 20, data[i]);
  }
  noLoop();
}
```

整数数组用于设置每个矩形的颜色和高度。

仔细研究下如何使用 split() 解析一个 csv 文件是一个很好的学习演练。实际上，在 Processing 中处理 csv 文件（它可以使用电子表格程序来生成，比如 Google docs）非常常见，以至于 Processing 提供了一个名为 Table 的内置类来为你处理解析问题。

18.5 表格数据

一个由数据构成的表格，其呈现形式通常为一系列行和列，也叫作“表格数据”(tabular data)。如果你曾经使用过一个电子表格（spreadsheet)，它就是典型的表格数据。Processing 的 loadTable() 函数使用逗号隔开的（comma-separated，csv）或者制表符隔开的（tab-separated，tsv）数值，并且自动将这些内容放置到一个 Table（表格）对象中，以列和行的方式存储这些数据。和费力地使用 split() 函数手动分析大型数据不同，这种方法非常方便。示例 18-2 看上去十分简单，但是对于大型的文件，它会变得非常复杂。比如你有一个类似如下的数据文件：

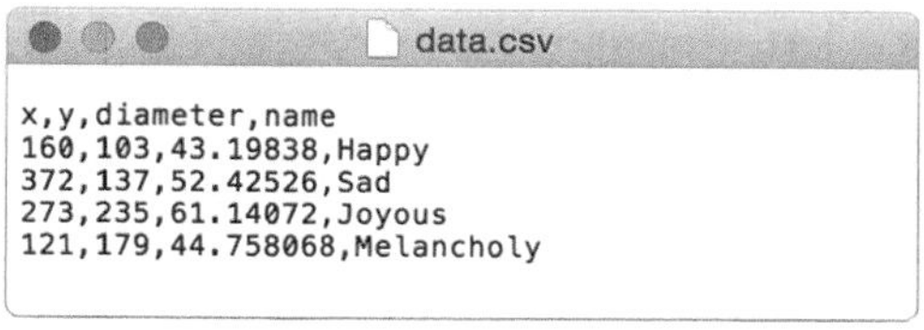
data.csv

```
x,y,diameter,name
160,103,43.19838,Happy
372,137,52.42526,Sad
273,235,61.14072,Joyous
121,179,44.758068,Melancholy
```

图 18-5 每一行都是表的一行

我并不会这样编写：

```
String[] stuff = loadStrings("data.csv");
```

而是会编写：

```
Table table = loadTable("data.csv");
```

现在我忽视了一个重要的细节。再次看下上面的图 18-5。注意文本的第一行并不是数据本身，而是标题行（header row)。这一行包含了用于描述随后每一行数据的标签。好消息是，如果在载入表格的时候，你进入 "header" 选项，那么 Processing 可以自行理解和存储标题。(除了 "header" 选项，还有其他选项供你选择。举例来说，如果你的文件命名方式为 data.txt，但是是用逗号隔开的数据，那么你可以进入选择 "csv"。如果它也有一个标题行，那么你可以指定所有选项，比如："header, csv"。) 所有的选项清单你都可以在 loadTable() 文档页面找到（http://processing.org/reference/loadTable_.html)。

```
Table table = loadTable("data.csv", "header");
```

载入表格之后，我可以向你展示如何从整个表格中抓取单独的数据片段。我们看一个将数据可视化为网格的例子。

x	y	直　径	名　称
160	103	43.19838	Happy
372	137	52.42526	Sad
273	235	61.14072	Joyous
121	179	44.758068	Melancholy

图 18-6

在上面的网格中，你可以看到数据以行和列的形式进行组织。因此访问数据的一种方式就是将行和列的位置进行编号（第一行或者第一列的数值为 0)。这和访问一个位于指定位置（x，y）的像素颜色非常类似，只是在这里的例子中，y 坐标（行）排在前面。下面的代码就是对一个指定位置（行，列）的数据片段进行访问。

```
int val1 = table.getInt(2, 1);          235

float val2 = table.getFloat(3, 2);      44.758068

String s = table.getString(0, 3);       "Happy"
```

虽然编号式的索引值很多时候非常有用，但是，通常使用列的名称访问每个数据片段更加方便。例如，我可以从 Table 中取出一个特定的行。

```
TableRow row = table.getRow(2);     获取第3行（索引值为2）
```

注意在上面的一行代码中，一个 Table 对象指的是整个表格的数据，而一个 TableRow（http://processing.org/reference/TableRow.html）对象可以处理表格内的单独的一行数据。

使用 TableRow 对象之后，我可以访问部分列或者所有列中的数据。

```
int x = row.getInt("x");            273

int y = row.getInt("y");            235

float d = row.getFloat("diameter"); 61.14072

String s = row.getString("name");   "Joyous"
```

getRow() 方法（http://processing.org/reference/Table_getRow_.html）从表格中返回一行。如果你想获取所有行的数据，可以在一个循环中使用计数器，这样每次可以访问每一行的数据。你可以使用 getRowCount() 函数获得所有可用行的数量。

```
for (int i = 0; i < table.getRowCount(); i++) {

    TableRow row = table.getRow(i);     这里，在一个循环中，我每次访问表格的每一行。
    float x = row.getFloat("x");
    float y = row.getFloat("y");
    float d = row.getFloat("diameter");
    String n = row.getString("name");

    // Do something with the data of each row

}
```

如果你想在表格中搜寻某个指定数量的行，可以使用 findRows() 函数（http://processing.org/reference/Table_findRows_.html）以及 matchRows() 函数（http://processing.org/reference/Table_matchRows_.html）来实现。

Table 对象除了可以读取之外，即便在草图运行的情况下也能进行修改或者创建。网格内的数值可以修改，行可以删除，另外还可以添加新的行。例如，在一个网格内设置新的数值就可以使用函数 setInt()、setFloat() 以及 setString()。

```
row.setInt("x", mouseX);
```
在一个给定的TableRow中，更新"x"列的数值为mouseX。

要想给一个表格增加新的行，只需要调用addRow()方法（http://processing.org/reference/Table_addRow_.html），然后设置每一列的数值。

```
TableRow row = table.addRow();
```
创建新行。

```
row.setFloat("x", mouseX);
row.setFloat("y", mouseY);
row.setFloat("diameter", random(40, 80));
row.setString("name", "new label");
```
设置那行所有列的数值。

要想删除一行，只需要调用removeRow()方法（http://processing.org/reference/Table_removeR ow_.html），然后写入你想要删除的行的数字索引。例如，在下面的代码中，每当表格的超过10行的时候，就会首先删除第一行。

```
// If the table has more than 10 rows
if (table.getRowCount() > 10) {

    table.removeRow(0);
}
```
删除第一行（索引值为0）。

下面的示例将所有上述代码组合到了一起。注意表格的每一行是如何为一个 Bubble 对象保存数据的。

示例 18-3：载入并保存表格数据

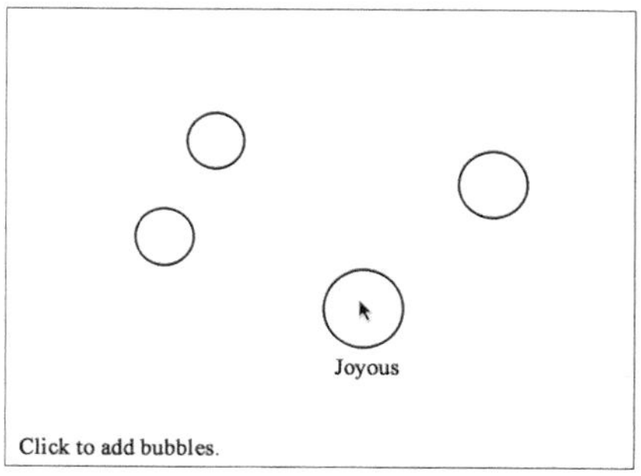

```
Table table;
Bubble[] bubbles;
```
一个Table对象和一个Bubble对象数组。表格中的数据会填充这个数组。

```
void setup() {
  size(480, 360);
  loadData();
}

void draw() {
  background(255);
  // Display all bubbles
  for (int i = 0; i < bubbles.length; i++) {
    bubbles[i].display();
  }
}
```

图　18-7

```
void loadData() {
  table = loadTable("data.csv", "header");
  bubbles = new Bubble[table.getRowCount()];
```
将文件载入至Table ——"header"，预示该文件现在有一个标题。数组的长度由表格中行的数量决定。

```
  for (int i = 0; i < table.getRowCount(); i++) {

    TableRow row = table.getRow(i);
```
迭代一个表格中所有的行。

```
    float x = row.getFloat("x");
    float y = row.getFloat("y");
    float d = row.getFloat("diameter");
    String n = row.getString("name");
```
通过它们的列名称（或者索引值）来访问域。

```
    bubbles[i] = new Bubble(x, y, d, n);
  }
}
```

根据每一行的数据制作一个Bubble对象。

```
void mousePressed() {
  TableRow row = table.addRow();
  row.setFloat("x", mouseX);
  row.setFloat("y", mouseY);
  row.setFloat("diameter", random(40, 80));
  row.setString("name", "Blah");
```

点击鼠标，创建一个新的行，并且为该行的每一列
设定数值。

```
  if (table.getRowCount() > 10) {
    table.removeRow(0);
  }
```

如果这个表格超过10行，那就删除第一行。

```
  saveTable(table, "data/data.csv");
  loadData();
}
```

这一行代码编写表格回至最初的CSV文件，并且重
新载入文件以匹配正在绘制的内容。

```
class Bubble {
  float x, y;
  float diameter;
  String name;
```

这个简单的Bubble类会在本章中用于几个数据示例。它绘制一个
圆，当鼠标悬停的时候会显示一个文本标签。

```
  boolean over = false;

  // Create the Bubble
  Bubble(float tempX, float tempY, float tempD, String s) {
    x = tempX;
    y = tempY;
    diameter = tempD;
    name = s;
  }

  // Checking if mouse is over the bubble
  void rollover(float px, float py) {
    float d = dist(px, py, x, y);
    if (d < diameter/2) {
      over = true;
    } else {
      over = false;
    }
  }

  // Display the Bubble
  void display() {
    stroke(0);
    strokeWeight(2);
    noFill();
    ellipse(x, y, diameter, diameter);
    if (over) {
      fill(0);
      textAlign(CENTER);
      text(name, x, y+diameter/2+20);
    }
  }
}
```

虽然和本章的主要话题无关，但是示例18-3确实包含了练习5-5第二部分的一个解决
方案，那就是圆的鼠标翻转效果。在这里，比较一个给定点和圆心之间的距离与圆的半径
值，如图18-8所示。

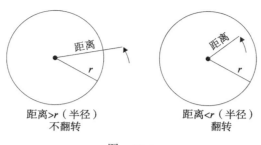

距离>r（半径）　　　　　距离<r（半径）
不翻转　　　　　　　　翻转

图　18-8

```
boolean rollover(int mx, int my) {
  if (dist(mx, my, x, y) < diameter/2) {
    return true;
  } else {
    return false;
  }
}
```

> 这个函数根据点（mx，my）是否位于圆内，返回一个布尔数值（真或假）。注意，半径等于直径的一半。

18.6　非标准化格式的数据

如果你的数据并不是标准化格式的类型，那你要如何解决这个问题？ loadStrings() 函数的一个重要特色是：除了可以从文件中抓取文本以外，你还可以抓取 URL。比如：

```
String[] lines = loadStrings("http://www.yahoo.com");
```

当你发送一个 URL 路径至 loadStrings()，你可以获得一个请求网页的原始 HTML（超文本标记语言（Hypertext Markup Language））文件。这个文件就是当你在一个网页浏览器的菜单选项选择"查看源代码"时看到的东西。研读本书这部分内容并不需要你成为一名 HTML 的专家，但是如果你对 HTML 一点都不熟悉，你可能需要阅读以下内容：http://en.wikipedia.org/wiki/HTML 。

对于从文本文件中获取的以逗号分隔的数据，需要将其特别修改格式以在 Processing 草图中使用。而将 HTML 源文件存储于一个字符串数组（每个元素代表源文件中的一行）是不切实际的。事实上，将数组转换为一个长字符串更加简单。正如你在前面的章节看到的，这种方法可以通过使用 join() 函数来实现。

```
String onelongstring = join(lines, " ");
```

从一个网页中获取 HTML 源文件的时候，很可能你并不需要整个源文件，而仅仅是其中的一小部分。或许你在寻找天气信息、股票行情或者一个新闻标题。这时候你就可以充分发挥之前学过的字符串操作函数： indexOf()、substring() 以及 length()，这些函数能帮助你在一大段文本信息中寻找一小部分信息。在练习 18-2 中，你已经看到过这样的示例了。下面以 String 对象为例：

```
String stuff = "Number of apples:62. Boy, do I like apples or what!";
```

假设我们需要从以上文本中提取苹果的数量。我的算法构思如下：

1. 找到子字符串的末尾"apples:"，称其为开始。
2. 找到"apple:"之后的第一个句号，称其为结束。
3. 在上述的开始和结束之间创建一个子字符串。

4. 将字符串转换为一个数字（如果我要使用它的话）。
用代码的形式写出，如下所示：

```
int start       = stuff.indexOf("apples:" ) + 8;   // STEP 1
int end         = stuff.indexOf(".", start);        // STEP 2
String apples   = stuff.substring(start, end);      // STEP 3
int apple_no    = int(apples);                      // STEP 4
```

> 一个字符串结束处的索引值可以通过搜索该字符串并加上它的长度（这里，长度是8）的方式获得。

上面的代码属于一种小技巧，但是我必须更加谨慎，以保证我不会因为无法找到需要的字符串而产生错误。我可以通过加入一些错误校验（error checking）的代码将其归纳为一个函数：

```
// A function that returns a substring between two substrings
String giveMeTextBetween(String s, String startTag, String endTag) {
  // Find the index of the beginning tag
  int startIndex = s.indexOf(startTag);
  // If I don't find anything
  if (startIndex == -1) {
    return "";
  }
  // Move to the end of the beginning tag
  startIndex += startTag.length();

  // Find the index of the end tag
  int endIndex = s.indexOf(endTag, startIndex);
  // If I don't find the end tag,
  if (endIndex == -1) {
    return "";
  }
  // Return the text in between
  return s.substring(startIndex, endIndex);
}
```

> 该函数用以在两个子字符串之间返回一个子字符串。如果无法找到开始或者结束的"标签"，则该函数返回一个空的字符串。

> indexOf()也可以使用另外一个参数，这个参数是一个整数。该参数的含义是：在该指定索引之后，找到要搜索的字符串第一次出现的位置，我在这里使用它是为了确保"endIndex"跟随着"startIndex"。

　　使用这样的方法，你就可以在 Processing 中连接一个网站，并且在网站中抓取数据供自己在草图中使用了。举例来说，你可以从 nytimes.com 网站读取 HTML 源文件，寻找今天的新闻摘要；在 finance.yahoo.com 网站上寻找股票行情；统计你最喜欢的博客中，单词"花朵"一共出现了多少次等。然而，HTML 是一个相对来说简陋的、可怕的地方：它使用的格式不一致，导致很难高效地做到逆向工程和解析。更不必说许多公司会不定期改变网页的源代码，因此，我在编写本段落的时候所采用的示例，很有可能在你阅读本部分内容的时候会无法正常运行。

　　要从网页中抓取信息，一个 XML（可扩展标记语言（Extensible Markup Language））或者 JSON（JavaScript Object Notation）提要将会提供更加可靠和容易的解析途径。与 HTML（它设计的让内容更容易被人眼阅读）不同，XML 和 JSON 设计初衷是使得电脑更加容易阅读内容，以及为不同系统之间的信息共享提供便利。大多数数据（新闻、天气等）使用这种方式更加可行，后面我会讨论的 18.8 节以及 18.10 节中的示例。虽然手动执行 HTML 解析并不是一种非常令人满意的方式，但是相当有用，基于以下几个原因：首先，练习文字处理，可以增强关键的编程概念并没有什么不好。但更重要的是，有些时候你非常需要的数据并不是一种可用的 API 格式，此时你获取该数据的唯一方式就是使用这种方法。（我还要提及的是，正则表达式是一种在文本模式匹配中非常强大的方法，也可以用在这里。虽然我非常喜欢正则表达式，但是它超越了本书的讨论范畴。）

一种只可以使用 HTML 格式的数据是互联网电影数据库（Internet Movie Database）（http://imdb.com）。IMDb 包含了各种电影信息，按照时长、体裁、排名等进行分类。你可以找到每部电影的人员名单、剧情简介、电影时长、海报照片等。可是，IMDb 并没有 API，也不以 XML 或者 JSON 格式提供它的数据。因此，抓取这些数据到 Processing 里需要一些侦探性工作。让我们看一下电影《小羊肖恩》(Shaun the Sheep Movie）的页面。

图　18-9

看一下来自于上述 URL 的 HTML 源代码，我会发现一大堆混乱的标记。

图　18-10

假如我想要知道电影的放映时间，并获取电影的海报。在经过一番搜寻之后，我发现电影时长是 139 分钟，正如下面的 HTML 所列出的。

```
<div class="txt-block">
  <h4 class="inline">Runtime:</h4>
    <time itemprop="duration" datetime="PT139M">139 min</time>
</div>
```

任何指定的电影，它的播放时间是变化的，但是页面的 HTML 结构却是保持相同的。因此我可以断定播放时间介于：

```
<time itemprop="duration" datetime="PT139M">
```

以及：

```
</time>
```

知道了数据开始和结束的位置，我就可以使用 `giveMeTextBetween()` 函数获取播放时间。

```
String url = "http://www.imdb.com/title/tt0058331";
String[] lines = loadStrings(url);
// Get rid of the array in order to search the whole page
String html = join(lines, " ");



// Searching for running time
String start = "<time itemprop=\"duration\" datetime=\"PT139M\">";
```

> Java中的引号标记了一个字符串的开始和结束。这样的话，你怎样才能在一个String对象中包含一个实际的引用？答案是通过一个"转义"序列。（你在练习17-8中遇到过这样的例子。）要在Java中显示一个引号，需要在引号前加上一个右斜杠。举个例子：String q="This String has a quote\"in it";。

```
String end = "</time>";
String runningtime = giveMeTextBetween(html, start, end);
println(runningtime);
```

下面的示例 18-14 从 IMDb 中同时获取播放时间和海报照片，并将其显示在屏幕上。

示例 18-14：手动解析 IMDb

```
String runningtime;
PImage poster;

void setup() {
  size(300, 350);
  loadData();
}

void draw() {
  // Display all the stuff I want to display
  background(255);
  image(poster, 10, 10, 164, 250);
  fill(0);
  text("Shaun the Sheep", 10, 300);
  text(runningtime, 10, 320);
}

void loadData() {
```

图　18-11

```
String url = "http://www.imdb.com/title/tt2872750/";

String[] lines = loadStrings(url);
String html = join(lines, "");
```

将HTML源数据放入一个字符串数组中（每一行是数组中的一个元素）。下一步是使用join()函数将数组转入一个长的字符串。

```
String start = "<time itemprop=\"duration\" datetime=\"PT139M\">";
String end = "</time>";
runningtime = giveMeTextBetween(html, start, end);
```

搜索播放时间。

```
start = "<link rel='image_src' href=\"";
end = "\">";
String imgUrl = giveMeTextBetween(html, start, end);
poster = loadImage(imgUrl);
}
```

搜索海报图片的URL。

现在，载入那张照片。

```
String giveMeTextBetween(String s, String before, String after) {

  String found = "";
```

这个函数从两个子字符串之间返回一个子字符串（之前和之后）。如果它找不到任何东西，会返回一个空字符串。

```
  // Find the index of before
  int start = s.indexOf(before);
  if (start == -1) {
    return "";
  }

  // Move to the end of the beginning tag
  // and find the index of the "after" String
  start += before.length();
  int end = s.indexOf(after, start);
  if (end == -1) {
    return "";
  }

  // Return the text in between
  return s.substring(start, end);
}
```

练习18-8：拓展示例18-4，让其在 IMDb 上可以搜索电影的评分。

练习18-9：拓展示例18-4，挖掘相关电影的数据。比如，你能获取在某个年份发布的所有的电影清单吗？考虑创建一个 Movie（电影）类：包含一个可以获取和自身相关数据的函数。

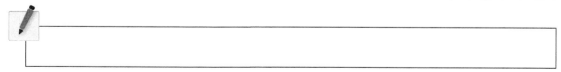

练习18-10：Wikipedia（http://www.wikipedia.org/）是另一个包含许多数据但不能通过 API 获取的网站。创建一个可以从 Wikipedia 页面抓取数据的草图。

18.7　文本分析

Processing 不仅可以分析从 URL 中载入的小块文本信息，还可以分析来自于网页中的新闻推送、文章、演讲以及整本书籍的大段文字信息。相关的优质源是 Project Gutenberg（http://www.gutenberg.org/），它含有大量公共领域的文本内容。要分析文本的算法实际上需要花费一整本书才能讨论完，这里我们看一些相关的最基本的方法。

正文词汇索引（text concordance）是出现于一本书或者正文中，按照字母顺序排列的单词列表，通常是和上下文信息一同出现的。一个复杂的词汇索引（concordance）可能包含一个清单：每个单词出现的位置，以及哪个单词出现在另外其他单词旁边。在这种情况下，我想要创建一个简单的词汇索引，该索引只是简单存储了一个单词列表，以及它们对应的计数。也就是说，它们在文本中出现了多少次。索引可以用于诸如垃圾邮件过滤（spam filtering）或者情感分析（sentiment analysis）之类的文本分析应用中。为了完成这一目标，我将使用 Processing 中内置的 IntDict 类。

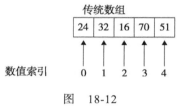

图　18-12

正如你在第 9 章中所学到的，一个数组是一个包含变量的有序列表。数组中的每一个元素都被编号，通过其索引数值进行访问。

然而，如果你想要命名数组的每个元素，而不是对元素进行编号的话，要怎么做？比如这个元素命名为"Sue"，这个是"Bob"，那个是"Jane"等。在编程中，这种类型的数据结构通常指的是关联数组（associative array）、映射（map），或字典（dictionary）。它是一个关于（键，值）对的集合。想象下有一个关于人口年龄的字典。当你查找"Sue"（键）时，其定义或者说值，就是她的年龄，24 岁。

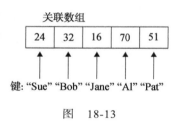

图　18-13

关联数组对于许多应用来说都是极其方便的。举例来说，你可以将一组学生的 ID 号（学生姓名、id 号），或者一组价格（产品名称、价格）保存在一个字典中。这里，字典就是保存索引的完美数据结构。字典的每一个元素是一个单词以及与之对应的计数值（count）。

尽管在 Java 中有许多类用于解决高级的数据结构，比如映射，而 Processing 提供了三个容易使用的内置字典类：IntDict、FloatDict 和 StringDict。在这三个类中，键永远是一个字符串，而值是一个变量（整数、浮点数，或者字符串）。对于词汇索引，我将使用 IntDict 类。

创建一个 IntDict 类和调用一个空构造函数一样容易。假设你希望创建一个字典来跟踪库存供应信息。

```
IntDict inventory = new IntDict();
```

使用 set() 方法就可以实现值和键之间的匹配。

```
inventory.set("pencils", 10);
inventory.set("paper clips", 128);
inventory.set("pens", 16");
```

> set() 为字符串分配一个整数。

要改变值和一个特定的键，还有许多其他的方法可以调用。举例来说，如果你想增加 5 支铅笔，就可以使用 add() 方法。

```
inventory.add("pencils", 5);
```
> "pencil"（铅笔）的数量现在是15。

与这个示例类似，更加方便的方法是使用 increment()，它可以为键的值增加一。

```
inventory.increment("pens");
```
> 铅笔现在的数量是16。

要获取一个和特定键相关的值，需要用到 get() 方法。

```
int num = inventory.get("pencils");
```
> num的值是16。

最后，字典可以按照他们的键（按照字母排序）或值（由小到大排序，或者相反）来排序。这需要使用方法 sortKeys()、sortKeysReverse()、sortValues() 以及 sortValuesReverse()。

现在词汇索引就变得比较容易编写了。我需要载入一个文本文件，使用 splitTokens() 函数将其分解成单词，并在 IntDict 调用 increment() 函数。在下面的示例中，使用了莎士比亚的一个戏剧（《仲夏夜之梦》(A Midsummer Night's Dream)）的整个文本作为示例进行示范，最终展示了最常用单词的一个图表。

示例 18-5：使用 InDict 来实现词汇索引

```
String[] allwords;

String delimiters = " ,.?!;:[]";

IntDict concordance;
```
> 把标点和符号作为定界符来使用。

```
void setup() {
  size(360, 640);

  // Load A Midsummer Night's Dream into an array of
strings
  String url = "http://www.gutenberg.org/cache/epub/
1514/pg1514.txt";
  String[] rawtext = loadStrings(url);

  // Join the big array together as one long string
  String everything = join(rawtext, "" );

  allwords = splitTokens(everything, delimiters);
```
> 《仲夏夜之梦》中的所有行先是组合成一个长字符串，然后分解成一个独立单词的数组。注意使用 splitTokens() 函数，将全部标点和空格作为定界符。

```
  // Make a new empty dictionary
  concordance = new IntDict();

  for (int i = 0; i < allwords.length; i++) {
    String s = allwords[i].toLowerCase();
    concordance.increment(s);
  }
```
> 在字典中增加每一个单词的计数。

> 将每个单词转换为小写是非常有必要的，这样可以将 "The" 和 "the" 统计为同一个单词。

```
  concordance.sortValuesReverse();
}
```
> 对字典进行排序，这样出现最多的单词会在最前面。

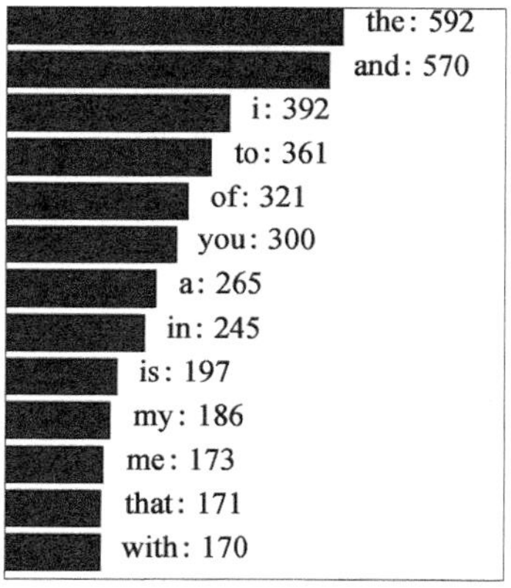

```
the: 592
and: 570
i: 392
to: 361
of: 321
you: 300
a: 265
in: 245
is: 197
my: 186
me: 173
that: 171
with: 170
```

图　18-14

```
void draw() {
  background(255);

  // Display the text and total times the word appears
  int h = 20;
  String[] keys = concordance.keyArray();

  for (int i = 0; i < height/h; i++) {
    String word = keys[i];
    int count = concordance.get(word);

    fill(51);
    rect(0, i*20, count/4, h-4);
    fill(0);
    text(word + ": " + count, 10+count/4, i*h+h/2);
    stroke(0);
  }
}
```

为了在字典中对各单词进行迭代，首先需要请求一个包含所有键的数组。

每次查阅一个键，获取其计数值。

将矩形及其计数一同显示，形成一个简单的图形。

练习 18-11：创建一个草图，把词汇索引的生成过程可视化。一个例子是设计一个动画：每次阅读一个单词。当发现一个新的单词之后，将其添加到草图窗口中；如果它已经被找到了，那么增大字体。

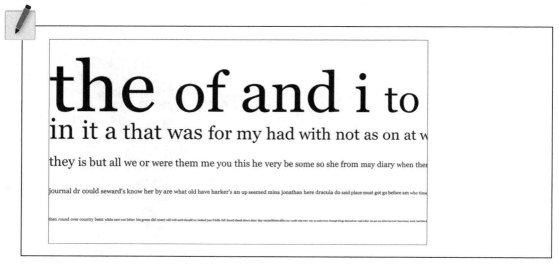

练习 18-12：统计文本中字母表中的每个字母出现的次数。下面是其中一种可能（但是你应当更具创造性）。注意这个草图需要使用 charAt() 函数。你要使用一个数组还是InDict 来完成这个练习？

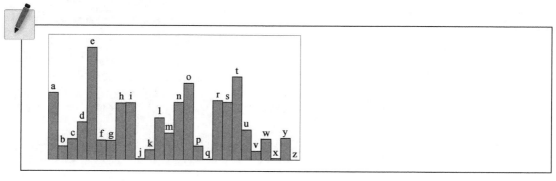

练习 18-13：在 James W. Pennebaker 的著作 *The Secret Life of Pronouns* 中，作者 Pennebaker 研究了代词的使用频率，可以作为展示作者或者演讲者情感状态和性格特征的窗口。举例来说，大量使用代词"我"表明了具有"压抑、焦虑和缺乏安全感"的情感状态。创建一个 Processing 草图分析你的一段文字或独白。更多信息可以访问 http://www.analyzewords.com/。

在继续下一节内容之前，我要提一下 Processing 同样具有用于数字列表和字符串的三个类：`IntList`、`FloatList` 和 `StringList`。也就是说，如果你只需要一个单词的列表（不包含它们的计数），就可以使用 `StringList` 而不是 `InDict`。你会在 23.4 节看到这些列表。

18.8 XML

18.6 节中的示例阐述了在文本中手动搜索单独的数据片段的过程。可是如果你的数据是标准的格式，比如 XML 或者 JSON，那么我们就不必使用这些手动操作的方法了。XML 的设计初衷就是为了方便共享不同系统之间的数据，你可以使用 Processing 中内置的 XML 类来获取数据。

XML 使用一个树形结构对信息进行组织管理。想象下有一组学生，每一位学生都有一个身份证编号、名称、住址、邮箱和电话号码。每个学生的地址有一个城市、州以及邮政编码。图 18-15 展示了一个学生数据集的 XML 树形结构。

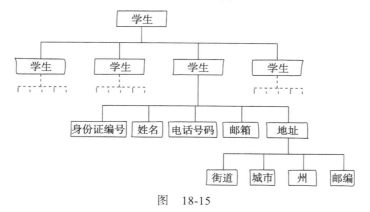

图 18-15

XML 源文件（以一个有两名学生的名单为例）如下所示：

```xml
<?xml version = "1.0" encoding = "UTF-8"?>
<students>
  <student>
    <id>001</id>
    <name>Daniel Shiffman</name>
    <phone>555-555-5555</phone>
    <email>daniel@shiffman.net</email>
    <address>
```

```
      <street>123 Processing Way</street>
      <city>Loops</city>
      <state>New York</state>
      <zip>01234</zip>
    </address>
  </student>
  <student>
    <id>002</id>
    <name>Zoog</name>
    <phone>555-555-5555</phone>
    <email>zoog@planetzoron.uni</email>
    <address>
      <street>45.3 Nebula 5</street>
      <city>Boolean City</city>
      <state>Booles</state>
      <zip>12358</zip>
    </address>
  </student>
</students>
```

注意这里和面向对象编程的相似性。你可以按照下面的内容去设想一棵 XML 树。XML 文档代表了一个学生对象的数组。每位学生对象包含许多信息：身份证号、姓名、电话号码、邮箱以及邮寄地址。而邮寄地址同样是一个包含许多数据的对象：比如说街道、城市、州和邮政编码。

练习 18-14：回顾示例 18-3 中的 Bubble 类。为那些 Bubble 对象设计一个 XML 树形结构。为树形结构绘制一个图标，编写 XML 代码。（使用下面空白的图表进行填充。）

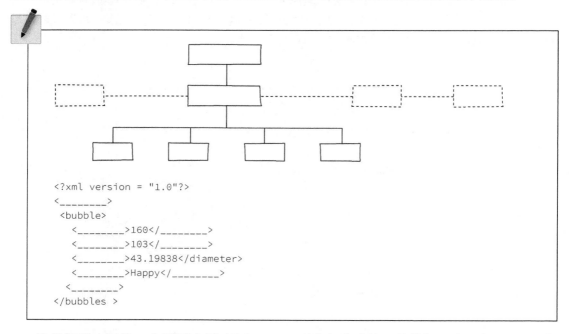

让我们看一下从一个网页应用（比如 Yahoo 天气）获取的一些数据。这里是 XML 源代码。（注意，出于简化的目的，我已经对其进行略微修改。）

```
<?xml version="1.0" encoding="UTF-8" standalone="yes" ?>
<rss version="2.0" xmlns:yweather="http://xml.weather.yahoo.com/ns/rss/1.0">
  <channel>
    <item>
      <title>Conditions for New York, NY at 12:49 pm EDT</title>
      <geo:lat>40.67</geo:lat>
      <geo:long>-73.94</geo:long>
      <link>http://us.rd.yahoo.com/dailynews/rss/weather/New_York__NY//link>
      <pubDate>Thu, 24 Jul 2014 12:49 pm EDT</pubDate>
      <yweather:condition text="Partly Cloudy" code="30" temp="76"/>
      <yweather:forecast day="Thu" low="65" high="82" text="Partly Cloudy"/>
    </item>
  </channel>
</rss>
```

将上述数据绘制在树形结构中，如图 18-16 所示。

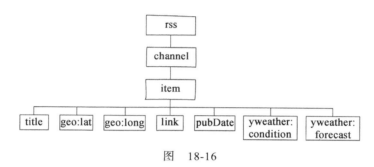

图　18-16

你可能想知道最顶层的"RSS"是什么。比如雅虎的 XML 天气数据就是通过 RSS 格式来提供的。RSS 代表"简易信息聚合"（Really Simple Syndication），是用于聚合网页内容（比如新闻标题等）的标准化 XML 格式。你可以在 Wikipedia（http://en.wikipedia.org/wiki/RSS）上了解更多关于 RSS 的知识。

既然你已经具备了树形结构的知识，让我们看一下结构中的细节知识。除了第一行是例外（只是简单指明该网页是 XML 格式），这个 XML 文档包含了一个元素的嵌套列表，每个元素都有一个开始标签，也就是 `<channel>`，以及一个结束标签，也就是 `</channel>`。许多元素在两个标签之间写有内容：

```
<title>Conditions for New York, NY at 12:49 pm EDT</title>
```

另外一些则具有属性信息（属性名等于用引号表示的属性值）：

```
<yweather:forecast day="Thu" low="65" high="82" text="Partly Cloudy"/>
```

18.9　使用 Processing 的 XML 类

由于 XML 的句法是标准化的，因此我可以使用 split()、indexof() 和 substring() 寻找 XML 源文件里面的片段。这里的关键点在于，由于 XML 是一种标准的格式，因此我可以不必这样做。我宁可使用一个 XML 解析工具。在 Processing 中，XML 可以使用内置的 Processing 类 XML 来解析。

```
XML xml = loadXML("http://xml.weather.yahoo.com/forecastrss?p=10003");
```

在这里，我并没有使用 loadStrings() 和 loadTable()，我现在调用了 loadXML，并且进入 XML 文档的地址（URL 或者本地文件）。一个 XML 对象代表了一棵 XML 树的一个元素。当一个文档首先被载入之后，XML 对象将永远是根元素（root element）。参看前面的 XML 树图表（见图 18-16），我通过下面的路径可以找到当前的温度：

1. 树形图的根部是 RSS。
2. RSS 有一个子元素，名为 channel。
3. channel 有一个子元素，名为 item。
4. item 有一个子元素，名为 yweather:condition。
5. 温度存储于 yweather:condition，作为临时属性。

通过 getChild() 函数可以访问元素的子元素。

```
XML channel = xml.getChild("channel");
```
◁ 访问根元素的子元素 "channel"。

一个元素本身的内容是通过下面几种方法来获取的：getContent()、getIntContent()，或者 getFloatcContent()。getContent() 是最常用的，并且总是将内容以字符串的形式传递给你。如果你要使用的内容为数字，那么 Processing 将使用 getIntContent() 或者 getFloatcContent() 为你进行转换。属性也可以进行读取，使用 getInt() 和 getFloat() 将其读取为数字，使用 getString() 将其读取为文字。

下面的步骤 1～5 对上述的 XML 树进行了概述：

```
XML root = loadXML("http://xml.weather.yahoo.com/forecastrss?p=10003");

XML channel     = root.getChild("channel");        步骤2    步骤1

XML item        = channel.getChild("item");        步骤3

XML yweather    = item.getChild("yweather:condition");   步骤4

int temperature = yweather.getInt("temp");         步骤5
```

可是，这有些冗长，我们可以将其压缩成为一行（或者三行，如下所示）的代码。

```
XML root = loadXML(http://xml.weather.yahoo.com/forecastrss?p=10003);

XML forecast =
  root.getChild("channel").getChild("item").getChild("yweather:condition");
int temperature = forecast.getInt("temp");
```
步骤2～4

最后，上面代码的第二行可以进一步缩写为：

```
XML forecast = xml.getChild("channel/item/yweather:condition");
```
◁ 步骤2～4

下面的示例是将前面的代码组合到一起，通过解析雅虎 XML 的提要，为多个邮政编码获取天气数据。

示例 18-6： 解析雅虎天气 XML

```
int temperature = 0;
String weather = "";
```
> 温度以数值的方式进行存储，以字符串的形式描述天气。

> 邮政编码：10003
> 今天最高温：81
> 预测：局部多云

图　　18-17

```
// The zip code
String zip = "10003";

void setup() {
  size(200, 200);

  // The URL for the XML document
  String url = "http://xml.weather.yahoo.com/
forecastrss?p=" + zip;

  // Load the XML document
  XML xml = loadXML(url);

  XML forecast = xml.getChild("channel/item/yweather:forecast")
```
> 这里，我抓取需要的XML元素。

```
  temperature = forecast.getInt("high");
  weather = forecast.getString("text");
}
```
> 从那个XML元素中获取属性信息。

```
void draw() {
  background(255);
  fill(0);

  // Display all the stuff I want to display
  text("Zip code: " + zip, 10, 50);
  text("Today's high: " + temperature, 10, 70);
  text("Forecast: " + weather, 10, 90);
}
```

其他有用的 XML 函数包括：

* hasChildren()：检查一个元素是否有子元素
* getChildren()：返回一个包含所有子元素的数组
* getAttributeCount()：计算元素的属性的数量
* hasAttribute()：检查元素是否具有特定的属性

在这个示例中，我通过它们的名称（比如"channel""item"等）访问子节点（child node），然而，它们也可以通过索引值（从 0 开始，比如说一个数组）用数字进行访问。这在对一个子元素的列表进行循环的时候特别方便，和之前在一个表格里对行进行迭代非常类似。

在示例 18-3 中，我使用了一个 Table 存储与 Bubble 对象相关的信息。一个 XML 文件可以按照相同的方式进行使用。这里是一个练习 18-14 的一种可能的解决方法，一个 Bubble 对象的 XML 树。（注意，这种解决方案使用了 x 和 y 坐标的属性，这并不是练习 18-14 中提供的格式，因为那时我还没有讲到有关属性的知识。）

```
<?xml version="1.0" encoding="UTF-8"?>
<bubbles>
  <bubble>
    <position x="160" y="103"/>
    <diameter>43.19838</diameter>
    <label>Happy</label>
```

```
      </bubble>
      <bubble>
        <position x="372" y="137"/>
        <diameter>52.42526</diameter>
        <label>Sad</label>
      </bubble>
      <bubble>
        <position x="273" y="235"/>
        <diameter>61.14072</diameter>
        <label>Joyous</label>
      </bubble>
      <bubble>
        <position x="121" y="179"/>
        <diameter>44.758068</diameter>
        <label>Melancholy</label>
      </bubble>
    </bubbles>
```

我可以使用 getChildren() 获取 \<bubble\> 数组元素，根据每个元素制作一个 Bubble 对象。下面的示例使用了相同的 Bubble 类（下面没有包含）。新的代码使用加粗字体。

示例 18-7：使用 Processing 的 XML 类

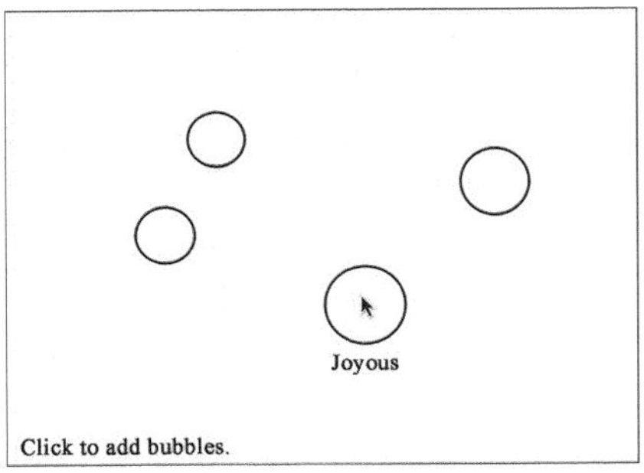

```
// An Array of Bubble objects
Bubble[] bubbles;
// An XML object
XML xml;

void setup() {
  size(480, 360);
  loadData();
}

void loadData() {
  // Load XML file
  xml = loadXML("data.xml");
  // Get all the child nodes named "bubble"
  XML[] children = xml.getChildren("bubble");

  bubbles = new Bubble[children.length];

  for (int i = 0; i < bubbles.length; i++) {

    XML positionElement = children[i].getChild("position");
    float x = positionElement.getInt("x");
    float y = positionElement.getInt("y");



    // The diameter is the content of the child named "diameter"
    XML diameterElement = children[i].getChild("diameter");
    float diameter = diameterElement.getFloatContent();
```

图   18-18

> Bubble数组的大小是由名为 "bubble" 的所有的XML元素决定的。

> 位置元素具有两个属性："x" 和 "y"。属性可以通过getInt()和 getFloat()来访问。

> 注意，在一个XML节点的内容中，我通过getIntContent() 和getFloatContent()来获取。

```
    // The label is the content of the child named "label"
    XML labelElement = children[i].getChild("label");
    String label = labelElement.getContent();

    // Make a Bubble object out of the data read
    bubbles[i] = new Bubble(x, y, diameter, label);
  }
}

void draw() {
  background(255);
  // Display all bubbles
  for (int i = 0; i < bubbles.length; i++) {
    bubbles[i].display();
    bubbles[i].rollover(mouseX, mouseY);
  }
}
```

练习 18-15：使用下面的 XML 文档初始化一个对象数组。使用每个 XML 元素中的所有数值来设计对象。（你可以随便修改 XML 文档来包含更多或者更少的数据。）如果你不想重新输入这个 XML 文档的话，你可以访问本书的配套网站获取。

```
<?xml version = "1.0"?>
<particles>
  <particle>
    <location x = "99" y = "192"/>
    <speed x = "-0.88238335 " y = "2.2704291"/>
    <size w = "38" h = "10"/>
  </particle>
  <particle>
    <location x = "97" y = "14"/>
    <speed x = "2.8775783" y = "2.9483867"/>
    <size w = "81" h = "43"/>
  </particle>
  <particle>
    <location x = "159" y = "193"/>
    <speed x = "-1.2341062" y = "0.44016743"/>
    <size w = "19" h = "95"/>
  </particle>
  <particle>
    <location x = "102" y = "53"/>
    <speed x = "0.8000488" y = "-2.2791147"/>
    <size w = "25" h = "95"/>
  </particle>
  <particle>
    <location x = "152" y = "181"/>
    <speed x = "1.9928784" y = "-2.9540048"/>
    <size w = "74" h = "19"/>
  </particle>
</particles>
```

除了 loadXML()，Processing 还包含了一个 saveXML() 函数，用于编写 XML 文件到你的草图文件夹中。你可以通过使用 addChild() 或者 removeChild() 来增加或者删除元素，进而修改 XML 树，也可以使用 setContent()、setIntContent()、 setFloatContent()、 setString()、setInt()和 setFloat()修改元素或者属性的内容。

练习 18-16：将通过点击鼠标创建新的气泡（bubble）这个功能增加到示例 18-7 中。下面的部分代码帮助你开始。

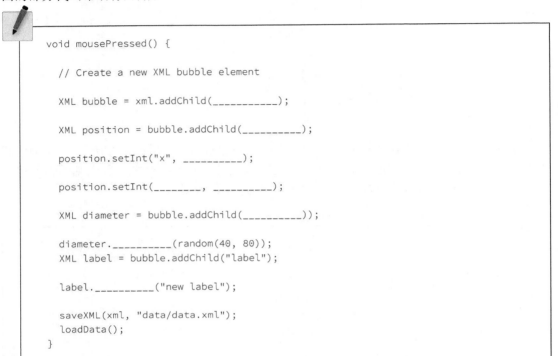

```
void mousePressed() {

  // Create a new XML bubble element

  XML bubble = xml.addChild(_____);

  XML position = bubble.addChild(_____);

  position.setInt("x", _____);

  position.setInt(_____, _____);

  XML diameter = bubble.addChild(_____));

  diameter._____(random(40, 80));
  XML label = bubble.addChild("label");

  label._____("new label");

  saveXML(xml, "data/data.xml");
  loadData();
}
```

18.10 JSON

另外一种愈加流行的数据交换格式是 JSON（发音和名字 Jason 非常相似），它是 JavaScript 对象表示法（JavaScript Object Notation）的缩写。其设计是基于 JavaScript 编程语言（它最常应用于在网页应用中传输数据）中对象的句法，但是具有更强的普遍性，并且独立于语言之外。尽管你无须知道任何关于 JavaScript 在 Processing 中运行的机理，但是如果你了解一些基础的 JavaScript 句法知识对你的学习还是非常有帮助的。

JSON 是 XML 的一个替代方法，数据可以以一种类似于树形的方式被看待。所有的 JSON 数据都以以下两种方式出现：对象或数组。幸运的是，事实上你已经知道这两个概念了，你只需要学习一些对其编码的新句法。

让我们首先看一下 JSON 对象。一个 JSON 对象就好像没有函数的 Processing 对象。它仅仅是一个具有名称和数值（或者"名称 – 数值对"）的变量的集合。举个例子，下面是描述一个人的 JSON 数据：

```
{
  "name":"Olympia",        每个名称–数值对都由一个逗号分隔。
  "age":3,
  "height":96.5,
  "state":"giggling"
}
```

注意，它是如何紧密地映射到 Processing 中的类的。

```
class Person {
  String name;
  int age;
  float height;
  String state;
}
```

在 JSON 中并没有类，只有对象字面量。而且一个对象可以包含另外一个对象，使后者成为前者的一部分。

```
{
  "name":"Olympia",
  "age":3,
  "height":96.5,
  "state":"giggling",
  "brother":{            "brother" 的值是一个包含两个名称–数值对的对象。
    "name":"Elias",
    "age":6
  }
}
```

在 XML 中，先前的 JSON 数据可能如下所示（出于简化的目的，我在这里避免使用 XML 属性）：

```
<xml version="1.0" encoding="UTF-8"?>
<person>
  <name>Olympia</name>
  <age>3</age>
  <height>96.5</height>
  <state>giggling</state>
  <brother>
    <name>Elias</name>
    <age>6</age>
  </brother>
</person>
```

多个 JSON 对象可以以一个数组形式出现在数据中。就像你在 Processing 中使用的数组一样，一个 JSON 数组仅仅是一个数值（原始值或者对象）的列表。但是句法的不同体现在：使用方形括号表明一个数组的使用，而不是使用花括号。下面是一个简单的整数 JSON 数组：

```
[1, 7, 8, 9, 10, 13, 15]
```

一个数组也可以作为一个对象的一部分。

```
{
  "name":"Olympia",
  "favorite colors":[        "favorite colors" 的数值是一个字符串数组。
    "purple",
    "blue",
    "pink"
  ]
}
```

数组也可以是一个对象数组本身。例如，这里是在 JSON 中气泡看上去的样子。注意这个 JSON 数据是如何作为一个 JSON 对象"bubbles"（气泡）被组织的，它包含了一个 JSON 对象的 JSON 数组。你可以比较同样数据的 CSV 和 XML 格式的版本。

```
{
  "bubbles":[
    {
      "position":{
        "x":160,
        "y":103
      },
      "diameter":43.19838,
      "label":"Happy"
    },
    {
      "position":{
        "x":372,
        "y":137
      },
      "diameter":52.42526,
      "label":"Sad"
    },
    {
      "position":{
        "x":273,
        "y":235
      },
      "diameter":61.14072,
      "label":"Joyous"
    }
  ]
}
```

练习 18-17：填写下面关于 JSON 的空白处（根据一个天气 API）。

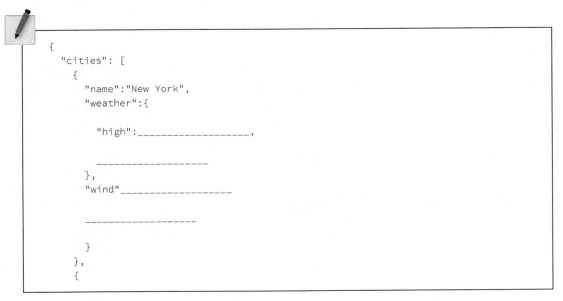

```
{
  "cities": [
    {
      "name":"New York",
      "weather":{

        "high":_____,

        _____
      },
      "wind"_____

      _____

    }
  },
  {
```

```
        "name":_____,
        "weather":{

          "high":_____,

            _____
        },

            _____

            _____

            _____

          _____

          _____

        _____
      }
```

18.11　**JSONObject** 和 **JSONArray**

我已经讨论了 JSON 的句法，接下来就可以在 Processing 中方便地使用数据了。在 Processing 中使用 JSON 时，比较棘手的问题是：必须将对象和数组区别对待。在 XML 中，我只需要使用一个 XML 类，它包含我所需要的解析功能。而对于 JSON，却有两个类：JSONObject 和 JSONArray，在解析过程中，我必须慎重考虑使用哪一个类。

第一步就是简单地使用 loadJSONObject() 或者 loadJSONArray() 载入数据。但是我要选择哪一个? 我必须查看位于 JSON 文件根中的内容，是一个对象还是一个数组。这是有些棘手的。让我们看下这两个 JSON 示例:

示例 1:

```
[
  {
    "name":"Elias"
  },
  {
    "name":"Olympia"
  }
]
```

示例 2:

```
{
  "names":[
    {
      "name":"Elias"
    },
    {
      "name":"Olympia"
    }
  ]
}
```

上面两个示例非常相似。它们都有相同的数据，两个名字分别为"Elias"和"Olympia"。这是一个非常关键的区别。但是，至于数据是如何被格式化的：关注第一个字符。是一个"["还是一个"{"？答案取决于你载入的是一个数组（"["）还是一个对象（"{"）。

```
JSONObject json = loadJSONObject("file.json");    ← JSON对象开始于一个花括号: {

JSONArray json = JSONArray("file.json");    ← JSON数组开始于一个方括号: [
```

通常，即使数据最终以一个数组对象（比如"气泡"对象数组）被组织起来，JSON数据的根元素也会包含那个数组的对象。让我们再次看下气泡数据。

```
{
  "bubbles":[
    {
      "position":{
        "x":160,
        "y":103
      },
      "diameter":43.19838,
      "label":"Happy"
    },
    {
      "position":{
        "x":372,
        "y":137
      },
      "diameter":52.42526,
      "label":"Sad"
    }
  ]
}
```

首先，我需要载入一个对象，然后从那个对象中提取数组。

```
JSONObject json = loadJSONObject("data.json");    ← 将整个JSON文件以一个对象的形式载入。
JSONArray bubbleData = json.getJSONArray("bubbles");
                                                  ← 从对象中提取出气泡数组。
```

正如在 XML 中，元素中的数据是通过其名称进行访问的，在这个例子中是"气泡"（bubble）。可是在 JSONArray 中，数组中的每个元素是通过其编号的索引数值来获取的。

```
for (int i = 0; i < bubbleData.size(); i++) {    ← 迭代一个JSONArray。
  JSONObject bubble = bubbleData.getJSONObject(i);
}
```

当你从一个 JSONObject 中寻找特定的数据片段的时候（比如一个整数或者一个字符串），函数要和那些 XML 属性保持一致。

```
JSONObject position = bubble.getJSONObject("position");    ← 从气泡对象中得到位置对象。
```

```
int x = position.getInt("x");
int y = position.getInt("y");
```
从位置对象中得到取整的x和y。

```
float diameter = bubble.getFloat("diameter");
String label = bubble.getString("label");
```
直径和标签是直接来自于Bubble对象的变量。

将上面这些组合到一起，现在我就可以得到一个气泡示例的 JSON 版本了（这里忽略掉了 draw() 函数和 Bubble 类，因为它们并没有改变）。

示例 18-8： 使用 Processing 的 JSON 类

```
// An Array of Bubble objects
Bubble[] bubbles;

void setup() {
  size(480, 360);
  loadData();
}

void loadData() {
  JSONObject json = loadJSONObject("data.json");
  JSONArray bubbleData = json.getJSONArray("bubbles");
```
载入JSON文件并抓取数组。

```
  bubbles = new Bubble[bubbleData.size()];
```
Bubble对象数组的大小是由JSON数组的长度决定的。

```
  for (int i = 0; i < bubbleData.size(); i++) {

    JSONObject bubble = bubbleData.getJSONObject(i);
```
在数组中迭代，每次抓取一个JSON对象。

```
    // Get a position object
    JSONObject position = bubble.getJSONObject("position");
    // Get (x,y) from JSON object "position"
    int x = position.getInt("x");
    int y = position.getInt("y");

    // Get diamter and label
    float diameter = bubble.getFloat("diameter");
    String label = bubble.getString("label");

    bubbles[i] = new Bubble(x, y, diameter, label);
```
将Bubble对象置于一个数组中。

```
  }
}
```

练习 18-18： 使用下面的 JSON，从 openweathermap.org（http://openweathermap.org/current）上获取描述和当前温度。

```json
{
  "weather":[
    {
      "id":801,
      "main":"Clouds",
      "description":"few clouds",
      "icon":"02d"
    }
```

```
      ],
      "main":{
        "temp":73.45,
        "humidity":83,
        "pressure":999,
        "temp_min":70,
        "temp_max":75.99
      }
    }
JSONObject json = loadJSONObject(
    "http://api.openweathermap.org/data/2.5/weather?q=New%20York");

JSONObject main = json.getJSONObject(_____);

int temp = main._____("temp");

// Grab the description (this is just one way to do it)

_____ weather = json.getJSON_____("weather");

String des = weather.getJSONObject(____)._____(_____);
```

18.12　线程

你已经看到许多载入的函数（loadStrings()、loadTable()、loadXML() 以及 loadJSONObject()）可以用于从 URL 中获取数据。然而，除非你的草图只需要在 setup() 中载入一次数据，否则你会遇到问题。举例来说，考虑一个草图，从一个 XML 提要中每隔 5 分钟抓取 AAPL 股票的价格。每一次调用 loadXML() 的时候，草图会暂停运行，以等待接收数据。这是因为这些载入函数被"阻塞了"。换句话说，草图将会在那一行代码上暂停运行，直至 loadXML() 函数完成其任务。如果是一个本地的数据文件，这个过程会非常迅速。可是，在 Processing 中，一个对于 URL 的请求（也就是所谓的"HTTP 请求"）是同步的，这意味着草图在继续运行之前需要等待服务器的回应。可是究竟这个过程要花多少时间，谁也不知道，你现在由服务器任意摆布！

这个问题的解决方法在于掌握线程（thread）的概念。到目前为止，这样的概念你已经相当熟悉了：编写一个程序，让其按照特定顺序的步骤执行——首先是 setup()，然后是 draw()，后者会反复运行！一个线程同样是一系列步骤：包含开始、中间和结束。一个 Processing 草图就是一个线程，通常指的是动画线程（animation thread）。然而，其他的线程的序列可以在主动画循环内独立地运行。事实上，你可以一次启动任意数量的线程，而且它们都可以同时运行。

Processing 经常进行这样的操作，比如在库函数 captureEvent() 和 movieEvent() 中。这些函数由背后的一个不同的线程运行所触发，而且每当它们有信息要汇报时，就会向 Processing 提出警报。当你需要执行一个任务，而该任务会降低主动画的帧频，比如从网络上获取的时候，它就非常有帮助。这里，你想要用不同的线程异步处理这个请求。如果那个线程卡壳或者出现错误，那么整个程序并不会慢慢停止，因为错误只会让那个单独的线程停止，并不会让主动画循环停止。

编写你自己的线程是一项复杂的工作，需要拓展 Java `Thread` 类（https://docs.oracle.com/javase/tutorial/essential/concurrency/threads.html）。但是，`thread()` 方法是一种在 Processing 中实现线程快速和粗略的方法。只要通过传递一个和函数名称相匹配的字符串，不论这个函数是在草图中的什么位置被声明的，Processing 都会在一个独立的线程中执行该函数。让我们一起看下这个工作过程。

```
void setup() {
  thread("someFunction");
}

void draw() {

}

void someFunction() {
  // This function will run as a thread when called via
  // thread("someFunction") as it was in setup!
}
```

`thread()` 函数接收一个字符串作为一个参数。字符串应当和你希望作为一个线程运行的函数的名称相匹配。在上面的示例中，它是 `"someFunction"`。

让我们看一个更加实际的示例。对于一个经常改变的数据，我需要使用 time.jsontest.com，它可以提供给你当前的时间数据（以毫秒为单位）。虽然我可以从系统时间中获取时间数据，但这对于展示持续不断的请求随时间变化的数据来说非常实用。

在不了解线程的情况下，我们的第一反应可能是：

```
void draw() {
  JSONObject json = loadJSONObject("http://time.jsontest.com/");
  String time = json.getString("time");
  text(time, 40, 100);
}
```

> 代码将在这里停止执行，在继续运行之前等待获取数据。

这会提供给我 `draw()` 中每一次循环的当前时间。如果查看一下帧频的话，我会发现草图实际上是以一个及其缓慢的速度运行的（它只需要绘制一个字符串！）。这就是调用解析代码（parsing code）作为一个独立线程的原因，这么做会有很大帮助。

```
String time = "";

void draw() {
  thread("requestData");
  text(time, 40, 100);
}
```

> `requestData()` 在一个独立的线程中执行的时候代码将继续到下一行。

```
void requestData() {
  JSONObject json = loadJSONObject("http://time.jsontest.com/");
  time = json.getString("time");
}
```

这个逻辑和前面是一样的，只是我没有直接在 `draw()` 里请求数据，而是将那个数据请求作为一个单独的线程来处理。请注意，我并没有在 `requestData()` 中进行任何的绘制。这点非常关键，因为在运行一个独立线程的代码里面执行绘制函数会导致和主动画线程（也就是 draw()）之间的冲突，进而出现奇怪的现象和错误。

在上述示例中，如果我不希望以每秒 60 次（这是默认帧频）的频率来请求数据。而是希望使用 10.6 节的 Timer 类，从而可以每秒请求数据一次。下面是一个完整的示例，通过增加一个动画展示了 draw() 永远不会断断续续地运行。

示例 18-9：线程

```
Timer timer = new Timer(1000);
String time = "";

void setup() {
  size(200, 200);
  thread("retrieveData");          在一个线程中异步请求数据。
  timer.start();
}

void draw() {
  background(255);
  if (timer.isFinished()) {        每隔一秒，发出一个新的请求。
    retrieveData();

    timer.start();                 重启计时器。
  }

  fill(0);
  text(time, 40, 100);

  translate(20, 100);
  stroke(0);
  rotate(frameCount*0.04);         这里我绘制了一个简短的动
  for (int i = 0; i < 10; i++) {   画，以此阐述draw()循环永远
    rotate(radians(36));           不会停止。
    line(5, 0, 10, 0);
  }
}

// get the data
void retrieveData() {
  JSONObject json = loadJSONObject("http://time.jsontest.com/");
  time = json.getString("time");
}
```

※ 12:36:20 PM

图　18-19

练习 18-19：修改天气 XML 或者天气 JSON 的示例，实现在线程中请求数据。

18.13　API

我把这一小节的标题命名为"API"，实际上有些愚蠢，因为本章大部分的数据都来源于 API。但是仍然值得花些时间稍作停留，然后反思一下。你刚刚发现的数据与 API 中的相比有什么不同？你在使用一个 API 的时候，可能会碰到哪些陷阱问题？

正如我前面所说的，API（Application Programming Interface，应用程序接口）是一个

用于软件间访问彼此服务的接口。API 采用不同的形式。例如练习 18-18 中的 openweat-
hermap.org，它是以 JSON、XML 和 HTML 格式提供数据的 API。之所以让其服务成为
API 的关键因素在于它提供的内容，openweathermap.org 的唯一目的就是向你提供数据。
而且不仅仅提供数据，还允许你查询和索取特定格式的特定数据。让我们看一些查询的
示例。

http://api.openweathermap.org/data/2.5/weather?lat=35&lon=139
查询某个纬度和经度位置的当前天气信息。

http://api.openweathermap.org/data/2.5/forecast/daily? q=London&mode=xml&units=metric&
cnt=7&lang=zh_cn
查询伦敦七日天气预报的 XML 格式的信息，采用公制计量，并且使用中文。

http://api.openweathermap.org/data/2.5/history/station?id=5091&type=day
查询某个气象站的历史信息。

需要注意的是，openweathermap.org 并不需要你告诉 API 任何信息。你只需要向 URL
发送一个请求，然后得到返回信息。但是其他的 API 会要求你注册并获取一个访问令
牌（access token）。《纽约时报》（*The New York Times*）的 API 就是这样的一个例子。在你
从 Processing 提出请求之前，需要访问《纽约时报》开发者网站（http://developer.nytimes.
com/），然后请求一个 API 密钥。一旦你获取那个密钥，就可以将它以一个字符串的形式存
储在代码中。

```
// This is not a real key
String apiKey = "40e2es0b3ca44563f9c62aeded4431dc:12:51913116";
```

你还需要知道 API 本身的 URL。它的信息在开发者网站上就有记录，这里是简化的
内容：

```
String url = "http://api.nytimes.com/svc/search/v2/articlesearch.json";
```

最后，你必须告诉 API 你要搜寻的内容。这通过"查询字符串"来完成。这个函数和你
在 Processing 中将参数传递给一个函数非常类似。如果你想要在一个 search() 函数中搜
索短语"Processing"，你可以按照下面的方式进行：

```
search("processing");
```

在这里，API 扮演了函数调用的作用，而且你通过查询字符串向它发送了参数。下面这
行代码就是一个简单的例子：请求包含术语"processing"的最早的文章的清单（最早的文
章证明是在 1852 年 5 月 12 号）。

```
String query = "?q=processing&sort=oldest";
```
和那个API查询相匹配的名称-数值对
为：（q, processing）和（sort,oldest）。

这并不是猜测的结果。这需要从头至尾阅读完 API 的文档。《纽约时报》所有的概要
信息都呈现在它的开发者网站上（http://developer.nytimes.com/docs/read/article_search_api_
v2）。一旦你完成了查询，可以将所有数据传递给 loadJSONObject()。下面是一个简单
的示例，只是将最近的标题显示出来。

示例 18-10：《纽约时报》的 API 查询

```
void setup() {
  size(200, 200);

  String apiKey = "40e2ea0b3ca44563f9c62aeded0431dc:18:51513116";
  String url = "http://api.nytimes.com/svc/search/v2/articlesearch.json";
  String query = "?q=processing&sort=newest";

  // Make the API query
  JSONObject json = loadJSONObject(url+query+"&api-key="+apiKey);
```

> 这里的格式为将URL地址和API密钥置于查询字符串中。

```
  String headline = json.getJSONObject("response").getJSONArray("docs").
    getJSONObject(0).getJSONObject("headline").getString("main");
  background(255);
  fill(0);
  text(headline, 10, 10, 180, 190);
}
```

> 从结果中抓取一个标题。

有些 API 需要一个比 API 访问密钥的更深级别的身份验证。以 Twitter 为例，使用一个所谓 "OAuth" 的验证协议可以访问你的数据。编写一个 OAuth 应用不仅仅需要将一个字符串传递至一个请求，这已经超出本书的讨论范围。然而，这些情况中，你幸运的话，可以找到相应的 Processing 库为你处理所有关于身份验证的问题。有些 API 可以直接通过一个库直接在 Processing 中使用，你可以在 Processing 参考文档的库参考中（http://processing.org/reference/libraries/index.html）的 "Data / Protocols" 找到以上这些 API 的名称列表。又比如，Temboo（https://www.temboo.com/processing）为你提供了一个用于处理 OAuth 的 Processing 库，并且在 Processing 中，为许多 API 提供了直接的访问权限。有了 Temboo，你可以像下面这样编写代码：

```
TembooSession session = new TembooSession("ACCOUNT_NAME", "APP_NAME", "APP_KEY");
```

> Temboo在你和Twitter之间扮演了一个中间者的角色，所以第一步你需要对Temoboo进行身份验证。

```
Tweets tweets = new Tweets(session);
tweets.setCredential("your-twitter-name");
tweetsChoreo.setQuery("arugula");
TweetsResultSet tweetsResults = tweets.run();
```

> 然后你可以配置一个请求，发送给 Twitter，然后获取结果。

```
JSONObject searchResults = parseJSONObject(tweetsResults.getResponse());

JSONArray statuses = searchResults.getJSONArray("statuses");

JSONObject tweet = statuses.getJSONObject(0);
String tweetText = tweet.getString("text");
```

> 最后，你可以搜寻结果，然后获取一个推文。

数　据　流

我疯狂地如同地狱中的恶魔，我不会在这样继续下去了！

——霍华德·比尔（Howard Beale），电影 *Network*

本章主要内容：

- 套接字
- 服务器
- 客户端
- 多用户处理
- 串行通信

19.1　网络通信

本章我会使用 Processing 的网络库来创建草图，实现草图之间的实时交流。这方面的例子有多用户应用（multi-user application）：游戏、即时通信软件以及聊天软件等。

第 18 章讲解了如何使用 loadStrings()、loadXML() 和 loadJSON() 来获取一个 URL 的原始材料：你发出请求，休息一下，等待结果。可能你已经注意到，这个过程并不是同时发生的。有些时候，在载入文件的时候，程序可能会暂停几秒钟（甚至几分钟）。这是因为在后台 Processing 执行这个过程需要时间——发送请求以及获取对应的响应。

让我们花点时间考虑下，你是如何在日常生活中进行"请求和响应"的。比如说某天早上你醒来，想象着在托斯卡纳度假。然后打开电脑，启动网页浏览器，在地址栏输入 www.google.com，搜索"在托斯卡纳乡间别墅的浪漫之旅"。你作为客户端，发出一个请求，这就是 Google 的工作，它作为服务器，需要作出回应。

客户端：

嗨，我是网页浏览器，现在有一个**请求**，我想知道你能否将关于托斯卡纳度假乡间别墅的页面发送给我？

[戏剧性的停顿]

服务器：

当然，没有问题，下面是我的**响应**。它是一大堆的字节，但是如果你将其作为 html 来阅读，会发现它是关于托斯卡纳度假租赁的格式化的页面。尽情享受！噢，你能否告知我你是否已经接收到了。好吗？

客户端：

知道了，谢谢！

[客户端和服务器相互握手。]

上面的过程就是所谓的 HTTP 请求和响应，这是在客户端和服务器之间的一种双向通信。客户端向服务器发送一个请求，后者在闲暇时做出响应，而客户端坐在那里等待响应。HTTP 是超文本传输协议（hyper-text transfer protocol）的缩写，它是一种用于在万维网（world wide web）中来回发送数据的协议。对于每个请求，会打开客户端和服务器之间的连接，而完成之后就会立即关闭。在浏览器中，这种方法用于载入网页。然而，对于 Processing 中的应用，你需要"近即时通信"（near real-time communication），这种连接在每次数据交换时会打开和关闭，由此导致延迟现象。所以，这些应用需要一种持续性的连接——"套接字连接"（socket connection）。

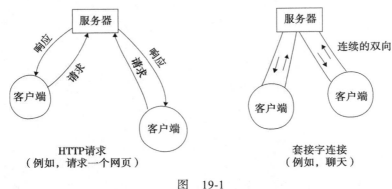

图　19-1

19.2　创建服务器

我首先创建一个服务器，服务器的任务是为客户端打开连接，以及响应它们的请求。套接字连接由一个 IP 地址（一台机器在网络上的数字地址）和一个端口号（一个用于记录从一个程序到另外一个程序路线信息的数字）组成。要想创建一个服务器，我首先需要选择那个端口号（我稍后选择 IP 地址）。任何想要连接到服务器的客户端需要知道这个号码。端口号的取值范围是从 0 到 65 535，任何一个数值都是可以的。可是，0～1023 的端口通常保留给通用服务（common service），因此最好避免使用它们。更谨慎一些，可以在 Google 搜索下，有些端口通常用于其他程序。我会选择使用端口 5204（这和 Processing 网络库参考文件（https://processing.org/reference/libraries/net）使用的端口相同）。

为了创建一个服务器，我首先导入库，创建一个 Server（服务器）对象实例。

```
import processing.net.* ;

Server server;
```

该服务器通过构造函数初始化，它有两个参数：this（关于 this 的具体解释请参阅第 16 章）和一个用户端口号的整数数值。

```
server = new Server(this, 5204);
```

服务器创建好之后，就开始等待连接了。通过调用 stop() 函数，它可以在任何时刻关闭。

```
server.stop();
```

你可能已经回想起来在第 16 章有关视频捕捉的内容中，我使用回调函数（capture-

Event()) 来处理来自摄像头的视频中新的可用帧。在这里，我可以使用回调函数
serverEvent() 采用同样的方法查看客户端是否已经连接到服务器了。

serverEvent() 需要两个参数：服务器（用于生成事件）和（已经连接的）客户端。
我可能会使用这个函数来获取已连接到客户端的 IP 地址。

```
// The serverEvent function is called whenever
// A new client connects
void serverEvent(Server server, Client client) {
  println("A new client has connected: " + client.ip());
}
```

> 只有连接一个新的客户端
> 时，服务器事件才会发生。

使用回调函数使得网络信息可以以"异步"的方式被处理，正如 18.12 节讨论的有关线
程的内容。

客户端发送一条信息（在连接完毕之后），并不会生成 serverEvent() 事件。我必须
使用 available() 函数来判定信息是否有用。如果有的话，客户端播放方法的引用被返
回，然后我就可以使用 readString() 方法来读取内容。如果没有任何可用的信息，函数
将会返回值 null，意味着没有任何数值（或者说没有客户端对象存在）。

```
void draw() {
  // If there is no client, someClient will be " null "
  Client someClient = server.available();
  // The sketch should only proceed if the client is not null
  if (someClient! = null) {
    println("Client says: " + someClient.readString());
  }
}
```

函数 readString() 对于那些通过网络发送文本信息的应用来说非常有帮助。如果数据
要被区别对待，比如，一个数字（在后面的示例中你会看到）会调用其他的 read() 方法。

服务器也可以发送信息给客户端，这通过 write() 方法来完成。

```
server.write("Great, thanks for the message!\n");
```

根据你所进行的操作，在信息的末尾发送一个换行（newline）符是一个好想法。过会儿
当我编写客户端草图的时候，你就会看到这样做非常有用。转义序列用于为一个字符串增加
一个换行符是 \n（参见第 18 章中关于转义序列的知识。）。

将上述所有的内容组合到一起，我就可以编写一个简单的聊天服务器。这个服务器可以
回复任何它接收到的信息，只要信息包含有短语："How does ' that ' make you feel?" 如示
例 19-1 和图 19-2 所示。

示例 19-1：简单的治疗服务器

```
// Import the net libraries
import processing.net.*;

// Declare a server
Server server;

// Used to indicate a new message has arrived
float newMessageColor = 255;

String incomingMessage = "";

void setup() {
```

```
  size(400, 200);
  // Create the Server on port 5204
  server = new Server(this, 5204);          草图在端口5204运行。
}

void draw() {
  background(newMessageColor);

  // newMessageColor fades to white over time
  newMessageColor = constrain(newMessageColor + 0.3, 0, 255);
  textAlign(CENTER);
  fill(255);
  text(incomingMessage, width/2, height/2);     窗口显示最近收到的消息。

  // If there is no client, client will be null
  Client client = server.available();
  // The sketch should only proceed if the client is not null
  if (client != null) {
    // Receive the message
    incomingMessage = client.readString();        使用readString()函数来阅读消息。
    incomingMessage = incomingMessage.trim();      trim()函数用于消除多余的换行符。

    // Print to Processing message window
    println("Client says: " + incomingMessage);
    // Write message back out (note this goes to ALL clients)
    server.write("How does " + incomingMessage + " make you feel?\n");
    // Reset newMessageColor to black
    newMessageColor = 0;                         使用write()函数发送回复。
  }
}

// The serverEvent function is called whenever a new client connects.
void serverEvent(Server server, Client client) {
  incomingMessage = "A new client has connected: " + client.ip();
  println(incomingMessage);
  // Reset newMessageColor to black
  newMessageColor = 0;
}
```

　　服务器开始运行之后，我就可以创建一个客户端连接服务器。最终，我可以创建出一个在 Processing 中编写的服务器和客户端。可是为了展示服务器确实是在运行，我们需要将其连接到任意一个网络客户端应用。远程登录（Telnet）是一个用于远程连接的标准协议，所有机器基本都默认自带的内置的远程登录功能。在 Mac 或者 Linux 系统当中，启动终端；在 Windows 系统中，打开一个命令提示。我还推荐使用 PuTTY（http://www.chiark.greenend.org.uk/~sgtatham/putty/），它是一个免费的远程登录客户端。

　　由于我使用正在运行服务器的机器来连接至服务器，也就是使用的同一台电脑，那么我要连接的地址是本地服务器，也就是本地的电脑，端口 5204。我也可以使用地址 127.0.0.1。这个特殊的地址是为电脑中的程序保留的，用来在本地（也就是在相同机器上）进行通信，也就相当于本地服务器的功能。如果我连接到不同的电脑，那么我必须知道运行服务电脑的网络 IP 地址。

图　19-2

远程登录客户端通常会在用户按 Enter 键之后向服务器发送信息，回车键和换行也包含在消息之中。因此，当服务器发送反馈后，你会注意到"How does Processing"和"make you feel"会显示在不同的行。

练习 19-1：使用第 15 章中学习的字符串操作知识，修改示例 19-1，使得客户端发送换行字符，服务器在回复客户端之前将它们删除。你需要修改 incomingMessage 变量。

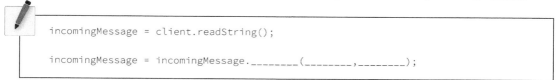

```
incomingMessage = client.readString();

incomingMessage = incomingMessage._____(_____,_____);
```

19.3 创建客户端

编写完一个服务器并且通过远程登录测试之后，我就可以在 Processing 中创建自己的客户端了。和创建服务器中的方法类似，先导入 processing.net 库，声明一个 Client（客户端）对象实例。

```
import processing.net.*;

Client client;
```

客户端构造函数需要三个参数：this，再次指的是 this 草图；你想要连接到的 IP 地址（一个 string 对象）；以及端口号（一个整数类型）。

```
client = new Client(this, "127.0.0.1", 5204);
```

如果服务器和客户端在不同的电脑上运行，那么你需要知道服务器电脑的 IP 地址。除此之外，如果在指定的 IP 地址和端口没有服务器运行，那么 Processing 草图将会输出错误信息："java.net.ConnectException: Connection refused"，这意味着要么是服务器拒绝了客户端，要么是根本没有服务器。

使用 write() 函数发送信息到服务器是比较容易的。

```
client.write("Hello!");
```

从服务器读取信息是由函数 read() 来处理的。可是 read() 函数每次只能从服务器读取一个比特的信息。作为一个 string 来读取整条信息的话，需要用 readString() 函数。在这种情况下，我会使用 readStringUntil() 函数，为的是能保证我一直能够读取整个字符串，直到换行符。

在考虑从服务器读取数据之前，我必须决定什么时候适合读取新数据。正如你前面学到的使用 captureEvent() 函数从摄像头中读取新图像，网络库会触发一个 clientEvent() 事件。每当有数据可用的时候，就会触发 clientEvent()。

```
void clientEvent(Client client) {
  String msg = client.readStringUntil('\n');
}
```
除非客户端一直读取至换行符，否则 msg 的值是无效的。

使用示例 18-1 中的代码（键盘输入），我可以创建一个和服务器连接并且交流的 Processing 客户端，发送由用户创建的信息。

示例 19-2：简单的客户端

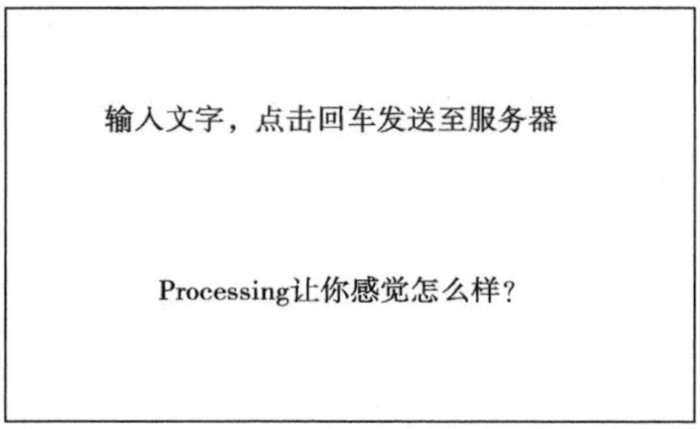

```
// Import the net libraries
import processing.net.*;

// Declare a client
Client client;

float newMessageColor =
0;        // Used to indicate a
new message
String messageFromServer =
"";   // A String to hold
whatever the server says
String typing =
"";              // A String
to hold what the user types

void setup() {
  size(400, 200);
  // Create the Client
  client = new Client(this, "127.0.0.1", 5204);
}
void draw() {
  background(255);

  // Display message from server
  fill(newMessageColor);
  textAlign(CENTER);
  text(messageFromServer, width/2, 140);
  // Fade message from server to white
  newMessageColor = constrain(newMessageColor + 1, 0, 255);

  // Display Instructions
  fill(0);
  text("Type text and press Enter to send to server.", width/2, 60);
  // Display text typed by user
  fill(0);
  text(typing, width/2, 80);
}

void clientEvent(Client client) {

  String msg = client.readStringUntil('\n');

  if (msg != null) {
    messageFromServer = msg;
    // Set brightness to 0
    newMessageColor = 0;
  }
}

// Simple user keyboard input
void keyPressed() {
  // If the return key is pressed, save the String and clear it
  if (key == '\n') {
    client.write(typing);
    typing = "";
  } else {
    typing = typing + key;
  }
}
```

输入文字，点击回车发送至服务器

Processing让你感觉怎么样?

图 19-3

在127.0.0.1（本地服务器），端口5204连接至服务器。

通过增加亮度，新消息褪为白色。

如果有可读取的信息，则该事件被触发。

当客户端一直读取直至换行符处，msg的值将会为空。当一条信息传入之后，它将存储于全局变量messageFromServer中，并可在代码的剩余部分中进行使用。

当用户按Enter键的时候，typing被发送至服务器。

练习 19-2：创建一个可以聊天的客户端和服务器。让客户端发送用户输入的消息，而服务器可以自动回复。举例来说，你可以使用字符串解析的技术翻转客户端发送的文字。客户端："How are you？"。服务器："You are how？"

练习 19-3：发送一个服务器消息，以 < 数字 >< 运算符 >< 数字 > 的形式（如 "3+5"），然后让服务器将这个计算式的结果发送回来。

19.4 广播

现在你已经了解了服务器和客户端工作的基础知识，可以学习关于网络通信的更多实用功能了。在前面治疗服务器 / 客户端的示例中，我将在网络之间发送的数据看作一个字符串。但是情况并不总是这样。在本节中，我将编写一个广播数字数据给客户端的服务器。

它有什么用处呢？如果你想持续不断地广播室外的温度、股票价格，又或者由摄像头捕捉的运动情况，那该怎么办？你可以使用一个运行 Processing 服务器的电脑处理和广播这些信息。世界上任何地方的客户端草图都可以连接这台机器接收信息。

为了示范这类程序的基本框架，我将编写一个广播介于 0~255 之间的数字的服务器（为了简化处理，一次只发送一个比特的信息）。然后客户端获取消息，以它们自己的方式解释消息。

下面是服务器，随机增加数字，然后将其进行广播。

示例 19-3：广播一个数字（0~255）的服务器

```
// Import the net libraries
import processing.net.*;

// Declare a server
Server server;

int data = 0;

void setup() {
  size(200, 200);
  // Create the Server on port 5204
  server = new Server(this, 5204);
}

void draw() {
  background(255);

  // Display data
  textFont(f);
  textAlign(CENTER);
  fill(0);
  text(data, width/2, height/2);

  // Arbitrarily changing the value of data randomly
  data = (data + int(random(-2, 4))) % 256;
```

178

图 19-4

```
    server.write(data);
}
```

> 数字被不断地发送至所有的客户端，
> 因为每通过一次draw()循环，write()
> 函数就被调用。

```
// The serverEvent function is called whenever a new client connects.
void serverEvent(Server server, Client client) {
  println("A new client has connected: " + client.ip());
}
```

接下来，我要编写一个客户端，用来接收服务器的数字，然后用它来填充一个变量。下面的示例是基于服务器和客户端在同一个电脑上运行（你可以打开所有的示例，并且在 Processing 中同时运行它们）的假设编写的，但是在真实的世界中，很难发生这样的情况。如果你选择在不同的电脑上运行服务器和客户端，那么电脑必须在本地相连（通过一个路由器或者交换机，以太网或者 WiFi）。IP 地址可以在你电脑的网络设置中找到。

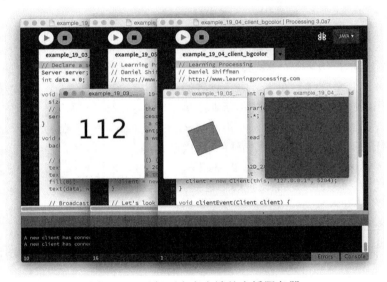

图 19-5　运行两个客户端的广播服务器

示例 19-4：客户端读取数值，将其作为背景颜色

```
// Import the net libraries
import processing.net.*;

// Declare a client
Client client;

// The data to be read from the server
int data;

void setup() {
  size(200, 200);
  // Create the Client
  client = new Client(this, "127.0.0.1", 5204);
}

void clientEvent(Client client) {
  data = client.read();
}
```

> 这里只需要read()，因为一次读取一个
> 比特可以正常的运行。

```
void draw() {
  background(data);
}
```

读取来的数据用于对背景进行染色。

练习 19-4：为图 19-5 中的第二个客户端编写代码，使用来自服务器的数字控制一个图形的旋转。

19.5 多用户通信，第 1 部分：服务器

前面的广播示例阐述了一个单向的（one-way）通信：一个服务器广播一条信息，许多客户端接收这个消息。但是，广播模型并不允许一个客户端反向给服务器回复一个反馈信息。在本节，我会讨论在一个服务器的推进下，如何创建一个包含在多个客户端之间通信的草图。

让我们看下一个聊天应用是如何工作的。5 个客户端（你和四个朋友）连接到一个服务器。一个客户端输入一条消息："嗨，大家好！"该消息被发送至服务器，然后传送给所有 5 个客户端。大多数的多用户应用函数就采用类似的原理（尽管对于应用来说，没有服务器的情况下也能实现相互通信，也就是所谓的点对点（peer-to-peer））。比如说一个多用户的在线游戏，客户端会发送和他们行踪和行为相关的数据到一个服务器，这个服务器又会将这些数据广播至所有在玩游戏的客户端。

一个多用户应用可以在 Processing 中使用网络库进行开发。为了展示，我将创建一个联网的、共享的电子白板程序。当客户端拖动鼠标，在屏幕上移动的时候，草图会发送（x，y）坐标到服务器，服务器将这些数据再发送到任何连接的客户端，联网的每一个人都会看到其他人的绘制行为。

除了示范在多个客户端之间如何通信，这个示例还会探索如何发送多个数值。一个客户端如何发送两个数值（x 和 y 坐标），并且让服务器知道哪个数值是哪个坐标的？

第一步解决方案是开发一个客户端之间的通信协议。应该发送什么格式的信息？信息如何接收并解释？幸运的是，在第 20 章中，你会学到如何创建、管理以及解析 String 对象，而第 18 章会为你提供所有你需要的工具。

假定客户端想要发送鼠标位置：mouseX=100 和 mouseY=125。我需要将这个数据以方便被破译的形式格式化为一个字符串。一种可能的解决方法如下：

"逗号前面的第一个数字是 x 坐标，逗号后面的第二个数字是 125。在出现换行符（\n）的位置，数据结束。"

写成代码，如下所示：

```
String dataToSend = "100,125\n";
```

或者，用更普遍的形式：

```
String dataToSend = mouseX + "," + mouseY + "\n";
```

在这里，我为发送和接收数据开发了一个协议。在发送期间（数字后面跟着逗号，然后跟着数字，最后是换行符），整数值 mouseX 和 mouseY 被编译为一个字符串。它们被接收

之后要解码，后面我会讲解。虽然大多数示例通常使用一个换行符或者回车键来标记一条消息的结束（正如你在本章的第一节中看到的），但是这并不是必须的，你可以设计并执行任何消息协议，只要保证这个协议和客户端以及服务器的代码相匹配。

什么是真正的发送？

数据在网络之间被发送是作为独立字节的顺序列表来完成的。回想第 4 章中关于数据类型的讨论，一个字节是一个 8 个比特的数字，也就是说，它是由 8 个 0 和 1，或者介于 0 到 255 之间的一个数值构成的。

假定我现在要发送数字 42，那么有两个选择：

```
client.write(42);    // sending the byte 42
```

在上面的一行代码中，我发送了实际的字节 42。

```
client.write("42"); // sending the String "42"
```

在上面的一行代码中，我发送了一个字符串。字符串由两个字符构成：一个 "4" 和一个 "2"。我发送了两个字节！这些字节由 ASCII 码值（美国标准信息交组（American Standard Code for Information Interchange））来决定，它是一种用于编码字符的标准化的方法。字符 "A" 是字节 65，而字符 "B" 的字节 66，以此类推。字符 "4" 是字节 52，而 "2" 是字节 50。

当草图读取数据的时候，由我来决定是以字面数字值的方式还是以 ASCII 码值的方式来解码这些字节。这通过选择合适的 read() 函数来完成。

```
int val = client.read();         // Matches up with client.write(42);

String s = client.readString(); // Matches up with client.write("42");
int num = int(s);                // Convert to an integer
```

我现在已经准备好创建一个服务器接收来自客户端的消息了。将信息格式化为我的协议是客户端的任务。服务器的任务依旧非常简单：（1）接收数据；（2）中继数据。这和 19.2 节中我使用的方法非常类似。

第 1 步：接收数据。

```
Client client = server.available();
if (client ! = null) {
  incomingMessage = client.readStringUntil('\n');
}
```

现在再次注意，换行符（'\n'）用来标记输入数据结束。我只是简单遵循发送期间建立的协议。之所以这样做，是因为我同时为服务器和客户端构建了那个协议。

一旦数据被读取，我就可以增加：

第 2 步：中继数据并发送至客户端。

```
Client client = server.available();
if (client != null) {
  incomingMessage = client.readStringUntil('\n');

  server.write(incomingMessage);          将这条信息发送至所有的客户端。
}
```

这里是完整版本的服务器代码，并进行了一定的修饰。当服务器连接新的客户端，同时接收到数据的时候，一条消息就会显示在屏幕上。

示例 19-5：多用户服务器

```
// Import the net libraries
import processing.net.*;

// Declare a server
Server server;

String incomingMessage = "";

void setup() {
  size(400, 200);
  // Create the Server on port 5204
  server = new Server(this, 5204);
}

void draw() {
  background(255);

  // Display rectangle with new message color
  fill(0);
  textFont(f);
  textAlign(CENTER);
  text(incomingMessage, width/2, height/2);

  // If there is no client, client will be null
  Client client = server.available();
  // The sketch should only proceed if the client is not null
  if (client != null) {
    // Receive the message
    incomingMessage = client.readStringUntil('\n');
    // Print to Processing message window
    println("Client says: " + incomingMessage);
    // Write message back out (note this goes to ALL clients)
    server.write(incomingMessage);
  }
}

// The serverEvent function is called whenever a new client connects.
void serverEvent(Server server, Client client) {
  incomingMessage = "A new client has connected: " + client.ip();
  println(incomingMessage);
}
```

> 使用write()函数，可以将一个客户端的所有消息立刻发送至所有的客户端。

19.6 多用户通信，第 2 部分：客户端

客户端的任务有三重：

1. 将 mouseX 和 mouseY 的坐标发送至服务器。

2. 从服务器获取消息。

3. 基于服务器消息在窗口中显示椭圆。

第 1 步，我需要遵守发送协议：

mouseX comma mouseY newline

```
    String out = mouseX + "," + mouseY + "\n";
    client.write(out);
```

问题仍然存在：何时才是发送信息的合适时机？我可以选择将那两行代码插入到主循环 draw() 中，每一帧都发送鼠标的坐标。然而在电子白板客户端示例中，当用户在窗口中拖动鼠标时，我只需要发送坐标。

mouseDragged() 函数是一个类似于 mousePressed() 函数的事件处理（event handling）函数。它并不是在用户点击鼠标的时候被调用，而是在发生一个拖动事件（drag event），也就是点击鼠标开始移动的时候被调用。注意，在用户拖动鼠标的时候，函数是持续被调用的。此时，我才发送信息。

```
void mouseDragged() {
  String out = mouseX + "," + mouseY + "\n";
  // Send the String to the server
  client.write(out);
  // Print a message indicating data was sent
  println("Sending: " + out);
}
```

> 将字符串和协议放到一起：
> mouseX逗号mouseY换行符。

第 2 步，从服务器获取消息，这个工作流程类似于之前治疗客户端和广播客户端的示例。

```
// If there is information available to read from the Server
void clientEvent(Client client) {
  // Read message as a String, all messages end with a newline character
  String in = client.readStringUntil('\n');
  if (in != null) {
    // Print message received
    println( "Receiving:" + in);
  }
}
```

将数据放入一个 String 对象内部之后，它可以使用第 18 章的解析技术来解释。

首先，字符串被分解为一个字符串数组，使用逗号作为定界符。

```
String[] splitUp = split(in, ",");
```

字符串数组随后转换为一个整数数组（长度为 2）。

```
int[] vals = int(splitUp);
```

那些整数用于显示一个椭圆。

```
fill(255, 100);
noStroke();
ellipse(vals[0], vals[1], 16, 16);
```

下面是完整的客户端草图：

示例 19-6：多用户电子白板客户端

```
// Import the net libraries
import processing.net.*;

// Declare a client
Client client;

void setup() {
  size(200, 200);
```

```
  // Create the Client
  client = new Client(this, "127.0.0.1", 5204);
  background(255);
}

// If there is information available to read from the Server
void clientEvent(Client client) {
  // Read message as a String, all messages end with a newline character
  String in = client.readStringUntil('\n');
  if (in != null) {
    // Print message received
    println( "Receiving:" + in);
    int[] vals = int(split(in, ","));

    // Render an ellipse based on those values
    fill(0, 100);
    noStroke();
    ellipse(vals[0], vals[1], 16, 16);
  }
}

void draw() {
}

// Send data whenever the user drags the mouse
void mouseDragged() {
  // Put the String together with the protocol: mouseX comma mouseY asterisk
  String out = mouseX + "," + mouseY + "*" ;
  // Send the String to the server
  client.write(out);
  // Print a message indicating data was sent
  println("Sending: " + out);
}
```

> 客户端从服务器读取消息，依照协议使用split()函数解析消息。

> 每次拖动鼠标就发送了一条消息。注意，客户端会接收自己的消息！这里没有绘制任何东西！

19.7　多用户通信，第 3 部分：组合

运行一个多用户程序的时候，载入元素之间的顺序非常重要。除非服务器已经在运行，否则客户端草图无法成功运行。

你首先应该（a）确定服务器的 IP 地址，然后（b）选择一个端口，并将其增加至服务器的代码，最后（c）运行服务器。

紧接着，你要使用正确的 IP 地址和端口启动客户端。

如果你在进行一个多用户的项目，很可能希望在不同的电脑上运行服务器和客户端。毕竟，这才是创建多用户应用的首要意义所在。可是，为了方便测试和开发，从一台电脑上运行所有元素是比较方便的。在这种情况下，服务器 IP 地址是"本地服务器"，或者 127.0.0.1（注意本章示例中使用的 IP 地址）。

正如在第 21 章讲的，Processing "导出至应用"的功能允许为服务器导出一个独立运行的程序，这样你可以在 Processing 中开发客户

图 19-6　示例 19-5 和示例 19-6 同时运行

端的时候，在后台运行那个程序。你也可以运行一个独立程序的多个副本来模拟多个客户端环境。图 19-6 展示了两个客户端实例的服务器运行实例。

练习 19-5：拓展电子白板示例，让其变为彩色的。除了（x，y）坐标之外，每个客户端发送一个红、绿和蓝的数值。在这个练习中，你不必对服务器做任何修改。

练习 19-6：创建一个有两个玩家的在线乒乓球游戏。这是一个比较复杂的任务，因此你可以慢慢完成。举个例子，你首先确保在没有网络连接的情况下游戏能运行。（如果遇到困难，本书配套网站提供了一个示例。）你需要修改服务器，尤其要注意的是，玩家连接之后，服务器需要分配给玩家一个球拍（左或右）。

19.8 串行通信

学习网络通信的来龙去脉的同时，会给我们一个不错的鼓励：使得学习 Processing 中的串行通信（serial communication）易如反掌。串行通信需要从电脑的串行端口（serial port）中读取字节。这些字节可能来自你购买的（如串口游戏手柄）一块硬件产品，或者你通过创建一个电路和编写一个微型控制器自行设计的产品。

本书并没有包含串行通信的外部硬件部分的内容。可是，如果你对物理计算非常感兴趣，我建议你阅读 Tom Igoe 编写的 *Making Things Talk*: *Practical Methods for Connecting Physical Objects*（Make Books）。Arduino 网站（http:// www.arduino.cc/）也是一个优秀的资源库。Arduino 是一个开源的物理计算平台，其编程语言和 Processing 有许多类似之处。我会为你提供一些附带的 Arduino 代码让你参考，但是本书只会讲解 Processing 导入数据之后的操作。

串行通信指的是按照顺序发送数据的过程，一次 1 个字节。Processing 串口库是为本地设备连接到电脑而设计的，多数情况是通过一个 USB（通用串行总线，Universal Serial Bus）接口。术语"串行"（serial）指的是串行端口，用来连接调制解调器（modem）进行，它在新电脑上非常少见了。

从串行端口读取数据的过程实际上和前面网络客户端 / 服务器的例子是一样的，只是有一点不同。首先，串行端口和之前导入网络库不同，需要导入串行库，并且创建一个 Serial（串行）对象。

```
import processing.serial.*;

Serial port = new Serial(this, "COM1", 9600);
```

串行构造函数具有三个参数。第一个参数永远是 this，指的是 this 草图（见第 16 章）。第二个参数是一个字符串，表示正在使用的通信端口。计算机为端口标记一个名称。在一台电脑中，这些名称通常被命名为"COM1""COM2""COM3"等。类似 Unix 系统的电脑

（如 Mac OS X），它们的名称通常被标记为"/dev/tty.something"，其中的"something"代表一个终端设备。完全分清它们的一个好办法是使用串行库的 list() 函数输出可用的串口清单，该函数会返回一个字符串数组。

```
String[] portList = Serial.list();
printArray(portList);
```

这里有两个示例。

```
[0] "/dev/cu.Bluetooth-Incoming-Port"      Mac OS X中关于Serial.list()的样例输出。
[1] "/dev/cu.Bluetooth-Modem"
[2] "/dev/cu.usbmodem1421"

[0] "COM115"      Windows中关于Serial.list()的样例输出。
```

第一个数组是 Mac OS X 的例子，其中第三个字符串（索引值为 2！）是合适的端口。第二个数组是 Windows 系统中的示例，有且仅有一个（索引值为 0！）正确的端口。在第二种情形中：

```
String[] portList = Serial.list();
Serial port = new Serial(this, portList[0], 9600);
```

如果你依然不理解，可以参考在线 Arduino 指导教程（http://www.arduino.cc/en/Guide/HomePage）。

第三个参数是串行数据传输的速率，通常是 9600 波特。波特指的是信息发送的速度，在这里测量单位是 bps，即"比特每秒"。

字节是通过使用 write() 函数经串行端口发送的。支持以下的数据类型：byte、char、int、byte[] 和 String。请记住，发送一个字符串，实际发送的数据是对应每个字符的原始的 ASCII 字节值。

```
port.write(65); // Sending the byte 65
```

数据能被客户端和服务器中相同的函数读取：read()、readString() 和 read-StringUntil()。另外，回调函数 serialEvent() 会在一个串行事件发生的时候被触发，也就是有可用数据可以被读取的时候。

```
void serialEvent(Serial port) {
  int input = port.read();
  println("Raw Input: " + input);
}
```

如果没有可用的数据可以读取，read() 函数总是返回 –1。但是，如果你在 serialEvent() 中编写代码的话，那么总是会有可用的数据。

下面这个示例中将从串行端口读取数据，并且使用该数据作为草图的背景色。

示例 19-7：从串行端口读取数据

```
import processing.serial.*;

int val = 0; // To store data from serial port, used to color background
Serial port; // The serial port object

void setup() {
```

```
  size(200, 200);
  // In case you want to see the list of available ports
  // printArray(Serial.list());

  port = new Serial(this, Serial.list()[0], 9600);
}

void draw() {
  background(val);
}

// Called whenever there is something available to read
void serialEvent(Serial port) {
  // Read the data
  val = port.read();

  // For debugging
  // println("Raw Input: " + input);
}
```

> 初始化列表中第一个端口的 Serial（串行）对象（在你的电脑上可能会有不同）。

> 这个串行数据用于填充背景色。

> 来自于串行端口的数据在 SerialRvent() 内部使用 read() 函数进行读取，然后分配给全局变量 val。

如果你使用 Arduino，可参考下面对应的代码：

```
int val;

void setup() {
  Serial.begin(9600);
}

void loop() {
  val = analogRead(0);
  // Arduino's write() function sends out the raw number itself
  // We'll see examples that send as an ASCII string using print() in a moment
  Serial.write(val);
}
```

> 这不是 Processing 代码！它是 Arduino 代码。更多信息请访问：http://www.arduino.cc/。

19.9 使用信号交换的串行通信

为串行端口代码增加信号交换（handshaking）代码通常比较明智。举个例子，如果一个硬件设备发送字节的速度比 Processing 草图可以读取的速度更快，这样会引起信息阻塞，最终导致草图延迟。传感器数据可能会迟到，这样会给用户带来困惑和误导。只有请求时才发送信息的过程，叫做信号交换，它可以减轻延迟效应。

示例 19-8：信号交换

```
void setup() {
  size(200, 200);

  // In case you want to see the list of available ports
  // printArray(Serial.list());

  // Using the first available port (might be different on your computer)
  port = new Serial(this, Serial.list()[0], 9600);
}
```

草图完成了 serialEvent() 内部的一个字节的进程之后，它会再次请求一个新的数值。

```
// Called whenever there is something available to read
void serialEvent(Serial port) {
  // Read the data
  val = port.read();
  // For debugging
  // println("Raw Input: " + input);

  // Request a new value
  port.write(65);
}
```

> 草图接收到一个字节之后，会回复字节65，表明它已经准备好接收下一个字节了。

只要设计硬件设备时考虑到：只有被请求时，才会发送传感器数据，那么任何的延迟都可以避免。下面是修改后的 Arduino 代码。这个示例并没有在意请求字节的内容是什么。在更高级的版本中，对不同的请求会有不同的回应。

```
int val;

void setup() {
  Serial.begin(9600);

  // Arduino speaks first sending the byte 0
  // to Processing which will then ask for data.
  Serial.write(0);
}

void loop() {
  // Only send out if something has come in
  if (Serial.available() > 0) {
    // Reading from Processing
    int input = Serial.read();
    // Sending out the sensor data
    val = analogRead(A0);
    Serial.write(val);
  }
}
```

> 这不是Processing代码！它是Arduino代码。更多的信息请访问：http://www.arduino.cc/。

19.10 使用字符串的串行通信

在你需要从串行端口（或者大于 255 的数字）获取多个数据的情况下，函数 readString-Until() 是非常好用的。举例来说，假如你想从三个传感器读取数据，将数据分别用作你草图背景颜色的红、绿、蓝三种颜色构成的数值。这里，我使用和多用户电子白板示例中相同的协议，让硬件设备（也就是传感器的所在）按照下面的方式发送数据：

Sensor Value 1 COMMA Sensor Value 2 COMMA Sensor Value 3 newline

例如：

104,5,76\n

示例 19-9：使用字符串的串行通信

```
import processing.serial.*;

int r, g, b;   // Used to color background
Serial port; // The serial port object

void setup() {
  size(200, 200);
```

```
// In case you want to see the list of available ports
// printArray(Serial.list());
// Using the first available port (might be different on your computer)
port = new Serial(this, Serial.list()[0], 9600);

port.bufferUntil('\n');
}
```

> 增加这个方法是因为我们现在要从Arduino中以字符串的形式读取数据。这里的换行符（\n）表明消息已经完成，可以使用下面的readString()函数来读取。

```
void draw() {
  // Set the background
  background(r, g, b);
}

// Called whenever there is something available to read
void serialEvent(Serial port) {
  // Read the data
  String input = port.readString();
  if (input != null) {
    // Print message received
    println("Receiving: " + input);
    // Split up the String into an
    // array of integers
    int[] vals = int(split(input, ","));

    // Fill r,g,b variables
    r = vals[0];
    g = vals[1];
    b = vals[2];
  }
  // When finished ask for values again
  port.write(65);
}
```

> 来自串行端口的数据在serial-Event()中使用readString()进行读取正如上面的bufferUntil()函数，要使用'\n'作为结束字符。

> 数据被分解为一个字符串数组，其中逗号作为定界符，转换为一个整数数组。

> 使用输入的数据，这里填充了三个全局变量。

对应的 Arduino 代码为：

```
int sensor1 = 0;
int sensor2 = 0;
int sensor3 = 0;

void setup() {
  Serial.begin(9600);
  Serial.write(0);    // Starting the communication
}

void loop() {
  // Only send if requested
  if (Serial.available() > 0) {
    Serial.read();
    sensor1 = analogRead(A0);
    // This delay the analog-to-digital converter stabilize before the next read.
    delay(1);
    sensor2 = analogRead(A1);
    delay(1);
    sensor3 = analogRead(A2);
    delay(1);

    // Send the integer out as a string using print instead of write
    Serial.print(sensor1);
    // Send a comma -- ASCII code 44
    Serial.print(',');
```

> 这不是Processing代码！它是Arduino代码。更多的信息请访问：http://www.arduino.cc/。

```
    Serial.print(sensor2);
    Serial.print(',');
    // The last value is sent with println which adds a newline
    // character indicating the end of the string to be read.
    Serial.println(sensor3);
  }
}
```

练习 19-7：如果你有一个 Arduino 板子，创建你自己的界面控制之前设计的一个 Processing 草图。（在你尝试做这个之前，应该确定你已经可以成功运行本章提供的所有示例了。）

第八节课的项目

通过载入外部数据信息（本地文件、网页、XML 提要、服务器，或者串行连接等）到 Processing 中来创建数据可视化的草图。

1. 使用增量开发的思想创建项目。比如说，首先不使用真实的数据（使用随机的数组或者硬编码的数值）创建可视化草图。如果你要从网页载入数据，在构建项目的时候，考虑使用本地文件。不要担心使用伪数据，确保你完成了项目的方方面面之后，再连接到真实数据。

2. 对不同的抽象层次进行试验。尝试通过编写文字在屏幕上显示字面信息。创建一个抽象系统，其中输入数据可以影响对象的行为（你可以使用第六节课项目中创建的"生态系统"）。

使用下面的空白为你的项目设计草图，做笔记和书写伪码。

Learning Processing：A Beginner's Guide to Programming Images, Animation, and Interaction, Second Edition

制 造 噪 音

第 20 章

声　　音

检查，检查，检查 1。唑唑，唑唑。检查，检查，检查 2。唑唑，唑唑。

——Barry the Roadie

本章主要内容：

- 简单的声音播放
- 调整音量、音调和平移
- 声音合成
- 声音分析

正如在本书前言里讨论的，Processing 是一个基于 Java 的编程语言和开发环境，为编程学习提供了视觉环境（visual context）的方式。所以，如果你想开发有关声音的大型的交互程序，那么就不可避免的提出一个问题，那就是："对我来说，Processing 是否为一个合适的开发环境？"本章将会讨论在 Processing 里探索声音的可能性。

将声音融入一个 Processing 草图，有多种实现方式。许多的 Processing 使用者选择让 Processing 和其他编程环境例如 PureData（http://puredata.info）、Max/MSP（http://www.cycling74.com/）、SuperCollider（http://supercollider.github.io/）和 Ableton Live 等进行相互通信的方法来实现。这是更明智的选择，因为以上这些应用拥有全面的应对复杂声音处理的能力。Processing 有许多的方法实现和这些应用的互通有无。常见的方法就是使用 OSC（"打开声音控制"），这是一个用于应用之间进行网络通讯的协议。在 Processing 中，使用网络库（看前面的章节），或者使用 Andreas Schlegel 的 oscP5 库（http://www.sojamo.de/libra-ries/oscP5）就能完成。

本章的主要内容是 Processing 中的三个基本声音技术：播放（playback）、合成（synthesis），以及分析（analysis）。所有的示例，我将使用新的（目前是 Processing 3.0）、由 Wilm Thoben 开发的核心声音库。不过，你可能也想看下和声音相关的其他的第三方 Processing 库清单。

20.1　基础的声音播放

你想做的第一件事便是在 Processing 草图中播放一个声音文件。正如在 Processing 中播放视频一样，要想进行任何和声音有关的操作，你需要在所有代码的上面导入声明。

```
import processing.sound.*;
```

现在你已经导入了库，整个（关于声音的）世界都在你手中。这里示范一下如何从一个文件中播放声音。在播放声音之前，它必须被载入到内存当中，这就好像在显示图片之前也需要被载入一样。在这里，一个 SoundFile 对象用来存储来自文件声音的引用。

```
SoundFile song;
```

通过将声音的文件名传递给构造函数，对象被初始化，同时引用到 this。

```
song = new SoundFile(this, "song.mp3");
```

文件 "song.mp3" 必须置于数据文件夹下。

　　从硬件驱动中载入声音文件是一个缓慢的过程，这和载入图片一样，所以前面的一行代码应该放到 setup() 中，这样不会阻碍 draw() 的速度。

　　和 Processing 兼容的声音文件类型限于几种。可用的格式包括 wav、aiff 和 mp3。如果你希望使用一个没有以兼容格式存储的声音文件，可以下载一个免费声音编辑器，例如 Audacity（http://audacity.sourceforge.net/），然后转换文件。载入声音以后，再播放就很容易了。

```
song.play();
```

play() 函数只播放声音一次。

　　如果你希望声音可以循环播放，调用 loop() 函数替代 play() 函数。

```
song.loop();
```

loop() 函数可以重复播放声音样本。

　　要停止播放声音，可以使用 stop() 函数和 pause() 函数。这里是一个播放声音文件（在这个例子中是一个大约两分钟长的曲子）的示例。当用户点击鼠标，Processing 草图就会开始和暂停（或者继续）声音播放。

示例 20-1：音轨

```
import processing.sound.*;

SoundFile song;

void setup() {
  size(640, 360);
  song = new SoundFile(this, "song.mp3");
  song.play();
}

void draw() {
}

void mousePressed() {
  if (song.isPlaying()) {
    song.pause();
  } else {
    song.play();
  }
}
```

注意，这里额外调用了 isPlaying() 函数，用来检测声音文件是否在播放。鼠标切换声音的状态。如果它正在播放，则停止；反之停止时，它重新开始播放。

　　播放声音文件同样对短音效果有效。下面是一个每当用户点击圆圈就播放门铃声音的例子。Doorbell(门铃) 类实现简单按钮功能（翻转和点击），刚好是练习 9-8 的一个解决方案。新的概念（和声音播放相关）的代码用加粗字体显示。

示例 20-2：门铃

```
// Import the sound library
import processing.sound.*;

// A sound file object
SoundFile dingdong;
// A doorbell object (that will trigger the sound)
```

```
Doorbell doorbell;

void setup() {
  size(200, 200);
  // Load the sound file
  dingdong = new SoundFile(this, "dingdong.mp3");
  // Create a new doorbell
  doorbell = new Doorbell(width/2, height/2, 64);
}

void draw() {
  background(255);
  // Show the doorbell
  doorbell.display(mouseX, mouseY);
}

void mousePressed() {
  // If the user clicks on the doorbell, play the sound!
  if (doorbell.contains(mouseX, mouseY)) {
    dingdong.play();
  }
}

// A class to describe a "doorbell" (really a button)
class Doorbell {
  // Location and size
  float x;
  float y;
  float r;

  // Create the doorbell
  Doorbell(float x_, float y_, float r_) {
    x = x_;
    y = y_;
    r = r_;
  }

  // Is a point inside the doorbell? (used for mouse rollover, etc.)
  boolean contains(float mx, float my) {
    if (dist(mx, my, x, y) < r) {
      return true;
    } else {
      return false;
    }
  }

  // Show the doorbell (hardcoded colors, could be improved)
  void display(float mx, float my) {
    if (contains(mx, my)) {
      fill(100);
    } else {
      fill(175);
    }
    stroke(0);
    strokeWeight(4);
    ellipse(x, y, r, r);
  }
}
```

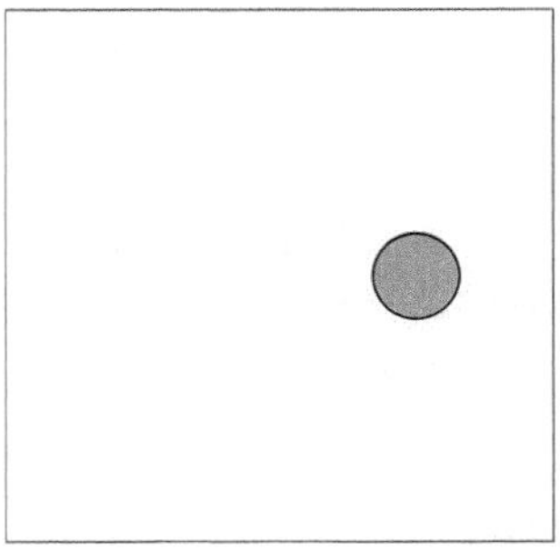

图   20-1

练习20-1：重新编写Doorbell类，让其包含关于声音文件自身的引用。这允许你非常容易地制作多个Doorbell对象，每个对象播放不同的声音。下面的代码帮助你开始。

```
// A class to describe a "doorbell" (really a button)
class Doorbell {
  // Location and size
  float x;
  float y;
  float r;
  // A sound file object
  _____ _____;

  // Create the doorbell
  Doorbell (float x_, float y_, float r_, _____ filename) {
    x = x_;
    y = y_;
    r = r_;

    _____ = new _____(_____, _____);
  }

  void ring() {

    _____;
  }

  boolean contains(float mx, float my) {
    // same as original
  }

  void display(float mx, float my) {
    // same as original
  }
}
```

如果你运行门铃示例，然后接连不断地点击门铃多次，会注意到，每次你点击的时候声音都会重启。可它并不能给你一个完成播放的机会。虽然在这个比较简单的示例中，它并不算是一个问题，但是让重启的声音停止在其他复杂的声音草图中是非常重要的。 实现这种结果最简单的方式就是在调用 play() 函数之前，永远记得去查看声音是否在播放。函数 isPlaying() 就是专门用于此的，它返回一个真或假的值。在前面的示例中，我曾使用这个函数来判断声音应该被暂停或是播放。这里，如果声音并没有播放的话，我想要播放该声音，也就是：

```
if (!dingdong.isPlaying()) {        记住，"！"意味着非！
  dingdong.play();
}
```

练习 20-2：创建一个按钮，用于切换一个声音的暂停 / 播放状态。你能否制作多个按钮，分别播放各自的声音？

20.2   关于声音播放的更多内容

声音播放的过程中，可以实时地控制一个声音样本：音量（volume）、音调（pitch）和平移（pan）都可以控制。

让我们先从音量开始。在声音世界中，音量的专业术语是振幅（amplitude）。一个 SoundFile 对象的音量可以通过函数 amp() 进行设置，它采用一个介于 0.0 和 1.0（0.0 是无声，1.0 是最大声）之间的浮点值。下面的声音片段文件名为 "song.mp3"，它的音量值根据 mouseX 的位置变化（通过映射到一个 0 到 1 的区间）。

```
float volume = map(mouseX, 0, width, 0, 1);     音量的变化范围是从0到1。
song.amp(volume);
```

平移指的是由两个声道组成的声音的音量（通常是"左"和"右"）。如果声音一直平移到左侧，那么左侧将会达到最大值音量，而右侧的音量为 0。在代码中调整平移和前面调整振幅是一样的，只是变化范围介于 –1.0（左侧最大值）和 1.0（右侧最大值）之间。

```
float panning = map(mouseX, 0, width, -1, 1);     平移的变化范围是–1到1。
song.pan(panning);
```

音调通过使用函数 rate() 来改变播放的速率进行调整（也就是说，播放越快，音调越高；播放越慢，音调越低）。速率值为 1.0 时，是正常的速度；2.0 时是两倍速，以此类推。下面代码的变化范围是从 0（此时你根本听不到）到 4（一个相当快的播放速率）。

```
float speed = map(mouseX, 0, width, 0, 4);     速率（也就是音调）的合理变化范围
song.rate(speed);                              是从0到4。
```

下面的示例是根据鼠标的运动来改变声音的音量和音调。注意，这里使用 loop() 函数，而不是 play() 函数，这样声音就会一直不断地循环播放，而不是仅仅播放一次。

示例 20-3：控制声音

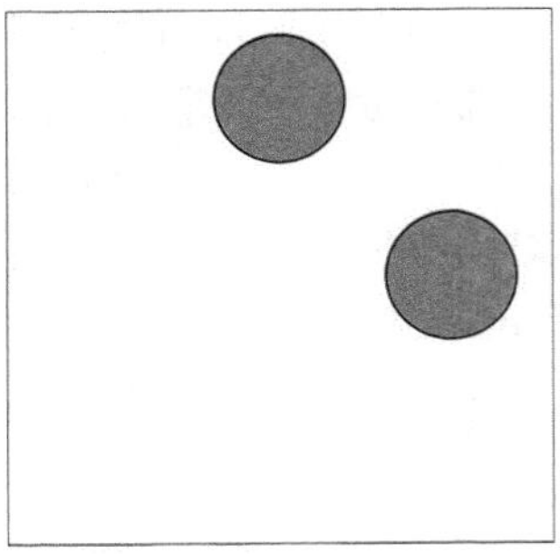

```
import processing.sound.*;

// A sound file object
SoundFile song;

void setup() {
  size(200, 200);

  // Load a sound file
  song = new SoundFile(this, "song.mp3");

  // Loop the sound forever
  // (well, at least until stop() or pause() are called)
  song.loop();
}

void draw() {
  background(255);

  float volume = map(mouseX, 0, width, 0, 1);     通过mouseX的位置来设定
  song.amp(volume);                               音量。

  // Set the rate to a range between 0 and 2
  // Changing the rate alters the pitch
```

图   20-2

```
float speed = map(mouseY, 0, height, 0, 2)
song.rate(speed);

// Draw some circles to show what is going on
stroke(0);
fill(51, 100);
ellipse(mouseX, 100, 48, 48);
stroke(0);
fill(51, 100);
ellipse(100, mouseY, 48, 48);
}
```

> 通过mouseY的位置来设定速率。

下面的例子使用了相同的声音文件，但是让声音发生了左移和右移。

示例 20-4：控制声音

```
import processing.sound.*;

SoundFile soundFile;

void setup() {
  size(200, 200);
  soundFile = new SoundFile(this, "song.mp3");
  soundFile.loop();
}

void draw() {
  background(255);
  float panning = map(mouseX, 0, width, -1, 1);
  soundFile.pan(panning);

  // Draw a circle
  stroke(0);
  fill(51, 100);
  ellipse(mouseX, 100, 48, 48);
}
```

> 将mouseX映射到一个平移数值（介于-1到1之间）。

练习 20-3：在示例 20-3 中，翻转 Y 轴，从而当鼠标向下的时候降低声音速度。

练习 20-4：使用示例 5-6 中的弹跳球草图，每当球弹跳到窗口的边缘的时候，播放一个声音效果。根据 x 坐标让其左移和右移。

你也可以使用 Processing 通过一种特效器控制声音的播放，比如混响、延时反馈和高、低带通滤波器（band pass filter）。这些效果需要使用独立的对象来处理声音。（在 20.4 节我对声音分析的讲解中，你会看到相同方法的更细节的内容。）

一个混响滤波器（当声音在一个房间里来回反弹的时候，导致的类似快速回声的效果）可以通过 Reverb（混响）对象来使用。

```
Reverb reverb = new Reverb(this);
reverb.process(soundFile);
```

> 这个函数将声音文件嵌入到混响效果中。

混响的数量可以通过 room() 函数进行控制。想象一个可以导致更多或者更少的混响（变化范围是 0 到 1）。下面是一个应用混响的示例。

示例 20-5：混响效果

```
SoundFile song;
Reverb reverb;

void setup() {
  size(200, 200);
  song = new SoundFile(this, "dragon.wav");
  song.loop();

  reverb = new Reverb(this);
  reverb.process(song);          混响对象接收一个声音进行处理。
}

void draw() {
  background(255);

  float room = map(mouseX, 0, width, 0, 1);
  reverb.room(room);

  stroke(0);
  fill(51, 100);                 混响的数量是通过 room() 函数进行控制的，其变化范围是
  ellipse(mouseX, 100, 48, 48);  0 到 1。你也可以使用 damp() 和 wet() 函数控制混响的质量。
}
```

20.3　声音合成

除了从一个文件载入声音之外，Processing 的声音库也可以实现以编程的方式创建声音。关于这个话题的深入讨论超越了本书的研究范围，但这里我会介绍几个基本的概念。让我们从声音的物理特征开始讨论。声音以波的形式通过介质（最常见的是空气，但是液体和固体也可以）传播。例如，一个物体振动产生了声波，并通过空气进行传播，尔后以相当快的速度抵达你的耳中。你之前在 13.10 节中已经学过关于波的概念了，当时我在 Processing 中讲解了 sin() 函数。事实上，声波可以通过两个和正弦波相关的关键特征进行描述：频率和振幅。

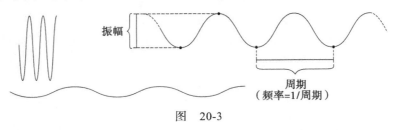

图　20-3

看一下上面的波形图，它们的频率和振幅都是可变的。越高的波形，振幅（波峰和波谷之间的距离）越大，反之越低，则振幅越小。振幅就是音量的专业术语，因此振幅越大意味着声音越高。

声波的频率则和它重复的频繁强度（而术语周期刚好相反，指的是完成一个完整波形所耗费的时间）相关。一个高频波（或者高音调的声音）意味着其重复非常频繁，而低频波的波形则被拉伸了，波形图看上去更宽。频率的单位通常使用赫兹（Hz）。1Hz 是指每秒振动一次。人类能够听到的音频范围是 20～20 000Hz。但是通过 Processing 合成声音的频率高度依赖于扬声器的复杂程度。在上述图表中，上面的波形频率较高，下面的波形频率较低。

在 Processing 中，你可以使用 oscillator（振荡）对象指定一个声音的振幅和频率。振荡是波形的另外一个术语。一个生成正弦波形的振荡器是 SinOsc 对象。

```
SinOsc osc = new SinOsc(this);
```

如果你希望通过扬声器听到生成的声音，可以调用 play() 函数。

```
osc.play();
```

程序运行之后，你可以控制波形的频率和振幅。频率是通过函数 freq() 进行调整的，单位是 Hz。调整频率非常类似于 rate()。要想调整振荡的音量，你可以调用函数 amp()。

```
osc.freq(440);
```
这个波形的频率设置为440Hz，跟音符A4一致。

```
osc.amp(0.5);
```
将音量设置为全音量的50%。

下面是一个通过鼠标控制声音频率的快速上手的示例。

示例 20-6：声音合成

```
import processing.sound.*;

SinOsc osc;

void setup() {
  size(200, 200);
  osc = new SinOsc(this);
  osc.play();
}

void draw() {
  background(255);

  float freq = map(mouseX, 0, width, 150, 880);
  osc.freq(freq);
  ellipse(mouseX, 100, 32, 32);
}
```
在笔记本电脑的扬声器上，可以顺利工作的频率范围是150~880Hz。

生成的声音同样可以使用 pan() 函数实现平移，其变化范围是从左到右（-1 到 1）。

利用 Processing，你还可以合成其他类型的波形。这包括锯齿波（SawOsc）、矩形波（SqrOsc）、三角波（TriOsc）和脉冲波（Pulse）。尽管这些波具有不同的声音属性，但是它们都可以使用前面介绍的相同的函数进行控制。

练习 20-5：创建一个草图播放一段旋律。你能通过设计一个算法规则来生成音乐吗？

振荡器可以用来播放一个音符。比如大调音阶的音符及其对应的频率，如下表所示：
音符频率：

音　　符	频　　率	音　　符	频　　率
C	261.63	G	392.00
D	293.66	A	440.00
E	329.63	B	493.88
F	349.23	C	523.25

模拟越低播放音符的一个更加复杂的方式可以通过音频包络（audio envelope）来完成。音频包络可以通过四个参数控制一个音符的开始和结束。

1. **启动时间**：指的是音符的开始（比如你在钢琴上敲击一个键的时刻）；音符的音量从 0 到峰值所耗费的时间。

2. **持续时间**：指的是音符播放的时长。

3. **持续水平**：指的是声音顶峰音量持续的时间（从启动时间到释放时间）。

4. **释放时间**：指的是从持续水平阶段到音量为 0 阶段的时长。

想要使用音频包络播放一个音符，你需要一个振荡器和一个包络。

```
TriOsc triOsc = new TriOsc(this);
Envelope env = new Envelope(this);
```

播放音符前，在振荡器和包络调用 play() 函数。但是对于后者来说，你要传递四个参数：启动时间、持续时间、持续水平和释放时间。所有的时间都是浮点数据类型，用以指定时间，水平的数值则介于 0 到 1 之间，用以指定振幅。

```
triOsc.play();
env.play(triOsc, 0.1, 1, 0.5, 1);
```

在上面的代码中，该声音从十分之一（0.1）秒处启动，淡入至百分之五十（0.5）振幅，持续一（1）秒，一（1）秒之后淡出。

下面的这个示例，使用一个包络来播放示例 20-5。除此之外，该示例还使用了 MIDI 音符数值。MIDI（音乐设备数字接口，Musical Instrument Digital Interface）是用于数码音乐设备之间通信的音频标准。MIDI 音符可以使用下面的方程转换为频率。

$$频率 = \left(\frac{音符 - 69}{12}\right)^2 \times 440$$

示例 20-7：使用包络的曲调

```
import processing.sound.*;

SinOsc osc;
Env envelope;

int[] scale = {
  60, 62, 64, 65, 67, 69, 71, 72      这些数值对应大调音阶的音符。60就是
};                                       中央C。

int note = 0;

void setup() {
  size(200, 200);
  osc = new SinOsc(this);
  envelope = new Env(this);
}

void draw() {
  background(255);

  if (frameCount % 60 == 0) {
    osc.play(translateMIDI(scale[note]), 1);
    envelope.play(osc, 0.01, 0.5, 1, 0.5);
    note = (note + 1) % scale.length;
  }
}
```

```
float translateMIDI(int note) {
  return pow(2, ((note-69)/12.0))*440;
}
```

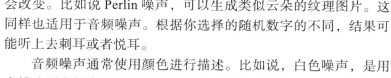 这个方程将midi音符数值转换为对应的频率值。

除了波形之外，你还可以在 Processing 中生成音频"噪声"。在第 13 章中，我讨论了随机数字和噪声的分布。在第 15 章中，我使用了随机像素生成了一张图像，它看上去是静止的。

如果你改变一个噪声算法选择数字的方式，那么图片质量也会改变。比如说 Perlin 噪声，可以生成类似云朵的纹理图片。这同样也适用于音频噪声。根据你选择的随机数字的不同，结果可能听上去刺耳或者悦耳。

图 20-4

音频噪声通常使用颜色进行描述。比如说，白色噪声，是用来描述所有频率上随机振幅的分布比较均匀的术语。而粉色噪声和棕色噪声，在较低的频率声音较大，而在较高的频率处声音较软。虽然在其他方面一无是处，但是 Processing 生成噪声的功能至少能帮助你在晚上睡个好觉。下面的这个快速示例播放白色噪声，通过鼠标可以控制噪声的音量。

示例 20-8：音频噪声

```
import processing.sound.*;

WhiteNoise noise;

void setup() {
  size(200, 200);
  noise = new WhiteNoise(this);
  noise.play();
}

void draw() {
  background(255);

  float vol = map(mouseX, 0, width, 0, 1);
  noise.amp(vol);
  ellipse(mouseX, 100, 32, 32);
}
```

20.4 声音分析

在 19.8 节，我讨论了串行通信是如何使得 Processing 草图可以对连接到传感器的外部硬件发送的输入信息进行反馈的。分析麦克风的声音是一个类似的工作过程。麦克风不仅可以记录声音，还能确定声音是高是低，尖锐还是低沉，等等。一个 Processing 草图因此可以根据声音层级判定它是否在一个嘈杂的房间中运行，根据声音频率层级，也可以判断声音是来自一个女高音歌手还是一个男低音歌手。本书这部分内容将讨论如何在一个草图中使用声音的振幅和频率数据。

我们首先通过构建一个简单的示例，使得一个圆的大小根据声音层级变化。要实现这个目标，需要先创建一个 Amplitude 对象。这个对象的唯一目的是：听到声音之后，反馈该声音的振幅大小（也就是音量）。

```
Amplitude analyzer = new Amplitude(this);
```

创建好 Amplitude 对象之后，下一步就是连接你想要分析的声音。这一步可以通过使用 input() 函数来完成。这和示例 20-3 中将一个 SoundFile 插入到 Reverb 对象中的过程非常相似。下面的代码载入了一个声音文件，并将其传递给一个分析器。你立刻就能看到，你可以将这个方法应用于任何类型的声音，包括从一个麦克风获得的声音。

```
SoundFile song = new SoundFile(this, "song.mp3");
analyzer.input(song);
```

要想获得音量信息，需要调用 analyze() 函数，它可以返回一个介于 0 到 1 之间的振幅数值。

```
float level = analyzer.analyze();
```

下面的一个示例将上述所有的知识点都涵盖了，它使用示例 20-3 中的声音文件。声音的大小可以控制椭圆的大小。新增的部分我用了加粗字体。

示例 20-9：振幅分析

```
import processing.sound.*;

SoundFile song;
Amplitude analyzer;

void setup() {
  size(640, 360);
  song = new SoundFile(this, "song.mp3");
  song.loop();

  analyzer = new Amplitude(this);          创建一个Amplitude对象分析声音。
  analyzer.input(song);
}
                                           将SoundFile对象嵌入到分析器中。
void draw() {
  background(255);

  // Get the overall volume (between 0 and 1.0)
  float volume = analyzer.analyze();

  // Draw an ellipse with size based on volume
  fill(127);
  stroke(0);
  ellipse(width/2, height/2, 10+volume*200, 10+volume*200);
}
                                           变量volume用于设定一个椭圆的大小。
```

为了读取麦克风的音量，需要在 Amplitude 对象中插入一个不同的输入。因此，创建一个 AudioIn 对象并调用 start() 开始监听麦克风。

```
AudioIn input = new AudioIn(this, 0);      这里的第二个参数是频道。一个立体声麦克风
input.start()                              具有左右声道。在这个简单示例中，我暂时忽略
                                           第二个频道（索引值为1），从第一个频道中读取。
```

假如出于某些原因，你想要从扬声器中获取麦克风输入，也可以使用 input.play()。在这种情况下，我并不想要产生声音反馈，因此我将它忽略掉。将所有的代码组合到一起，现在我使用实时输入重新编写了示例 20-9。

示例 20-10：实时麦克风输入

```
import processing.sound.*;

AudioIn mic;

Amplitude analyzer;

void setup() {
  size(200, 200);

  mic = new AudioIn(this, 0);
  mic.start();

  analyzer = new Amplitude(this);
  analyzer.input(mic);
}

void draw() {
  background(255);
  float volume = analyzer.analyze();
  fill(127);
  stroke(0);
  ellipse(width/2, height/2, 10 + volume*200, 10 + volume*200);
}
```

创建一个音频输入，抓取第一个频道的信息，开始听。

练习 20-6：重新编写示例 20-10，使用左和右音量映射到不同的圆。

20.5 声音阈值

常见的声音交互在有声音出现的时候，会触发一个事件。回想下"掌声控制灯"。鼓掌之后，灯就会亮起。再次鼓掌，灯灭掉。一次鼓掌可以视为一个大且短的声音。要想在 Processing 中编写"掌声控制灯"，我需要读取声音信息，并在音量达到高值的时候，触发一个事件。

首先，对于鼓掌来说，你需要判定在整体音量大于 0.5 的时候，表明用户在鼓掌（显然这并不是一个非常科学化的测量结果，但是就目前而言，这样较为合理）。该数值 0.5 就被称为阈值（threshold）。在阈值之上，会触发事件；在阈值之下，不会触发事件。

```
float volume = analyzer.analyze();
if (volume > 0.5) {
  // DO SOMETHING WHEN THE VOLUME IS GREATER THAN ONE!
}
```

在示例 20-11 中，每当整体音量大于 0.5 的时候，就会在窗口中绘制矩形。同时在窗口左侧以柱状图的形式显示声音音量。

示例 20-11：声音阈值

```
import processing.sound.*;

AudioIn mic;
Amplitude analyzer;

void setup() {
  size(200, 200);
  background(255);
```

```
// Start listening to the microphone
// Create an audio input and grab the first channel
mic = new AudioIn(this, 0);

// Start the Audio Input
mic.start();

// Create a new amplitude analyzer
analyzer = new Amplitude(this);

// Patch the input to the analyzer
analyzer.input(mic);
}
void draw() {
  // Get the overall volume (between 0 and 1.0)
  float volume = analyzer.analyze();

  float threshold = 0.5;
  if (volume > threshold) {
    stroke(0);
    fill(0, 100);
    rect(random(40, width), random(height), 20, 20);
  }

  // Graph the overall volume and show threshold
  float y = map(volume, 0, 1, height, 0);
  float ythreshold = map(threshold, 0, 1, height, 0);

  noStroke();
  fill(175);
  rect(0, 0, 20, height);
  // Then draw a rectangle size according to volume
  fill(0);
  rect(0, y, 20, y);
  stroke(0);
  line(0, ythreshold, 19, ythreshold);
}
```

图　20-5

> 如果音量大于0.5，则会在窗口的随机位置绘制一个矩形。

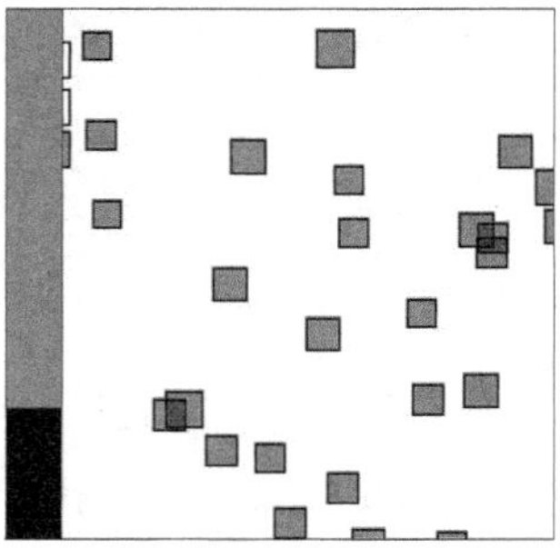

这个程序运行起来没有问题，但是并不能完全模拟掌声控制灯。注意每次鼓掌声是如何触发在窗口中绘制矩形的。这是因为，虽然看上去声音传递给人的耳朵是瞬间发生的，可实际上还是经过了一段时间的。尽管这个时间非常短，但是足以让一段声音音量超过 0.5，而这段时间足以在 draw() 中完成几次循环了。

为了让一次鼓掌触发一次且仅一次事件，我需要重新思考这个程序的逻辑。换言之，我想要达到的效果是：

● 如果声音音量大于 0.5，那么就鼓掌触发一次事件。可是，如果你刚刚才鼓过掌，那么就不要触发事件！

这里，关键在于你如何定义"刚刚"。一种解决方法是使用一个计时器，也就是说，只触发事件一次，然后等待，直至你被允许再次触发事件。这是一个完美的解决方法。可是，对于声音来说，计时器并不是完全必要的，因为声音本身会告诉你，你是在什么时候完成了鼓掌。

● 如果声音音量低于 0.25，那么说明相当安静，你刚刚已经完成了鼓掌的动作。

好的，根据以上两种逻辑，你已经为编写这种"双阈值"（double-thresholded）算法做好准备了。这里面有两个阈值：其中一个用来判断你是否开始鼓掌；另处一个用来判断你是否完成了鼓掌行为。

假定还没有鼓掌。

- 如果声音音量大于 0.5，并且你还没有准备好鼓掌，则触发事件，设置鼓掌为真。
- 如果你正在鼓掌，而声音小于 0.25，那么说明是安静的，设置鼓掌为假。

将其翻译成代码：

```
// If the volume is greater than one, and I am not clapping, draw a rectangle
if (vol > 0.5 && !clapping) {
  // Trigger event!
  clapping = true; // I am now clapping!
} else if (clapping && vol < 0.25) { // If I am finished clapping
  clapping = false;
}
```

下面是完整的示例，每一次鼓掌只绘制了一个矩形。

示例 20-12：声音事件（双阈值）

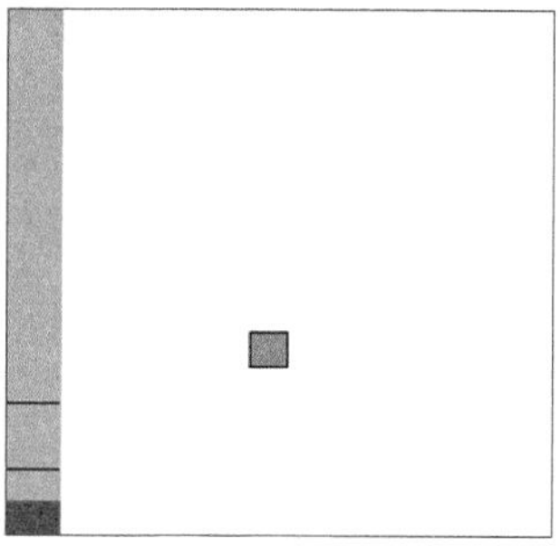

```
import processing.sound.*;

AudioIn mic;
Amplitude analyzer;

float clapLevel = 0.5;  // How loud is a clap
float threshold = 0.25; // How quiet is silence
boolean clapping = false;

void setup() {
  size(200, 200);
  background(255);

  // Create an audio input and grab the first channel
  mic = new AudioIn(this, 0);

  // Start the audio Input
  mic.start();

  // Create a new amplitude analyzer
  analyzer = new Amplitude(this);

  // Patch the input to the analyzer
  analyzer.input(mic);
}

void draw() {
  // Get the overall volume (between 0 and 1.0)
  float volume = analyzer.analyze();

  if (volume > clapLevel && !clapping) {
    stroke(0);
    fill(0, 100);
    rect(random(40, width), random(height), 20, 20);
    clapping = true; // I am now clapping!
  } else if (clapping && volume < threshold) {
    clapping = false;
  }

  // Graph the overall volume
  // First draw a background strip
  noStroke();
  fill(200);
  rect(0, 0, 20, height);

  float y = map(vol, 0, 1, height, 0);
  float ybottom = map(threshold, 0, 1, height, 0);
```

图　20-6

> 如果音量大于1.0，并且我之前没有鼓过掌，那么说明我正在鼓掌！

> 否则，如果我刚刚鼓过掌，音量降低低于0.25，那么我再也不鼓掌了！

```
    float ytop = map(clapLevel, 0, 1, height, 0);

    // Then draw a rectangle size according to volume
    fill(100);
    rect(0, y, 20, y);

    // Draw lines at the threshold levels
    stroke(0);
    line(0, ybottom, 19, ybottom);
    line(0, ytop, 19, ytop);
}
```

练习 20-7：连续两次鼓掌之后，触发了示例 20-12 中的事件。下面的示例假定存在一个名为 clapCount 的变量，填写下面的空白。

```
if (volume > clapLevel && !clapping) {

    clapCount_____;

    if (_____) {

      _____;

      _____;

      _____;
    }

    _____;
} else if (clapping && vol < 0.5) {
    clapping = false;
}
```

练习 20-8：创建一个控制声音的简单的游戏。建议：首先使用鼠标控制游戏。然后使用实时输入代替鼠标。这样的例子如乒乓球游戏，球拍的位置和音量息息相关，或者是一个简单的跳高游戏，每次你鼓掌的时候，游戏角色都会向上跳。

20.6 频谱分析

在 Processing 中，分析声音的音量只是声音分析的一个开始。对于更多高级的应用来说，你可能想要知道不同频率声音的音量。这是一个高频抑或是低频的声音？

频谱分析的过程是读取一个声音信号（声波），然后将其解码为一系列频段。你可以将这些频段想象成分析过程的"分解"阶段。频段越多，你就能得到指定频率越精确的振幅。而频段越少，你可以找到更广范围频率的声音的音量。

频谱分析的第一步是需要一个 FFT 对象。FFT 对象和前面示例中 Amplitude 对象的作用相同。只是这次它提供了一个振幅值（对于每个频段）的数组，而不是一个整体的音量水平。FFT 是"快速傅立叶变换"（Fast Fourier Transform）（源于数学家 Joseph Fourier）的缩写，指的是将波形转换为频率振幅数组的一种算法。

```
FFT fft = new FFT(this, 512);
```

注意 FFT 构造函数需要另外一个参数：一个整数。这个数值指定了你想要生成频谱中频带的数量。一个常用的默认值是 512，但是你可以自定义该数值。一个频段，恰好相当于制作一个 Amplitude 分析对象。

下一步，和振幅一样，是将音频（不论是来自于一个文件，生成的声音，或者麦克风）插入到 FFT 对象中。

```
SoundFile song = new SoundFile(this, "song.mp3");
fft.input(song);
```

接下来，又和振幅一样，调用函数 analyze()。

```
fft.analyze();
```

这里，尽管我只是告知分析器去运行 FFT 算法。看一下实际的结果，我必须检查一下 FFT 对象的频谱数组。这个数组中含有所有频带的振幅数值（介于 0 到 1 之间）。数组的长度等于 FFT 构造函数中（在这种情况下是 512）所需的频段数目。接下来，我就可以循环遍历这个数组，如下所示：

```
for (int i = 0; i < fft.size(); i++) {     你可以通过size()函数来获取
  float amp = fft.spectrum[i];             频带的数目。
}
```

接下来，我们将上述所有的代码组合为一个示例。将每个频带绘制为线条，其高度和频率的振幅相关联。

示例 20-13：频谱分析

```
import processing.sound.*;

// A sound file object
SoundFile song;

FFT fft;
int bands = 512;

void setup() {
  size(512, 360);

  // Play the sound
  song = new SoundFile(this, "dragon.wav");
  song.loop();

  fft = new FFT(this, bands);
                           第二个参数指定了你想从这个分析中得到的频带
                           数量。

  fft.input(song);
}
void draw() {
  background(255);

  fft.analyze();
```

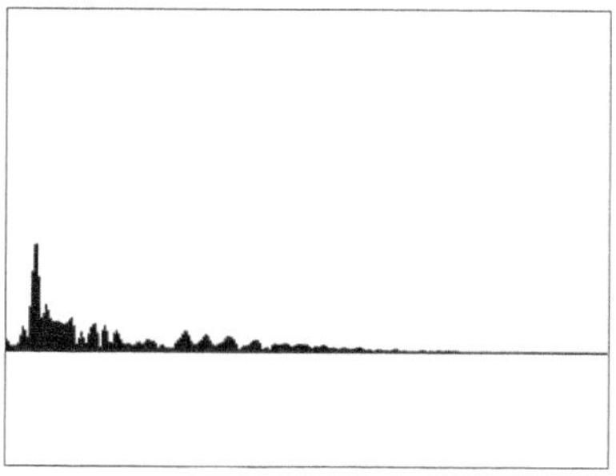

图 20-7

```
for (int i = 0; i < fft.size(); i++) {
  stroke(0);
  float y = map(fft.spectrum[i], 0, 1, height * 0.75, 0);
  line(i, height * 0.75, i, y);
}
}
```

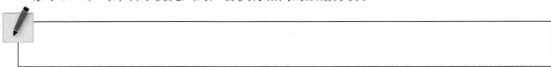

每个频率幅值的取值范围都介于0到1之间。在这里，振幅被映射到y坐标用于绘制一个简单的图表。

练习 20-9：对来自于麦克风的声音执行相同的频谱分析。

练习 20-10 ：使用更少数量的频段，创建一个带有"图形均衡器"（graphic equalizer）外观的频谱可视化。将下图作为示例。

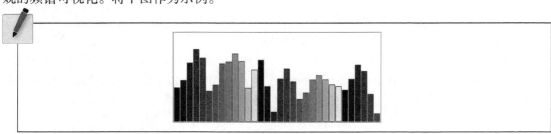

导　出

稍等一下，我认为那个名叫 Art 的人想要放弃进出口商的工作。

——《宋飞正传》(Seinfeld)

本章主要内容：

- 网页和 JavaScript
- 独立的应用程序
- 高分辨率的 PDF 文件
- 图像以及图像序列
- 录制视频

一直以来，我们将精力集中在学习编程上。可是，最终你的代码婴儿要长大，要在外面的世界找到他们自己的出路。本章致力于讨论可供 Processing 草图选择的多样化的发布方式。

21.1　导出至 Web

Casey Reas 和 Ben Fry 是在 2001 年开发出 Processing 的，当时 Java 统治着网页。那时如果你想要在一个浏览器里分享一个实时的图表或者动画，嵌入一个 Java "applet" 程序是完成这个目标的主要机制。现在虽然 Java applet 仍然奏效，但是它是一个陈旧的技术，当前的浏览器并不能很好的支持。在 2012 年，Processing 基金会（一个非盈利的 501(c)(3) 组织）成立了，它旨在支持和坚持为来自各个背景的用户提供多样化的学习编程的环境。学习编程的理念和方法是基金会的核心使命，它强调不要局限于任何一门特定的语言。当前基金会支持以下三种环境：

- Processing (http://processing.org)

这个环境是本书主要讨论的内容。而且最初 2011 版本的后续版本是基于 Java 构建的。

- Processing.py (http://py.processing.org)

该项目的 Python 版本

- p5.js (http://p5js.org)

这是网页版的 Processing，通常使用 JavaScript、HTML 以及 CSS 来编写。

仅仅为了在线运行草图就学习一门全新的语言，这似乎没有必要。但是如果你对于网页设计作品感兴趣的话，我建议你这样做。事实上，本书的配套网站就使用了 p5.js，这些示例可以在线运行（你也可以找到本书示例的 p5.js 版本）。要上手这个 p5.js，我建议你阅读 p5.js.org(https://github.com/processing/p5.js/wiki/Processing-transition) 上的 Processing 的过渡教程。你会发现：p5.js 和 JavaScript 相比，尽管在句法上有一些区别，但是所有关于计算（变量、条件语句、循环、对象、数组）的基础原理和概念是一样的。除此之外，你在本书中学过的所有绘制函数都可以在 p5.js 里执行。另外，你还会发现大量和 HTML 以及 CSS 相关的新函数。

我也会简略提及 processing.js（http:// processingjs.org）项目。Processing.js 经常和 p5.js 混淆，前者是 Processing 到 JavaScript 的一个端口，可以自动地将你的 Processing Java 代码转译为 JavaScript。这里的想法是：可以在没有其他工作的情况下，在浏览器里运行 Processing 草图。如果它能够运行的话，这看上去非常奇妙。然而，有各种原因会导致它的运行出问题。例如，任何一个草图使用第三方的库会无法运行。此外，从 Processing 2.0 以来的许多新功能也不被支持。要发布快速的简单草图，Processing.js 是一个不错的解决方案。但是，如果你为网页构建了一个相当复杂的项目，那我还是建议你一开始就在 JavaScript 中使用 p5.js。

21.2　独立的应用程序

Processing 的一大特色在于：草图可以发布为一个独立的应用程序。这就意味着它可以在没有安装 Processing 开发环境的情况下双击打开运行。

如果你想将草图的程序分派给一个非 Processing 用户使用的话，这一特性尤其有用。此外，你想为一个装置或者信息亭环境（kiosk environment）创建一个程序，在机器启动的时候，让该导出程序自动运行。最后，如果你想让多个草图备份同时运行，导出的程序也可以实现（这也就是第 19 章中客户端 / 服务器的示例）。

要想导出为一个程序，进入：文件→输出程序（见图 21-1）。

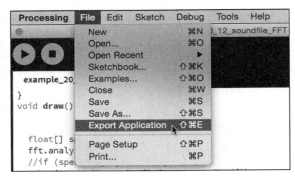

图　21-1

接下来会呈现许多选项。你可以选择想要生成程序要运行的操作系统；设置让程序全屏运行；以及选择将 Java 嵌入到应用文件本身。嵌入 Java 非常有用，这是因为为了能够让程序正常运行，使用你导出的应用的用户需要将 Java 安装在他们的电脑上。可是，这里要权衡使用这个选项会大大增加应用文件本身的大小。

虽然 Processing 可以一次性为各种操作系统导出应用程序：Mac OS X、Windows、Linux，但是通常我会建议：使用该程序的电脑操作系统要和你当前正使用的系统保持一致，否则容易出现一些问题。

应用程序导出之后，你会注意到出现了一个新的文件夹，它包含你需要的文件，如图 21-2 所示。

- **sketchName.exe**（在 Mac 和 Linux 中简单命名为**草图名称**）。这个文件是一个可以双击打开运行的程序。

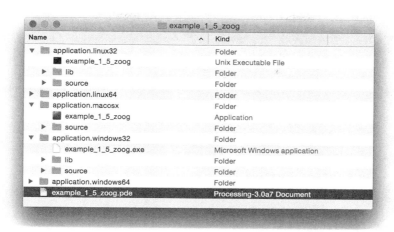

图 21-2

- **"源"目录**。应用的文件夹含有一个包含程序运行的所有源文件。这个文件夹并不是运行程序所必需的。
- **"lib"**。这个文件夹只会在 Windows 和 Linux 系统中出现，它包含必要的库。其中包含 core.jar 文件，也就是 Processing 核心库，以及你导出的其他文件。在 Mac OS X 中，可以通过按住 control 键点击应用文件，选择"显示包内容"就可以看到库。

还有许多和导出应用相关的功能和技巧可以学习。比如你可以自定义应用图标和标题栏的文字。关于这方面的知识，请访问：https://github.com/processing/processing/wiki/Export-Info-and-Tips。

练习 21-1：使用你之前设计的草图或者本书中的示例，导出一个独立的应用程序。

21.3 高分辨 PDF 文件

一直以来，你使用 Processing 主要是用来创建在电脑屏幕上运行的图形程序。事实上，当你回顾第 3 章，我曾经花了大量时间讨论一个程序随着时间变化的运行流程。不过，现在是时候讨论静态程序了，我们唯一的目的就是创建一个静态图像。Processing 里的 PDF 库允许你打印这些静态的草图并创建的高分辨率的图像。(实际上，几乎本书中所有的图像都是采用这种方法创建出来的。)

下面是使用 PDF 库所需的步骤。

1. 导入库。

```
import processing.pdf.*;
```

2. 在 setup() 中使用 size() 函数，函数包含 PDF 渲染器和文件名。

```
size(400, 400, PDF, "filename.pdf");
```

3. 在 draw() 中，施展你的魔法！

```
background(255);
fill(175);
stroke(0);
ellipse(width/2, height/2, 160, 160);
```

4.调用函数 exit()。这是非常重要的。调用 exit() 函数完成 PDF 的渲染。如果没有该函数，将无法正确打开文件。

```
exit(); // Required!
```

下面是将所有的代码组合起来之后的完整示例：

示例 21-1：基本的 PDF

```
// Import the library
import processing.pdf.*;

// Using "PDF" mode, 4th argument is the name of the file
size(400, 400, PDF, "filename.pdf");
// Draw some stuff!
background(255);
fill(175);
stroke(0);
ellipse(width/2, height/2, 160, 160);

// All finished
exit();
```

如果运行这个示例，你会发现并没有出现窗口。一旦你设置 Processing 渲染器为 PDF，那么草图窗口就再也不会出现。

可是，如果你使用函数 beginRecord() 和 endRecord()，就可以在查看 Processing 草图窗口的同时渲染 PDF 文件。这相较于第一个示例有些慢，但是你可以直接看到保存的内容。

示例 21-2：使用 beginRecord() 生成 PDF 文件

```
import processing.pdf.*;

void setup() {
  size(400, 400);
  beginRecord(PDF, "filename.pdf");
}

void draw() {
  // Draw some stuff!
  background(100);
  fill(0);
  stroke(255);
  ellipse(width/2, height/2, 160, 160);

  endRecord();

  noLoop();
}
```

> beginRecord() 启动这个进程。第一个参数用于读取 P D F，第二个参数则是文件名。

> 调用 endRecord() 函数以完成 PDF 的渲染。

> 没有必要进行循环了，因为 PDF 文件已经渲染完毕。

endRecord() 函数不需要在第一帧渲染的时候进行调用，它可在 draw() 中循环多次之后再使用。下面的示例使用了第 16 章中的"一笔画"程序（见示例 16-9），并将其结果渲染为一个 PDF 文件。这里颜色并不是从一个视频流中提取的，而是基于一个计数器变量选择的。图 21-3 是一个样例输出结果。

示例 21-3：多个帧放入一个 PDF 文件

```
import processing.pdf.*;

float x = 0;
float y = 0;

void setup() {
  size(400, 400);

  beginRecord(PDF, "scribbler.pdf");
  background(255);
}
```

图　21-3

> background()应当位于setup()里面。如果background()位于draw()里面，PDF会累积大量的图形元素，然后不断循环往复地将它们擦除。

```
void draw() {

  // Pick a new x and y
  float newx = constrain(x + random(-20, 20), 0, width);
  float newy = constrain(y + random(-20, 20), 0, height);

  // Draw a line from (x,y) to (newx,newy)
  stroke(frameCount%255, frameCount*3%255, frameCount*11%255, 100);
  strokeWeight(4);
  line(x, y, newx, newy);

  // Save (newx,newy) in (x,y)
  x = newx;
  y = newy;

}

// When the mouse is pressed, finish the PDF
void mousePressed() {
  endRecord();
  // Tell Processing to open the PDF
  open(sketchPath("scribbler.pdf"));
  noLoop();
}
```

> 在这个示例中，用户可以通过点击鼠标来选择何时结束PDF的渲染。

如果你（使用 P3D）渲染三维图形，此时你需要使用 beginRaw() 和 endRaw() 函数，而不是 beginRecord() 和 endRecord()。在这个示例中，使用了一个布尔变量 recordPDF 来触发记录过程。

示例 21-4：PDF 和 P3D

```
// Using P3D
import processing.opengl.*;
import processing.pdf.*;

// Cube rotation
```

```
float yTheta = 0.0;
float xTheta = 0.0;

// To trigger recording the PDF
boolean recordPDF = false;

void setup() {
  size(400, 400, P3D);
}

void draw() {
  // Begin making the PDF
  if (recordPDF) {
    beginRaw(PDF, "3D.pdf");
  }
  background(255);
  stroke(0);
  noFill();
  translate(width/2, height/2);
  rotateX(xTheta);
  rotateY(yTheta);
  box(100);
  xTheta + = 0.02;
  yTheta + = 0.03;

  // End making the PDF
  if (recordPDF) {
    endRaw();
    recordPDF = false;
  }
}

// Make the PDF when the mouse is pressed
void mousePressed() {
  recordPDF = true;
}
```

当该布尔变量的值为真时，会生成一个PDF文件。

P3D模式要求使用beginRaw()和endRaw()，而不是beginRecord()和endRecord()。

如果你在文件名中包含了"####"（比如"3D-####.pdf"）那么会为渲染好的每一帧生成独立的、标号的PDF文件。

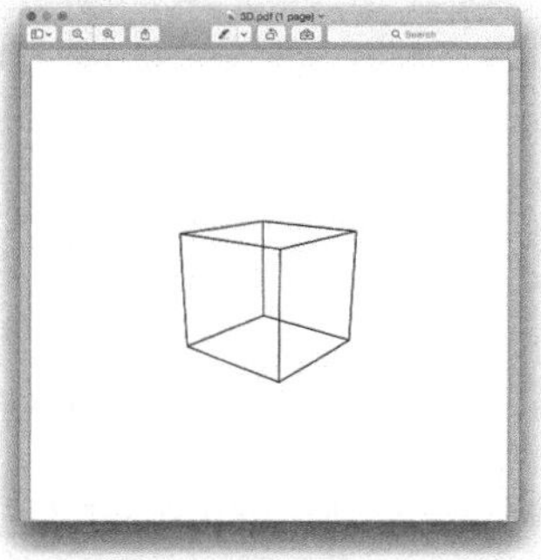

图   21-4

关于 PDF 库的两个重要知识点：

- **图像**：如果你要展示 PDF 中的图像，导出之后效果并不会太好。不论是否渲染成为一个高分辨率的 PDF 文件，一个 320×240 像素的图像仍然是 320×240 像素。

- **文本**：如果你要展示 PDF 文件中的文本内容，你必须安装对应的字体才能够正常浏览 PDF 文件。解决这个问题的方法之一是在 size() 后面使用 textMode(SHAPE) 函数。这可以将文本以图像的方式进行渲染，因而不必强制要求安装对应的字体。

关于 PDF 库的全部文档内容，你可以访问 Processing 的参考文档（http://processing. org/refer ence/libraries/pdf/）。虽然 PDF 库足以满足你平时生成高分辨率 PDF 文件的需要，但是还有其他的第三方库可能对你会有帮助。其中一个是由 Philippe Lhoste 开发的 P8gGraphicsSVG，用于在 SVG 格式（可缩放矢量图形）中导出文件。

练习 21-2：从任意一个你创建的或者本书示例中的草图中，创建一个 PDF 文件。

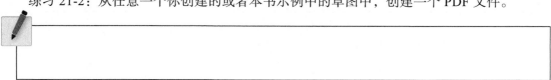

21.4　图像和 `saveFrame()`

高分辨的 PDF 文件通常用于打印。你也可以将 Processing 窗口中的内容保存为图像文件（和窗口本身的尺寸大小相同的分辨率）。这通过 save() 或者 saveFrame() 就可以实现。

save() 有一个参数：你想保存的图像的文件名称。save() 可以生成如下格式的图像文件：JPG、TIF、TGA，或者 PNG，你可以通过修改文件名中的扩展名来指定格式。如果你没有指定扩展名，那么 Processing 会默认设置为 TIF 格式。

```
background(255, 0, 0);
save("file.png");
```

21.5　录制视频

如果你多次调用函数 save()，并且使用相同的文件名，那么文件将会覆盖掉之前的图像。然而，如果你希望保存一系统图像，那么使用 saveFrame() 函数就可以自动为这些文件编号。Processing 将会寻找文件名中的字符串"####"，然后用编好数字的一系列图像替代它。如图 21-5 所示。

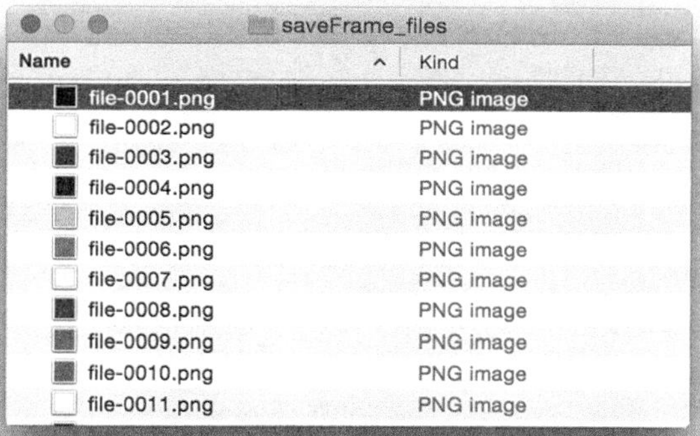

图　21-5

```
void draw() {
  background(random(255));
  saveFrame("file-####.png");
}
```

这个方法通常用于保存编好数字的一系列图像，通过使用视频编辑软件或者 Processing 的 Movie Maker 影片制作工具将它们拼接起来，就能制作一个影片。让我们创建一个简单的示例，加入几个诸如开始和结束的功能。

我需要增加的第一个东西便是布尔变量，用来跟踪和记录草图是否要录制帧。

```
boolean recording = false;
```

然后在主循环 draw() 中，我可以检验当前的状态，如果录制为真时，就保存帧。

```
if (recording) {
  saveFrame("output/frames####.png");
}
```

> 这里为输出文件指定目录是非常有必要的，因为届时会生成大量文件。

最后，我可以通过用户互动行为来切换录制的状态，在这个例子中，是点击键盘上的"r"键。

```
void keyPressed() {
  if (key == 'r' || key == 'R') {        这里，一个小写或大写的"r"都是有效的。
    recording = !recording;
  }                                      设定一个布尔值为非其本身，将假切换到真，或者真切换到假。
}
```

另一个技巧涉及 draw() 中调用 saveFrame() 的位置。Processing 只会将当前的像素写入至渲染图像，因此在 saveFrame() 后面的任何调用都不会被记录。如果你希望增加一些视觉元素，用来表明草图是否正在录制的话，它是非常有用的。下面的例子，在录制的时候绘制了一个红色的圆。

示例 21-5：保存图像序列

```
boolean recording = false;        布尔值用来跟踪记录草图是否在录制。

void setup() {
  size(640, 360);
}

void draw() {
  background(0);

  for (float a = 0; a < TWO_PI; a+= 0.2) {        随意绘制一个图形，使得有内容可以录制。
    pushMatrix();
    translate(width/2, height/2);
    rotate(a+sin(frameCount*0.004*a));
    stroke(255);
    line(-100, 0, 100, 0);
    popMatrix();
  }

  if (recording) {
    saveFrame("output/frames####.png");        如果 recording 为真，调用 saveFrame()
  }                                            函数为文件自动编号。

  textAlign(CENTER);
  fill(255);
  if (!recording) {
    text("Press r to start recording.", width/2, height-24);
  } else {
    text("Press r to stop recording.", width/2, height-24);
  }
                                      让我们绘制一些内容来表明什么在发生。要注意绘制的内容
                                      并不会出现在渲染的文件中，因为它是在 saveFrame() 后面
  stroke(255);                        绘制的。
  if (recording) {
    fill(255, 0, 0);
  } else {
    noFill();                 录制草图时，出现一个红色圆点。
  }
  ellipse(width/2, height-48, 16, 16);
}

void keyPressed() {
  if (key == 'r' || key == 'R') {        如果用户按下"r"，则开始或者停止录制！
    recording = !recording;
  }
}
```

为了将图像序列文件转换为视频文件，有很多的工具和软件供你选择。如针对 Mac 和 Windows 的 MPEG StreamClip (http://www.squared5.com/)，以及任何大型视频编辑软件（如 Adobe Premiere 和 Final Cut）。Processing 同样具有"Movie Maker"工具（在菜单栏的"工具"选项中可以找到），直接把图像文件目录拖入就可以使用。

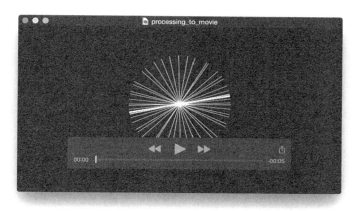

图 21-6　使用 Movie Maker 工具后，示例 21-5 的输出结果

练习 21-3：使用你之前制作的任何草图或者本书中的任何示例来创建一个视频。尝试添加一些不会被录制的视觉元素。

第九节课的项目

选择下面其中的一个或者两个项目实践!

1. 将声音加入到一个 Processing 草图中，采用增加声音效果或者实时输入的方式。

2. 使用 Processing 生成输出，而不是实时图形。制作 PDF、视频等。

使用下面的空白为你的项目设计草图，做笔记和书写伪码。

Learning Processing：A Beginner's Guide to Programming Images, Animation, and Interaction, Second Edition

超越 Processing

高级的面向对象编程

你曾否认真思考过你真正想要做的事情？

——亨利·德拉蒙德（Henry Drummond），美国电影《天下父母心》(*Inherit the Wind*)

本章主要内容：
- 封装
- 继承
- 多态性
- 重载

在第 8 章，我介绍了面向对象编程（"OOP"）的概念。该章的原则在于将数据和功能组合到一个概念中：类。类是一个模板，根据这个模板我们可以制作对象实例，将它们存储在变量和数组中。事实上，尽管你已经学会了如何编写类和创建对象，但是我并没有深入探究 OOP 的核心原则和它的高级特征。现在本书已经接近尾声（而且下一章将提升到 Java 的世界当中），是时候来反思一下过去，调整步伐面向未来了。

在 Processing 和 Java 中，面向对象编程通过三个基本概念来定义：封装（encapsulation）、继承（inheritance）和多态性（polymorphism）。关于封装的概念你已经比较熟悉了，只是对其内涵你还没有一个深入的理解，同时也还没有使用过这一专业术语。本章将会介绍继承和多态性这两个全新的概念。（在本章的末尾，我们还会稍微讨论下方法重载（method overloading），它允许对象具有不止一种调用构造函数的方式。）

22.1 封装

要想理解封装的概念，我们可以回过头看一下 Car 类的例子。让我们从这个例子中走出来，进入真实世界，思考下一个现实当中的 Car 对象，由一名真实的司机（你）来控制。在一个美好的夏天，你厌倦了手头上编程的工作，选择周末开车去沙滩放松一下。在交通允许的情况下，你需要多次转动方向盘，踩下油门和刹车，摆弄表盘上的广播。

你在驾驶的这辆车已经被封装（encapsulated）了。你要做的所有事情就是操作这些函数：`steer()`、`gas()`、`brake()` 和 `radio()`。你知道汽车引擎盖下面是什么吗？催化转换器是如何和引擎连接的？引擎又是怎样和中冷器连接的？阀门、电线、齿轮和安全带，它们的作用分别是什么？当然了，如果你对汽车机械机构非常了解，可能完全能够回答这些问题，但是问题在于，如果你只是想要驾驶这辆车的话，你根本必要知道这些问题的答案。这就是封装。

封装被定义为：向用户隐藏一个对象的内部运作细节。

就面向对象编程而言，一个对象的"内部运作"指的是数据（该对象的变量）和函数。而对象的"用户"就是你，也就是程序员，你一直在创建对象实例，并在整个编程过程中都在使用它们。

但是，为什么要这样做？第 8 章（以及本书中所有的 OOP 示例）一直在强调模块化和可复用性这两个原则。这就意味着，如果你已经解决了如何编写一个汽车，那为什么要一次又一次重新编写一个汽车呢？你只需要将所有的车组成一个 Car 类，这样就为你省去了一大堆麻烦。

而封装又往前走了一步，OOP 不仅帮助你组织代码，还帮助你防止犯错。如果在你驾驶汽车的时候，不去干扰汽车程序的编写，那么你不太可能会破坏到汽车。当然，有时候汽车会抛锚，你需要去维修它，那这时候就需要打开引擎盖，看看类里边的代码。

下面举一个例子。假设你正在编写一个 BankAccount（银行账户）类，它有一个关于账户余额的变量 balance，数据类型为浮点数据。

```
BankAccount account = new BankAccount(1000);
```
一个银行账户的对象，初始账户余额为$1000。

接下来你想进行封装，将其隐藏。假设你需要从该账户中取钱，所以你从该账户中减去 $100。

```
account.balance = account.balance - 100.
```
通过直接访问余额变量取出$100。

但如果取钱需要收取服务费的话，怎么办？比如说 $1.25。如果你忘记这个细节的话，很快会被银行解雇。有了封装，你能保住工作，编写下面的代码。

```
account.withdraw(100);
```
通过调用一个方法取出$100!

如果你编写的 withdraw() 函数正确无误，那么软件将永远不会忘记服务费，因为每一次调用方法，它就会发生。

```
void withdraw(float amount) {
  float fee = 1.25;
  account -= (amount + fee);
}
```
这个函数确保了取钱的时候，也会扣除服务费。

这种策略的另外一个好处在于，如果银行想要将服务费提高到 $1.5，那只需要简单地更改 BankAccount（银行账户）类内部的 fee（服务费）变量，这样一切都运转正常！

严格地讲，为了遵循封装的原则，类里边的变量永远不可以直接访问，只有通过一个方法才能获取。这就是为什么你经常会看到程序员们使用许多名为"getters"和"setters"的函数。下面是一个 Point 类的例子，包含两个变量（x 和 y），它们需要 getters 和 setters 才能访问。

```
class Point {
  float x, y;

  Point(float tempX, float tempY) {
    x = tempX;
    y = tempY;
  }

  // Getters
```

```
float getX() {
    return x;
}

float getY() {
    return y;
}

// Setters
float setX(float val) {
    x = val;
}

float setY(float val) {
    if (val > height) {
        val = height;
    }
    y = val;
}
}
```

> 通过使用getter和setter函数访问变量x和y。

> getter和setter可以保护变量的值。例如，这里y的值永远不可能设置为比草图的高度还要大。

如果我有一个 Point 对象 p，而且希望其增量值为 y，我将按照下面的方式去做：

```
p.setY(p.getY() + 1);
```

> 而不是：p.y = p.y + 1;

尽管上面的句法看上去非常不协调，但是这样做的好处是：由于 p.setY() 内部测试的存在，你无法设置 y 坐标值比高度还要大，而使用 p.y=p.y+1 就无法为你进行检查。如果你想强制实施这一要求，Java 允许你标记一个“private”的变量，这样就使得直接访问它是非法的（换句话说，如果你尝试访问，程序根本无法运行）。

```
class Point {
    private float x;
    private float y;
}
```

> 虽然在Processing的示例中并不常见，但是变量可以设置为私有的，意味着只有在类自身内部可以访问。默认情况下，Processing所有的变量和函数是“公共的”。

虽然正式的封装是面向对象编程的核心原则，而且当由一组开发人员共同设计大型的应用时，更应该遵循。但是对于简单的 Processing 草图，坚守这一法律条文（正如上述的 Point 对象中让 y 值递增）是相当不便的，而且有些愚蠢。所以，如果你创建了一个 Point 类，并且可以直接访问变量 x 和 y，这并不是世界末日。本书许多示例我都这么做过。

但是，理解封装这一原则，会成为你设计对象和管理代码的内在驱动力。每当你要将一个对象的内部运行机制暴露在外的时候，你应该问下自己：这有必要吗？可以将这个函数中的代码放入类的内部吗？最后，你会成为一个优秀而快乐的程序员，而且保住了银行的那份工作。

22.2　继承

继承是面向对象编程中的第二个概念，也允许你根据当前的类创建新的类。

让我们看一下世界上的动物：狗、猫、猴子、熊猫、袋熊和刺水母。我们可以任意选择从一个 Dog（狗）的类开始编程。一个 Dog 对象会有 age（年龄）变量（整数），函数有 eat()、sleep() 和 bark()。

```
class Dog {
  int age;

  Dog() {
    age = 0;
  }

  void eat() {
    // eating code goes here
  }

  void sleep() {
    // sleeping code goes here
  }

  void bark() {
    println("Woof!");
  }
}
```

> 注意狗和猫具有相同的变量（年龄 age）和函数（吃 eat，睡 sleep）。然而，它们还有独特的函数，分别是吠叫和喵叫。

> 只有狗吠叫！

完成狗的代码后，我们继续对猫编程。

```
class Cat {
  int age;

  Cat() {
    age = 0;
  }

  void eat() {
    // eating code goes here
  }
  void sleep() {
    // sleeping code goes here
  }

  void meow() {
    println("Meow!");
  }
}
```

> 只有猫可以喵叫！

令人遗憾的是，如果我继续讨论鱼、马、树袋熊和狐猴，这个过程会变得相当单调，因为我一遍又一遍重新编写相同的代码。假设，我可以创建一个通用的 Animal（动物）类描述任何类型的动物，会怎样？毕竟，所有的动物都要吃睡。这样的话，我就可以说：

- 狗是一种动物，它具备动物的所有属性，可以做动物可以完成的所有事情。除此之

　外，狗还会吠叫。

● 猫是一种动物，它具备动物的所有属性，可以做动物可以完成的所有事情。除此之外，猫还会喵喵叫。

继承使得我可以这样做。有了继承这一功能，类可以继承来自其他类的属性（变量）和功能（方法）。Dog 类是 Animal 类的产物（也就是子集（subclass））。小孩可以自动地继承来自它们父母（超类（superclass））的所有变量和函数。小孩还会具有其他的变量和函数，这些他的父母并不具备。继承遵循一个树状结构（就像一个系统发育的"生命之树"）。狗可以继承来自哺乳动物的属性，而后者可以从动物继承属性，等等。如图 22-1 所示。

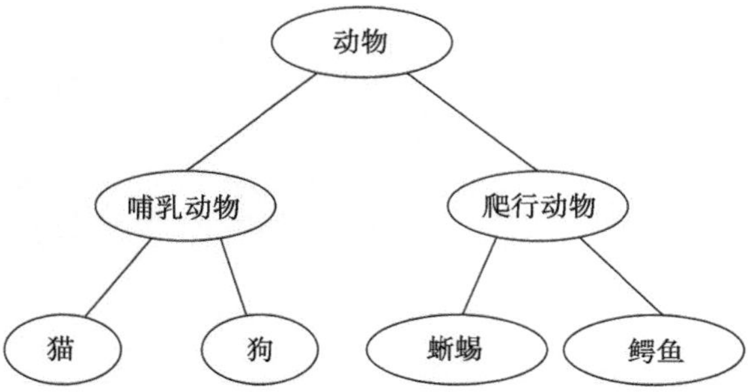

图　22-1

下面是继承性使用时的句法：

```
class Animal {        ← Animal类是父类（或超类）。
  int age;

  Animal() {          变量age被Dog和Cat继承。
    age = 0;
  }

  void eat() {
    // eating code goes here   函数eat()和sleep()被Dog和Cat继承。
  }
  void sleep() {
    // sleeping code goes here
  }
}

class Dog extends Animal {    ← Dog类是子类（或亚类）。这是由代码
                                extends Animal指定的。

  Dog() {
    super();          super()函数意味着执行在父类中的代码。
  }

  void bark() {       由于bark()函数不是父类中的一部
    println("Woof!");  分，它必须在子类中定义。
  }
}

class Cat extends Animal {

  Cat() {
    super();
```

```
  }

  void meow() {
    println("Meow!");
  }
}
```

下面介绍一些新的术语：

- extends：这一关键词用于指定要定义类的父类。注意一个类只能扩展一个类。可是，类可以扩展那些曾经扩展其他类的类。也就是说，Dog 扩展 Animal，Terrier 扩展 Dog。所有都可以由上至下继承。
- super() 函数：super 在父类中调用构造函数。换言之，不论你在父类构造函数中做什么，那么在子类构造函数中也是如此。在大多数情况下，Processing 会为你调用 super() 函数，但是，我会将其留在代码中，这样能够更清楚发生了什么。除了 super() 外，也可以将其他代码写入构造函数中，但是 super() 函数必须放在最前面。

一个子集可以被拓展，从而包含其他类中所包含的函数和属性。例如，假定一个 Dog 对象除了包含 age 之外，还包含一个 haircolor（头发颜色）变量。前者是在构造函数中被随机设置的。那么这个类的代码可能如下：

```
class Dog extends Animal {
  color haircolor;                      ┌─ 一个子类可以引出父类不包含的
                                        └─ 变量。
  Dog() {
    super();
    haircolor = color(random(255));
  }
  void bark() {
    println("Woof!");
  }
}
```

这里注意父类构造函数是如何通过 super() 被调用的，设置年龄（age）为 0，但是头发颜色（haircolor）是在 Dog 构造函数本身的内部被设置的。假定一个 Dog 对象和普通的 Animal 对象吃的非常不同。那么父类函数可以通过重写子类中的函数来覆写。

```
class Dog extends Animal {
  color haircolor;

  Dog() {
    super();
    haircolor = color(random(255));
  }

  void eat() {
    // Code for how a dog specifically eats     ┌─ 如果有必要的话，子函数可以覆写一个
  }                                             └─ 父函数。

  void bark() {
```

```
    println("Woof!");
  }
}
```

但是，如果狗的进食方式和动物相同，但是具备一些其他的功能，应该怎么做？一个子类可以运行来自父类的代码，也可以加入一些自定义代码。

```
class Dog extends Animal {
  color haircolor;

  Dog() {
    super();
    haircolor = color(random(255));
  }

  void eat() {
    // Call eat() from Animal
    super.eat();

    // Add some additional code
    // for how a dog specifically eats
    println("Yum!!!");
  }

  void bark() {
    println("Woof!");
  }
}
```

> 子类可以执行来自父类的函数，也可以加入自己的代码。

练习 22-1：继续我对封装讨论中的汽车示例，如何能够设计一个关于交通工具类的系统（也就是汽车、卡车、公交车和摩托车）？在一个父类中要包含什么样的变量和函数？在子类中又应当增加或者覆写什么？如果你还想将飞机、火车和船包括进来，应该怎么做？在图 22-1 的后面画一个图表。

22.3   一个继承的示例：图形

现在你已经掌握了继承及其句法的基础知识，我就可以在 Processing 中创建一个实例了。

关于继承的典型示例和图形相关。虽然有些陈词滥调了，但是由于其简洁性，它还是非常有用的。我会创建一个普通的 Shape 类，其中，所有 Shape 对象都有一个（x，y）坐标、大小和一个用于展示的函数。通过随机抖动，图形会在屏幕上移动。

```
class Shape {
  float x;
  float y;
```

```
    float r;

    Shape(float x_, float y_, float r_) {
      x = x_;
      y = y_;
      r = r_;
    }

    void jiggle() {
      x += random(-1, 1);
      y += random(-1, 1);
    }

    void display() {
      // This method deliberately left empty
    }
  }
```

> 普通的图形并不知道如何显示。这需要在子类中被覆写。

下一步，我从 Shape（让我们称其为 Square）中创建了一个子类。它会继承 Shape 中所有的实例变量和方法。我将编写一个新的构造函数，其名称为 Square（正方形），并且通过调用 super() 执行来自父类的代码。

```
  class Square extends Shape {
    // Variables for only Square are added here if neeeded.

    Square(float x_, float y_, float r_) {
      super(x_,y_,r_);
    }

    // Inherits jiggle() from parent

    // Add a display method
    void display() {
      rectMode(CENTER);
      fill(175);
      stroke(0);
      rect(x,y,r,r);
    }
  }
```

> 变量继承于父类。

> 如果父类构造函数函数使用参数，那么 super() 需要传递这些参数。

> "square" 覆写它的父类，用于展示。

注意，如果我使用 super() 调用父类构造函数，那么我必须把要求的参数算入。同样，由于我想要在屏幕上展示正方形，我要覆写 display()。虽然我希望正方形可以实现晃动效果，但是我并不需要编写 jiggle() 函数，因为它是继承来的。

如果我想编写一个关于 Shape 的子类，包含其他的功能，要怎么办？下面的这个示例是一个 Circle 类，除了扩展 Shape 之外，还包含一个用于跟踪颜色的实例变量。（注意，这仅仅是为了阐述继承的功能特征，将一个颜色变量放在父类 Shape 中其实更合乎逻辑性。）它同样拓展了 jiggle() 函数用来改变尺寸，以及组合一个新的函数用来改变颜色。

```
class Circle extends Shape {

  // Inherits all instance variables from parent + adding one
  color c;

  Circle(float x_, float y_, float r_, color c_) {
    super(x_, y_, r_); // Call the parent constructor
    c = c_;            // Also deal with this new instance variable
  }

  // Call the parent jiggle, but do some more stuff too
  void jiggle() {
    super.jiggle();
    r += random(-1, 1);        ◁── 该圆平移其大小以及其（x, y）坐标。
    r = constrain(r, 0, 100);
  }

  void changeColor() {         ◁── changeColor()函数对于圆来说是唯一的。
    c = color(random(255));
  }

  void display() {
    ellipseMode(CENTER);
    fill(c);
    stroke(0);
    ellipse(x, y, r, r);
  }
}
```

为了示范继承示例可以正常运行，这里是一个包含 Square 对象和 Circle 对象的程序。Shape、Square 和 Circle 类并没有包含其中。示例如下。

示例 22-1：继承

```
Square s;                  ◁── 该草图包含一个Circle对象和一个Square
Circle c;                      对象。其中并没有Shape对象。Shape类只是
                               作为继承树种的一部分存在的！
void setup() {
  size(200, 200);

  // A square and circle
  s = new Square(75, 75, 10);
  c = new Circle(125, 125, 20, color(175));
}

void draw() {
  background(255);

  c.jiggle();
  s.jiggle();

  c.display();
  s.display();
}
```

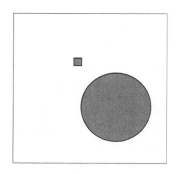

图   22-2

练习 22-2：编写一个继承自 Shape 的 Line（直线）类，前者具有直线上两个点的变量。当直线晃动的时候，移动两个点，在 Line 类中你并不需要 r。

```
class Line _____ {
  float x2, y2;

  Line(_____,_____,_____,_____) {
    super(_____);
    x2 = _____;
    y2 = _____;
  }

  void jiggle() {

    _____
    _____
    _____
  }

  void display() {
    stroke(255);
    line(_____);
  }
}
```

练习 22-3：你曾经创建的草图中有使用继承的必要吗？尝试找出一个来，并重写。

22.4　多态性

掌握了继承的概念以后，通过使用狗、猫、龟和嬉戏玩耍的鹬鸵这些动物的数组，我们可以编写多样化的动物王国。

```
Dog[] dogs = new Dog[100];
Cat[] cats = new Cat[101];
Turtle[] turtles = new Turtle[23];
Kiwi[] kiwis = new Kiwi[6];
for (int i = 0; i < dogs.length; i++) {
  dogs[i] = new Dog();
}
for (int i = 0; i < cats.length; i++) {
  cats[i] = new Cat();
}
for (int i = 0; i < turtles.length; i++) {
  turtle[i] = new Turtle();
}
for (int i = 0; i < kiwis.length; i++) {
```

100只狗、101只猫、23只乌龟、6只鹬鸵。

因为这些数组大小不同，每个数组都需要一个独立的循环。

```
    kiwis[i] = new Kiwi();
}
```

新的一天开始了，动物开始饿了，并四处寻找食物。所以接下来是循环的时间。

```
for (int i = 0; i < dogs.length; i++) {
  dogs[i].eat();
}
for (int i = 0; i < cats.length; i++) {
  cats[i].eat();
}
for (int i = 0; i < turtles.length; i++) {
  turtles[i].eat();
}
for (int i = 0; i < kiwis.length; i++) {
  kiwis[i].eat();
}
```

一切运转正常，但是随着我的世界逐步拓展，会包含越来越多的动物物种，如果要分别编写许多循环的话，会十分困难。这有必要吗？毕竟，生物也都是动物，它们也都喜欢进食。为什么不编写一个 Animal 对象的数组，然后将各种不同种类的动物填充进去？

```
Animal[] kingdom = new Animal[1000];
```
> 数组是使用Animal类型来定义的，但是特定的动物子类型也是可以插入进来的。

```
for (int i = 0; i < kingdom.length; i++) {
  if (i < 100) {
    kingdom[i] = new Dog();
  } else if (i < 400) {
    kingdom[i] = new Cat();
  } else if (i < 900) {
    kingdom[i] = new Turtle();
  } else {
    kingdom[i] = new Kiwi();
  }
}
for (int i = 0; i < kingdom.length; i++) {
  kingdom[i].eat();
}
```
> 狗、猫、乌龟和鹬鸵在同一个数组中。

> 当到了所有的动物需要进食的时候，我只需要循环那一个大的数组。

一个 Dog 对象既可以看作是 Dog 类，也可以看作 Animal 类（其父类）的一个成员，这就是所谓的多态性（polymorphism），面向对象编程的第三条原则。

多态性（来自于希腊语 polymorphos，意味着多种形态）指的是以多种形态方式对待一个单一的对象实例。一只狗是一个 Dog，但是由于 Dog 扩展为 Animal，因此它也可以看作是一个 Animal。

```
Dog rover = new Dog();
Animal spot = new Dog();
```
> 通常而言，等号左边的类型必须和等号右边的类型相匹配。有了多态性，只要右边的类型是左边类型的一个子集，那就可以了。

　　虽然第二行代码可能违反了句法规则，但是两种声明 Dog 对象的方法都是合理的。虽然我将 spot 声明为一个 Animal，但是我创建了一个 Dog 对象，并且在 spot 变量中进行了存储。我可以为 spot 调用所有的 Animal 方法，这是因为在继承法则中，狗可以做任何动作能做的事情。

　　当你有一个数组的时候，这会尤其有帮助。

　　我们对前面章节中的图形示例，通过使用多个 Circle 对象和多个 Square 对象将示例进行重新编写。

```
// Many Squares and many Circles          使用"非-多态性"的多个数组。
Square[] s = new Square[10];
Circle[] c = new Circle[20];

void setup() {
  size(200, 200);

  // Initialize the arrays
  for (int i = 0; i < s.length; i++) {
    s[i] = new Square(100, 100, 10);
  }
  for (int i = 0; i < c.length; i++) {
    c[i] = new Circle(100, 100, 10, color(random(255), 100));
  }
}

void draw() {
  background(100);

  // Jiggle and display all squares
  for (int i = 0; i < s.length; i++) {
    s[i].jiggle();
    s[i].display();
  }

  // Jiggle and display all circles
  for (int i = 0; i < c.length; i++) {
    c[i].jiggle();
    c[i].display();
  }
}
```

　　多态性允许我对上述进行简化，这仅仅需要制作包含 Circle 对象和 Square 对象的一个 Shape 对象数组来实现。这里我并不担心哪个是哪个，Processing 都已经为我做好了！（同样，注意类的代码并没有改变，所以我将其列到这里了。）见示例 22-2。

示例 22-2：多态性

```
// One array of Shapes
Shape[] shapes = new Shape[30];
void setup() {                使用多态性的方式，数组具有不同类型的对象，这些对象都继承了 Shape。
  size(200, 200);
```

```
    for (int i = 0; i < shapes.length; i++) {
      int r = int(random(2));
      // Randomly choose a circle or square
      if (r == 0) {
        color c = color(random(255), 100);
        shapes[i] = new Circle(100, 100, 10, c);
      } else {
        shapes[i] = new Square(100, 100, 10);
      }
    }
  }

void draw() {
  background(100);
  // Jiggle and display all shapes
  for (int i = 0; i < shapes.length; i++) {
    shapes[i].jiggle();
    shapes[i].display();
  }
}
```

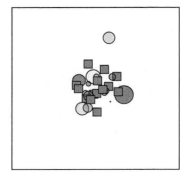

图 22-3

练习 22-4：为练习 22-2 中你创建的草图增加 Line 类。随机地将圆、正方形和直线放入数组中。注意你不用改动太多代码（你只需要编辑 setup()）。

练习 22-5：对练习 22-3 中你创建的草图执行多态性。

22.5 重载

在第 16 章，你已经学过了如何创建一个 Capture 对象，从而可以从一个摄像机中读取实时图像。如果你查看 Processing 的参考文档（http://www.processing.org/reference/libraries/video/ Capture.html），你可能会注意到 Capture 构造函数可以使用三个、四个或者五个参数进行调用：

```
Capture(parent, config)
Capture(parent, width, height)
Capture(parent, width, height, fps)
Capture(parent, width, height, name)
Capture(parent, width, height, name, fps)
```

可以使用不同数目参数的函数实际上就像第 1 章中的 fill() 函数一样，可以通过一个参数（灰度）、三个参数（RGB 颜色），或者四个参数（加上 alpha 透明度）来进行调用。

```
fill(255);
fill(255, 0, 255);
fill(0, 0, 255, 150);
```

使用相同的名称（但是不同的参数）来定义函数叫做重载（overloading）。拿 `fill()` 函数为例，Processing 并不会对不同参数的相同函数感到困惑，它只需要根据不同的参数来检索对应的那个函数。一个函数的名称以及其参数叫做函数的签名（signature）——正是它是让每个函数独一无二。接下来，我们通过一个示例来阐述重载的具体作用所在。

假设我有一个 Fish（鱼）类。每个 Fish 对象有一个坐标：x 和 y。

```
class Fish {
  float x;
  float y;
```

假设我创建了一个 Fish 对象，有时候我希望它是具有随机位置的，有时希望它具有一个特定的位置。为了实现这个想法，我可以编写两个不同的构造函数：

```
Fish() {
  x = random(0, width);
  y = random(0, height);
}

Fish(float tempX, float tempY) {
  x = tempX;
  y = tempY;
}
}
```

> 重载允许我可以使用相同的对象（只要这些构造函数使用不同的参数）定义两个构造函数。

在主程序中创建一个 Fish 对象，你也可以使用另外一个构造函数：

```
Fish fish1 = new Fish();
Fish fish2 = new Fish(100, 200);
```

> 如果定义了两个构造函数，你可以选择其中一个初始化对象。

在上述的讨论中，我一直侧重于讨论定义一个函数的参数数量（以及其名称）。但是，参数的类型对于签名来说，也是至关重要的。你可以使用两个字符串类型的参数编写第三个 Fish 构造函数。

Java

> 我爱咖啡，我爱茶，我爱爪哇摇摆舞（Java Jive），它也爱我。
>
> ——本·奥克兰（Ben Oakland）和米尔顿·德雷克（Milton Drake）

本章主要内容：

- Processing 实际上就是 Java 语言
- 如果不使用 Processing，你的代码看上去会是什么样子
- 探索 Java API
- 一些有用的 Java 类：`ArrayList` 和 `Rectangle`
- 异常（错误）处理：`try` 和 `catch`
- 超越 Processing

23.1 揭开 Processing 魔法

Processing 究竟是什么？它是不是一种编程语言？在本书的最后一章问这个问题看似有些奇怪。毕竟，我已经花了 22 章的内容讨论 Processing。难道你不应该已经知道答案了吗？然而真相是，你一直生活在一个杜撰的虚构故事中：你正在学习 Processing。虽然答案确实是这样，因为这正是本书的标题。但事实是，你一直以来学习的具体的编程语言是：Java。Processing 实际上是一款软件，你可以使用一些函数（ellipse、line、fill、stroke 等）库编写代码，实现绘制和其他功能。它并不是一种语言。它采用的语言实际上是 Java，拉开 Processing 这层窗帘之后，你会意识到你一直以来学习的都是 Java。举例来说，在 Java 里，你可以：

- 以相同的方式声明、初始化和使用变量。
- 以相同的方式声明、初始化和使用数组。
- 以相同的方式使用条件语句和循环语句。
- 以相同的方式定义和调用函数。
- 以相同的方式创建类。
- 以相同的方式实例化对象。

当然 Processing 还免费提供你一些额外的东西（而且在各个地方进行了简化），这就是为什么 Processing 是用来学习和开发交互式图形项目非常棒的工具。下面列举了一些 Processing 提供给你（但是纯粹的 Java 并不具备）的东西。

- 一套用来绘制图形的函数。
- 一套用来载入和显示文字、图片和视频的函数。
- 一套用来实现 3D 转换的函数。
- 一套用来实现鼠标和键盘交互的函数。
- 一个用来编写代码、简洁的开发环境。

- 一个友好的由艺术家、设计师和程序员组成的在线团体。

23.2　如果不使用 Processing，代码看上去会是什么样子

在第 2 章，我讨论了编译和执行的过程：当你点击播放按钮后，Processing 将代码转换为图形，在窗口中显示出来。这个过程中的第 1 步包含把 Processing 代码"转译"为 Java。事实上，当你把 Processing 文件导出为一个应用时，也会发生相同的过程。同时，你会发现源文件夹连同"SketchName.pde"文件，会产生一个新的名为"SketchName.java"的文件。这就是"转译"之后的代码，只是在这里用"转译"这个词不是特别恰当，因为实际上代码在这个过程中只是稍有变化。我们来看一个例子：

```
// Randomly Growing Square
float w = 30.0; // Variable to keep track of size of rect

void setup() {
  size(640, 360);
}

void draw() {
  background(100);
  rectMode(CENTER);
  fill(255);
  noStroke();
  rect(mouseX, mouseY, w, w);    // Draw a rect at mouse location
  w + = random(-1, 1);           // Randomly adjust size variable
}
```

> 这是你之前看到的，已经非常熟悉的Processing代码。

导出这个草图，你可以打开该 Java 文件查看 Java 源代码。

```
// Randomly Growing Square with Java Stuff
import processing.core.*;
import processing.data.*;
import processing.event.*;
import processing.opengl.*;

import java.util.HashMap;
import java.util.ArrayList;
import java.io.File;
import java.io.BufferedReader;
import java.io.PrintWriter;
import java.io.InputStream;
import java.io.OutputStream;
import java.io.IOException;

// Randomly Growing Square
public class JavaExample extends PApplet {

  // Variable to keep track of size of rect
  float w = 30.0f;

  public void setup() {
    size(640, 360);
  }
```

> 转译后的Java代码在顶端有一些新的代码，但是其他部分保持不变。

> 数字旁边有一个"f"字母，以表明它是浮点数据。

> 函数被定义为public。

```
public void draw() {
  background(100);
  rectMode(CENTER);
  fill(255);
  noStroke();
  rect(mouseX, mouseY, w, w);  // Draw a rect at mouse location
  w += random(-1, 1);          // Randomly adjust size variable
}

static public void main(String[] passedArgs) {
  String[] appletArgs = new String[] { "JavaExample" };
  if (passedArgs != null) {
    PApplet.main(concat(appletArgs, passedArgs));
  } else {
    PApplet.main(appletArgs);
  }
}
}
```

> 这里有一个名为 "main"（主）函数的新函数。

由此可见，只有很少代码发生了变化，只是有些新的代码加在了 setup() 函数和 draw() 函数的前面和后面。

- **导入声明**（Import Statement）：在代码的最顶端，有一套基本的导入声明，使你可以访问特定的库。在使用 Processing 库的时候，你已经看到过这些了。如果你使用 Java 而不是 Processing 的话，那么必须指定所有的库。Processing 中有一套来自 Java（比如 java.io.File*）的基本的库，以及来自 Processing（比如 Processing.core.*）的库，这就是为什么你不会在每个草图中都会见到导入声明。

- **公共的**（public）：在 Java 中，变量、函数以及类可以是 public（公共的）或者 private（私有的）。这一指定表明了对于某个特定的代码块授予的访问层级。在简单的 Processing 环境中，这并不是你需要去考虑的问题，但是在更大型的 Java 程序中，它就变成了一个非常重要的内容。作为独立的程序员，你经常可以自行执行授权或者拒绝访问的操作，这是一种防止犯错的有效方法。这一点，我们在第 22 章讲解有关封装的内容时，曾经遇到过这样的示例。

- JavaExample 类：听上去是不是有些熟悉？ Java 其实是真正的面向对象的编程语言。在 Java 里写的每个东西都是类的一部分！你已经了解了 Zoog 类、Car 类、PImage 类等，但是还有一点非常重要，那就是草图，作为一个整体它也是类！ Processing 已经为你准备好了，因此在你第一次开始学习编程的时候，不必担心类的问题。

- **扩展的 PApplet 类**：在学完第 22 章之后，我想你已经很熟悉这个名词的含义了。这其实是继承的另一个示例。在这里，类 JavaExample 是类 PApplet 的子类（或者等价于，PApplet 是 JavaExample 的父类）。PApplet 是由 Processing 的创建者开发的一个类，通过对其扩展，草图就可以访问 Processing 的所有东西：setup()、draw()、mouseX、mouseY 等。这些代码就是隐藏在几乎每个 Processing 草图背后的秘密。

Processing 之所以如此适合你初学编程，就是因为 Processing 为你省略了以上四个令人感到头疼的内容，同时又保留了 Java 编程语言中人性化的内容供你使用。本章的剩余内容将会向你展示如何能够充分使用完整版的 Java API。（当你在第 17 章和第 18 章中学习字符串解析的时候，就已经踏上这趟旅程了。）

23.3　探索 Java API

在学习编程的过程中，Processing 的参考文档一直是你最好的伙伴。Java API 则更多的是你时不时会使用到的东西。或许某一天，它会成为你一个非常好的朋友，但是就目前来讲，你只需要学习一小部分的内容就够用了。

你可以通过访问下面链接获取 Java 的全部文档：

http://www.oracle.com/technetwork/java/index.html

在网站上，你可以点击获取 API 的说明文件：

http://www.oracle.com/technetwork/java/api-141528.html

以及供你选择的各种 Java 版本。尽管大多数机器都安装了相应的 Java 版本，但其实 Processing 在其应用（编写本书时的 Java 版本是 1.8.0_31）自身里面就已经包含 Java 了。尽管这些不同版本的 Java 之间存在区别，但这对你来说并不是特别重要，你可以看下关于 Java 1.8 的 API。如图 23-1 所示。

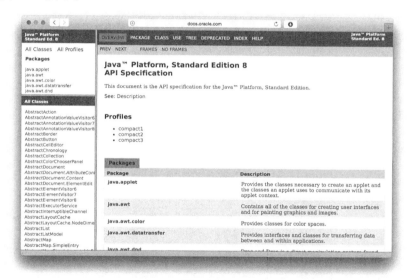

图　23-1

你会发现自己很容易完全迷失在其中。没有关系，Java API 非常大。其实也没有通读甚至精读的必要。它只不过是一个纯粹的参考文档，便于你查阅需要的特定的类。

例如，你可能正在编写一个程序，需要一个复杂的数字生成功能，而 random() 函数并不能满足你的需要，你无意中听说了一个 Random 的类，此时你会想"我要想办法把它找到！"向下拖动" All Classes"（所有的类）这一页的滚动条，你就会发现关于特定类的参考页，或者选择右侧的包（在这个例子中是 java.util 包。包（package）就像一个库，是许多类（API 通过主题来管理它们）的集合。但是，寻找某个类的最快捷的方法，却是在 google 中输入类的名称和 Java（比如" Java Random"）。相关的文档页面通常是第一个搜索结果。如图 23-2 所示。

正如 Processing 的参考文档一样，Java 的参考文档包含了关于某个类的功能的解释，创建一个对象实例的构造函数，以及域（变量）和方法（函数）。由于 Random 没有导入进来之前，Processing 默认假定已经导入了，你没有必要编写一个引用 java.until 包的导入声明来使用它。

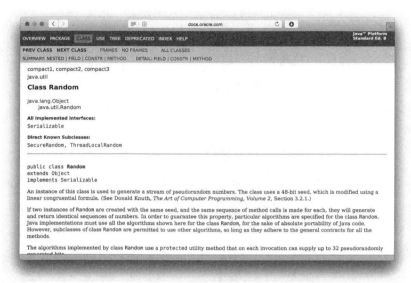

图   23-2

下面的代码创建了一个 Random 对象，并且在其中调用函数 nextBoolean() 以获取一个随机的 true 或 false。

示例 23-1：使用 java.util.Random 替换 random()

```
import java.util.Random;        Processing并不会自动地寻找Random类，因此你必须指定
                               导入声明。
Random r;

void setup() {
  size(640, 360);
  r = new Random();            创建一个Random对象，其构造函数详见：http://docs.oracle.
}                              com/javase/8/docs/api/java/util/Random.html。
void draw() {
  boolean trueorfalse = r.nextBoolean();     调用一个函数，详见：http://docs.oracle.com/
  if (trueorfalse) {                         javase/8/docs/api/java/util/Random.html。
    background(0);
  } else {
    background(255);
  }
}
```

练习 23-1：访问 Java 的参考文档参看 Random 的内容，并使用它获取介于 0 到 9 之间的随机整数。详见：http://docs.oracle.com/javase/8/docs/api/java/util/Random.html。

23.4　其他有用的 Java 类：**ArrayList**

在第 6 章，你已经学会了如何使用一个数组来跟踪和记录一组有序的信息。你创建一个由 N 个对象构成的数组，使用一个 for 循环访问数组中的每个元素。数组的长度是固定

的——你被限于有且只有 N 个元素。

其实还有别的选择。一个选择是使用非常长的数组，使用一个变量记录某个时间数组使用的多少（见第 10 章里雨滴采集器的示例）。Processing 同样提供了 expand()、contract()、subset()、splice()，以及其他方法来修改数组的长度。可是，如果有一个类可以执行长度灵活的数组，进而允许从数组的开始、中间和末尾增加或者取出元素的话，就更好了。

这就是 ArrayList（同样可以在 java.util 包中找到）这个 Java 的类可以实现的功能。参考文档见：http://docs.oracle.com/javase/8/docs/api/java/util/ArrayList.html。

从概念上来说，ArrayList 和标准的数组十分类似，但是句法不同。下面是一个例子（假设存在一个 Particle（粒子）类）输出了相同的结果，但是第一次使用一个数组，第二次使用 ArrayList。这个示例中所有使用到的方法你都可以在 JavaDoc 参考文档中找到具体说明。

```
// The array way
// Declaring the array
Particle[] parray = new Particle[10];
// Initialize the array in setup
void setup() {
  for (int i = 0; i < parray.length; i++) {
    parray[i] = new Particle();
  }
}
// Loop through the array to
// call methods in draw
void draw() {
  for (int i = 0; i < parray.length; i++) {
    Particle p = parray[i];
    p.run();
    p.display();
  }
}
```

标准的数组方式：这是你一直以来所做的，通过索引值和方括号访问数组中的元素。

```
// The newfangled ArrayList way
ArrayList<Particle> plist = new ArrayList<Particle>();

void setup() {
  for (int i = 0; i < 10; i++) {
    plist.add(new Particle());
  }
}

void draw() {
  for (int i = 0; i < plist.size(); i++) {

    Particle p = plist.get(i);
    p.run();
    p.display();
  }
}
```

你想要放到 ArrayList 里面的对象类型需要在 <> 中进行指定。

新的 ArrayList 的方式：使用 add() 将一个对象添加到 ArrayList 中，无需使用方括号。

通过 size() 返回 ArrayList 的长度值。

对象通过 ArrayList 的 get() 函数进行访问。这些函数在 Java 的参考文档中有详细的说明。

这里最奇怪的新句法就是 ArrayList 本身的声明了。通常而言，声明一个对象（比如 PImage），你需要数据类型和变量名称两个要素：

```
PImage img;
```

而对于 ArrayList 而言，你可以声明其本身的数据类型以及你想要存储其中的数据类型！

```
ArrayList<PImage> images;
```
一系列的PImage对象！

尽管你并没有被强制要求提前指定你打算放入 ArrayList 中的数据类型，但是如果你这么做了，会在后面使用 ArrayList 的时候简化你的代码。举例来说，它就像是一种"增强的循环"（enhanced loop）。

```
for (Particle p : particles) {
  p.run();
}
```

翻译上述代码用"对于每一个"替代"对于"，用"里面"替代"："。现在你得到了：对于每一个 particles 内部的 Particle p，运行那个 Particle p！

这种风格的循环是许多编程语言的特征，并且在 Java 中已经发展到了 1.5 版本。这种类型的循环也可以用于规则数组，它只是最近才开始出现在 Processing 的示例当中。为了简洁，我并没有在第 9 章中介绍这种风格的循环。

练习 23-2：使用增强的循环来重新编写第 9 章中的任意一个示例。

目前，我仅仅是使用了一个固定的大小，数值为 10，这并不能解锁 ArrayList 的全部功能。下面是一个更好的示例，draw() 的每一次循环为 ArrayList 增加了一个新的粒子。我要确保 ArrayList 永远不能大于 100 个粒子。如图 23-3 所示。

> 术语"粒子系统"由威廉·里夫斯（William T. Reeves）在 1983 年创造，他为电影《星际旅行Ⅱ：可汗怒吼》（*Star Trek II: The Wrath of Khan*）开发了"Genesis"特效。
> 粒子系统通常指的是一组独立的对象，一般用简单的图形或者点来代表。它可以用于模拟多种类型的自然现象，如爆炸、火、烟、火花、水流、云、雾、花瓣、草地、泡泡等。

示例 23-2：使用 ArrayList 构建简单的粒子系统

```
ArrayList<Particle> particles;

void setup() {
  size(200, 200);
  particles = new ArrayList<Particle>();
}

void draw() {
```

```
particles.add(new Particle());

background(255);
```

> 在draw()中的每一循环，一个新的Particle对象增加到ArrayList中。

```
// Iterate through the ArrayList and get each Particle

for (Particle p : particles) {
  p.run();
  p.gravity();
  p.display();
}
```

> 使用增强的循环在所有Particle对象中进行迭代。

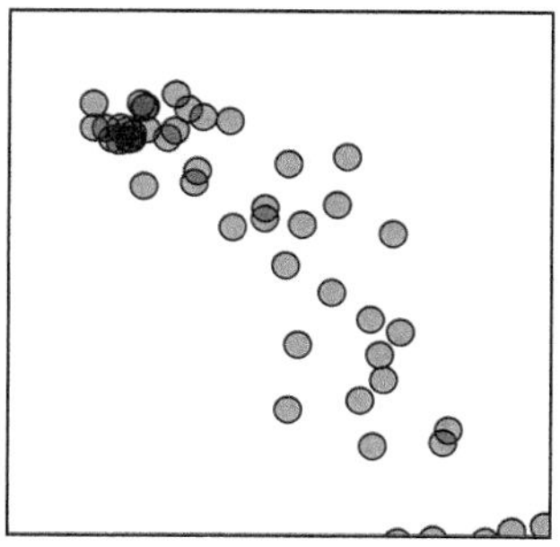

```
if (particles.size() > 100) {
  particles.remove(0);
}
}
```

> 如果ArrayList中有超过100个元素，则使用remove()函数删除第一个元素。

```
// A simple Particle class
class Particle {
  float x;
  float y;
  float xspeed;
  float yspeed;

  Particle() {
    x = mouseX;
    y = mouseY;
    xspeed = random(-1, 1);
    yspeed = random(-2, 0);
  }

  void run() {
    x = x + xspeed;
    y = y + yspeed;
  }

  void gravity() {
    yspeed += 0.1;
  }

  void display() {
    stroke(0);
    fill(0, 75);
    ellipse(x, y, 10, 10);
  }
}
```

图 23-3

练习 23-3：重新编写示例 23-2，使得在粒子离开窗口（也就是它们 y 坐标大于它们的高度）之后就从列表中删除。注意，在循环内部修改一个 ArrayList 的时候，你不能使用增强的循环。

> 提示：当粒子离开窗口的时候，在 Particle 类中增加一个可以返回布尔值的函数。
>
> _____ offScreen() {
>
>   if (_____) {

```
      return _____;
    } else {
      return false;
    }
  }
```

提示：为了能够正常运行，你必须向后迭代 ArrayList 中的元素！为什么？因为删除一个元素之后，所有连续的元素被转移至左侧（见图 23-4）。

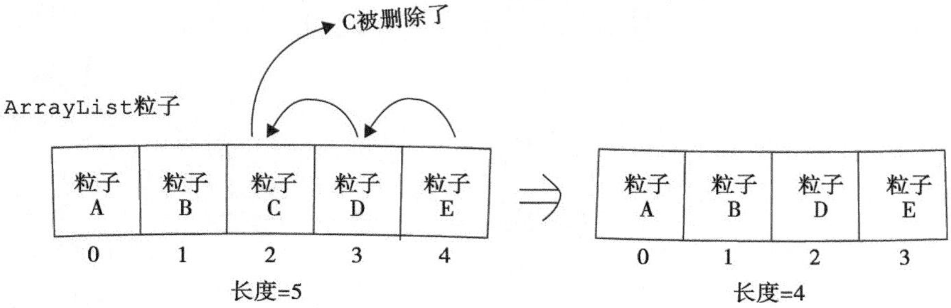

图   23-4

```
for (int i = _____; i _____; i_____) {
  Particle p = particles.get(i);
  p.run();
  p.gravity();
  p.render();
  if (_____) {

    _____;
  }
}
```

在继续介绍下面的内容之前，我想看一下使用 ArrayList 类的另外一个场景。在示例 9-8 中，我着眼于如何使用两个数组存储鼠标坐标的历史记录：一个用于存储 x 坐标数值，另外一个用于存储 y 坐标数值。

```
int[] xpos = new int[50];
int[] ypos = new int[50];
```

这是在使用对象数组之前完成的示例，但是该示例还可以进行提升。第一，我可以进一步简化，只使用一个数组。毕竟，如果我使用存储 x 和 y 的 Point 类的话，我只需要一个 Point 数组就行了。

```
class Point {
  float x;
  float y;
}

Point[] positions = new Point[50];
```

事实上，我甚至不需要创建一个 Point 类。这种情形经常发生，以至于 Processing 为这个问题专门设置了一个内置的类：PVector。为了制作一个 PVector 对象，我仅需要将 x 和 y 传递到构造函数中。

```
PVector mouse = new PVector(mouseX, mouseY);
```

> 一个PVector对象同时存储x和y（另外，如果你在处理三维空间的问题，还可以存储z）。

我可以使用点句法访问 PVector 各自的 x 和 y 要素。

```
ellipse(mouse.x, mouse.y, 16, 16);
```

就本书涉及的内容而言，对 vector 以及 PVector 类的讨论我打算到此为止了。你可以在另一本书《代码本色》(*The Nature of Code*)(http://natureofcode.com) 中看到关于矢量以及它们各种应用的全部解释和讨论。这本书的内容你可以在线免费获取。

对于我们来说，这里的关键是：一旦使用一个对象存储（x，y）坐标，我就可以使用一个 ArrayList 存储它们的历史坐标记录。

```
ArrayList<PVector> history = new ArrayList<PVector>();
```

> 一个PVector对象的ArrayList。

我可以为 ArrayList 增加一个鼠标位置。

```
PVector mouse = new PVector(mouseX, mouseY);
history.add(mouse);
```

> 每次通过draw循环为列表中增加一个新的PVector。

如果列表过大，我可以删除旧的条目。

```
if (history.size() > 50) {
  history.remove(0);
}
```

> 新的对象增加到ArrayList的末尾，所以位于索引值为0的对象是列表中最早增加的。

下面是使用 PVector 对象的 ArrayList 制作的蛇示例的全部代码。

示例 23-3：将鼠标历史位置存储为 PVector 对象的 ArrayList

```
ArrayList<PVector> history = new ArrayList<PVector>();

void setup() {
  size(640, 360);
}

void draw() {
  background(255);

  // New mouse position
  PVector mouse = new PVector(mouseX, mouseY);
  history.add(mouse);

  // Remove old ones
  if (history.size() > 50) {
    history.remove(0);
  }

  // Draw everything
  for (int i = 0; i < history.size(); i++ ) {
    noStroke();
    fill(255-i*5);
    // Grab the current PVector
    PVector position = history.get(i);
    // Look at the x and y of each PVector
    ellipse(position.x, position.y, i, i);
  }
}
```

图　23-5

> 根据其当前大小循环遍历ArrayList。

练习 23-4：重新编写粒子系统的示例，使得每个粒子将其坐标历史位置存储于一个
PVector 对象的 ArrayList 中。你会进行怎样的试验？（你也可以考虑将每个粒子的坐标
和速度作为矢量进行保存。更多的细节你可以参看下我的另外一本著作《代码本色》（*the
Nature of Code*）（http://natureofcode.com/book/chapter-1-vectors）。）

在学习下一节之前，下面是对可变换大小数组的最后一点花絮。你可能已经注意到，
我所有的 ArrayList 示例中没有一个使用整数、浮点数和字符串。虽然我可以使用一个
ArrayList 记录跟踪法这些数据类型，但是正如我在第 18 章中提及的，Processing 包含了
另外三个类（IntList、FloatList 和 StringList）专门用于这个目的。这三个类本质
上比一个 ArrayList 更加高效，而且更容易使用，因为你不必担心维持数据类型。它们还
允许你对列表条目进行排序（升序 / 降序）。在此我建议你，每当你想使用 ArrayList 处理
数字或文本时，最好使用上述 Processing 中的列表。

23.5　其他有用的 Java 类：`Rectangle`

我要讨论的第二个有用的 Java 类是 Rectangle 类：http://docs.oracle.com/javase/8/docs/
api/java/awt/Rectangle.html。

Java 中的 Rectangle（矩形）指的是：在一个坐标空间里，由一个 Rectangle 对
象的左上点（x，y）、其宽度、其高度包围的区域。听上去很熟悉？当然了，Processing 的
rect() 函数使用和上面一模一样的参数绘制矩形。Rectangle 类将矩形的概念封装到一
个对象中。

Java 的 Rectangle 类包含一些有用的方法，比如 contains()。contains() 为检
查一个点或者矩形是否位于那个矩形中提供了一个简单的方法：根据（x，y）点是否在矩形
内部，传递给它 x 和 y 两个参数，它返回真或假的值。

下面是一个通过 Rectangle 对象和 contains() 函数实现的翻转效果。如示例 23-4
所示。

示例 23-4：使用 `java.awt.Rectangle` 对象

```
import java.awt.Rectangle;              从java.awt包中导入。

Rectangle rect1, rect2;

void setup() {
  size(640, 360);
  rect1 = new Rectangle(100, 75, 50, 50);
  rect2 = new Rectangle(300, 150, 150, 75);
}
                                草图使用两个矩形对象。
                                构造函数的参数为：x、y、
                                width值、height值。

void draw() {
  background(255);
  stroke(0);
```

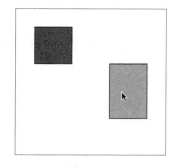

图　23-6

```
if (rect1.contains(mouseX, mouseY)) {
  fill(200);
} else {
  fill(100);
}


rect(rect1.x, rect1.y, rect1.width, rect1.height);

// Repeat for the second Rectangle
// (of course, I could use an array or ArrayList here!)
if (rect2.contains(mouseX, mouseY)) {
  fill(200);
} else {
  fill(100);
}
rect(rect2.x, rect2.y, rect2.width, rect2.height);
}
```

> constains()函数用来判断鼠标是否位于矩形之内。

> Rectangle对象只知道和一个矩形相关的数据。它本身并不能绘制。所以我仍然需要使用Processing的rect()函数与之结合使用。

让我们尝试些更好玩的东西，将粒子系统和翻转效果结合到一起。在示例23-5中，每一帧产生的粒子由于重力的作用，被拉向窗口的底部。如果它们撞击到一个矩形，就会被矩形捕捉到。粒子都存储在一个ArrayList中，而一个Rectangle对象用于判定它们是否被捕捉到。(该示例包含练习23-3的答案。)

示例23-5：新奇的 ArrayList 和矩形粒子系统

```
// Java Rectangle class is not automatically imported
import java.awt.Rectangle;

// Declaring a global variable of type ArrayList
ArrayList<Particle> particles;
// A "Rectangle" will suck up particles
Rectangle blackhole;

void setup() {
  size(640, 360);
  blackhole = new Rectangle(200, 200, 150, 75);
  particles = new ArrayList<Particle>();
}

void draw() {
  background(255);

  // Displaying the Rectangle
  stroke(0);
  fill(175);
  rect(blackhole.x, blackhole.y, blackhole.width, blackhole.height);

  // Add a new particle at mouse location
  particles.add(new Particle(mouseX, mouseY));

  // Loop through all Particles
  for (int i = particles.size()-1; i >= 0; i--) {
    Particle p = particles.get(i);
    p.run();
    p.gravity();
    p.display();
    if (blackhole.contains(p.x, p.y)) {
      p.stop();
    }
    if (p.finished()) {
      particles.remove(i);
    }
```

> 如果Rectangle对象包含粒子的位置，那么让粒子停止运动。

```
    }
  }
  // A simple Particle Class
  class Particle {
    float x;
    float y;
    float xspeed;
    float yspeed;
    float life;
    // Make the Particle
    Particle(float tempX, float tempY) {
      x = tempX;
      y = tempY;
      xspeed = random(-1, 1);
      yspeed = random(-2, 0);
      life = 255;
    }

    // Move
    void run() {
      x = x + xspeed;
      y = y + yspeed;
    }

    // Fall down
    void gravity() {
      yspeed + = 0.1;
    }

    // Stop moving
    void stop() {
      xspeed = 0;
      yspeed = 0;
    }

    // Ready for deletion
    boolean finished() {
      life -= 2.0;
      if (life < 0) {
        return true;
      } else {
        return false;
      }
    }

    // Show
    void display() {
      stroke(0);
      fill(0, life);
      ellipse(x, y, 10, 10);
    }
  }
```

> 粒子有一个逐渐变小的life变量。当其值小于0的时候，粒子会从ArrayList中删除。

23.6 异常（错误）处理

除了许多有用类的大型库之外，Java 编程语言还有一些本书尚未讨论过的特色功能。现在讨论它们中的一个特色功能：异常处理（exception handling）。

编程错误时常发生。我们都曾遇到过。

```
java.lang.ArrayIndexOutOfBoundsException

java.io.IOException: openStream() could not open file.jpg
```

```
java.lang.NullPointerException
```

发生错误是件令人头疼的事情。错误信息出现后，程序无法正常运行甚至停止，无法再次工作。也许你已经研究出一些免于出现这些错误信息的小技巧和方法了。比如说：

```
if (index < somearray.length) {
  somearray[index] = random(0, 100);
}
```

上面就是"错误检查"的一种形式。在访问某个索引值对应的元素之前，代码使用一个条件语句来判定该索引值是否有效。上述代码的编写真的是非常谨小慎微，我们应该追求这种严谨细致的态度。

然而，并不是所有的情况都是如此简单以至于可以避免出错，这就是异常处理发挥作用的时候了。异常处理指的是提供处理程序运行时出现的意外或异常情况的方法。

在 Java 中，用于异常处理的代码结构叫做异常捕获（try catch）。换句话说，"尝试（try）去运行一些代码。如果遇到一个问题，那就捕获（catch）那个错误，然后运行一下其他代码。"如果错误是由异常捕获发现的，代码就会被允许继续执行。下面，我尝试使用异常捕获重新编写上面的数组代码。

```
try {
  somearray[index] = 200;
} catch (Exception e) {
  println("Hey, that's not a valid index!");
}
```

> 可能产生错误的代码位于"try"的大括号内部。如果有错误发生，则应出现在"catch"内部。

上述代码会捕获任何可能发生的异常。捕获的错误类型一般来说都是通用异常。可是，如果你想要基于某个特定的异常执行某段代码的话，你可以按照下面的代码示范的方式进行。

```
try {
  somearray[index] = 200;
} catch (ArrayIndexOutOfBoundsException e) {
  println("Hey, " + index + " is not a valid index!");
} catch (NullPointerException e) {
  println("I think you forgot to create the array!");
} catch (Exception e) {
  println("Hmmm, I dunno, something weird happened");
  e.printStackTrace();
}
```

> 不同的"catch"区域可以捕获不同类型的异常。除此以外，每个异常都是一个对象，因此其中有方法的调用。举个例子：e.printStackTrace(); 显示关于异常的更详细的信息。

可是上面的代码无非只是输出自定义的错误信息。但是有些情况我需要的不仅仅是解释信息。举例来说，在第 18 章的示例中，我从一个 URL 路径载入信息。如果草图无法连接至 URL 怎么办？那么它会崩溃并退出。有了异常处理，我就能够捕捉到那个错误信息，然后手动填入一个 XML 对象，这样草图就能够继续运行了。

```
XML data;
```

```
String url = "http://lovelyapi.com/lovely.xml";
try {
  data = loadXML(url);
} catch (Exception e) {
  data = parseXML("<mood>joyful</mood>");
}

println(data);
```

> 如果问题发生在连接到 URL 的时候，那么使用虚拟数据填写一个 XML 对象就能让草图继续运行。

23.7　Processing 之外的 Java

终于到这里了，本书的最后一节内容。如果需要的话，你可以休息一下。比如出去散散步。甚至沿着街区慢跑。这对你非常有好处。

OK，回来了吗？好的，我们继续。

在结束本章和本书的时候，我想讨论最后一个话题：当你想要在 Processing 之外开始编程，应当怎么做？

但你为什么要这么做呢？

一种情况是，如果你要编写一个应用，它并不包含任何图形的话，你值得去尝试其他的编程环境。也许你需要编写一个程序，它包含来自电子数据表的金融信息，你需要将它们记录到一个数据库中。又或者是一个聊天服务器，可以在你电脑的后台运行。尽管这两个都可以在 Processing 环境中编写，但他们并不能发挥 Processing 的特色和长处。

在需要开发越来越大的项目，包含许多的类的时候，Processing 环境会比较难以应对。比如说，如果你的项目包含 20 个类。那么创建一个包含 20 个标签（如果是 40 个？甚至 100 个？）的 Processing 草图，将难以管理，更不必说适配屏幕了。在这种情况下，一种为大型 Java 项目设计的开发环境会是更好的选择。由于 Processing 使用 Java 语言，因此你仍旧可以在导入核心库后，在其他开发环境中使用 Processing 中可用的所有函数。

那你要怎么办？首先，我要说，不用着急。现在就尽情享受 Processing，你会对你的编程过程和方式越来越得心应手。使用 Java 语言编程之后，你会逐渐遇到由 Java 带来的各种各样的复杂问题。

如果你觉得准备好了，那么花点时间浏览 Java 网站（http://java.sun.com/）是一个良好的开端，从其中的一个教程（http://docs.oracle.com/javase/tutorial/）开始。教程中会涵盖部分和本书相同的内容，只不过是从一个完全 Java 的角度来写的。下一步，就是尝试编写并运行一个"Hello World"的 Java 程序。

```
public class HelloWorld {

  public static void main(String[] args) {
    System.out.println("Hello World. I miss you, Processing.");
  }
}
```

Java 网站上有用于解释在一个 Hello World 程序里所有要素的教程，还提供了关于在"命令行"（command line）中如何编写和运行的介绍。

　　http://docs.oracle.com/javase/tutorial/getStarted/application/index.html

最后，如果你充满雄心壮志，那就去下载 Eclipse：

　　http://www.eclipse.org/

Eclipse 是 Java 的开发环境，具有许多高级特色功能。其中有些功能会让你非常头疼，有些功能会让你感觉如果没有 Eclipse，你根本无法编程。但是你一定要记住，在第 2 章，你刚开始使用 Processing 时，可能不到 5 分钟就能够在 Processing 中运行你的第一个草图了。但是在 Eclipse 中，你可能需要更多的时间来上手。如图 23-7 所示。

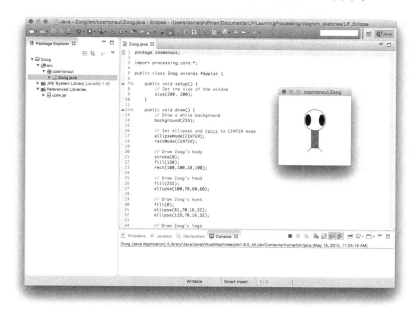

图 23-7　在 Eclipse 中运行一个 Processing 草图

访问本书的配套网站，了解一下如何在 Eclipse 环境中运行一个 Processing 草图。

非常感谢你阅读本书，也期待你的反馈意见，快点登录 http://learningprocessing.com 各抒己见吧！

常见错误

本书的附录部分提供了一些使用 Processing 过程中的常见错误，并指出这些错误的含义和发生原因。Processing 一直以来尝试将错误信息表达的尽可能通俗易懂，但是多数情况下，这些错误信息的措辞仍然相当晦涩和难懂，这是因为大多数提示信息都来自 Java 编程语言。

对于这些错误信息，我们将使用以下约定：

- 错误信息中的变量命名为 `myVar`。
- 错误信息中的数组命名为 `myArray`。
- 如果错误和一个类有关，那么将类命名为 `Thing`。
- 如果错误专门和对象变量有关，则将变量命名为 `myThing`。
- 如果错误和一个函数有关，那么将函数命名为 `myFunction`。

不同错误之间也是有区别的。有些错误是句法错误引起的，所以出现这种情况时，程序就会停止运行。在编辑器窗口中，这些错误通过红色下划线的形式被标出。与此同时，这些错误也会在底部的控制台中显示。这些错误通常称为"编译时错误"（compile-time error），原因在于它们是在 Processing 进行汇编代码的时候被捕捉到的。

图 A-1　编译时错误（在你点击运行之前）

另外一种是"运行时错误"（runtime error）。这一类错误在代码运行之前没有被捕获，但是程序本身存在缺陷或者故障。根据第 11 章里提供的一些知识，这类错误通常难以准确定位。在 Java 中这些错误属于异常，如 23.6 节中的内容。

当草图正在运行时，出现错误的代码行会高亮显示

错误类型在这里标出

图 A-2 运行时错误（在你点击运行之后）

A.1 编译时错误

缺少分号 ";"

这个错误的意思和其表达的完全一样！你要编写的某行代码需要一个分号，但是你忽略掉了。

这里是一些例子（修正后的用加粗字体）：

错　　误	修　　正
int val = 5	int val = 5**;**
for (int i = 0; i < 10 i++) {	for (int i = 0; i < 10**;** i++) {
}	}

缺少左圆括号 "("

这个错误的意思和其表达的完全一样！你正在编写一个条件语句、调用函数，或者其他需要括号的代码语句，但是你忽略掉了。Processing 会告知你缺少了左圆括号还是右圆括号。

这里是一些示例（沿用同样的惯例：修正后的用加粗字体）：

错　　误	修　　正

if x < 5) {
　background(0);
}
	if **(**x < 5) {
	　background(0);
	}

background0);	background**(**0);

缺少右花括号 "}"

你忘记了标记一个代码块的结束，如一个 if 条件语句、一个循环、一个函数、一个类等。

每当你代码中有一个"前花括号（也就是左花括号）"（"{"），你必须要有一个对应的"后花括号（也就是右花括号）"（" }"）。由于多个代码块之间是相互嵌套的，因此很容易偶然遗漏其中一个花括号，从而导致出现这种类型的错误。Processing 通常会告知你遗漏了左花括号还是右花括号，但是在有些情形中，Processing 只会提示："Error on }"。

错　　误	修　　正
```void setup() { for (int i = 0; i < 10; i++) { if (i > 5) { line(0, i, i, 0); } }}``` 缺少一个右花括号！	```void setup() { for (int i = 0; i < 10; i++) { if (i > 5) { line(0, i, i, 0); } } }}```

变量"myVar"不存在

你在使用一个名为"myVar"的变量，但是未声明该变量。

这种错误发生于你没有声明变量的情况。请记住，只有声明了变量的类型，你才能使用该变量。如果你像如下这样编写，会得到错误提示：

```
myVar = 10;
```

你应该像如下这样编写：

int myVar = 10;

当然了，一个变量仅能声明一次，否则你会遇到麻烦。下述代码是正确的：

```
int myVar = 10;
myVar = 20;          OK。变量声明完毕。
```

如果你在声明某个局部变量的代码块之外，使用该局部变量，也会出现错误提示。举例来说：

```
if (mousePressed) {
  int myVar = 10;
}
ellipse(myVar, 10, 10, 10);    错误！myVar是if语句的局部变量，
                               因此在这里它并不能被访问。
```

下面是修正后的版本：

```
int myVar = 0;
if (mousePressed) {
  myVar = 10;
}

ellipse(myVar, 10, 10, 10);    OK！变量在if语句的外部进行声明。
```

或者，如果你已经在 setup() 中声明了一个变量，但是尝试在 draw() 中使用，也会出现错误：

```
void setup() {
  int myVar = 10;
}
```

```
void draw() {
  ellipse(myVar, 10, 10, 10);
}
```
> 错误！myVar是setup()的局部变量，因此在这里它并不能被访问。

修正：

```
int myVar = 0;

void setup() {
  myVar = 10;
}

void draw() {
  ellipse(myVar, 10, 10, 10);
}
```
> OK！该变量为全局变量。

如果你按照上述方式使用数组，也会出现相同类型的错误。

```
myArray[0] = 10;
```
> 错误！尚未声明数组。

局部变量"myVar"可能没有被初始化

声明完变量"myVar"之后，你并未对其进行初始化，应当给定一个初始值。

这个错误非常容易修复。错误发生的最大可能，是因为你忘记了给变量设定一个初始值。这种错误只会在局部变量中发生（对于全局变量的情况，Processing 要么不会在意，要么会假定该值为 0，要么抛出一个 NullPointerException）。

```
int myVar;
line(0, myVar, 0, 0);
```
> 错误！myVar尚未被赋值。

```
int myVar = 10;
line(0, myVar, 0, 0);
```
> OK！myVar的值等于10。

如果你在正确分配一个数组长度之前使用该数组，也会发生这种错误。

```
int[] myArray;
myArray[0] = 10;
```
> 错误！myArray没有被正确地创建。

```
int[] myArray = new int[3];
myArray[0] = 10;
```
> OK！myArray是一个具有三个整数的数组。

类"Thing"不存在

你在尝试声明一个类型为 Thing 的变量，但是并不存在数据类型 Thing。或许你的意思是创建一个名为 Thing 的类?

这种错误的发生在于，要么是因为（a）忘记定义一个名为 Thing 的类，要么是因为（b）在变量类型中出现了拼写错误。

下面是一种常见的拼写错误：

```
intt myVar = 10;
```
> 错误！你很可能是要输入int而不是intt。

又或者，你想要创建一个类型为 Thing 的对象，但是忘记定义 thing 类了。

```
Thing myThing = new Thing();    错误! 你忘记定义一个名为Thing的类了。
```

当然如果你这样写的话，也是可以正常运行的：

```
Thing myThing;

void setup() {
  myThing = new Thing();    OK! 你声明了一个名为Thing的类。
}

class Thing {
  Thing() { }
}
```

最后，如果你尝试使用一个来自库中的对象，但是忘记导入库的话，错误也会发生。

```
Capture video;

void setup() {
  video = new Capture(this, 320, 240);    错误! 你忘记导入视频库了。
}
```

在这种情况下，如果 Processing 能做到的话，它会提供一个导入库的建议。
修正：

```
import processing.video.*;

Capture video;

void setup() {
  video = new Capture(this, 320, 240);    OK! 你导入了库。
}
```

当 Processing 提供导入建议的时候，你可以点击它，从而自动将导入声明添加至你的代码中。

函数"myFunction()"的预期参数为：myFunction(类型，类型，类型，……)

你正确地调用了一个函数，同时你还需要正确地调用该函数对应的参数。

当你调用函数，使用了不正确的参数数量时，会发生这种错误。举例来说，为了绘制一个椭圆，你需要一个 x 坐标、y 坐标、宽度值和高度值。但是如果这样编写：

```
ellipse(100, 100, 50);    错误! ellipse()需要4个参数。
```

你会得到如下错误提示：函数"ellipse()"的预期参数为：ellipse()(float, float, float, …)。该错误提示提供了函数签名，说明你需要 4 个参数，且全部为浮点数据类型。如果你使用了正确的参数数量，但是参数类型不正确，也会出现错误。

```
ellipse(100, 100, 50, "wrong type of argument");    错误! ellipse()不能使用字符串类型的参数!
```

方法"function(类型，类型，类型，……)"不存在

你在调用一个 Processing 从来没有听说过的函数。Processing 不知道你在说什么！

这种错误和你将函数名称搞错（虽然参数是正确的）是类似的错误类型。

```
elipse(100, 100, 50, 50);
```
> 错误！参数的数量是正确的，但是"ellipse"拼写错误。

```
functionCompletelyMadeUp(200);
```
> 错误！除非你完成了该函数的定义，否则 Processing 并不知道它是什么。

下述情形也会发生类似的错误。

```
Capture video = new Capture(this, 320, 240, 30);

video.turnPurple();
```
> 错误！在 Capture 类中并不存在名为 turnPurple() 的函数。

"＿＿＿"错误

我不知道这个错误是什么！但是这里有个字符，我认为是它引起的错误。

当 Processing 不能提供给你详细的错误信息时，它会指出可能发生错误的代码行。通常情况下，Processing 提示的信息是正确的，但是你还需要检查该代码行临近的上下行是否存在错误。导致这种错误最常见的情形是存在无效的字符。

```
float x = 0;

void draw() {
  x = x + 1:
}
```
> 错误！很可能你不留神输入了"："符号。很明显这里应该是一个分号，但 Processing 无法判断出来。

A.2　运行时错误

java.lang.NullPointerException

我遇到一个变量，它的值是无效的。我无法解决这个问题。

`NullPointerException` 可能是最难修复的一个错误了。它通常是由于忘记初始化一个对象导致的。正如在第 8 章中提到的，当你声明了一个对象的变量，它初始的给定值为 `null`，意味着什么也没有。（这对于原始数值并不适用，比如说整数和浮点数。）如果你在未初始化它之前尝试使用它（通过调用构造函数），那么就会发生错误。下面是几个例子（假定存在一个名为 `Thing` 的类）。

```
Thing thing;

void setup() {
  size(200, 200);
}

void draw() {
```

```
  thing.display();
}
```

> 错误! thing并未被初始化，因此其值为 null。

修正:

```
Thing thing;

void setup() {
  thing = new Thing();
}
```

> OK! thing现在不是null了，因为使用构造函数进行了初始化。

```
void draw() {
  thing.display();
}
```

> OK! thing现在不是null了，因为使用构造函数进行了初始化。

有些时候，虽然你初始化了对象，但是无意中将它作为一个局部变量，也会发生相同的错误。

```
Thing thing;

void setup() {
  Thing thing = new Thing();
}
```

> 错误! 这一行代码声明和初始化了一个不同的thing（虽然名称相同）。它只是一个setup()中的局部变量。全局变量thing仍然是无效的!

```
void draw() {
  thing.display();
}
```

对于数组来说也一样。如果忘记初始化元素，那么你会得到这种错误。

```
Thing[] things = new Thing[10];

for (int i = 0; i < things.length; i++) {
  things[i].display();
}
```

> 错误! 数组中所有的元素都是null!

修正:

```
Thing[] things = new Thing[10];

for (int i = 0; i < things.length; i++) {
  things[i] = new Thing();
}

for (int i = 0; i < things.length; i++) {
  things[i].display();
}
```

> OK! 第一个循环对数组中的元素进行了初始化。

最后，如果你忘记为一个数组分配空间，也会得到这种错误。

```
int[] myArray;

void setup() {
```

```
  myArray[0] = 5;
}
```
错误! myArray是无效的,因为你并没有
创建它,也没有赋给它一个长度值。

修正:

```
int[] myArray = new int[3];

void setup() {
  myArray[0] = 5;
}
```
OK! myArray是一个包含三个整数的数组。

java.lang.ArrayIndexOutOfBoundsException:

你尝试去访问一个数组中并不存在的元素。(错误信息将会包含无效的索引值,而不是"##"。)

当数组的索引值无效的时候会发生该错误。举例来说,如果你的数组长度为10,那么有效的索引值是从0到9。任何小于0或者大于9的索引值都会产生错误。

```
int[] myArray = new int[10];

myArray[-1] = 0;
```
错误! -1并不是一个有效的索引值。

```
myArray[0] = 0;
myArray[5] = 0;
```
OK! 0和5是有效的索引值。

```
myArray[10] = 0;
myArray[20] = 0;
```
错误! 10和20并不是有效的索引值。

如果你在索引值中使用了变量,那么这种错误调试起来会比较困难。

```
int[] myArray = new int[100];
myArray[mouseX] = 0;
```
错误! mouseX可能大于99。

```
int index = constrain(mouseX, 0, myArray.length-1);
myArray[index] = 0;
```
OK! mouseX的值首先被限定在0和99之间。

使用一个循环也有可能引发错误。

```
for (int i = 0; i < 200; i++) {
  myArray[i] = 0;
}
```
错误! i循环超过了99。

```
for (int i = 0; i < myArray.length; i++) {

  myArray[i] = 0;
}
```
OK! 使用数组的length属性作为循环的退出条件。

```
for (int i = 0; i < 200; i++) {
  if (i < myArray.length) {
    myArray[i] = 0;
  }
}
```
OK! 如果你的循环真的需要到达200,那么你可以将一个if语句加入循环中。

推荐阅读

数据库系统内幕

作者: [美] 亚历克斯·彼得罗夫 (Alex Petrov) 译者: 黄鹏程 傅宇 张晨

定价: 119.00元 书号: 978-7-111-65516-9

本书对于和任何数据库系统技术打交道的人来说都是必读之书，尤其是那些需要决定使用什么系统的人。

本书旨在指导开发者理解现代数据库和存储引擎背后的内部概念，包含从众多书籍、论文、博客和多个开源数据库源代码中精心选取的相关材料。本书深入介绍了数据存储、数据构建块、分布式系统和数据集群，并且指出了现代数据库之间最重要的区别在于决定存储结构和数据分布的子系统。本书分为两部分：第一部分讨论节点本地的进程，并关注数据库系统的核心组件——存储引擎，以及最重要的一个特有元素；第二部分探讨如何将多个节点组织到一个数据库集群中。本书主要面向数据库开发人员，以及使用数据库系统构建软件的人员，如软件开发人员、运维工程师、架构师和工程技术经理。

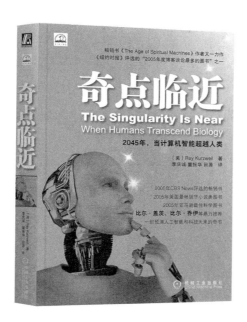

奇点临近

作者:（美）Ray Kurzweil 著 译者:李庆诚 董振华 田源 ISBN:978-7-111-35889-3 定价:69.00元

　　人工智能作为21世纪科技发展的最新成就，深刻揭示了科技发展为人类社会带来的巨大影响。本书结合求解智能问题的数据结构以及实现的算法，把人工智能的应用程序应用于实际环境中，并从社会和哲学、心理学以及神经生理学角度对人工智能进行了独特的讨论。本书提供了一个崭新的视角，展示了以人工智能为代表的科技现象作为一种"奇点"思潮，揭示了其在世界范围内所产生的广泛影响。本书全书分为以下几大部分：第一部分人工智能，第二部分问题延伸，第三部分拓展人类思维，第四部分推理，第五部分通信、感知与行动，第六部分结论。本书既详细介绍了人工智能的基本概念、思想和算法，还描述了其各个研究方向最前沿的进展，同时收集整理了详实的历史文献与事件。

　　本书适合于不同层次和领域的研究人员及学生，是高等院校本科生和研究生人工智能课的课外读物，也是相关领域的科研与工程技术人员的参考书。

推荐阅读